Elektrochemische Analyseverfahren

Wolfgang Buchberger

Elektrochemische Analyseverfahren

Grundlagen · Instrumentation · Anwendungen

Spektrum Akademischer Verlag   Heidelberg · Berlin

Anschrift des Autors:
Prof. Dr. Wolfgang Buchberger
Institut für Chemie
Analytische Chemie
Johannes-Kepler-Universität Linz
Altenbergerstr. 69
A – 4040 Linz

Die Deutsche Bibliothek – CIP-Einheitsaufnahme

Buchberger Wolfgang:
Elektrochemische Analyseverfahren : Grundlagen, Instrumentation,
Anwendungen / Wolfgang Buchberger. – Heidelberg ; Berlin :
Spektrum, Akad. Verl., 1998
    ISBN 3-8274-0135-6

Lektorat: Björn Gondesen
Reihengestaltung: Zembsch' Werkstatt, München
Einbandgestaltung: Kurt Bitsch, Birkenau
Druck und Verarbeitung: Kurt Bitsch, Birkenau

Inhalt

Vorwort

Elektroanalytische Verfahren nehmen heute einen festen Platz im Repertoire moderner Analysentechniken ein. Obwohl sie vielfach im Routinelabor zum Einsatz kommen, scheint bisweilen doch ein zusätzlicher Informationsbedarf über Stärken und Schwächen der Elektroanalytik gegeben zu sein. Diplomanden und Doktoranden, die sich bei der effizienten Lösung analytischer Problemstellungen auch, mit elektrochemischen Analyseverfahren näher auseinandersetzen, stellen häufig die Frage, wo als Einstieg der Überblick über dieses Gebiet am besten zu finden sei. Ähnlich äußern sich oft Praktiker aus verschiedensten Bereichen der Chemie, wenn bei der Durchführung von analytisch-chemischen Untersuchungen der Einsatz elektroanalytischer Techniken in Erwägung gezogen wird.

Zweifellos existieren derzeit einige ausgezeichnete Monografien über einzelne (meist eng begrenzte) Spezialgebiete der Elektroanalytik. Ebenso sind Lehrbücher verfügbar, welche ausführlich die Theorie der Elektrochemie behandeln (ein Gebiet, das mehr der Physikalischen Chemie zuzuordnen ist). In diesem Umfeld soll das vorliegende Buch als Hilfestellung für den Einsteiger eine sehr umfassende Darstellung der analytischen Aspekte der Elektrochemie geben und insbesondere die unterschiedlichen Applikationsmöglichkeiten diskutieren, wobei die Theorie nur im unbedingt notwendigen Ausmaß aufgenommen wurde. Vereinfachte Darstellungsweisen sind daher teilweise bewußt zugunsten einer praxisorientierten Behandlung des Gebietes in Kauf genommen worden. Damit soll keineswegs die Distanz zwischen Elektrochemikern einerseits und Elektroanalytikern andererseits vergrößert werden; auch wenn dieses Buch für den analytischen Chemiker geschrieben wurde, kann es vielleicht dem theoretischen Elektrochemiker aufzeigen, wo weitere Grundlagenforschung notwendig ist, um dem Analytiker brauchbare Methoden in die Hand zu geben.

Teil 1 des Buches umfaßt die eigenständigen Techniken der Potentiometrie, Voltammetrie, Amperometrie, Coulometrie und Konduktometrie, während Teil 2 die Kombinationsmöglichkeiten elektroanalytischer Techniken mit Trennverfahren wie Hochleistungsflüssigkeitschromatographie und Kapillarelektrophorese behandelt. Umfangreiche Hinweise auf die Originalliteratur sollen eine Fundgrube darstellen, wenn der Leser nach weiterführenden Details sucht.

Mein Dank gilt den Mitarbeitern des Bereiches Analytische Chemie der Universität Linz, insbesondere Herrn Dr. G. Niessner für Teile des Kapitels über Stripping-Verfahren sowie Herrn Dr. G. Grienberger für Teile des Kapitels über Konduktometrie. Besonders danke ich meiner Frau Birgit für die mühevolle Arbeit der Erstellung eines druckfertigen Manuskriptes.

Linz, April 1998   Wolfgang Buchberger

1 Elektroanalytik im Überblick

Moderne instrumentelle Analysentechniken basieren vorwiegend auf physikalischen Prinzipien. In diesem Umfeld bilden elektroanalytische Techniken eine Ausnahme, da die Meßsignale wesentlich von chemischen Vorgängen abhängig sind, welche bei der Übertragung von elektrischer Ladung ablaufen.

Elektrochemische Analysenverfahren setzen meist einen Meßaufbau voraus, welcher aus mindestens zwei Elektroden besteht, die in eine Elektrolytlösung (Meßlösung) eintauchen. Wir können eine derartige Anordnung ganz allgemein auch als elektrochemische Zelle bezeichnen. Der Begriff "Elektrode" läßt sich als elektrischer, häufig metallischer Leiter definieren, welcher in eine Elektrolytlösung taucht. Die Elektroden einer elektrochemischen Zelle sind miteinander elektrisch leitend einerseits über die Lösung (Ionenleitung), andererseits über einen externen metallischen Leiter (Elektronenleiter) verbunden und ergeben damit einen geschlossenen Stromkreis. Das Meßsignal kann grundsätzlich jede der drei elektrischen Größen Strom, Spannung oder Widerstand sein. Die Meßanordnung zeichnet sich allgemein durch einen vergleichsweise geringen instrumentellen Aufwand aus, sodaß sich für analytische Problemlösungen oft kostengünstige Alternativen zu anderen instrumentellen Methoden ergeben. Ein Einsatz ist häufig nicht nur im batch-Verfahren, sondern auch in Form von Fließinjektionsverfahren möglich, was bei Serienanalysen den Probendurchsatz stark erhöht. Applikationen liegen sowohl im Bereich der anorganischen als auch der organischen Analytik.

Für eine systematische Einteilung elektroanalytischer Verfahren empfiehlt es sich, zunächst eine Unterscheidung zwischen Meßprinzipien, die auf einer Eigenschaft der gesamten Lösung beruhen (z.B. elektrische Leitfähigkeit), und Meßprinzipien, die auf Phänomenen an der Grenzfläche Elektrode / Lösung basieren, zu treffen. Letztere können wir weiter unterteilen in Verfahren, welche unter Stromlosigkeit erfolgen, und solchen, die bei Stromfluß ablaufen. Abbildung 1.1 gibt einen Überblick über gebräuchliche Meßprinzipien. Im folgenden wird (in alphabetischer Reihenfolge) eine kurze Charakterisierung der einzelnen Verfahren gegeben.

Amperometrie: Messung des Stromflusses an einer Elektrode (Arbeitselektrode) als Funktion einer vorgegebenen konstanten Spannung zwischen der Arbeitselektrode und einer Bezugselektrode (letztere weist ein Einzelpotential auf, welches sich auch bei Stromfluß praktisch nicht ändert). Die Meßanordung kann durch eine dritte Elektrode (Hilfselektrode) ergänzt sein. Das Stromsignal ist bei geeigneten Meßbedingungen direkt proportional zur Konzentration eines elektrochemisch oxidierbaren oder reduzierbaren Analyten in der Analysenlösung. Darüber hinaus eignet sich die Amperometrie auch zur Bestimmung des Endpunktes von Titrationen (amperometrische Titrationen).

Chronopotentiometrie: Messung des Einzelpotentials einer Elektrode unter vorgegebenem konstanten Stromfluß. Aus dem Verlauf der Potential-Zeit-Kurve kann

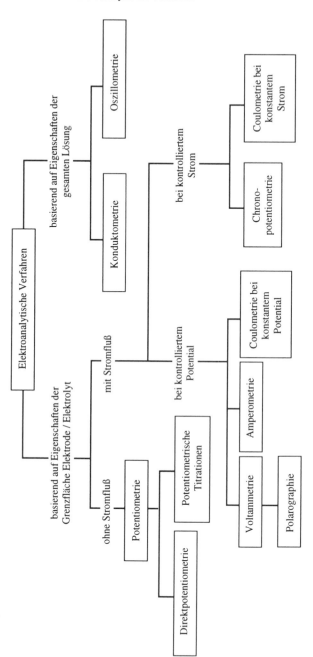

Abbildung 1.1 Überblick über gebräuchliche elektroanalytische Verfahren

die Konzentration eines elektrochemisch oxidierbaren oder reduzierbaren Analyten ermittelt werden.

Coulometrie: Ermittlung von Stoffmengen elektrochemisch oxidierbarer oder reduzierbarer Analyte in einer Elektrolysezelle bei konstanter Spannung oder konstantem Strom durch Messung der Ladungsmenge (Produkt aus Strom und Zeit), welche bei der vollständigen elektrochemischen Umsetzung des Analyten verbraucht wird. Theoretische Grundlage derartiger Messungen sind die Faraday-Gesetze.

Konduktometrie: Messung der elektrischen Leitfähigkeit (Reziprokwert des elektrischen Widerstandes) von Lösungen.

Oszillometrie: Kontaktlose Messung der elektrischen Leitfähigkeit von Lösungen.

Polarographie: Variante der Voltammetrie mit einer tropfenden Quecksilberelektrode als Arbeitselektrode.

Potentiometrie: Ermittlung des Einzelpotentials einer Elektrode (Arbeitselektrode, Indikatorelektrode) durch Messung der elektromotorischen Kraft zwischen der Indikatorelektrode und einer Bezugselektrode mit konstantem Einzelpotential. Die elektromotorische Kraft hängt gemäß der Nernst-Gleichung von den Ionenaktivitäten in der Analysenlösung ab. Die Potentiometrie kann zur direkten Messung von Ionenaktivitäten (Direktpotentiometrie) oder zur Bestimmung des Endpunktes bei Titrationen (potentiometrische Titrationen) dienen.

Voltammetrie: Messung des Stromflusses an einer Elektrode (Arbeitselektrode) als Funktion einer variablen angelegten Spannung zwischen der Arbeitselektrode und einer Bezugselektrode mit konstantem Einzelpotential. Die Meßanordung kann durch eine dritte Elektrode (Hilfselektrode) ergänzt sein. Das Stromsignal ist unter bestimmten Voraussetzungen direkt proportional zur Konzentration eines elektrochemisch oxidierbaren oder reduzierbaren Analyten in der Analysenlösung. Je nach Art der angelegten Spannungsfunktion können wir die folgenden, in der analytischen Routine wichtigen Varianten der Voltammetrie unterscheiden:

Linear-Sweep-Voltammetrie: linearer Spannungsanstieg (zu positiveren oder negativeren Werten in Abhängigkeit von der Anwesenheit oxidierbarer oder reduzierbarer Analyte). Diese Technik wird auch als *Gleichstromvoltammetrie* bezeichnet. Anstelle des linearen Spannungsanstiegs, welcher in früheren Geräten mit Analogelektronik verwirklicht war, geben moderne Geräte mit Digitalelektronik einen treppenförmigen Spannungsanstieg vor. Hierfür wird mitunter die Bezeichnung *Staircase-Voltammetrie* verwendet.

Normalpulsvoltammetrie und *differentielle Pulsvoltammetrie* (letztere auch als *Differenzpuls-* oder *Differentialpulsvoltammetrie* bezeichnet): linearer bzw. treppenförmiger Spannungsanstieg mit überlagerten Rechteckspannungspulsen.

Square-Wave-Voltammetrie: linearer bzw. treppenförmiger Spannungsanstieg mit überlagerter rechteckförmiger Wechselspannung.

Wechselstromvoltammetrie: linearer bzw. treppenförmiger Spannungsanstieg mit überlagerter sinusförmiger Wechselspannung.

Zyklische Voltammetrie: Zunächst erfolgt ein linearer (bzw. treppenförmiger) Anstieg der Spannung von einem Anfangswert zu einem Endwert. Anschließend wird die Spannung wieder linear zum Anfangswert zurückgeführt.

Die Empfindlichkeit voltammetrischer Verfahren erhöht sich stark, wenn vor dem eigentlichen Bestimmungsschritt die Analyte an der Elektrodenoberfläche angereichert werden. Der Anreicherungsvorgang kann auf elektrochemischem Weg erfolgen (z.B. Reduktion von Metallionen zu den Metallen, welche an einer Quecksilberelektrode Amalgame bilden) oder durch Adsorptionsvorgänge. Im anschließenden Meßvorgang ist das voltammetrische Signal direkt proportional zur Menge des an der Elektrodenoberfläche angereicherten Analyten. Dieses Analysenprinzip ist unter der Bezeichnung "Voltammetrische Stripping-Analyse" bekannt und zählt insbesondere in der Metallspurenanalytik zu den derzeit leistungsfähigsten Techniken; in günstigen Fällen sind Nachweisgrenzen von 10^{-12} M erreichbar.

Die Elektroanalytik kann als Anwendung der Elektrochemie auf analytische Problemstellungen angesehen werden und ist daher im Grenzgebiet zwischen analytischer Chemie und physikalischer Chemie angesiedelt. Im vorliegenden Buch geschieht die Betrachtung vorwiegend unter den Aspekten der analytischen Chemie. Für die physikalisch-chemische Seite der Elektroanalytik sei an dieser Stelle auf Monographien von Bard und Faulkner [1], Galus [2] oder C. und A. Brett [3] verwiesen, welche eine sehr detaillierte und umfassende Darstellung der theoretischen Grundlagen elektrochemischer Methoden bieten.

Literatur zu Kapitel 1

[1]   A.J. Bard, L.R. Faulkner, *Electrochemical Methods,* John Wiley & Sons, New York (1980).

[2]   Z. Galus, *Fundamentals of Electrochemical Analysis,* 2.Auflage, Ellis Horwood, New York (1994).

[3]   C.M.A. Brett, A.M.O. Brett, *Electrochemistry,* Oxford University Press, Oxford (1993).

2 Potentiometrie

Potentiometrische Verfahren beruhen auf Spannungsmessungen an galvanischen Zellen. Um sie in der analytischen Chemie anwenden zu können, müssen folgende Bedingungen erfüllt sein: einerseits muß die Analysenlösung als ein Teil einer galvanischen Zelle angeordnet werden können, andererseits muß die gemessene Spannung eine eindeutige Funktion der Konzentration des gesuchten Stoffes sein. Der Zusammenhang zwischen Spannung und Konzentration wird allgemein durch die Nernst-Gleichung beschrieben. Allerdings hat die Spannungsmessung bei Stromlosigkeit zu erfolgen. Man bezeichnet diese bei Stromlosigkeit gemessene Spannung einer galvanischen Zelle als elektromotorische Kraft (EMK).

Potentiometrische Techniken erlauben mannigfaltige Anwendungen in der analytischen Chemie, etwa die Indikation von Titrationen (potentiometrische Titrationen), die direkte selektive Bestimmung verschiedener ionischer Spezies (ionenselektive Elektroden), die Spurenbestimmung von Metallionen nach Anreicherung an geeigneten Elektroden (potentiometrische Stripping-Analyse) oder die Erfassung von Komponenten in Gasgemischen (Gassensoren).

2.1 Potentialbildung an Elektroden

Zwei miteinander im Gleichgewicht stehende Phasen können unterschiedliche elektrische Potentiale φ aufweisen, wenn im System Ladungsträger vorhanden sind, die aus einer Phase über die Phasengrenzfläche in die andere Phase übertreten können. **Elektroden 1. Art** stellen einfache Beispiele für derartige Systeme dar. Sie bestehen aus einem Metallstab, der in eine Lösung der entsprechenden Metallionen eintaucht, wobei die Metallionen als die zwischen den beiden Phasen übergangsfähigen Ladungsträger fungieren. Aussagen über die elektrische Potentialdifferenz zwischen den beiden Phasen lassen sich mit Hilfe der Gesetze der Thermodynamik treffen.

Gleichgewicht herrscht genau dann zwischen zwei Phasen, wenn das chemische Potential μ jeder Komponente des Systems in beiden Phasen gleich groß ist. Allerdings gilt diese Gleichgewichtsbedingung nur für elektrisch neutrale Phasen und Komponenten. Andernfalls ist das chemische Potential μ durch das elektrochemische Potential $\tilde{\mu}$ zu ersetzen, welches zusätzlich die elektrische Arbeit als Produkt aus Ladungszahl z der übergangsfähigen Teilchen, Faradaykonstante F und elektrischem Potential φ der Phase beinhaltet:

$$\tilde{\mu} = \mu + zF\varphi \tag{2-1}$$

Für Elektroden 1. Art muß somit folgende Gleichgewichtsbedingung gelten:

$$\mu_{Me^{z+}(\text{Phase 1})} + zF\varphi_{(\text{Phase 1})} = \mu_{Me^{z+}(\text{Phase 2})} + zF\varphi_{(\text{Phase 2})} \tag{2-2}$$

Gleichungen 2-1 und 2-2 ermöglichen es, den Unterschied $\Delta\varphi$ zwischen den elektrischen Potentialen der beiden Phasen in Abhängigkeit des Unterschiedes $\Delta\mu$ zwischen den chemischen Potentialen der übergangsfähigen Ladungsträger in den beiden Phasen auszudrücken:

$$\Delta\varphi = -\frac{1}{zF}\Delta\mu \tag{2-3}$$

Wir nennen dieses $\Delta\varphi$ auch die Gleichgewichtsgalvanispannung ε, welche den an der Phasengrenzfläche auftretenden elektrischen Potentialsprung darstellt.

Wenn wir schließlich die Konzentrationsabhängigkeit des chemischen Potentials berücksichtigen, so erhalten wir eine für analytische Anwendungen relevante Beziehung zwischen der Gleichgewichtsgalvanispannung von Elektroden 1. Art und der Aktivität der Metallionen Me^{z+}:

$$\varepsilon = \varepsilon^{\circ} + \frac{RT}{zF}\ln a_{Me^{z+}} \tag{2-4}$$

Gleichung 2-4 stellt die einfachste Form der Nernst-Gleichung dar. Da in dieser Gleichung die Aktivität aufscheint, brauchen wir geeignete Kalibrierverfahren, um auf die für analytische Fragestellungen meist wichtigere Konzentration zu kommen. Fragen der Kalibrierung werden in späteren Abschnitten bei den entsprechenden Applikationen diskutiert werden.

Elektroden 2. Art sind wie Elektroden 1. Art aufgebaut, jedoch stehen die potentialbestimmenden Metallionen in der Lösung im Gleichgewicht mit einem schwerlöslichen Salz des Metallions. Die in der Nernst-Gleichung aufscheinende Aktivität der Metallionen ist somit durch das entsprechende Löslichkeitsprodukt und die Aktivität der Anionen des schwerlöslichen Salzes bestimmt. Für eine Ag/AgCl-Elektrode als Beispiel einer Elektrode 2. Art können wir daher die Nernst-Gleichung in der folgenden Form anschreiben:

$$\varepsilon_{Ag/AgCl} = \varepsilon^{\circ}_{Ag/AgCl} - \frac{RT}{F}\ln a_{Cl^-} \tag{2-5}$$

Elektroden 2. Art zeichnen sich durch eine rasche und gut reproduzierbare Einstellung der Gleichgewichtsgalvanispannung aus und dienen häufig als Bezugselektroden (Referenzelektroden) bei EMK-Messungen.

Redoxelektroden bestehen aus einem inerten Metallstab, der in eine Lösung eines Redoxpaares eintaucht (beispielsweise Platin in eine Lösung von Fe^{2+}- und

Fe^{3+}-Ionen). Auch in diesem Fall bildet sich an der Phasengrenzfläche Metall/Lösung eine Gleichgewichtsgalvanispannung aus. Allerdings sind es nunmehr nicht Ionen, die als übergangsfähige Ladungsträger zwischen beiden Phasen fungieren, sondern Elektronen. Es muß daher im Gleichgewicht gelten, daß das elektrochemische Potential des Elektrons in beiden Phasen gleich groß ist. In Analogie zu Elektroden 1. Art können wir eine Beziehung zwischen der Gleichgewichtsgalvanispannung und der Aktivität der Elektronen in der Lösung entwickeln. Diese Aktivität der Elektronen ist zwar eine nur bedingt brauchbare Größe, läßt sich aber über die Gleichgewichtskonstante K des Redoxpaares der Lösung als Funktion der Aktivitäten von oxidierter und reduzierter Form des Redoxpaares ausdrücken:

$$a_{e^-} = \frac{1}{K} \frac{a_{Fe^{2+}}}{a_{Fe^{3+}}} \tag{2-6}$$

Mit Gleichung 2-6 ergibt sich für Redoxelektroden folgende Form der Nernst-Gleichung, wenn ein Redoxpaar Ox/Red mit n Elektronen vorliegt:

$$\varepsilon = \varepsilon^\circ + \frac{RT}{nF} \ln \frac{a_{Ox}}{a_{Red}} \tag{2-7}$$

Gleichung 2-7 geht für Elektroden 1. Art unmittelbar in Gleichung 2-4 über, weil dann die Aktivität der reduzierten Form (des Metalls) 1 ist.

Gleichgewichtsgalvanispannungen sind direkt nicht meßbar, weil das Meßinstrument mit beiden Phasen in Kontakt sein müßte und dabei in der Lösung eine weitere Phasengrenzfläche und somit eine weitere Gleichgewichtsgalvanispannung erzeugen würde. Wir können grundsätzlich nur die elektromotorische Kraft (EMK) von galvanischen Zellen messen, das heißt die Summe von Gleichgewichtsgalvanispannungen zweier Elektroden (Halbzellen). Trotzdem läßt sich einer bestimmten Halbzelle ein Spannungswert zuordnen, wenn wir diese Halbzelle mit einer Bezugshalbzelle kombinieren, deren Gleichgewichtsgalvanispannung willkürlich gleich Null gesetzt ist. Wir können dann die gemessene EMK als **Einzelpotential E** der betrachteten Halbzelle zuordnen. Die EMK einer beliebigen galvanischen Zelle ergibt sich somit aus der Differenz der Einzelpotentiale von kathodischer und anodischer Halbzelle.

Als Bezugspunkt für die Zuordnung von Einzelpotentialen dient die Normalwasserstoffelektrode (Platin in einer Säurelösung der Protonenaktivität 1 und mit Wasserstoff von 1 atm Druck umspült). Für das Einzelpotential E gilt in Analogie zur Gleichgewichtsgalvanispannung ε die Nernst-Gleichung 2-8, wobei häufig anstelle des natürlichen Logarithmus der dekadische Logarithmus verwendet wird (Gleichung 2-9):

$$E = E^\circ + \frac{RT}{nF} \ln \frac{a_{Ox}}{a_{Red}} \tag{2-8}$$

$$E = E^\circ + \frac{2,303\ RT}{nF} \log \frac{a_{Ox}}{a_{Red}} \tag{2-9}$$

$E°$ wird als **Standardeinzelpotential** oder **Normalpotential** bezeichnet. Standardpotentiale in einer Anordnung von negativen zu positiven Werten ergeben die **Elektrochemische Spannungsreihe**. Der Faktor 2,303·RT/F ist unter dem Namen Nernst-Faktor bekannt (58,17 mV bei 20 °C; 59,16 mV bei 25 °C; 60,15 mV bei 30 °C). Zusätzlich wird oft das **Formalpotential** verwendet, falls z.B. Komplexbildungsreaktionen mit unbekannten Gleichgewichtskonstanten vorliegen, wodurch sich die Aktivitäten der freien Ionen verringern. Das Formalpotential bezieht sich auf eine definierte Elektrolytlösung mit den analytischen Konzentrationen von 1 mol/l für oxidierte und reduzierte Spezies.

Für analytische Anwendungen der Potentiometrie ist es meist ausreichend, die Verhältnisse an der Phasengrenzfläche Elektrode/Elektrolyt durch die Gleichgewichtsgalvanispannung zu charakterisieren. Allerdings sind verfeinerte Modelle der Phasengrenzfläche vielfach von Vorteil. Im Inneren einer Phase heben sich die auf ein Teilchen wirkenden Kräfte gegenseitig auf. An einer Phasengrenzfläche sind dagegen die Teilchen einseitigen Kräften ausgesetzt, sodaß es in diesem Bereich zu einer Umorientierung der Teilchen kommen kann. Wir können daher nicht nur einen Übertritt von Ladungsträgern über die Phasengrenzfläche entsprechend den elektrochemischen Potentialen in den beiden Phasen erwarten, sondern gleichzeitig auch eine Dipol-Orientierung der Wassermoleküle an der Elektrodenoberfläche. Ferner können Ionen aus der Lösung durch spezifische Adsorption an der Elektrodenoberfläche fixiert werden. Die Schwerpunkte dieser Spezies bilden die **innere Helmholtzfläche**, wie in Abbildung 2.1 schematisch dargestellt ist. Weiters können sich hinter dieser Schicht solvatisierte Ionen anreichern, deren Zentren die **äußere Helmholtzfläche** bilden. Ionen an der äußeren Helmholtzschicht werden durch unspezifische Wechselwirkung adsorbiert. Bedingt durch die thermische Bewegung erstreckt sich diese Überschußladung teilweise in das Innere der Lösung. Dieser Bereich wird auch als **diffuse Schicht** im Gegensatz zur **starren Schicht** an der Elektrodenoberfläche bezeichnet. Analytisch relevante Konsequenzen aus diesem Modell werden bei der Diskussion der verschiedenen Meßtechniken behandelt.

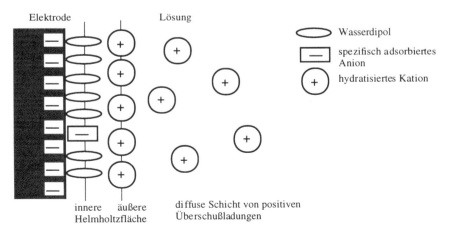

Abbildung 2.1 Schematische Darstellung der Grenzfläche zwischen Elektrode und Elektrolyt

2.2 Messung von Elektrodenpotentialen

Die Ausführungen des vorangegangenen Abschnitts zeigten, daß wir bei praktischen Anwendungen der Potentiometrie (Abschnitte 2.3 bis 2.7) niemals eine Gleichgewichtsgalvanispannung, sondern immer nur eine EMK messen können. Allerdings sind wir in der Lage, die gemessene EMK eindeutig auf die beiden Halbzellen aufzuteilen. Ordnen wir eine Analysenprobe als Halbzelle an und kombinieren wir diese mit einer zweiten Halbzelle bekannten Einzelpotentials (Bezugselektrode), so können wir grundsätzlich aus der gemessenen EMK auf das Einzelpotential der Probenhalbzelle und in weiterer Folge auf die Ionenaktivitäten in der Probe zurückrechnen. Als Bezugselektroden werden meist Elektroden 2. Art eingesetzt. Einige in der Praxis häufig verwendeten Bezugselektroden sind in Tabelle 2.1 zusammengestellt. Die Ag/AgCl-Bezugselektrode hat sich für viele Applikationen in der Potentiometrie bewährt, sodaß meist auf quecksilberhaltige Bezugselektroden verzichtet werden kann.

Eine korrekte Messung der EMK einer galvanischen Zelle muß unter Stromlosigkeit ablaufen. Diese Voraussetzung wurde früher durch die Poggendorf´sche Kompensationsschaltung erfüllt. Dabei wurde der zu messenden Spannung eine Gegenspannung gegengeschaltet und variiert, bis kein Stromfluß mehr zu beobachten war. Dann entsprach die angelegte Gegenspannung der zu messenden EMK.

Heute werden bevorzugt Voltmeter mit einem hohen Eingangswiderstand verwendet. Abbildung 2.2 zeigt das Ersatzschaltbild für EMK-Messungen mit einem Voltmeter. Die galvanische Zelle läßt sich als Spannungsquelle U_z in Serie mit einem Widerstand R_z darstellen, das Meßinstrument als Widerstand R_m. Die am Meßinstrument angezeigte Spannung ist U_m. Da R_m nicht unendlich hoch sein kann, wird ein kleiner Strom fließen, sodaß zwischen U_m und U_z folgender Zusammenhang gilt:

Tabelle 2.1   Bezugselektroden für die Potentiometrie und Einzelpotentiale bei 25°C

Halbzelle	Elektrolyt	Einzelpotential
Ag/AgCl/Cl⁻ (Silber-Silberchloridelektrode)	gesättigte KCl 3 M KCl 1 M KCl LiCl gesättigt in Ethanol	+ 0,197 V + 0,207 V + 0,236 V + 0,140 V
$Hg/Hg_2Cl_2/Cl^-$ (Kalomelelektrode)	gesättigte KCl 1 M KCl	+ 0,242 V + 0,281 V
$Hg/HgSO_4/SO_4^{2-}$ (Quecksilber-Quecksilbersulfatelektrode)	K_2SO_4 gesättigt	+ 0,650 V
$Hg/HgO/OH^-$ (Quecksilberoxidelektrode)	1 M NaOH	+ 0,140 V
$Tl(Hg)/TlCl/Cl^-$ (Thalamid®-Elektrode)	gesättigte KCl	- 0,579 V

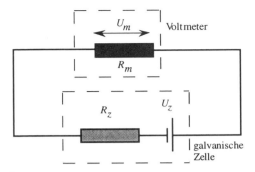

Abbildung 2.2 Einfaches Ersatzschaltbild für EMK-Messungen an galvanischen Zellen

$$U_m = \frac{U_z}{1 + \dfrac{R_z}{R_m}} \tag{2-10}$$

Zur Minimierung des Meßfehlers muß das Verhältnis von R_z zu R_m möglichst klein sein und daher der Eingangswiderstand R_m des Meßgerätes möglichst groß. Typische Voltmeter für EMK-Messungen in der Potentiometrie weisen Eingangswiderstände über 10^{12} Ohm auf.

Wenn wir eine gemessene EMK auf die Einzelpotentiale der beiden Halbzellen aufteilen, so vernachlässigen wir dabei allerdings die Tatsache, daß es auch an der Phasengrenzfläche zwischen zwei Flüssigkeiten zu elektrischen Potentialunterschieden kommen kann. Eine derartige Phasengrenzfläche ergibt sich zum Beispiel zwischen der Meßlösung und der KCl-Lösung einer Ag/AgCl-Bezugselektrode. Wir bezeichnen derartige Potentialunterschiede als **Diffusionsspannung**.

Die Diffusionsspannung läßt sich auf Grund der Konzentrationsunterschiede der Elektrolytkomponenten zwischen den beiden flüssigen Phasen erklären. Abbildung 2.3 zeigt als einfaches Beispiel die Phasengrenzfläche zwischen einer 0.01 M HCl- und einer 0,1 M HCl-Lösung. Sowohl Protonen als auch Chloridionen werden von der konzentrierteren Lösung über die Phasengrenzfläche in die verdünntere Lösung diffundieren. Allerdings ist die Wanderungsgeschwindigkeit von Protonen bedeutend größer als die von Chloridionen. Daher kommt es an der Phasengrenzfläche zu einer Ladungstrennung, welche die weitere unterschiedliche Wanderung von Protonen und Chloridionen behindert und rasch zu einem Gleichgewichtszustand führt.

Die Diffusionsspannung an der Grenzfläche zweier Elektrolyte I und II läßt sich näherungsweise nach der Formel von Henderson berechnen (u bezeichnet die Wanderungsgeschwindigkeit eines Ions bei Feldstärkeeinheit):

$$\varepsilon_{diff} = \frac{\sum_i \dfrac{|z_i| u_i}{z_i} \left[c_i(\text{II}) - c_i(\text{I}) \right]}{\sum_i |z_i| u_i \left[c_i(\text{II}) - c_i(\text{I}) \right]} \frac{RT}{F} \ln \frac{\sum_i |z_i| u_i c_i(\text{I})}{\sum_i |z_i| u_i c_i(\text{II})} \tag{2-11}$$

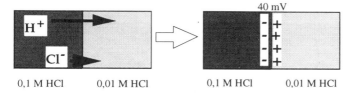

Abbildung 2.3 Ausbildung einer Diffusionsspannung an der Phasengrenzfläche zwischen zwei Elektrolyten infolge unterschiedlicher Diffusionsgeschwindigkeiten von Kation und Anion

Für eine genaue Ableitung der Henderson-Gleichung sei auf die weiterführende Literatur verwiesen [1]. Diese Gleichung ist jedoch für praktische potentiometrische Anwendungen in der analytischen Chemie von untergeordneter Bedeutung, da in der Regel die genaue Zusammensetzung einer Meßlösung und somit die Konzentrationen c_i nicht bekannt sind. Wir haben daher meist keine Information über die Größe der Diffusionsspannung (unter ungünstigen Bedingungen kann diese einige 10 mV betragen). Diese Tatsache bedeutet aber nicht, daß wir aus EMK-Messungen mit Hilfe der Nernst-Gleichung keine quantitativen Daten über die Probe erhalten können. Wir müssen lediglich gewährleisten, daß die Diffusionsspannung unter Kalibrier- und Meßbedingungen gleich groß ist und während einer Meßreihe keine Schwankungen zeigt.

Diffusionsspannungen nehmen wesentlich kleinere Werte an, wenn man eine Elektrolytlösung an einen zweiten Elektrolyten mit möglichst hoher Konzentration grenzen läßt, dessen Kation und Anion möglichst identische Beweglichkeit aufweisen. In diesem Fall wird die Ionenwanderung über die Phasengrenzfläche von denjenigen Ionen dominiert, die im hochkonzentrierten Elektrolyten vorliegen. Da deren Wanderungsgeschwindigkeiten jedoch annähernd gleich groß sind, nimmt das Diffusionspotential einen sehr kleinen Wert an. Gut geeignet sind 3 M oder gesättigte KCl-Lösungen, die entweder den Elektrolyten der zweiten Halbzelle bilden (wie im Fall einer Ag/AgCl-Bezugselektrode), oder als Salzbrücke zwischen den beiden Halbzellen angeordnet sind. An einer Phasengrenzfläche zwischen einer 0,1 M HCl und einer 0,1 M LiCl würden wir eine Diffusionsspannung von etwa 35 mV beobachten, während wir zwischen einer 0,1 M HCl und einer 3 M KCl lediglich einen Wert von etwa 5 mV erhalten würden.

Nicht zuletzt sollten wir auch berücksichtigen, daß Messungen von Elektrodenpotentialen durch eine eventuelle Bewegung der Probelösung relativ zur Elektrode (Rühren, Durchflußmessungen) beeinflußt werden können. Nach den Gesetzen der Hydrodynamik bildet sich an der Elektrodenoberfläche eine stationäre Schicht aus, deren Dicke vom Ausmaß der Bewegung der Flüssigkeit abhängt. In stark verdünnten Lösungen kann die Dicke dieser stationären Schicht kleiner sein als die Dicke der diffusen Schicht von Überschußladungen an der Elektrodenoberfläche (vgl. Abschnitt 2.1). In diesem Fall werden Überschußladungen von der Strömung mittransportiert. Bewegte Ladungsträger sind einem Stromfluß gleichzusetzen und ergeben entsprechend dem elektrischen Widerstand der Lösung eine Spannung, welche auch als elektrokinetisches Potential oder Zeta-Potential bezeichnet wird. Derartige Störungen bei EMK-Messungen können vermindert werden, wenn man der Lösung einen elektro-

chemisch inaktiven Elektrolyt zusetzt. Dadurch werden der diffuse Bereich der Überschußladungen sowie der elektrische Widerstand der Lösung verringert.

2.3 Ionenselektive Elektroden

Wie im Abschnitt 2.1 beschrieben bildet ein Metallstab an der Phasengrenze zu einer
Lösung ein Potential aus, welches gemäß der Nernst-Gleichung in direktem Zusammenhang mit der Aktivität der Metallionen in der Lösung steht. Allerdings ist eine
derartige Elektrode 1. Art keineswegs selektiv für die entsprechenden Metallionen, da
sie gleichzeitig den Übergang von Elektronen ermöglicht und damit als Redoxelektrode
fungieren kann. Wollen wir selektiv die Aktivität einer bestimmten Ionensorte
messen, so müssen wir nach Elektrodenmaterialien suchen, die selektiv nur den Übergang der zu bestimmenden Ionensorte zwischen Lösung und Elektrodenmaterial
erlauben und keine Elektronenleitfähigkeit aufweisen. Die wohl bekannteste ionenselektive Elektrode ist die pH-Glaselektrode, welche selektiv Protonen aus der Lösung
aufnehmen oder an die Lösung abgeben kann, sodaß sich an der Phasengrenze ein pH-
abhängiger Potentialsprung ergibt.

Eine hundertprozentige Selektivität ist allerdings bei keinem der heute verfügbaren
Elektrodenmaterialien erzielbar. Die Querempfindlichkeit einer ionenselektiven Elektrode gegenüber Störionen läßt sich näherungsweise mit einer auf Nikolski zurück-
gehenden erweiterten Nernst-Gleichung beschreiben, die auch unter dem Namen
Nikolski-Eisenman-Gleichung bekannt ist:

$$E = E^\circ + \frac{RT}{z_M F} \ln \left[a_M + \sum_i K_{M/i} \left(a_i \right)^{z_M / z_i} \right] \qquad (2\text{-}12)$$

a_M, a_i Aktivitäten von Meßion M und Störion i
z_M, z_i Ladungszahl von Meßion und Störion
$K_{M/i}$ potentiometrischer Selektivitätskoeffizient

Der Selektivitätskoeffizient muß allerdings nicht unbedingt eine Konstante sein,
sondern kann je nach Elektrodenmaterial eine Abhängigkeit von der Ionenstärke des
Meß- und Störions aufweisen. Bei der Auswahl einer ionenselektiven Elektrode für ein
bestimmtes Analysenproblem ist klarerweise derjenigen Elektrode der Vorzug zu geben, welche die kleinsten Zahlenwerte für die Selektivitätskoeffizienten aufweist.

Wir können ionenselektive Elektroden entsprechend ihrem Elektrodenmaterial in
Glaselektroden, Kristallmembranelektroden und Flüssigmembranelektroden unterteilen.
Diese Einteilung entspricht zwar nicht vollkommen den Empfehlungen der IUPAC
[2], erscheint aber für das vorliegende Buch auf Grund der Übersichtlichkeit gerechtfertigt.

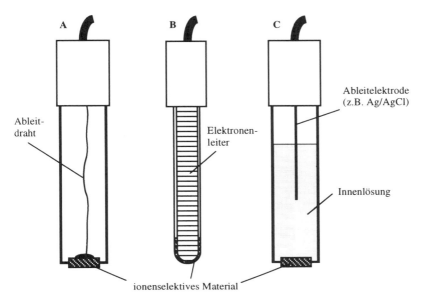

Abbildung 2.4 Ausführungsformen von ionenselektiven Elektroden; A: direkte Kontaktierung der Membran; B: Beschichtung eines Elektronenleiters mit dem ionenselektiven Material; C: Kontaktierung der Membran über eine Innenlösung, welche eine definierte Konzentration an Meßionen enthält.

Abbildung 2.4 zeigt einige Ausführungsformen ionenselektiver Elektroden. Bisweilen ist eine direkte Kontaktierung des ionenselektiven Elektrodenmaterials mit einer metallischen Ableitung möglich (Abbildung 2.4 A), etwa im Fall der Kristallmembranelektroden auf Basis von Silbersulfid, welche in Abschnitt 2.3.2 beschrieben sind. Eine andere Möglichkeit besteht in der Beschichtung eines Elektronenleiters (Kohle, Platin, usw.) mit dem ionenselektiven Material (Abbildung 2.4 B). Dieses Prinzip wurde in der Vergangenheit in Form der "Ruzicka-Selectroden" auch kommerzialisiert, welche auf der Beschichtung von Graphit beruhten; diese Elektroden haben aber heute ihre Bedeutung verloren. Daneben existieren "coated wire"-Elektroden, das sind beschichtete Metalldrähte, die vor allem in Hinblick auf eine Miniaturisierung Vorteile bieten können.

Die direkte Kontaktierung der ionenselektiven Membran durch die Elektronenableitung hat aber den Nachteil, daß dadurch eine zusätzliche Phasengrenzfläche geschaffen wird, die eventuell einen schlecht reproduzierbaren Spannungsanteil zum Meßsignal liefern könnte. Ein geeigneter Aufbau, welcher derartige Probleme umgeht, ist in Abbildung 2.4 C gezeigt. Die Innenlösung weist eine konstante Aktivität des Meßions sowie eine konstante Aktivität an Chloridionen für die Silber-Silberchlorid-Ableitelektrode auf. Bei dieser Konstruktion führen wir zwar weitere Gleichgewichtsgalvanispannungen in das System ein, nämlich an der Grenzfläche zwischen Elektrodenmaterial und Innenlösung sowie zwischen Innenlösung und Silber-Silberchlorid-Ableitelektrode, doch sind dies reproduzierbare konstante Beiträge zum Gesamtmeßsignal. Wird eine derartige ionenselektive Elektrode mit einer Bezugselektrode kombiniert, die identisch mit der Ableitelektrode ist, so werden wir theoretisch genau dann eine EMK von Null messen, wenn die Aktivität des Meßions in der Probelösung gleich groß ist wie die Aktivität in der Innenlösung. Weicht diese EMK von Null ab, so sprechen wir von einer Asymmetriespannung, welche bei der Kalibrierung kompensiert werden muß.

Als Ausgangspunkt für die Entwicklung ionenselektiver Elektroden können die Arbeiten von Cremer [3] sowie von Haber und Klemensiewicz [4] in den Jahren 1906 und 1909 über das Verhalten einer pH-Glaselektrode angesehen werden. Die Kommerzialisierung dieser Elektrode setzte etwa 25 Jahre später ein. Eine Renaissance erlebten ionenselektive Elektroden ab etwa 1965 durch die systematische Entwicklung und Vermarktung neuer selektiver Elektrodenmaterialien für Ionen, die mit herkömmlichen Methoden schwer erfaßbar waren oder die in bestimmten Anwendungsbereichen wie etwa in der klinischen Chemie von Bedeutung waren. Die Entwicklung von Sensoren mit verbesserter Selektivität ist auch heute noch nicht abgeschlossen.

2.3.1 Glasmembranelektroden

Glasmembranen geeigneter Zusammensetzung weisen eine ungewöhnlich hohe Selektivität für Protonen auf, einen sehr breiten dynamischen Bereich, ein rasches Ansprechverhalten sowie eine hohe Stabilität des Meßsignals. Entsprechend der Definition des pH-Wertes als negativer Logarithmus der Protonenaktivität ist das Potential der Glaselektrode direkt proportional dem pH-Wert:

$$E = E^{\circ} - \frac{2,303RT}{F} \text{pH} \tag{2-13}$$

Geeignete Gläser für pH-Elektroden bestehen aus einem Netzwerk von SiO_4-Tetraedern, in das ein- oder zweiwertige Metalloxide als Netzwerkwandler sowie drei- oder vierwertige Metalloxide als Netzwerkbildner eingebaut sind. Eines der ersten brauchbaren Glasmembranmaterialien war das MacInnes-Glas, welches eine Zusammensetzung von 22% Na_2O, 6% CaO und 72% SiO_2 aufwies. Eine Membran aus diesem Glas zeigt allerdings bei pH-Werten über 10 eine Querempfindlichkeit gegenüber Alkaliionen, die als Alkalifehler bezeichnet wird. Insbesondere spricht die Elektrode bei hohen pH-Werten auf Natriumionen an. Weitere Optimierungen der Glaszusammensetzung zielten daher auf eine Ausdehnung des Meßbereichs auf höhere pH-Werte sowie auf eine Verringerung der Querempfindlichkeit gegenüber Natriumionen. Außerdem war eine Erhöhung der chemischen Beständigkeit bei hohen pH-Werten und hohen Temperaturen wünschenswert. Einen stark verringerten Alkalifehler zeigen Glasmembranen, bei denen Natrium durch Lithium und Calcium durch Barium ersetzt sind. Der Einbau von Netzwerkbildnern wie Lanthan oder Titan erhöht darüber hinaus die chemische Widerstandsfähigkeit des Glases. Moderne pH-Elektroden können praktisch im gesamten pH-Bereich von 0 bis 14 und in einem Temperaturbereich von 0 bis 80 °C eingesetzt werden. Die exakten Zusammensetzungen derart optimierter Membrangläser sind allerdings weitgehend Firmengeheimnisse.

Zur Erzielung reproduzierbarer Ergebnisse muß eine Elektrode vor der Messung 24 bis 48 Stunden in einer wäßrigen Lösung gelagert werden. Dabei bildet sich eine dünne

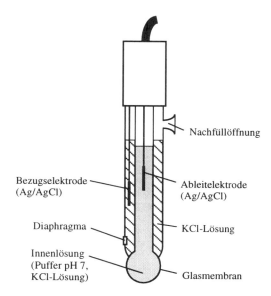

Nachfüllöffnung

Bezugselektrode
(Ag/AgCl)

Ableitelektrode
(Ag/AgCl)

Diaphragma

KCl-Lösung

Innenlösung
(Puffer pH 7,
KCl-Lösung)

Glasmembran

Abbildung 2.5   Aufbau einer
kombinierten pH-Glaselektrode

gelartige Quellschicht an der Elektrodenoberfläche aus. Während des Quellvorganges wird ein Teil der Alkaliionen des Glases gegen Protonen ersetzt. Bei der pH-Messung können formal analog zu Elektroden 1. Art Protonen aus dem Elektrodenmaterial in die Lösung oder aus der Lösung in das Elektrodenmaterial wandern. Die unterschiedlichen chemischen Potentiale des Protons in den beiden Phasen führen zur Ausbildung der Gleichgewichtsgalvanispannung.

Glaselektroden für pH-Messungen sind häufig als Einstabmeßketten aufgebaut, das heißt die Bezugselektrode ist am Schaft der Meßelektrode angebracht. Der Aufbau einer derartigen kombinierten pH-Elektrode ist in Abbildung 2.5 gezeigt.

Das Ansprechverhalten einer pH-Elektrode ist zeitlichen Schwankungen unterworfen, sodaß eine periodische Kalibrierung notwendig ist. Im ersten Schritt der Kalibrierung wird die Elektrode in einen Puffer mit pH 7 getaucht und die Asymmetriespannung elektronisch kompensiert. Im zweiten Schritt wird mit einem weiteren Puffer die Steilheit der Elektrode (das ist der Faktor $2{,}303 \cdot RT/zF$ in der Nernst-Gleichung) auf den theoretischen Wert korrigiert. Der Einfluß der Kalibrierung auf die Elektrodencharakteristik ist in Abbildung 2.6 dargestellt. Moderne Mikroprozessorgesteuerte pH-Meter können diese Kalibrierung bei selbständiger Puffererkennung automatisch durchführen.

Eine besonders hohe Querempfindlichkeit gegenüber Natriumionen zeigen Gläser, nach Einbau des dreiwertigen Netzwerkbildners Al_2O_3. Derartige von Eisenman et al. [5] entwickelte natriumselektive Elektroden weisen eine Zusammensetzung der Glasmembranen von 11% Na_2O, 18% Al_2O_3 und 71% SiO_2 auf. Die Elektrode spricht natürlich ebenfalls auf Protonen an, sodaß Analysen von Natriumionen in gepufferter Lösung oder bei sehr kleiner Protonenaktivität, d.h. im alkalischen Bereich, durchzuführen sind.

Mit Glasmembranelektroden verwandt sind Emailelektroden, welche als relativ robuste pH- oder pNa-Meßwertgeber für die industrielle Prozeßkontrolle entwickelt

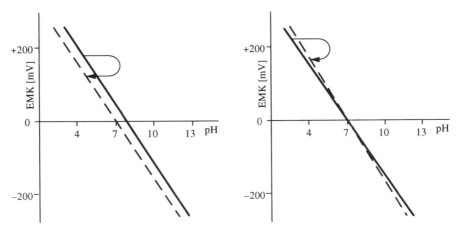

Abbildung 2.6 Kalibrierung von pH-Elektroden durch Korrektur der Asymmetriespannung (links) und Korrektur der Elektrodensteilheit (rechts)

wurden. Geeignete Emailschichten bestehen aus unterschiedlichen Stoffmengenanteilen von SiO_2, Na_2O, Li_2O, CaO und ZnO. Interessanterweise konnten derartige Elektroden mit einer Festableitung aufgebaut werden: auf einem mit einer Schicht Isolieremail bedeckten Stahlkern wurde eine Silberschicht als elektrische Ableitung aufgetragen, auf welche wiederum die selektive Emailschicht aufgebracht wurde. Neben Emailelektroden sind weitere keramische Materialien als selektive Elektrodenmaterialien bekannt, etwa NASICON mit der ungefähren Zusammensetzung $Na_3Zr_2Si_2PO_{12}$, welches zur Messung von Natriumionen geeignet ist [6].

2.3.2 Kristallmembranelektroden

Kristallmembranelektroden weisen als ionenselektives Material einen ionenleitenden Einkristall oder ein ionenleitendes polykristallines Material auf. Letzteres läßt sich oft relativ einfach durch Pressen des entsprechenden Pulvers in Preßvorrichtungen, wie sie in der Infrarotspektroskopie zur Herstellung von Kaliumbromid-Preßlingen Verwendung finden, in geeignete Membranformen bringen. Derartige Elektroden mit einem Einkristall oder einem polykristallinen Material werden auch als homogene Kristallmembranelektroden bezeichnet. Daneben wurden von Pungor et al. [7] heterogene Festkörpermembranelektroden entwickelt, deren Membran durch Pressen einer Mischung der ionenselektiven Substanz mit Silikongummi hergestellt wird. Auf diesem Weg lassen sich relativ einfach mechanisch stabile und dichte Membranen erzeugen. Diese Technik bewährt sich insbesondere für experimentelle Arbeiten mit neuen ionenselektiven Materialien; für kommerzielle Zwecke haben sie aber derzeit an Bedeutung verloren.

Nach der pH-Elektrode stellt die Fluoridelektrode die wahrscheinlich wichtigste ionenselektive Elektrode für die Routineanalytik dar, was durch die hohe Selektivität sowie die Einfachheit der potentiometrischen Messung von Fluoridionen im Vergleich zu alternativen Verfahren begründet ist. Das Elektrodenmaterial dieser Elektrode besteht aus einem Lanthantrifluorid-Einkristall, welcher praktisch nur den Übergang von Fluoridionen über die Phasengrenzflächen zuläßt. Zur Verringerung des elektrischen Widerstands der Membran wird der Kristall mit Europium(II)-Ionen dotiert (Alterungserscheinungen der Fluoridelektrode können auf das Herausdiffundieren von Europiumionen zurückzuführen sein). Störungen der Fluoridmessungen treten lediglich bei stark alkalischen und stark sauren pH-Werten auf; in ersterem Fall bildet sich an der Elektrodenoberfläche schwer lösliches Lanthanhydroxid unter gleichzeitiger Freisetzung von Fluoridionen; im stark sauren Bereich reagiert Fluorid mit Protonen zu undissoziierten Verbindungen, welche sich der Bestimmung entziehen. Weiters sollen hohe Überschüsse an Anionen, welche Lanthanionen binden können, vermieden werden (z.B. Citrat, Phosphat und ähnliche). Im Bereich zwischen 1 und 10^{-6} M entspricht das Verhalten der Nernst-Gleichung:

$$E = E^{\circ} - \frac{RT}{F} \ln a_{F^-} \qquad (2\text{-}14)$$

Die Nachweisgrenze ist durch die Löslichkeit des Lanthantrifluorids gegeben, welche beim Eintauchen der Elektrode in die Meßlösung eine geringe Fluoridkonzentration bedingt.

Breite Anwendung finden ionenselektive Kristallmembranelektroden auf Basis von Silbersulfid. Dieses Material zeigt auf Grund seiner Silberionenleitfähigkeit ein selektives Ansprechverhalten auf Silberionen gemäß der Nernst-Gleichung:

$$E = E^{\circ} + \frac{RT}{F} \ln a_{Ag^+} \qquad (2\text{-}15)$$

Silbersulfid weist ein sehr kleines Löslichkeitsprodukt L_p von $6 \cdot 10^{-50}$ mol^3 l^{-3} auf, sodaß grundsätzlich ein sehr großer Arbeitsbereich und sehr niedrige Nachweisgrenzen zu erwarten sind. Silberionenlösungen im Konzentrationsbereich unter 10^{-7} mol l^{-1} sind zwar nicht stabil, doch lassen sich durch Silberionenpuffer stabile Silberionenaktivitäten in der Lösung einstellen. Geeignete Puffer sind schwerlösliche Silberverbindungen, die gemäß Löslichkeitsprodukt konstante Aktivitäten an Silberionen ergeben. In derartigen Puffern können wir Kalibrierkurven erhalten, die bis zu Konzentrationen unter 10^{-20} mol l^{-1} der Nernst-Gleichung gehorchen [8].

Das Elektrodenmaterial Silbersulfid wirkt entsprechend seines Löslichkeitsproduktes selbst als Silberionenpuffer, dessen Silberionenaktivität durch die Aktivität der Sulfidionen bestimmt wird. Daher kann die Elektrode auch für die Bestimmung von Sulfidionenaktivitäten herangezogen werden.

Wird dem Elektrodenmaterial Silbersulfid ein weiteres schwerlösliches Silberhalogenid zugemischt, welches ein etwas höheres Löslichkeitsprodukt als Silbersulfid aufweist, so wirkt das Silberhalogenid als Silberionenpuffer. Derartige Elektroden mit polykristallinen Membranen aus AgS/AgCl, AgS/AgBr oder AgS/AgI sind daher geeignet für Chlorid-, Bromid- oder Iodidbestimmungen. Störungen sind durch alle jene Anionen zu erwarten, die schwerer lösliche Niederschläge mit Silberionen bilden als das jeweilige Halogenidion. Somit stören an der Chloridelektrode Ionen wie Bromid und Iodid, während umgekehrt die Iodidelektrode auch in Lösungen mit hohem Chlorid-überschuß verwendbar ist.

Auch schwerlösliche Metallsulfide wie CuS, PbS oder CdS können als Sulfidionen-puffer dem Elektrodenmaterial zugegeben werden. Aus dem Löslichkeitsprodukt L_p des Silbersulfids und des Metallsulfids können wir den folgenden Ausdruck für die Silberionenaktivität herleiten, sodaß sich diese Elektrode wie eine entsprechende metallionenselektive Elektrode verhält:

$$L_{p(Ag_2S)} = a^2_{Ag^+} \cdot a_{S^{2-}}$$

$$L_{p(MeS)} = a_{Me^{2+}} \cdot a_{S^{2-}}$$

$$a_{Ag^+} = \sqrt{\frac{L_{p(Ag_2S)} \cdot a_{Me^{2+}}}{L_{p(MeS)}}}$$

$$(2\text{-}16)$$

Grundsätzlich stören Hg(II)ionen infolge Niederschlagsbildung mit Sulfidionen sowie Cyanidionen infolge ihrer Komplexbildung mit Silberionen das Ansprech-verhalten von Elektroden auf Silbersulfidbasis. Allerdings kann letztere Störung auch für die Bestimmung von Cyanidionen mittels einer Iodidelektrode herangezogen werden, da an deren Oberfläche die folgende Reaktion ablaufen kann:

$$AgI + 2\ CN^- \rightleftharpoons Ag(CN)_2^- + I^- \qquad (2\text{-}17)$$

Abhängig von der Cyanidkonzentration wird eine bestimmte Menge Iodid freige-setzt, die das Elektrodenpotential bestimmt. In ähnlicher Weise kann auch eine reine Silbersulfidelektrode für Cyanidbestimmungen verwendet werden:

$$Ag_2S + 4\ CN^- \rightleftharpoons 2\ Ag(CN)_2^- + S^{2-} \qquad (2\text{-}18)$$

Tabelle 2.2 Ionenselektive Elektroden auf Basis von Silbersulfid

Membranmaterial	Analytion	Nernst-Gleichung
Ag_2S	S^{2-}	$E = E° - \dfrac{RT}{2F} \ln a_{S^{2-}}$
Ag_2S/AgX	X^- (X = Cl, Br oder I)	$E = E° - \dfrac{RT}{F} \ln a_{X^-}$
Ag_2S/MeS	Me^{2+} (Me = Cu, Pb oder Cd)	$E = E° + \dfrac{RT}{2F} \ln a_{Me^{2+}}$
Ag_2S/AgI	CN^-	$E = E° - \dfrac{2RT}{F} \ln a_{CN^-}$ (vereinfacht)

Tabelle 2.2 faßt die Nernst-Gleichungen der verschiedenen Elektroden auf Basis von Silbersulfid für die Bestimmung verschiedener Anionen oder Metallionen zusammen. Dieses Elektrodenmaterial kommt meist in Form von polykristallinen Membranen zum Einsatz; daneben sind aber auch Elektroden mit Einkristallen von Silbersulfid oder Silberhalogeniden gebräuchlich. Als weitere Kristallmembranelektrode sei noch die Kupferelektrode auf Basis eines Kupferselenid-Einkristalls genannt, welcher einen Kupferionenleiter darstellt.

2.3.3   Flüssigmembranelektroden

In der Anfangszeit der Entwicklung von ionenselektiven Flüssigmembranelektroden wurden geeignete lipophile Ionophore oder Ionenaustauscher in einer organischen, mit Wasser nicht mischbaren Flüssigkeit gelöst, welche nach Immobilisierung in einer porösen Matrix (Celluloseacetatfolie u.ä.) als ionenselektive Membran diente. Dieses Prinzip lag auch der von Ross entwickelten [9] ersten kommerziellen Flüssig-membranelektrode zugrunde, die 1966 für Calciumbestimmungen auf den Markt kam; die Membranphase bestand aus einem Alkylphosphat gelöst in Didecylphenyl-phosphonat.

Im Laufe der weiteren Entwicklung wurden derartige flüssige Membranen durch Polymermembranen ersetzt, insbesondere durch PVC mit einem geeigneten Weich-macher. Die Ähnlichkeit zu den "echten" Flüssigmembranen ist offenkundig, da wir die Polymerphase als hochviskose Flüssigkeit ansehen können. Für derartige Elektroden ist auch die Bezeichnung "Polymermembranelektroden" gebräuchlich.

Die Herstellung von PVC-Membranen ist relativ einfach und in der Literatur öfters beschrieben worden. Zunächst löst man etwa 200 mg eines Gemisches sämtlicher Membrankomponenten in 2 ml Tetrahydrofuran. Die Zusammensetzung des Ge-misches hängt natürlich stark von der ionenselektiven Komponente ab; größen-ordnungsmäßig macht PVC ein Drittel (bezogen auf das Gewicht) aus, der Weich-macher zwei Drittel, während die ionenselektive Komponente etwa 1 bis 5% beträgt. Die THF-Lösung wird in einen Glasring geleert (Innendurchmesser etwa 25 mm), welcher auf einer Glasplatte fixiert ist. Nach Abdampfen des Lösungsmittels erhält man eine ca. 200 µm dicke Membran, aus welcher eine Scheibe passenden Durch-messers geschnitten und an ein Plastikröhrchen als Elektrodenschaft geklebt oder angeschmolzen wird. Der Elektrodenschaft wird wie üblich mit einer inneren Referenzlösung des Meßions gefüllt und mit einer Ableitelektrode versehen. Passende Kits zur Herstellung von PVC-Membranelektroden sind kommerziell erhältlich [10].

Die ionenselektiven Komponenten von Polymermembranelektroden werden auch zur Herstellung von Mikroelektroden eingesetzt. Dabei geht man von Glaskapillaren aus, die mit Glasziehmaschinen zu Mikropipetten mit einem Spitzendurchmesser von 1 µm und darunter gezogen werden. Nach Silanisierung der Spitze kann die Mikropipette mit einer geeigneten Innenlösung sowie einer ionenselektiven Lösung, dem sogenannten "Cocktail", befüllt werden. Fertige Cocktails sind für etliche Ionen kommerziell erhältlich [10]. Für Details über ionenselektive Mikroelektroden mit Flüssigmem-branen sei auf die Monographie von Ammann [11] verwiesen. Derartige Mikroelektroden haben unter anderem zur Bestimmung intrazellulärer Ionenaktivitäten Bedeutung gefunden.

Allgemein lassen sich die ionenselektiven Komponenten von Polymermembranelektroden in Ionenaustauscher, neutrale Ionencarrier und geladene Ionencarrier unterteilen. Erstere können auf Grund von Ionenaustauschvorgängen den Übergang einer bestimmten Ionensorte über die Phasengrenzfläche ermöglichen, die beiden letzteren auf Grund von selektiven Komplexierungsreaktionen. Allerdings wurde in der Vergangenheit nicht immer deutlich zwischen Ionenaustauschern und geladenen Ionencarriern unterschieden.

Ein lipophiles Kation wie Tridodecylmethylammonium (Anionenaustauscher) oder ein lipophiles Anion wie Tetraphenylborat (Kationenaustauscher) in der Membran führen zu einer Verteilung von gegensinnig geladenen Ionen in den Phasen Elektrode und Lösung; somit kommt es zur Ausbildung einer Gleichgewichtsgalvanispannung an der Phasengrenzfläche. Naturgemäß werden derartige Ionenaustauschermembranen bevorzugt auf organische Ionen ansprechen, gefolgt von anorganischen Ionen in der Reihenfolge ansteigender Hydratationsenergien. Für die Selektivität gegenüber anorganischen Anionen gilt die Hofmeister'sche Reihe [12]:

$$ClO_4^- > SCN^- > I^- > NO_3^- > Br^- > Cl^- > HCO_3^- > F^-$$

Generell ist zu beachten, daß auch die Art des Weichmachers der Membran die Verteilung der Ionen und daher die Selektivitätsreihenfolge beeinflussen kann. Neben den quaternären Ammoniumsalzen haben sich positiv geladene Fe(II)- oder Ni(II)-Phenanthrolinkomplexe als geeignete Anionenaustauscher erwiesen.

Polymermembranelektroden mit hydrophoben Alkylammoniumsalzen weisen einerseits den Vorteil der vielfältigen Einsetzbarkeit für verschiedene Ionen auf, andererseits aber natürlich den Nachteil mangelnder Selektivität; trotzdem haben sie eine gewisse Bedeutung für die Bestimmung von Anionen wie Chlorid, Nitrat, Tetrafluoroborat oder Benzoat erlangt [13 - 16]. Eine interessante neuere Applikation dieser Elektroden betrifft die Bestimmung von polyionischen Spezies wie z. B. Heparin, welches ein anionisches Polysaccharid mit einem ungefähren Molekulargewicht von 15000 und einer Ladungszahl von ungefähr 70 ist. Eine ionenselektive Elektrode mit einem Anionenaustauscher würde gemäß Nernst-Gleichung wegen der hohen Ladungszahl des Moleküls lediglich eine Spannungsänderung von weniger als 1 mV bei einer zehnfachen Erhöhung der Heparinkonzentration ergeben und damit für analytische Zwecke unbrauchbar sein. Die Nernst-Gleichung setzt allerdings voraus, daß das Analytion in beiden Phasen vorhanden ist und thermodynamisches Gleichgewicht herrscht. Untersuchungen von Meyerhoff et al. [17] zeigten aber, daß man bei der Bestimmung polyionischer Spezies sehr vorteilhaft abseits von Gleichgewichtsbedingungen arbeiten kann. Taucht man eine Elektrode, welche in der Membran den Anionenaustauscher in der Chloridform enthält, in eine Probe mit Heparin, so wird sich zunächst ein Fluß von Heparinionen aus der Lösung in die Membran etablieren. Das Ausmaß dieses Flusses hängt von den Diffusionskoeffizienten des Heparins in der Lösung (D_L) und in der Membran (D_M) ab und ist während einer gewissen Zeit konstant. Die Differenz ΔE der Elektrodenpotentiale vor dem Eintauchen und während des konstanten Flusses an Ionen ergibt sich gemäß Gleichung 2.19 [18], wobei δ_M und δ_L die Diffusionsschichtdicken in Membran und Lösung sind (zum Begriff der Diffusionsschichtdicke siehe auch Abschnitt 3.1), c_x für die Konzentration des Analyten in der Analysenlösung steht und c_T die Konzentration an Austauscherplätzen in der Membran bezeichnet:

$$\Delta E = \frac{RT}{F} \ln \left(1 - \frac{z D_L \delta_M}{c_T D_M \delta_L} c_x \right) \qquad (2\text{-}19)$$

Diese Verwendung von Polymerelektroden mit Ionenaustauschern abseits von Gleichgewichtsbedingungen bietet sich für die Bestimmung einer Reihe weiterer analytisch interessanter Polyelektrolyte sowohl anionischer Natur (z. B. Polyphosphate) als auch kationischer Natur an. Eine Anwendung für letzteren Fall stellt die Bestimmung des Heparin-Antagonisten Protamin [19] dar; als ionenselektive Komponente der Membran dient in diesem Fall der Kationenaustauscher Kaliumtetrakis(4-chlorphenyl)borat.

Zu den wichtigsten Verbindungen für ionenselektive Polymermembranelektroden zählen lipophile neutrale Ionophore; bahnbrechende Entwicklungen auf diesem Gebiet gehen auf die Arbeitsgruppe von W. Simon an der ETH Zürich zurück. Besondere Bedeutung hat die kaliumselektive Elektrode gefunden, welche auf Valinomycin (einem makrozyklischen Antibiotikum) basiert. Die zyklische Struktur dieser Verbindung erlaubt einen selektiven Einbau von Kaliumionen in den Molekülhohlraum. Obwohl die Kaliumelektrode praktisch als erste Flüssigmembranelektrode bereits Mitte der 60er Jahre entwickelt worden war [20, 21], ist sie auf Grund ihrer hervorragend niedrigen Querempfindlichkeit gegenüber Natrium bis heute der wichtigste Sensor für Kalium (insbesondere bei der Messung der Blutelektrolyte) geblieben. Ähnlich wie Valinomycin fungieren auch Kronenetherverbindungen als selektive Ionophore, deren Ringgröße dem zu bestimmenden Ion angepaßt werden kann. In jüngerer Zeit sind die Calixarene als weitere Gruppe zyklischer Komplexbildner mit definierten Hohlräumen dazugekommen.

Nicht nur zyklische Verbindungen sondern auch offenkettige Ionophore haben sich insbesondere für die einzelnen Alkali- und Erdalkaliionen bewährt. Mit maßgeschneiderten Molekülstrukturen konnten die Selektivitätskoeffizienten soweit optimiert werden, daß insbesondere in der klinischen Chemie Messungen bestimmter Analytionen in biologischen Flüssigkeiten ohne Störungen durch die Ionen der Matrix möglich sind.

Die wichtigsten geladenen Ionencarrier für kationenselektive Elektroden sind die bereits erwähnten Alkylphosphate für die Bestimmung von Calcium. Sie werden zwar oft der Gruppe der Ionenaustauscher zugeordnet, weisen aber eine unterschiedliche Selektivität auf und sollten daher gegenüber den wenig selektiven "normalen" Kationenaustauschermembranen basierend auf Tetraphenylborat u.ä. abgegrenzt werden. Tabelle 2.3 gibt eine (keinesfalls vollständige) Zusammenstellung der Strukturen von häufig eingesetzten neutralen und geladenen Ionencarrieren.

Tabelle 2.3 Beispiele für Ionencarrier in Polymermembranelektroden

Ionencarrier	Analytion	Literatur
Valinomycin	K^+	[22 - 24]
Nonactin	NH_4^+	[25]
	Li^+	[26]
$CH_3(CH_2)_{11}$ ... H_3C	Na^+	[27, 28]
	K^+	[28 - 30]

Tabelle 2.3 (Fortsetzung)

Ionencarrier	Analytion	Literatur
	K$^+$	[31, 32]
	Cs$^+$	[33]
	Cs$^+$	[34]
R$_1$ = H; R$_2$ = $-$CH$_2$$-CH_2$$-SCH_3$	Ag$^+$	[35]
R$_1$ = R$_2$ = $-$CH$_2$$-\overset{\overset{\text{S}}{|}}{\text{C}}-$N(CH$_3$)$_2$	Pb^{2+}	[36]
R$_1$ = R$_2$ = $-$CH$_2$$-\overset{\overset{\text{O}}{\|}}{\text{C}}-O-CH_2$$-CH_3$	Na$^+$	[37]

Tabelle 2.3 (Fortsetzung)

Ionencarrier	Analytion	Literatur
R = n-Octyl oder n-Dodecyl X = O–C–CF$_3$ oder Cl (O)	Cl$^-$	[38, 39]
	Ba^{2+}	[40, 41]
R = Alkyl, N-Alkylacetamido, Alkyloxycarbonyl, Alkylsulfonyl, usw.	CO$_3^{2-}$	[42, 43]
R = Cyclohexyl oder Octadecyl	Ca^{2+}	[44, 45]
	Ca^{2+}	[46]

Tabelle 2.3 (Fortsetzung)

Ionencarrier	Analytion	Literatur
	Mg^{2+}	[47]
	Mg^{2+}	[48, 49]
	Mg^{2+}	[50]
	Na^+	[51]
	Na^+	[52, 53]

Tabelle 2.3 (Fortsetzung)

Ionencarrier	Analytion	Literatur
 R₁, R₂ = Cyclohexyl oder Isobutyl	Li^+	[54 - 56]
	Li^+	[56 - 58]
 R = Decyl, Alkylphenyl	Ca^{2+}	[59, 60]
	H_3O^+	[61]
	H_3O^+	[61]

Wie bereits erwähnt, können neben der eigentlichen ionenselektiven Komponente weitere Zusätze zur Membran einen wesentlichen Einfluß auf die Selektivität und das Ansprechverhalten haben. Zusätze von organischen Lösungsmitteln beziehungsweise die Art des gewählten Weichmachers sind signifikante Parameter bei der Optimierung der Elektrode. Eine umfangreiche Untersuchung über den Einfluß verschiedenster Weichmacher ist von Eugster et al. [62] durchgeführt worden. Membranen mit neutralen Ionophoren zeigen oft deutlich verbesserte Eigenschaften, wenn in der Membran ionische Zusätze vorhanden sind, und zwar lipophile Anionen (Derivate von Tetraphenylborat) für kationenselektive Elektroden und lipophile Kationen (Tetraalkylammonium) für anionenselektive Elektroden. Entsprechende Modelle für das Ansprechverhalten als Funktion derartiger Zusätze existieren, können aber im Rahmen diese Buches nicht weiter diskutiert werden.

2.3.4 Ionenselektive Elektroden für die Gasanalyse

Ionenselektive Elektroden eignen sich auch für die Analyse von Gasen, sofern diese durch Einleiten in Wasser zu Ionen reagieren, welche mit geeigneten Elektroden erfaßt werden können. Meist kommen Glaselektroden zum Einsatz, mit denen wir pH-Änderungen bei der Reaktion von Gasen mit Wasser entsprechend den folgenden Reaktionsgleichungen messen können:

$$CO_2 + 2\,H_2O \rightleftharpoons HCO_3^- + H_3O^+ \qquad (2\text{-}20)$$

$$SO_2 + 2\,H_2O \rightleftharpoons HSO_3^- + H_3O^+ \qquad (2\text{-}21)$$

$$NH_3 + H_2O \rightleftharpoons NH_4^+ + OH^- \qquad (2\text{-}22)$$

$$HF + H_2O \rightleftharpoons F^- + H_3O^+ \qquad (2\text{-}23)$$

$$H_2S + 2\,H_2O \rightleftharpoons S^{2-} + 2\,H_3O^+ \qquad (2\text{-}24)$$

$$HCN + H_2O \rightleftharpoons CN^- + H_3O^+ \qquad (2\text{-}25)$$

Die drei letzten Beispiele erlauben neben der pH-Elektrode grundsätzlich auch den Einsatz einer Fluorid-, Sulfid- bzw. Cyanid-Elektrode.

Für die Reaktionen der Gase mit Wasser gilt natürlich die Gleichgewichtskonstante K des Massenwirkungsgesetzes, sodaß wir im Falle von Kohlendioxid den folgenden Zusammenhang formulieren können:

$$a_{H_3O^+} = K\,\frac{a_{CO_2}}{a_{HCO_3^-}}$$

$$(2\text{-}26)$$

Sofern wir in der Lösung die Konzentration an Hydrogencarbonat durch den Zusatz eines Hydrogencarbonatsalzes in hoher Konzentration konstant halten, ist die Aktivität des gemessenen Ions direkt proportional zur Konzentration des Gases.

Sollen gelöste Gase in flüssigen Proben gemessen werden, so eignen sich Elektroden mit einem Aufbau, wie er in Abbildung 2.7 gezeigt ist. Eine pH-Glaselektrode

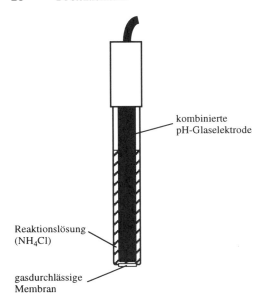

kombinierte
pH-Glaselektrode

Reaktionslösung
(NH_4Cl)

gasdurchlässige
Membran

Abbildung 2.7 Aufbau einer
Ammoniakelektrode

befindet sich in einer Reaktionslösung, welche von der Meßlösung durch eine poröse, gasdurchlässige Membran aus Teflon oder ähnlichen Materialien abgetrennt ist. Als Reaktionslösung kann Natriumhydrogencarbonat für CO_2-Elektroden, Ammoniumchlorid für Ammoniakelektroden oder Natriumhydrogensulfit für SO_2-Elektroden dienen. Da die Membran lediglich für Gase, nicht aber für andere Komponenten der Probe durchlässig ist, besteht eine hohe Selektivität. Praktische Bedeutung haben vor allem die Ammoniakelektrode sowie die Kohlendioxidelektrode gefunden; letztere geht auf Arbeiten von Severinghaus und Bradley [63] zurück und eröffnete in der klinischen Chemie die Möglichkeit der einfachen Bestimmungen von CO_2 in Blut.

2.3.5 Potentiometrische Biosensoren

Wie am Beispiel der potentiometrischen Bestimmung von Gasen bereits gezeigt, läßt sich das Anwendungsgebiet ionenselektiver Elektroden auch auf neutrale Analyte ausdehnen, falls diese durch eine geeignete chemische Reaktion in ionische Spezies umgewandelt werden. Die Selektivität der Analyse kann dabei hauptsächlich durch die Selektivität der vorgelagerten Reaktion gesteuert werden. Naheliegend ist es, Enzyme einzusetzen, für welche die Analyte als Substrate dienen. Häufige Produkte von enzymatischen Reaktionen sind Protonen, CO_2 oder NH_3/NH_4^+, sodaß mit pH-Glaselektroden oder CO_2- bzw. NH_3-Elektroden ein entsprechender Sensor aufgebaut werden kann.

Ein typisches, häufig zitiertes Beispiel eines potentiometrischen Biosensors ist der Harnstoffsensor mit dem Enzym Urease, welches Harnstoff zu Carbonat und Ammonium (bzw. Kohlendioxid und Ammoniak) umsetzt. Daher eignet sich als Meßelektrode sowohl eine Polymermembranelektrode für Ammonium oder für

Carbonat als auch eine NH_3-Elektrode. Wir könnten die Meßanordnung ohne besonderen Aufwand so aufbauen, daß wir das Enzym der Analysenlösung zufügen und die dabei auftretende Potentialänderung der Elektrode messen. Wesentlich eleganter ist es natürlich, das Enzym an der Elektrodenoberfläche zu immobilisieren, sei es durch eine mechanische Immobilisierung in einer Gelschicht oder durch eine chemische Bindung an das Elektrodenmaterial. Natürlich eignet sich nicht jede Membran für eine kovalente Bindung mit dem Enzym; im Fall von Polymermembranelektroden kann es in dieser Hinsicht zielführend sein, neue Polymere mit geeigneten reaktiven Gruppen einzusetzen (etwa an Stelle von PVC ein carboxyliertes PVC [64]).

Stabile Enzyme in Reinform stehen nicht immer für analytisch wichtige Substrate zur Verfügung. Stattdessen sind in manchen Fällen auch intakte Zellen oder Gewebeteile zur Modifikation der Elektrodenoberfläche geeignet; hierbei ist die Stabilität des Enzyms deutlich verbessert und eventuell notwendige Kofaktoren sind bereits vorhanden.

Zu den Analyten, welche mit Enzymelektroden erfaßbar sind, zählen neben dem bereits erwähnten Harnstoff auch Creatinin (Creatininase), Acetylcholin (Acetylcholinesterase), Penicillin (Penicillinase oder Penicillinamidohydrolase), Glutamin (Glutaminase), Asparagin (Asparaginase), Salicylat (Salicylathydroxylase), Tyrosin (Tyrosindecarboxylase), Glucose (Glucoseoxidase), Adenosin (Adenosindeaminase) oder Lysin (Lysindecarboxylase). Dies sind lediglich einige wenige Anwendungsbeispiele; die Kreativität bei der Entwicklung neuer Applikationen stößt lediglich durch die beschränkte Stabilität von Enzymen an Grenzen. Allerdings ist letzteres Kriterium der Grund, daß die Kommerzialisierung von Enzymelektroden für die Routine noch nicht sehr weit gediehen ist.

2.3.6 Konzentrationsbestimmungen mit ionenselektiven Elektroden

Ionenselektive Elektroden sprechen gemäß der Nernst-Gleichung auf Ionenaktivitäten an. Diese Eigenschaft ist für pH-Messungen vorteilhaft, da in diesem Fall entsprechend der Definition des pH-Wertes Protonenaktivitäten bestimmt werden müssen. Für die meisten analytischen Problemstellungen sind allerdings Konzentrationen und nicht Aktivitäten der Meßionen relevant, was geeignete Kalibrierverfahren notwendig macht. Wir können hierbei zwischen Kalibrierkurvenverfahren und Konzentrationsbestimmungen mittels Standardaddition unterscheiden.

Soll die Auswertung von Messungen mit ionenselektiven Elektroden durch eine Konzentrations-Kalibrierkurve erfolgen (wobei die gemessenen Potentiale der Kalibrierlösungen gegen den Logarithmus der Konzentrationen aufzutragen sind), so muß gewährleistet sein, daß der Aktivitätskoeffizient des Meßions in den Kalibrier- und Meßlösungen gleich ist. Dies bedeutet, daß die Ionenstärke in allen Lösungen gleich sein muß. Sofern die Matrix bekannt und für alle Proben praktisch gleich ist (was in der Routineanalytik für Meßserien bisweilen zutrifft), können wir die Kalibrierstandards in einer Matrix herstellen, die mit der Probe weitgehend identisch ist, sodaß wir damit die Voraussetzung für eine korrekte Anwendung des Kalibrier-kurvenverfahrens erfüllen.

Ist die Matrix unbekannt oder von Probe zu Probe stark variierend, so können wir trotzdem eine Konzentrations-Kalibrierkurve für die quantitative Auswertung der Messungen heranziehen, soferne in den Proben sowie in den Kalibrierlösungen die Ionenstärke durch Zugabe von elektrochemisch inaktiven Salzen so weit erhöht wird, daß eventuelle Matrixunterschiede zwischen verschiedenen Proben bzw. zwischen Proben und Standards nicht mehr bemerkbar sind (Methode der fixierten Ionenstärke). Die Zusammensetzung von Lösungen zur Einstellung einer konstanten Ionenstärke kann so gewählt werden, daß gleichzeitig eine Pufferung auf einen geeigneten pH-Wert erfolgt, Störionen maskiert werden oder komplexierte Meßionen freigesetzt werden. Häufig finden wir für derartige Lösungen die Bezeichnungen ISA (ionic strength adjustant) oder TISAB (total ionic strength adjustment buffer). Die Reproduzierbarkeit von quantitativen Messungen liegt für ein- bzw. zweiwertige Ionen bei etwa 2 bzw. 4 Relativprozent.

Konzentrationsbestimmungen durch Standardaddition können wir im einfachsten Fall so durchführen, daß wir zunächst das Potential der Meßelektrode in einem definierten Volumen V_0 an Probe messen, welche die Konzentration c_x des Meßions enthält. Anschließend fügen wir ein bestimmtes Volumen V_A einer Standardlösung mit der Konzentration c_A zu, erhöhen damit die Konzentration in der Probe um Δc und messen das Potential ein zweites Mal. Beide Potentiale müssen der Nernst-Gleichung entsprechen. Bei der Bildung der Differenz ΔE der beiden Messungen fällt $E°$ weg und wir erhalten den folgenden Zusammenhang (S steht für die Elektrodensteilheit, worunter wir den Faktor $2{,}303RT/zF$ aus der Nernst-Gleichung verstehen):

$$\Delta E = S \cdot \log \frac{\gamma_x (c_x^- + \Delta c)}{\gamma_x c_x} \tag{2-27}$$

Da sich durch die Aufstockung die Matrix in der Meßlösung praktisch nicht ändert, bleibt auch der Aktivitätskoeffizient γ_x praktisch konstant und kürzt sich in der Gleichung 2-27 heraus, sodaß wir c_x nach Gleichung 2-28 berechnen können (die Menge an zugegebenem Standard sollte so gewählt werden, daß sich die Konzentration in der Probe etwa verdoppelt bis verfünffacht):

$$c_x = \frac{\Delta c}{10^{\Delta E / S} - 1}$$
$$\text{mit } \Delta c = \frac{V_A c_A}{V_0} \tag{2-28}$$

Soll zusätzlich die Verdünnung bei der Standardzugabe mitberücksichtigt werden, so ist Gleichung 2-28 durch 2-29 zu ersetzen:

$$c_{\mathrm{x}} = \frac{V_{\mathrm{A}} c_{\mathrm{A}}}{\left[10^{\Delta E/S}(V_0 + V_A)\right] - V_0} \qquad (2\text{-}29)$$

Ein Vorteil der Standardadditionsmethode ist die Tatsache, daß unter gewissen Voraussetzungen auch die Summe von freien und komplexierten Meßionen erfaßt werden kann. Das Komplexierungsgleichgewicht ist durch die Komplexbildungskonstante definiert; wenn wir von einem hohen Überschuß an Komplexierungsmittel ausgehen, kann dessen Konzentration als konstant angesehen werden und in die Komplexbildungskonstante einbezogen werden. Dies bedeutet nun, daß das Verhältnis der Aktivitäten an freier und komplexierter Form des Meßions eine Konstante sein muß. Würden wir zum Beispiel bei der Standardaddition in einer Probe ohne Komplexbildner die Meßionenkonzentration von 50 mM auf 100 mM verdoppeln, so könnte dieselbe Standardaddition bei Anwesenheit eines bestimmten Komplexbildners eine Erhöhung der freien Meßionenkonzentration von 0,01 mM auf 0,02 mM zur Folge haben. In beiden Fällen kommt es zu einer Verdoppelung der Konzentration an freien Meßionen, sodaß wir denselben Wert für ΔE messen und dasselbe Ergebnis erhalten. Es sei nochmals darauf hingewiesen, daß für diesen Fall ein hoher Überschuß an Komplexbildner vorausgesetzt werden muß.

Anstelle die Probe mit einer Standardlösung aufzustocken, können wir auch eine Standardlösung mit der Probe aufstocken. Vorteile bietet dieses Verfahren, wenn nur sehr wenig Probevolumen zur Verfügung steht. In diesem Fall können wir das notwendige Meßvolumen durch eine entsprechend niedrig konzentrierte Standardlösung vorgeben, die wir mit einem kleinen Volumen an Probelösung aufstocken. Die Meßionenkonzentration c_{x} ergibt sich aus Gleichung 2-30:

$$c_{\mathrm{x}} = c_{\mathrm{A}}\left[\left(\frac{V_0 + V_A}{V_0}\right) \cdot 10^{\Delta E/S} - \frac{V_A}{V_0}\right] \qquad (2\text{-}30)$$

Voraussetzung für die Anwendbarkeit dieser Standardadditionsverfahren ist die Kenntnis der Elektrodensteilheit S. Ist diese nicht bekannt, so kann als elegante Alternative die Probe zunächst mit einer Standardlösung aufgestockt werden, wobei eine ungefähre Verdoppelung der Konzentration anzustreben ist. Hierbei ergeben sich die Meßwerte E_1 und E_2. Anschließend wird die Lösung 1:1 verdünnt und gemessen, was den Wert E_3 liefert. Aus der Differenz der Potentiale bei der Verdünnung ist die Steilheit berechenbar, da die folgenden beiden Gleichungen gelten müssen:

$$E_3 - E_2 = S \cdot \log \frac{\dfrac{c_{\mathrm{x}} + \Delta c}{2}}{c_{\mathrm{x}} + \Delta c} \qquad (2\text{-}31)$$

$$S = \frac{E_2 - E_3}{\log 2} \qquad (2\text{-}32)$$

Tabelle 2.4 R-Werte für die Anwendung der zweifachen Standardadditionsmethode zur Auswertung von Messungen mit ionenselektiven Elektroden

R	$c_X/\Delta c$	R	$c_X/\Delta c$	R	$c_X/\Delta c$	R	$c_X/\Delta c$
1,300	0,140	1,490	0,582	1,595	1,056	1,700	1,894
1,310	0,154	1,495	0,600	1,600	1,086	1,705	1,948
1,320	0,170	1,500	0,618	1,605	1,116	1,710	2,006
1,330	0,186	1,505	0,637	1,610	1,147	1,715	2,066
1,340	0,203	1,510	0,655	1,615	1,179	1,720	2,126
1,350	0,221	1,515	0,675	1,620	1,213	1,725	2,190
1,360	0,240	1,520	0,694	1,625	1,245	1,730	2,256
1,370	0,260	1,525	0,714	1,630	1,280	1,735	2,326
1,380	0,280	1,530	0,735	1,635	1,315	1,740	2,397
1,390	0,302	1,535	0,756	1,640	1,353	1,745	2,470
1,400	0,325	1,540	0,778	1,645	1,391	1,750	2,549
1,410	0,349	1,545	0,801	1,650	1,430	1,755	2,629
1,420	0,373	1,550	0,823	1,655	1,469	1,760	2,711
1,430	0,399	1,555	0,847	1,660	1,510	1,765	2,801
1,440	0,427	1,560	0,870	1,665	1,554	1,770	2,892
1,450	0,455	1,565	0,896	1,670	1,598	1,775	2,985
1,460	0,485	1,570	0,920	1,675	1,643	1,780	3,088
1,470	0,516	1,575	0,946	1,680	1,691	1,785	3,193
1,475	0,532	1,580	0,973	1,685	1,738	1,790	3,301
1,480	0,548	1,585	1,000	1,690	1,787	1,795	3,416
1,485	0,565	1,590	1,056	1,695	1,840	1800	3,536

Mit der gemäß Gleichung 2-32 ermittelten Steilheit kann die Aufstockung der Probe mit der Standardlösung ausgewertet werden.

Auch die Technik der doppelten Standardaddition erlaubt Konzentrationsbestimmungen bei unbekannter Elektrodensteilheit. Hierbei wird zweimal hintereinander dasselbe Volumen an Standardlösung zugefügt, sodaß sich die Meßwerte E_1, E_2 und E_3 ergeben. Aus den Überlegungen für die einfache Standardaddition ergibt sich der folgende Zusammenhang:

$$R = \frac{E_3 - E_1}{E_2 - E1} = \frac{\log\dfrac{c_x + 2\Delta c}{c_x}}{\log\dfrac{c_x + \Delta c}{c_x}} \tag{2-33}$$

Die Auflösung von Gleichung 2-33 nach c_x gestaltet sich etwas aufwendig; bequemer ist die Verwendung von Tabellen, welche R-Werte für verschiedene Verhältnisse von $c_x/\Delta c$ beinhalten. Damit kann aus dem gemessenen R-Wert die unbekannte Konzentration ermittelt werden. Entsprechende Zahlenwerte sind in Tabelle 2.4 zusammengefaßt.

Eine Variante des Standardadditionsverfahrens ist die Mehrfachaufstockung nach Gran. Wir können die Nernst-Gleichung in die folgende entlogarithmierte Form bringen (k stellt eine Konstante dar):

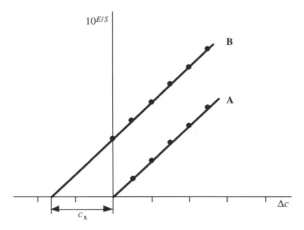

Abbildung 2.8 Mehrfachstandardaddition nach Gran; A: Standardaddition in einer Meßlösung ohne Analytionen, B: Standardaddition in einer Meßlösung mit Analytionen

$$10^{E/S} = k \; \gamma_x c_x \tag{2-34}$$

Falls wir wieder annehmen, daß der Aktivitätskoeffizient γ bei den Standard-additionen konstant bleibt, können wir ihn in die Konstante k der Gleichung 2-34 einbeziehen. Wir wollen nun gedanklich von einer Meßlösung ausgehen, welche zunächst keine Meßionen enthält; wir fügen mehrmals jeweils dasselbe Volumen einer Standardlösung des Meßions zu und registrieren das Potential E der Elektrode. Tragen wir die Werte für $10^{E/S}$ als Funktion der jeweils insgesamt zugegebenen Konzentration Δc auf, so erhalten wir bei Vernachlässigung der Verdünnung eine Gerade gemäß der Gleichung 2-34. Führen wir diese Standardaddition mit einer Meßlösung durch, die bereits eine gewisse Konzentration an Meßionen enthält, so kommt es zu einer Parallelverschiebung der Geraden gemäß der folgenden Gleichung:

$$10^{E/S} = k \cdot c_x + k \cdot \Delta c \tag{2-35}$$

Aus dem Schnittpunkt der erhaltenen Geraden mit der x-Achse ergibt sich daher die Konzentration der Probe (siehe Abbildung 2.8). Soll zusätzlich die Verdünnung der Meßlösung durch das zusätzlich Volumen V der Standardaddition berücksichtigt werden, so sind auf der y-Achse die Werte für $(V_0+V)10^{E/S}$ aufzutragen.

2.3.7 Bestimmung der Nachweisgrenze und des Selektivitätskoeffizienten ionenselektiver Elektroden

Wird das gemessene Potential als Funktion des Logarithmus der Aktivität aufgetragen, so erhalten wir gemäß der Nernst-Gleichung eine lineare Kalibrierkurve mit der Steigung S. Unterhalb der Nachweisgrenze geht diese Kalibrierkurve in eine Gerade parallel zur x-Achse über. Vielfach ist letztere Gerade durch die Eigenlöslichkeit

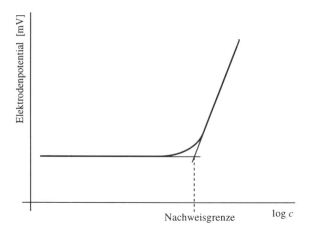

Abbildung 2.9 Bestimmung der Nachweisgrenze von ionenselektiven Elektroden

der Membran bestimmt. Wie in Abbildung 2.9 gezeigt, können wir die Nachweis-grenze aus dem Schnittpunkt der beiden Geraden ermitteln. In realen Proben ist diese Nachweisgrenze natürlich nicht immer erreichbar, da bereits vorher Störionen potentialbestimmend werden können. Daher ist es für die praktische Ermittlung der Nachweisgrenze sinnvoll, von einer Lösung ohne Meßionen in einer Matrix auszu-gehen, welche den Proben entspricht; anschließend fügen wir steigende Mengen des Meßions zu, erstellen die beiden Geraden und ermitteln den Schnittpunkt.

Wie bereits diskutiert, wird die Selektivität einer ionenselektiven Elektrode durch den Selektivitätskoeffizienten K in der Nikolski-Eisenman-Gleichung beschrieben. Die Ermittlung des Selektivitätskoeffizienten kann auf zwei Arten durchgeführt werden:

- Methode der fixierten Störionenaktivität (Aufnahme einer Kalibrierkurve für das Meßion bei konstanter Störionenaktivität);
- Methode der separaten Lösungen (Aufnahme von Kalibrierkurven für das Meßion und das Störion in getrennten Lösungen).

Bei der Methode der fixierten Störionenaktivität werden zu einer Lösung des Stör-ions S steigende Mengen des Meßions M zugefügt. Analog zu Abb. 2.9 erhält man bei Auftragen der gemessenen Potentiale als Funktion des Logarithmus der Konzentration des Meßions zunächst eine Gerade parallel zur x-Achse und bei höheren Konzentrationen des Meßions eine Gerade mit der Steigung S. Der Schnittpunkt der beiden Geraden ergibt eine Konzentration a_M des Meßions. Dieser Schnittpunkt bedeutet auch, daß die entsprechenden Aktivitäten von Störion und Meßion das gleiche Potential ergeben. Aus der Nikolski-Eisenman-Gleichung folgt dann:

$$K_{M/S} = \frac{a_M}{a_S^{z_M/z_S}} \qquad (2\text{-}36)$$

Das Diagramm, welches bei der Methode der fixierten Störung erhalten wird, ist deshalb dem Diagramm für die Bestimmung der Nachweisgrenze analog, weil wir die

Nachweisgrenze auch als Störeinfluß der Meßionen aus der Löslichkeit der Membran interpretieren können.

Bei der Methode der separaten Lösungen wird das Potential der Elektrode in getrennten Lösungen des Meßions und des Störions gemessen. Bei gleicher Aktivität der Ionen in den beiden Lösungen läßt sich aus den Nikolski-Eisenman-Gleichungen für beide Messungen der folgende Zusammenhang herleiten:

$$\log K_{M/S} = \frac{\left(E_S - E_M\right) z_A F}{2,303 RT} + \left(1 - \frac{z_M}{z_S}\right) \log a_M \qquad (2\text{-}37)$$

Werden hingegen bei der Methode der separaten Lösungen die Aktivitäten der beiden Ionen so gewählt, daß sich gleiche Potentiale ergeben, so gilt ebenfalls die Gleichung 2-36.

Leider gibt es gewisse Einschränkungen für diese Bestimmungsverfahren von potentiometrischen Selektivitätskoeffizienten. Die Anwendung der Nikolski-Eisenman-Gleichung setzt voraus, daß sowohl Meßion als auch Störion ein Verhalten entsprechend der Nernst-Gleichung aufweisen, was in der Realität nicht immer gegeben ist. Ferner ist die Nikolski-Eisenman-Gleichung keine symmetrische Gleichung für Ionen unterschiedlicher Ladungszahl; würden wir das Störion als Meßion und das Meßion als Störion betrachten, würden wir einen Unterschied im berechneten Potential erhalten; dieses Problem hat in jüngerer Zeit zu verfeinerten Modellen des Verhaltens ionenselektiver Elektroden geführt [65, 66], die aber im Rahmen des vorliegenden Buches nicht im Detail besprochen werden können. Darüber hinaus sind empirische Verfahren bekannt, die vollkommen unabhängig von der Nikolski-Eisenman-Gleichung sind; ein solches Verfahren ist die erstmals von Gadzekpo und Christian [67] eingeführte "Matched-Potential-Method". In diesem Fall ist der Selektivitätskoeffizient definiert als das Verhältnis der Aktivität des Meßions und der Aktivität des Störions, die in einer Referenzlösung dieselbe Potentialänderung ergeben. Dazu wird zunächst zur Referenzlösung eine bestimmte Menge an Meßionen zugefügt und die Potentialänderung gemessen; in einem weiteren Experiment wird zur Referenzlösung eine Menge an Störionen gegeben, welche ausreichend ist, um dieselbe Potentialänderung zu ergeben. Diese Form des Selektivitätskoeffizienten wurde als Ergänzung zu den traditionellen Verfahren auch von der IUPAC empfohlen [68].

2.3.8 Messungen mittels Fließinjektionsanalyse

Bei hoher Probenzahl ist es vorteilhaft, anstelle der Messung im batch-Verfahren auf Fließinjektionsverfahren (flow injection analysis, FIA) umzusteigen. Ein definiertes Volumen der Analysenlösung wird in einen Trägerstrom eines geeigneten Elektrolyten eingespritzt und durch diesen zur Meßelektrode transportiert. Der Trägerstrom ist nicht nur das Transportmedium für die Probe, sondern kann auch die Funktion der Konditionierung der ionenselektiven Elektrode übernehmen. Vorteile der FIA sind hauptsächlich der hohe Probendurchsatz von etwa 50 bis 100 Proben in der Stunde, die geringen notwendigen Probenvolumina im Mikroliterbereich sowie die Tatsache, daß der Trägerstrom sehr rasch eventuelle durch die Probe eingebrachte Verunreinigungen wieder aus dem System spült.

Die Höhe des Meßsignals in der FIA hängt einerseits vom Ausmaß der Dispersion des Probenvolumens im Trägerstrom während des Transports zur Elektrode ab, andererseits von der Ansprechgeschwindigkeit der Elektrode. Hierbei müssen wir beachten, daß das Ansprechverhalten von ionenselektiven Elektroden oft zu langsam ist, als daß es im Zeitraum des Vorbeifließens der Probe an der Elektrode zur Etablierung des thermodynamischen Gleichgewichtes käme. Die Peakhöhen der Signale entsprechen dann nicht mehr der Nernst-Gleichung. Diese Tatsache ist kein prinzipieller Nachteil der Fließinjektionsanalyse, sofern wir durch Einspritzen von Standards eine entsprechende Kalibrierung vornehmen können. Das Arbeiten abseits der Gleichgewichtsbedingungen kann sogar einige Vorteile bringen; es sprechen gut konditionierte Elektroden häufig rascher auf das Meßion als auf ein Störion an, was zu einer günstigen Diskriminierung gegenüber den Störionen in der FIA führen kann. Weiters zeigten Arbeiten von Frenzel [69], daß mittels FIA sogar unterhalb der Nachweisgrenze von ionenselektiven Kristallmembranelektroden gemessen werden kann, wenn die Nachweisgrenze durch die Löslichkeit des Membranmaterials bedingt ist; in diesem Fall eignet sich als Trägerstrom eine Lösung, die mit dem Meßion in jener Konzentration versetzt ist, die dem Löslichkeitsprodukt des Elektrodenmaterials entspricht; bei Einspritzung von niedrigeren Probenkonzentrationen erhalten wir negative Signale, weil die Auflösung des Elektrodenmaterials langsamer vor sich geht als die Potentialausbildung für die eingespritzte Probe.

Eine andere vorteilhafte Meßanordnung, die nur durch FIA realisierbar ist, besteht in der Verwendung von zwei ionenselektiven Elektroden anstelle einer ionenselektiven Elektrode und einer Bezugselektrode. Die beiden Elektroden sind derart in der Durchflußmeßzelle angeordnet, daß der Beginn der Probenzone die zweite Elektrode erst dann erreicht, wenn das Ende der Probenzone die erste Elektrode bereits passiert hat; damit erhalten wir ein Gesamtsignal aus einem positiven und einem negativen Peak, dessen Größe natürlich höher als die eines üblichen Signals ist.

FIA-Systeme ermöglichen zusätzlich die Integration von einfachen Probenvorbereitungsschritten wie die Zugabe eventuell notwendiger Reagenzien; diese können kontinuierlich an einem Punkt zwischen Probeninjektor und Detektor zugemischt werden. Schließlich eignet sich die Analyse in fließenden Systemen auch zur Prozeßkontrolle in der Form, daß die Probe kontinuierlich durch den Detektor gepumpt wird; allerdings ist eine periodische Überprüfung der Kalibrierung der Elektrode unumgänglich, welche durch Einspritzen von Standardlösungen in den Probenstrom möglich ist. Wenn der Probestrom die gleiche Konzentration wie die eingespritzte Standardlösung aufweist, sehen wir bei der Standardeinspritzung kein Signal, ansonsten positive oder negative Signale entsprechend den Konzentrationsverhältnissen zwischen Probestrom und Standard. Allgemeine Konzepte zum Einsatz von ionenselektiven Elektroden in der Fließinjektionsanalyse sind unter anderem in Arbeiten von Frenzel [69, 70] zu finden.

Neben den FIA-Systemen im engeren Sinne finden wir Analysenautomaten, in denen die injizierte Probe durch einen Trägerstrom zu einer oder mehreren

Meßelektroden transportiert wird, dann der Fluß angehalten und ein konstantes Meßsignal abgewartet wird und anschließend die Probe aus dem System gespült und die nächste Probe zur Messung gebracht wird. Vor allem im klinischen Bereich sind automatische Analysatoren für die Bestimmung der Blutelektrolyte gebräuchlich, insbesondere für die Parameter Natrium, Kalium, Calcium und Chlorid. Trotz der weiten Verbreitung derartiger Geräte ist eine sorgfältige Interpretation der Meßergebnisse für Ionen wie Calcium notwendig, welches in Serum nur knapp zur Hälfte in freier Form vorliegt, während der größere Teil an Protein oder auch niedermolekulare Liganden gebunden vorliegt. Sofern man der Probe nicht Reagenzien zur Freisetzung von Calcium aus den gebundenen Formen zusetzt, mißt die ionenselektive Elektrode natürlich nur die freien Calciumionen. Dieser Parameter ist vom klinischen Standpunkt her wesentlich, doch hängt das Bindungsvermögen für Calcium durch Proteine vom pH-Wert ab, sodaß vergleichbare Resultate nur bei Berücksichtigung des pH-Wertes möglich sind.

2.4 Potentiometrische Titrationen

Titrationen zählen zu den ältesten quantitativen Verfahren in der analytischen Chemie. Sie sind trotz neuer Entwicklungen in der instrumentellen Analytik nach wie vor weit verbreitet und aus der Routineanalytik nicht wegzudenken. Titrationsverfahren bieten eine Reihe von Vorteilen: die Instrumentierung ist einfach und preiswert, der Zeitaufwand für die Durchführung der Analyse gering; das Verfahren beruht auf leicht verständlichen Prinzipien; eine gerätespezifische Kalibrierung ist nicht notwendig; die Reproduzierbarkeit ist besser als 1% (zum Teil sogar unter 0,1 %).

Die Güte eines Titrationsverfahrens hängt aber von der Zuverlässigkeit der genauen Endpunktbestimmung ab. Farbindikatoren unterliegen häufig großen subjektiven Fehlern. Eine Aufzeichnung der gesamten Titrationskurve erlaubt eine wesentlich objektivere Erkennung des Endpunktes und ist stets dann möglich, wenn wir das Titrationsgefäß mit der Probe als elektrochemische Halbzelle anordnen können, deren Einzelpotential (gemessen als EMK in Kombination mit einer Bezugselektrode) vom Titrationsgrad abhängt. Als Arbeitselektroden können je nach Problemstellung Elektroden 1. Art, Redoxelektroden oder ionenselektive Elektroden verwendet werden. Säure-Basen-Titrationen, Fällungstitrationen, Redoxtitrationen sowie komplexometrische Titrationen lassen sich vielfach in Form einer potentiometrische Titration durchführen.

2.4.1 Instrumentierung für potentiometrische Titrationen

Handelsübliche Geräte zur Durchführung potentiometrischer Titrationen (auch Potentiographen genannt) verfügen über Automatbüretten mit variabler Titriergeschwindigkeit, Möglichkeiten zur graphischen Darstellung und Ausgabe der Titrationskurve sowie über Verfahren zur Ermittlung des Endpunktes. Probenwechsler und PC-Verknüpfung ermöglichen die Automatisierung von Serienanalysen.

Titrationen können in einem monotonen Modus (Zugabe konstanter Volumeninkremente), in einem dynamischen Modus (Zugabe variabler Volumeninkremente, welche ungefähr konstante Spannungsänderungen ergeben) sowie in einem Modus variabler Volumeninkremente bis zu einem vorgegebenen Endpunkt durchgeführt werden. Eine zusätzliche drift- oder zeitkontrollierte Meßwertübernahme nach Zugabe eines Volumeninkrements ist bei chemischen Reaktionen mit langsamer Kinetik oder bei langen Ansprechzeiten der Elektrode von Vorteil, führt aber zu längeren Titrationszeiten.

Wie erwähnt, muß die in die Probelösung tauchende Arbeitselektrode mit einer geeigneten Bezugselektrode zu einer galvanischen Zelle vervollständigt werden, deren EMK als Funktion des Titrationsgrades gemessen wird. Die Anforderungen an die Langzeitstabilität des Potentials der Bezugselektrode sind bei potentiometrischen Titrationen meist wesentlich geringer als bei direktpotentiometrischen Bestimmungen, wie sie in Abschnitt 2.3 beschrieben wurden. Da bei Titrationen im allgemeinen nur der Potentialsprung im Bereich des Äquivalenzpunktes zur Auswertung dient, muß lediglich eine Konstanz des Potentials der Referenzelektrode während eines einzelnen Titrationsablaufes gegeben sein. Eine Drift der Referenzelektrode während einer Serie von Analysen spielt praktisch keine Rolle (dies gilt natürlich nicht bei Titrationen bis zu einem vorgegebenen Endpunkt mit vorgegebenem Endpunktssignal). Daher lassen sich beispielsweise Redoxtitrationen mit einer Platin-Arbeitselektrode und einer pH-Elektrode als Referenzelektrode durchführen, sofern der pH-Wert während der Titration praktisch konstant bleibt. Ähnliches gilt für eine Fällungstitration von Chlorid mit Silbernitrat und einem Silberstab als Arbeitselektrode. Selbst eine Platinelektrode leistet bisweilen erstaunlich gute Dienste als Pseudoreferenzelektrode. Der Vorteil gegenüber Bezugselektroden vom Typ der Elektroden 2. Art wie Ag/AgCl/KCl liegt darin, daß keine Probleme mit Verschmutzungen oder Blockierungen eines Diaphragmas zwischen der Probe und dem Elektrolyt der Elektrode 2. Art auftreten können sowie kein Diffusionspotential existiert.

Auf herkömmliche Bezugselektroden kann man auch verzichten, wenn die Titrationsanordnung als Konzentrationskette aufgebaut wird. Das bedeutet, daß als Referenzhalbzelle eine zweite Arbeitselektrode gleicher Bauweise dient, welche in eine Lösung eintaucht, die identisch mit der Matrix der Probe ist, den Analyten selbst aber nicht enthält. Als Titrationsmittel dient eine Maßlösung der zu bestimmenden Substanz, die zur Referenzhalbzelle zugegeben wird, bis die gemessene EMK auf Null abgesunken ist (Nullpunktspotentiometrie). Es muß klarerweise sichergestellt sein, daß beide Elektroden bei Eintauchen in eine Lösung des Meßions tatsächlich das gleiche Einzelpotential liefern. Diese Technik kann empfohlen werden, wenn die Probe bei der Bestimmung nicht verändert werden darf, weil sie für weitere analytische Bestimmungen verwendet werden soll.

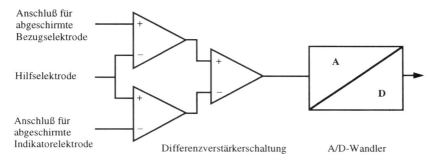

Anschluß für
abgeschirmte
Bezugselektrode

Hilfselektrode

Anschluß für
abgeschirmte
Indikatorelektrode

Differenzverstärkerschaltung   A/D-Wandler

Abbildung 2.10 Aufbau einer Differenzverstärkerschaltung für Titrationen in nichtwäßrigen Lösungsmitteln

Die übliche Anordnung Arbeitselektrode / Bezugselektrode kann zu Schwierigkeiten führen, wenn Messungen in nichtwäßrigen Lösungsmitteln mit geringer Leitfähigkeit durchzuführen sind. In diesem Fall beobachtet man häufig Störungen durch elektrostatische Aufladungen. Diese Probleme können umgangen werden, wenn eine Differenzverstärkung mit zwei hochohmigen Elektrodeneingängen und eine symmetrisch aufgebaute Meßkette verwendet werden. Sowohl Indikator- als auch Bezugselektrode müssen abgeschirmt sein und werden an die hochohmigen Meßeingänge angeschlossen. Eine Hilfselektrode aus Kohle oder Platin stellt die leitende Verbindung zwischen dem Bezugspunkt der Verstärkerschaltung und der Titrationslösung dar. Die Verbesserung ist darauf zurückzuführen, daß Störungen von Indikator- und Bezugselektrode in gleicher Weise aufgenommen werden und sich durch die Differenzschaltung kompensieren. Abbildung 2.10 zeigt schematisch den Aufbau einer Differenzverstärkerschaltung. Für eine nichtwäßrige Säure-Base-Titration kann als Arbeitselektrode sowie als Bezugselektrode jeweils eine Glaselektrode mit abgeschirmtem Elektrodenkabel dienen; die Bezugselektrode befindet sich in einem Frittengefäß, das mit dem bei der Titration verwendeten Lösungsmittel mit eventuellem Inertsalzzusatz gefüllt ist.

2.4.2 Auswertung von Titrationskurven

Stehen Titratoren mit automatischen Endpunktsbestimmungsmethoden nicht zur Verfügung, so können verschiedene graphische Auswerteverfahren herangezogen werden. Für symmetrische Titrationskurven, wie man sie etwa bei der Redoxtitration von Fe^{2+} mit Ce^{4+} erhält, findet man den Endpunkt als Schnittpunkt der mittleren Parallelen zwischen zwei parallel an die Titrationskurve gelegten Tangenten ("Tangentenmethode"). Unsymmetrische Titrationskurven (etwa die Titration von Fe^{2+} mit Permanganat) können durch Anpassen zweier Kreise an die Kurve ausgewertet werden; verbindet man die Mittelpunkte dieser Kreise mit einer Geraden, so ergibt der Schnittpunkt mit der Titrationskurve den Endpunkt (Kreismethode nach Tubbs [71]). Diese graphischen Auswerteverfahren sind in Abbildung 2.11 dargestellt. Das Kreisverfahren läßt sich darüber hinaus auch rechnerisch durchführen [72].

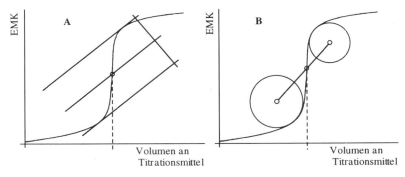

Abbildung 2.11   Graphische Verfahren zur Auswertung von Titrationskurven; A: Tangentenverfahren, B: Auswerteverfahren nach Tubbs

Automatische Titratoren ermitteln den Endpunkt einer Titration häufig über die Messung der maximalen Signaländerung bei Zugabe eines bestimmten Volumens an Maßlösung. Vielfach liefert eine derartige Endpunktsbestimmung in der Praxis recht brauchbare Ergebnisse. Trotzdem sollten wir nicht übersehen, daß im Falle asymmetrischer Titrationskurven die Richtigkeit und Reproduzierbarkeit deutlich verschlechtert werden kann. Darüber hinaus ist zu berücksichtigen, daß in der Nähe des Äquivalenzpunktes fehlerhafte Potentialmessungen auftreten können, da in diesem Bereich sehr kleine Meßionenkonzentrationen vorliegen und dadurch der Einfluß interferierender Ionen auf eine ionenselektive Elektrode gravierend sein kann.

Eine Vermeidung derartiger Fehlerquellen ist möglich, wenn nur der Teil der Titrationskurve vor dem Sprung oder nach dem Sprung ausgewertet werden könnte, wo der Zusammenhang zwischen Signal und Meßionenkonzentration wesentlich übersichtlicher ist. Der Endpunkt müßte dann in einem Extrapolationsverfahren ermittelt werden, was eine Linearisierung der Titrationskurve voraussetzt. Gran [73 - 75] beschrieb erstmals eine geeignete mathematische Linearisierung für potentiometrische Titrationen. Das Prinzip sei am Beispiel der folgenden Fällungstitration beschrieben:

$$A^+ + B^- \rightleftharpoons AB \tag{2-38}$$

Wenn die Probe ursprünglich n° Mole an A^+ enthielt, so ist nach einer Zugabe von n^t Molen B^- noch ein stöchiometrischer Überschuß an A^+ vorhanden, der sich mit Hilfe von c° (ursprüngliche Konzentration der Probelösung), V° (ursprüngliches Probenvolumen), c (Konzentration der Maßlösung) und V (zugefügtes Volumen an Maßlösung) folgendermaßen formulieren läßt:

$$n^\circ - n^t = c^\circ V^\circ - cV \tag{2-39}$$

Die Stoffmenge an noch nicht titriertem A^+ ist natürlich eine lineare Funktion des zugegebenen Volumens an Titrationsmittel. Daher ergibt sich bei Auftragung der Werte für den Term $c^\circ V^\circ - cV$ gegen V eine Gerade, welche die x-Achse beim Äquivalenzvolumen schneidet. Wenn wir aus den experimentellen Daten (das sind Volumen der zugegebenen Maßlösung sowie gemessenes Potential der Arbeitselektrode) Werte

für den oben genannten Term berechnen, können wir aus einigen wenigen Titrations-
punkten vor dem Äquivalenzpunkt durch Extrapolation das Äquivalenzvolumen
ermitteln.

Analog gilt für den stöchiometrischen Überschuß an Titrationsmittel nach dem
Äquivalenzpunkt:

$$n^t - n^\circ = cV - c^\circ V^\circ \qquad (2\text{-}40)$$

Wir erhalten eine zweite Gerade, wenn wir $cV - c^\circ V^\circ$ gegen V auftragen, deren
Schnittpunkt mit der x-Achse wiederum das Äquivalenzvolumen ergibt.

Unter der Voraussetzung, daß die oben angeführte Fällungsreaktion praktisch
quantitativ abläuft und das zu titrierende Ion an keinen weiteren chemischen
Gleichgewichten in der Lösung beteiligt ist, gilt vor dem Äquivalenzpunkt:

$$c^\circ V^\circ - cV = (V^\circ + V)\, c_{A^+} \qquad (2\text{-}41)$$

Eine Arbeitselektrode, die auf die Ionen A^+ anspricht, ergibt ein Potential gemäß
der Nernst-Gleichung:

$$E = E^\circ + S \cdot \log a_{A^+} \qquad (2\text{-}42)$$

Wir können die Nernst-Gleichung auch in der entlogarithmierten Form anschreiben:

$$a_{A^+} = konst \cdot 10^{E/S} \qquad (2\text{-}43)$$

Sofern die Aktivitätskoeffizienten während der Titration konstant bleiben, können
wir daher die Konzentration von A^+ als proportional zum Antilogarithmus von E/S
ansehen. Eine Auftragung von $(V^\circ + V)10^{E/S}$ gegen V ergibt daher die entsprechende
Gerade, aus welcher nach Extrapolation der Endpunkt bestimmt werden kann.

Der in Gleichung 2.40 angeführte Term $cV - c^\circ V^\circ$ ist nach dem Äquivalenzpunkt
gleich $c_B \cdot (V^\circ + V)$. Über das Löslichkeitsprodukt L_p des schwerlöslichen Salzes AB
kann die Elektrode auch auf das Titrationsmittel ansprechen:

$$E = E^\circ + S \cdot \log L_p a_{B^-} \qquad (2\text{-}44)$$

$$a_{B^-} = konst' \cdot 10^{-E/S} \qquad (2\text{-}45)$$

Wir können nunmehr den Term $(V^\circ + V)10^{-E/S}$ gegen V auftragen und erhalten die
zweite Gerade für die Verhältnisse nach dem Äquivalenzpunkt.

Manche ionenselektiven Elektroden erlauben nicht die Aufnahme beider Geraden,
sondern nur jenes Astes, an dem das Meßion im Überschuß vorliegt. Das liegt daran,
daß die Nachweisgrenze der Elektrode höher sein kann als die Aktivität des Meßions
am Äquivalenzpunkt oder in dem Bereich der Titrationskurve, wo es im Unterschuß
vorliegt. Dies ist kein grundsätzlicher Nachteil, da nur eine der beiden Geraden für die
Ermittlung des Endpunktes notwendig ist.

Das Verfahren der Linearisierung von Titrationskurven nach Gran ist für Fällungstitrationen, Säure/Base-Titrationen, Komplexbildungstitrationen und Redoxtitrationen
anwendbar. Bisweilen sind allerdings die oben angeführten Voraussetzungen
unzulässig, etwa bei der Titration von schwachen Säuren, da das Proton mit der
undissoziierten Säure über die Säurekonstante in einem weiteren chemischen
Gleichgewicht steht. Zur Erzielung einer linearen Titrationskurve sind komplexere
Funktionen auf der y-Achse aufzutragen, die sich aus der Theorie des entsprechenden
Titrationstyps ergeben. Im folgenden sind Beispiele für geeignete Funktionen $F(V)$
angeführt (ferner sei auf eine Übersichtsarbeit über Linearisierungsverfahren für
potentiometrische Titrationen in der Literatur [75] verwiesen):

- Fällungstitration $a\,A + b\,B \rightarrow A_a B_b$

  Elektrode spricht auf Titrationsmittel B an:

  > vor Äqivalenzpunkt: $\quad F = (V^\circ + V)10^{-bE/aS}$

  > nach Äquivalenzpunkt: $\quad F = (V^\circ + V)10^{E/S}$

  Elektrode spricht auf Analyt A an:

  > vor Äquivalenzpunkt: $\quad F = (V^\circ + V)10^{E/S}$

  > nach Äquivalenzpunkt: $\quad F = (V^\circ + V)10^{-aE/bS}$

- komplexometrische Titration $a\,A + b\,B \rightarrow A_a B_b$

  Elektrode spricht auf Titrationsmittel B an:

  > vor Äquivalenzpunkt: $\quad F = (V^\circ + V)^{1-(1/a)} V^{1/a} 10^{-bE/aS}$

  > nach Äquivalenzpunkt: $\quad F = (V^\circ + V)10^{E/S}$

  Elektrode spricht auf Analyt A an:

  > vor Äquivalenzpunkt: $\quad F = (V^\circ + V)10^{E/S}$

  > nach Äquivalenzpunkt: $\quad F = (V^\circ + V)^{1-(1/b)} 10^{-aE/bS}$

- Titration einer starken Säure mit einer starken Base:

  > vor Äquivalenzpunkt: $\quad F = (V^\circ + V)10^{E/S}$

  > nach Äquivalenzpunkt: $\quad F = (V^\circ + V)10^{-E/S}$

- Titration einer schwachen, einfach protolysierenden Säure mit einer starken Base:

  > vor Äquivalenzpunkt: $\quad F = V \cdot 10^{E/S}$

  > nach Äquivalenzpunkt: $\quad F = (V^\circ + V)10^{-E/S}$

- Titration einer schwachen, einfach protolysierenden Base mit einer starken Säure:

  > vor Äquivalenzpunkt: $\quad F = V \cdot 10^{-E/S}$

  > nach Äquialenzpunkt: $\quad F = (V^\circ + V)10^{E/S}$

- Redoxtitration: $a\,A_{red} + b\,B_{ox} \rightarrow a\,A_{ox} + b\,B_{red}$ (Oxidation des Analyten):

  > vor Äquivalenzpunkt: $\quad F = V \cdot 10^{-bE/S}$

  > nach Äquivalenzpunkt: $\quad F = 10^{aE/S}$

- Redoxtitration: $a\,A_{ox} + b\,B_{red} \rightarrow a\,A_{red} + b\,B_{ox}$ (Reduktion des Analyten):

    vor Äquivalenzpunkt: $\quad F = V \cdot 10^{bE/S}$

    nach Äquivalenzpunkt: $\quad F = 10^{-aE/S}$

2.4.3 Potentiometrische Säure-Basen-Titrationen

Säure-Basen-Titrationen werden heute fast ausschließlich mit pH-Glaselektroden durch-geführt. Für Titrationen in nichtwäßrigen Lösungsmitteln finden neben der Glas-elektrode in geringem Ausmaß auch Metalloxidelektroden Verwendung wie Antimon-oxid, Wolframoxid und ähnliche.

Tirationen von Säuren oder Basen mit pK_a bzw. pK_b-Werten über 9 lassen sich praktisch nicht mehr titrieren, da der Potentialsprung am Äquivalenzpunkt zu klein wird. Linearisierungen der Titrationskurve erlauben eventuell auch die Titration von noch schwächeren Säuren oder Basen, doch stößt man auch hier rasch an Grenzen einer zuverlässigen Auswertung. Bessere Ergebnisse lassen sich durch Zugabe von geeigneten neutralen Substanzen erzielen, die die Azidität oder Basizität des Analyten erhöhen. Die bekannteste derartige Anwendung ist die Titration von Borsäure (pK_a 9,2) nach Zusatz von Polyolen. Diese bilden mit Borsäure Komplexe, welche eine deutlich höhere Säurestärke als Borsäure aufweisen und auf üblichem Weg titriert werden können. Der gebräuchlichste Zusatz ist Mannit, doch sind auch andere Polyole, etwa Sorbit, geeignet.

In ähnlicher Weise erhöht der Zusatz des Tensids Nonylphenoxypoly(ethylenoxy)-ethanol die Azidität von manchen Phenolen. Selbst die Zugabe eines einfachen Salzes kann die Titrierbarkeit erhöhen. Während für Phosphorsäure in Wasser lediglich zwei Potentialsprünge erhalten werden, kann bei Titration in gesättigter Natriumchlorid-lösung auch die dritte Dissoziationsstufe erfaßt werden. Der gleiche Effekt ist auch für sehr schwache Basen beobachtbar, welche in 6...8 M LiCl und ähnlichen Elektrolyt-lösungen titrierbar sind. Derartige Effekte lassen sich zum Teil dadurch erklären, daß der zugegebene Elektrolyt die Hydratation der Protonen reduziert und deren Aktivität erhöht.

Aus ökonomischen Gründen wird man danach trachten, Säure-Basen-Titrationen wenn möglich in wäßrigen Medien durchzuführen. Andererseits kann es angebracht sein, nichtwäßrige Lösungsmittel bei Vorliegen eines der folgenden Umstände heran-zuziehen:

- die zu bestimmende Substanz ist in Wasser nur wenig löslich oder nicht stabil;
- die zu bestimmende Substanz weist in Wasser eine zu geringe Säure- bzw. Basen-stärke auf;
- sehr starke Säuren (Basen) werden in Wasser auf die Säurestärke (Basenstärke) des H_3O^+ (OH^-) nivelliert und können daher nicht differenziert werden.

Bei der Auswahl eines geeigneten Lösungsmittels ist zu berücksichtigen, daß die Protolyse einer Säure (analoges gilt für eine Base) einerseits von ihrer eigenen Tendenz zur Protonenabgabe abhängt, andererseits aber auch von der Basizität des Lösungsmit-tels. Zusätzlich beeinflußt die Dielektrizitätskonstante des Lösungsmittels die Dissoziation der Säure. Der Protonentransfer von der Säure auf das Lösungsmittel führt zu geladenen Spezies, die je nach Lösungsmittel teilweise als nicht dissoziierte Ionenpaare vorliegen können.

Nichtwäßrige Lösungsmittel können – etwas vereinfacht – in amphiprotische und aprotische Lösungsmittel unterteilt werden. Ein amphiprotisches Lösungsmittel SH unterliegt analog zu Wasser einer Autoprotolyse zu Lyonium- und Lyationen, für welche die Autoprotolysekonstante K_{SH} gilt:

$$SH + SH \rightleftharpoons SH_2^+ + S^-; \quad K_{SH} = a_{SH_2^+} \cdot a_{S^-} \tag{2-46}$$

Titrationen in nichtwäßrigen amphiprotischen Lösungsmitteln können in analoger Weise zu Wasser formuliert werden, wobei die pH-Glaselektrode allgemein auf solvatisierte Protonen anspricht. Die Titration eines Amins RNH_2 mit Perchlorsäure in Eisessig läuft daher nach folgendem Schema ab:

$$RNH_2 + CH_3COOH \rightleftharpoons RNH_3^+ + CH_3COO^- \tag{2-47}$$

$$CH_3COO^- + CH_3COOH_2^+ClO_4^- \rightleftharpoons 2\ CH_3COOH + ClO_4^- \tag{2-48}$$

In Wasser können Säuregemische wie Perchlorsäure und Salzsäure mit Säurestärken größer als die des H_3O^+ bekanntlich trotz ihrer unterschiedlichen Säurestärken nur als Summe titriert werden, da sie auf die Säurestärke des H_3O^+ nivelliert werden. Wird dagegen ein Lösungsmittel mit geringerer Basizität als Wasser verwendet wie etwa Eisessig, so lassen sich bei der Titration tatsächlich zwei Endpunkte feststellen. Die Säurestärke des Lyoniumions des Lösungsmittels ist nunmehr höher als die Säurestärke der zu bestimmenden Säuren. Andererseits wirkt Eisessig nivellierend auf ein Basengemisch von Pyridin und Butylamin. Allgemein gilt, daß eine Erniedrigung der Azidität (Basizität) des Lösungsmittel die nivellierende Wirkung auf Basen (Säuren) erniedrigt. Darüber hinaus wird der Bereich, in dem Säuren oder Basen unterschiedlicher Stärke differenziert werden können, umso größer, je kleiner die Autoprotolysekonstante ist.

Säuren (Basen), welche in Wasser zu schwach sind, um titriert werden zu können, benötigen ein Lösungsmittel mit erhöhter Basizität (Azidität), wie im oben angeführten Beispiel zu sehen ist, wo für die Titration von Aminen Eisessig als Lösungsmittel mit höherer Azidität gewählt wurde.

Der oben getroffenen Einteilung zufolge können aprotische Lösungsmittel nicht gleichzeitig als Säure und Base fungieren. Einige Vertreter dieser Gruppe können aber basische Eigenschaften (z.B. Pyridin, Dioxan) oder saure Eigenschaften (z.B. Nitromethan, Dimethylsulfoxid) aufweisen. Niedrige Dielektrizitätskonstanten mancher aprotischer Lösungsmittel machen ihren Einsatz eventuell problematisch, doch werden sie häufig in Mischungen mit amphiprotischen Lösungsmitteln verwendet.

Das weite Gebiet möglicher Anwendungen von nichtwäßrigen Säure-Basen-Titrationen läßt es im Rahmen dieses Buches nicht sinnvoll erscheinen, auf spezielle Applikationen einzugehen. Die folgenden Informationen über einige Lösungsmittel sollen es aber ermöglichen, für ein konkretes Analysenproblem geeignete Bedingungen der Titration zu finden.

- Eisessig ($K_{SH} = 10^{-14,9}$): höhere Azidität als Wasser, allgemeines Lösungsmittel für die Titration schwacher Basen;
- Acetonitril ($K_{SH} = 10^{-33}$): geringere Azidität und Basizität als Wasser, auf Grund der kleinen Autoprotolysekonstante geeignet zur sequentiellen Titration von Mischungen;
- t-Butanol ($K_{SH} = 10^{-28,5}$): auf Grund der kleinen Autoprotolysekonstante geeignet zur sequentiellen Titration von Mischungen, insbesondere von Carbonsäuren und Phenolen;
- Dimethylformamid ($K_{SH} = 10^{-27}$): höhere Basizität als Wasser, allgemeines Lösungsmittel für die Titration schwacher Säuren;
- N-Methyl-2-Pyrrolidinon: ähnliche Eigenschaften wie Dimethylformamid;
- Dimethylsulfoxid ($K_{SH} = 10^{-35}$): etwas höhere Basizität als Dimethylformamid, allgemeines Lösungsmittel für die Titration von Carbonsäuren und Phenolen.

Als Titrationsmitteln werden möglichst starke Säuren oder Basen in geeigneten nichtwäßrigen Lösungsmitteln verwendet. Für die Titration von Basen eignen sich Perchlorsäure und substituierte Sulfonsäuren, für Säuren Alkalihydroxide, Alkalialkoxide oder Tetraalkylammoniumhydroxide. Grundsätzlich ist darauf zu achten, daß bei der Titration keine Störungen durch eventuell schwerlösliche Salze auftreten.

Sofern bei nichtwäßrigen Säure/Base-Titrationen wäßrige Bezugselektroden verwendet werden, ist zwischen Bezugselektrode und Analysenlösung ein zusätzliches Frittengefäß anzuordnen, welches mit einem Elektrolyten in nichtwäßrigem Medium gefüllt ist. Einfacher ist der Einsatz von nichtwäßrigen Bezugselektroden, etwa Ag/AgCl in einer ethanolischen Lithiumchloridlösung.

2.4.4 Potentiometrische Fällungstitrationen

Fällungstitrationen werden in der Praxis besonders gerne als potentiometrische Titrationen durchgeführt, da im Gegensatz zu anderen Titrationstypen geeignete Farbindikatoren oft fehlen. Häufig eingesetzte Indikatorelektroden umfassen Metallelektroden als Elektroden 1. Art wie Silber für die Titration von Halogeniden mit Silbernitrat sowie passende ionenselektive Elektroden (vergleiche Abschnitt 2.3), die auf Probeion oder Titrationsmittel ansprechen.

Das Ausmaß der Konzentrationsänderung des Probeions im Äquivalenzbereich und damit das Ausmaß der Potentialänderung hängt vom Löslichkeitsprodukt L_p des schwerlöslichen Niederschlages ab. Im allgemeinen lassen sich brauchbare Ergebnisse bei Löslichkeitsprodukten kleiner als 10^{-7} erzielen. Eine häufig angewendete Technik zur Erniedrigung der Löslichkeit des Niederschlages besteht in der Verwendung von organischen Lösungsmitteln in der Probe. Man sollte aber nicht übersehen, daß ionenselektive Elektroden in Gemischen von Wasser und organischen Lösungsmitteln mitunter ein deutlich langsameres Ansprechverhalten zeigen.

2.4.5 Potentiometrische Redoxtitrationen

Die gebräuchlichste Indikatorelektrode für Redoxtitrationen ist zweifellos die Platinelektrode. Andere Metallelektroden oder Kohleelektroden finden nur sehr beschränkte Anwendung. Platinelektroden können nach längerem Gebrauch langsames Ansprechverhalten und stark verringerte Empfindlichkeit zeigen. Reaktivierungsschritte durch Reinigen in Chromschwefelsäure oder auch Ausglühen können angebracht sein.

Zur Auswahl geeigneter Titrationsmittel für Redoxtitrationen kann auf allgemeine Lehrbücher der Analytischen Chemie verwiesen werden. Iodometrische Titrationen werden bevorzugt nicht als potentiometrische Titrationen sondern als biamperometrische Titrationen durchgeführt (siehe Kapitel 5).

2.4.6 Potentiometrische Komplexbildungstitrationen

In der Praxis werden komplexometrische Titrationen vorwiegend zur Bestimmung von Metallionen mit Aminopolycarbonsäuren als Titrationsmittel durchgeführt. Für derartige Applikationen hat Ethylendiamintetraessigsäure (EDTA) als Komplexbildner wohl die weiteste Verbreitung gefunden. Gundlagen von komplexometrischen Titrationen werden in Rahmen dieses Buches als bekannt vorausgesetzt.

Ist für das zu titrierende Ion eine ionenselektive Elektrode verfügbar (siehe Abschnitt 2.3), so kann damit direkt die Titrationskurve potentiometrisch aufgenommen werden. Daneben ist für viele komplexometrische Titrationen auch eine Quecksilberelektrode (z.B. Silberstab beschichtet mit Quecksilber) sehr erfolgreich einsetzbar, wenn der Probe eine kleine Menge des Hg(II)-EDTA-Komplexes zugegeben wurde. Das Einzelpotential der Arbeitselektrode ergibt sich gemäß der Nernst-Gleichung:

$$E = E^{\circ} + \frac{RT}{2F} \ln a_{Hg^{2+}} \qquad (2\text{-}49)$$

Die Aktivität der Hg(II)-Ionen kann über die Stabilitätskonstante K_{HgY} des Hg(II)-EDTA-Komplexes ausgedrückt werden (Y sei das vierfach negativ geladene Anion der EDTA):

$$a_{Hg^{2+}} = \frac{a_{HgY}}{K_{HgY} \cdot a_{Y}} \qquad (2\text{-}50)$$

In Gleichung 2-50 können wir die Aktivität der Y-Ionen durch den folgenden Ausdruck ersetzen, der sich aus der Stabilitätskonstante K_{MeY} des zu titrierenden Metallions Me mit EDTA ergibt:

$$a_{Y} = \frac{a_{MeY}}{K_{MeY} \cdot a_{Me}} \qquad (2\text{-}51)$$

Daher kann die Nernst-Gleichung für die Hg-Indikatorelektrode in die folgende Form gebracht werden:

$$E = E^\circ + \frac{RT}{2F} \ln \frac{K_{MeY} \cdot a_{HgY} \cdot a_{Me}}{K_{HgY} \cdot a_{MeY}} \tag{2-52}$$

Als Voraussetzung für die Anwendung dieser Indikatorelektrode in der Komplexometrie muß die Stabilitätskonstante des Hg(II)-EDTA-Komplexes (ca. 10^{22}) wesentlich höher sein als die des zu bestimmenden Metallions. In diesem Fall bleibt die Aktivität des Hg(II)-EDTA-Komplexes während der Titration praktisch konstant, sodaß gemäß Gleichung 2-52 das Potential nur mehr vom Verhältnis der Aktivität des zu bestimmenden Metallions zur Aktivität des Metall-EDTA-Komplexes abhängt. Dieses Verhältnis ändert sich im Bereich des Äquivalenzpunktes sprunghaft und erlaubt die Auswertung der Titration.

Daneben kann ein Silberstab als Indikatorelektrode für Titrationen im leicht alkalischen Bereich verwendet werden, wenn der Probe eine geringe Menge Silberionen zugesetzt wird. Da der Silber-EDTA-Komplex eine geringere Stabilität als viele Metallionen aufweist, erfolgt die Umsetzung der Silberionen mit dem Titrationsmittel und damit die Potentialänderung der Elektrode erst am Endpunkt.

Redoxelektroden wie Platin können zur Indikation von Titrationen mit EDTA eingesetzt werden, wenn das zu bestimmende Metallion in verschiedenen Oxidationsstufen vorliegen kann, jedoch nur eine dieser Formen mit EDTA komplexiert werden kann. Ein einfaches Beispiel wäre die Titration von Eisen(III)-Ionen nach Zugabe einer geringen Menge Eisen(II)-Ionen. Bei pH 3 bleibt Fe(II) unkomplexiert, sodaß sich am Äquivalenzpunkt eine sprunghafte Änderung des Verhältnisses von Fe(III) zu Fe(II) zeigt.

2.4.7 Potentiometrische Titrationen von Tensiden

Die Bestimmung von Tensiden in technischen Produkten für den Wasch- und Reinigungsmittelbereich, die pharmazeutische Industrie, die Lebensmittelindustrie oder den Bergbau nimmt laufend an Bedeutung zu. Eine Qualitätskontrolle von Einsatzstoffen oder fertigen Formulierungen erfordert möglichst einfache und rasche Analysenverfahren. Lange Zeit wurde für diese Zwecke eine Zweiphasentitration durchgeführt: das zu bestimmende Tensid wird mit einem gegenteilig geladenen Tensid in einem Wasser/Chloroform-System titriert. Dabei bilden sich wasserunlösliche Ionenpaare, die jedoch in der Chloroformphase löslich sind. Die Endpunktsbestimmung kann durch Zugabe einer 1:1 Mischung von Dimidiumbromid und Disulfinblau als Indikator erfolgen, welche je nach kationischem oder anionischem Titrationsmittel in der Chloroformphase zu einem Farbwechsel von rosa nach blau oder umgekehrt führen. Als nachteilig erweist sich die Verwendung des gesundheitsschädlichen Chloroforms sowie die bisweilen schwierige Endpunktsbestimmung.

Aus den angeführten Gründen haben alternative Titrationsverfahren mit potentiometrischer Endpunktsbestimmung durch ionenselektive Elektroden als automatisierbare

Routineverfahren besondere Beachtung gefunden. Vielfach wurden PVC-Membranen mit geeigneten Weichmachern und einem Salz aus einem kationischen und einem anionischen Tensid als ionenselektives Material verwendet [76 - 78]. Daneben zeigte sich aber, daß selbst eine PVC-Membran mit Weichmachern ausreicht, um Titrationen von Tensiden durchführen zu können [79, 80]. In diesem Fall könnte das bei der Titration entstehende schwerlösliche Ionenpaar an der PVC-Membran adsorbieren, sodaß die Elektrode ähnlich wie beim Einbau eines Tensidsalzes in die Membran arbeitet. Anionische Tenside lassen sich auch mit einer handelsüblichen ionenselektiven Elektrode für Tetrafluoroborat titrieren.

Seit einigen Jahren sind spezielle Tensid-Elektroden kommerziell erhältlich, deren PVC-Membranen für Routinebestimmungen von kationischen und anionischen Tensiden optimiert sind [81]. Besondere Beachtung ist der Auswahl des richtigen Titrationsmittels zu schenken. Wie bereits erwähnt wird ein anionisches Tensid mit einem kationischen Tensid titriert und umgekehrt. Der Potentialsprung am Endpunkt ist umso ausgeprägter, je lipophiler das Titrationsmittel ist. Dies bedeutet auch, daß die Titration umso besser abläuft, je lipophiler das zu titrierende Tensid ist.

Kationische Tenside wie quaternäre Ammoniumsalze, quaternäre Pyridiniumsalze, quaternäre Imidazoliumsalze oder Esterquats werden mit Natriumlaurylsulfat titriert. Der pH-Wert ist oft unkritisch und liegt vorzugsweise bei 10, allerdings ist Vorsicht bei Hydrolyse-empfindlichen Tensiden geboten, die nur in einem eingeschränkten pH-Bereich titriert werden können (für kationische Esterquats ist daher ein leicht saurer pH-Bereich zu empfehlen).

Anionische Tenside wie Alkylsulfate, Alkylsulfonate, Alkylbenzolsulfonate, Alkylethersulfate, Olefinsulfonate und ähnliche Verbindungen werden im allgemeinen bei einem pH-Wert von 3 titriert (Seifen sind allerdings bei pH 10 zu titrieren). Mögliche Titrationsmittel sind Hexadecylpyridiniumchlorid, Benzethoniumchlorid (Handelsname Hyamine 1622) oder 1,3-Didecyl-2-methylimidazoliumchlorid (Handelsname TEGO trant A100) [82].

In manchen Fällen verbessert eine Zugabe von 5 bis 10% Methanol zur Analysenlösung die Titrationskurve.

Nichtionische Tenside lassen sich durch Zusatz von Bariumionen in einen kationischen Komplex überführen und mit Natriumtetraphenylborat titrieren.

Meist erlaubt die potentiometrische Titration nur eine Bestimmung der Summe von kationischen oder anionischen Tensiden. In Ausnahmefällen ist jedoch durch geeignete Wahl des pH-Wertes eine Differenzierung möglich. Die Titration von Mischungen aus Seifen und Alkylsulfonaten ergibt bei pH 3 die Konzentration an Sulfonaten, bei pH 10 die Summe beider Konzentrationen. Ähnlich ergibt eine Titration von quaternären Ammoniumverbindungen und Aminen im sauren Bereich eine Summenbestimmung, wogegen im basischen Bereich nur die quaternären Ammoniumverbindungen erfaßt werden.

Die potentiometrische Titration von Tensiden ist keine Spurenmethode und kann beispielsweise die photometrische Methylenblau-Methode [83] zur Bestimmung von Tensidverunreinigungen in Wasser nicht ersetzen. Für die Qualitätskontrolle von Tensid-haltigen Produkten kann sie aber als einfaches und der klassischen Zwei-Phasen-Titration überlegenes Verfahren angesehen werden.

2.5 Potentiometrische Stripping-Analyse

Elektroanalytische Stripping-Verfahren erlauben Spurenbestimmungen von elektro-chemisch aktiven Substanzen im ppb-Bereich und darunter. Die verbesserte Empfindlichkeit ergibt sich durch die Kombination des eigentlichen Bestimmungs-schrittes mit einer vorausgehenden Anreicherung des Analyten an der Elektrode. Breite Anwendung finden derartige Techniken für die Bestimmung von Metallionen, welche durch Elektrolyse kathodisch an einer Quecksilberelektrode angereichert werden können und anschließend chemisch oder elektrochemisch wieder aufgelöst werden. Die bei der Wiederauflösung beobachtbaren Änderungen von elektrischen Größen wie Potential oder Stromfluß an der Elektrode ermöglichen die Quantifizierung der Metallionen.

Die notwendige Instrumentierung für die potentiometrische Stripping-Analyse, wie sie von Jagner 1976 [84] eingeführt wurde, ist in Abbildung 2.12 dargestellt. Als Arbeitselektrode dient häufig eine mit einem Quecksilberfilm beschichtete Glaskohlen-stoffelektrode. Im Anreicherungsschritt wird eine konstante kathodische Spannung an die Arbeitselektrode angelegt, sodaß die elektrolytische Abscheidung der zu analy-sierenden Metallionen Me^{z+} abläuft (für Einzelheiten der in Abb. 2.12 gezeigten Drei-elektrodenanordnung zur Anlegung eines konstanten Potentials siehe Kapitel 3):

$$Me^{z+} + z\,e^- \rightarrow Me(Hg) \tag{2-53}$$

Wird während des Anreicherungsvorganges die Lösung konstant gerührt (oder läßt man die Elektrode rotieren), so bildet sich an der Elektrodenoberfläche eine Diffusions-schicht konstanter Dicke aus. Ist die angelegte Spannung hoch genug, so wird jedes an der Elektrodenoberfläche befindliche Metallion praktisch sofort reduziert. Die Konzentration der Metallionen an der Elektrodenoberfläche ist daher Null. Die Menge

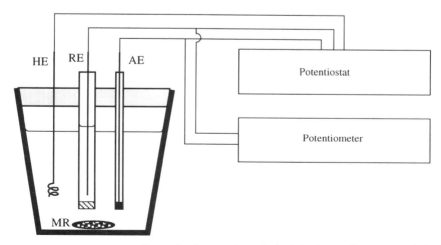

Abbildung 2.12 Instrumentierung für die potentiometrische Stripping-Analyse; AE = Arbeitselektrode, RE = Referenzelektrode, HE = Hilfselektrode, MR = Magnetrührstäbchen

$m_{Me^{z+}}$ an Metallionen, welche während der Anreicherungszeit t_{anr} durch Diffusion aus dem Inneren der Lösung zur Elektrodenoberfläche transportiert und abgeschieden werden, ist gemäß 1. Fick´schen Gesetz proportional dem Konzentrationsgradienten der Metallionen in der Diffusionsschicht und somit auch proportional der Konzentration der Metallionen in der Lösung:

$$m_{Me^{z+}} \propto c_{Me^{z+}} D_{Me^{z+}} t_{anr} A \delta_1^{-1} \qquad (2\text{-}54)$$

Gleichung 2-54 beinhaltet dabei den Diffusionskoeffizienten $D_{Me^{z+}}$ des Metallions, die Fläche A der Elektrode sowie die Diffusionsschichtdicke δ_1. Wir können annehmen, daß die Konzentration $c_{Me^{z+}}$ im Inneren der Lösung während des Anreicherungsvorganges annähernd konstant bleibt, sofern die Elektrodenoberfläche klein und die Anreicherungszeit nicht extrem lang ist.

Am Ende des Anreicherungsvorganges wird die angelegte Spannung unterbrochen, sodaß nunmehr die abgeschiedenen Metalle entsprechend ihrer $E°$-Werte nacheinander durch ein in der Lösung vorhandenes Oxidationsmittel Ox wieder oxidiert werden. Als Oxidationsmittel kann der in der Probe gelöste Sauerstoff fungieren oder auch Hg^{2+}-Ionen, welche der Probe zugesetzt werden können, um den Quecksilberfilm an der Glaskohlenstoffelektrode gleichzeitig mit dem Abscheidungsvorgang der zu analysierenden Metallionen zu erzeugen. Die Geschwindigkeit dieser Rückoxidation (Stripping-Vorgang) hängt von der Geschwindigkeit des Transports des Oxidationsmittels aus dem Inneren der Lösung zur Elektrodenoberfläche ab. Setzen wir wieder konstante Rührbedingungen voraus, so wird während der Stripping-Zeit t_{strip} eine Menge m_{Ox} an Oxidationsmittel zur Elektrodenoberfläche transportiert, welche proportional der Konzentration c_{Ox} an Oxidationsmittel im Inneren der Lösung ist:

$$m_{Ox} \propto c_{Ox} D_{Ox} t_{strip} A \delta_2^{-1} \qquad (2\text{-}55)$$

Analog zu Gleichung 2-54 bedeutet D_{Ox} den Diffusionskoeffizienten und δ_2 die Diffusionsschichtdicke während des Stripping-Vorganges (sofern die Rührbedingungen zwischen Anreicherungs- und Stripping-Vorgang nicht geändert werden, sind δ_1 und δ_2 natürlich gleich groß).

Die Stoffmenge der während des Anreicherungsvorganges abgeschiedenen Metallionen muß äquivalent sein zur Menge an verbrauchtem Oxidationsmittel während des Stripping-Vorganges. Aus den Gleichungen 2-54 und 2-55 ergibt sich daher der folgende Zusammenhang:

$$t_{strip} \propto \frac{c_{Me^{z+}} D_{Me^{z+}} \delta_2 t_{anr}}{c_{Ox} D_{Ox} \delta_1} \qquad (2\text{-}56)$$

Werden Rührbedingungen, Konzentration des Oxidationsmittels und Anreicherungszeit konstant gehalten, so ist die beobachtete Stripping-Zeit für ein bestimmtes Metallion proportional zu seiner Konzentration. Es ist leicht zu erkennen, daß der Stripping-Vorgang einer Redoxtitration entspricht, bei der das Titrationsmittel mit konstanter Geschwindigkeit zugegeben wird. Der zeitliche Verlauf der EMK bzw. des Potentials der Arbeitselektrode während des Stripping-Vorganges muß daher der Titrationskurve einer Redoxtitration entsprechen. Allerdings sind die Stripping-Zeiten bei Spurenbestimmungen von Metallionen sehr kurz, sodaß die Datenerfassungsrate hinreichend hoch sein muß. Abbildung 2.13 zeigt das typische Ergebnis einer potentiometrischen Stripping-Analyse von drei verschiedenen Metallionen.

Man sollte beachten, daß Gleichung 2-56 nur dann gilt, wenn die Diffusion der Analytionen und des Oxidationsmittels aus der Lösung zur Elektrodenoberfläche die geschwindigkeitsbestimmenden Schritte darstellen. Eine exaktere Betrachtungsweise müßte auch die Diffusionsvorgänge der abgeschiedenen Metalle im Quecksilber mitberücksichtigen.

Gleichung 2-56 zeigt, daß wir die Stripping-Zeit verlängern und damit die Empfindlichkeit erhöhen können, wenn wir die Konzentration des Oxidationsmittels erniedrigen oder die Diffusionsschichtdicke während des Stripping-Vorganges vergrößern. Letzteres ist durch Stripping in nicht gerührter Lösung möglich.

Das Potential der Arbeitselektrode einer Quecksilberfilmelektrode zu einem bestimmten Zeitpunkt des Stripping-Vorganges ist für reversible Redoxreaktionen durch die Nernst-Gleichung gegeben ($c_{Me^{z+}(x=0)}$ und $c_{Me(Hg)}$ bedeuten die Konzentrationen von oxidierter und reduzierter Form an der Elektrodenoberfläche):

$$E = E^\circ + \frac{RT}{zF} \ln \frac{c_{Me^{z+}(x=0)}}{c_{Me(Hg)}} \tag{2-57}$$

Während des Stripping-Vorganges gilt die folgende - theoretisch ableitbare - Gleichung für die Potential-Zeit-Kurve [85, 86] (l ist die Schichtdicke des Quecksilberfilms):

$$E = E^\circ + \frac{RT}{zF}\left(\ln \frac{2l}{\sqrt{\pi D_{Me^{z+}}}} + \ln \frac{\sqrt{t}}{t_{strip} - t} \right) \tag{2-58}$$

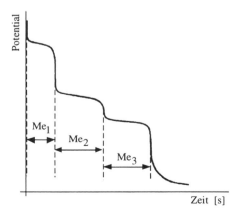

Abbildung 2.13 Potential-Zeit-Kurve für die Bestimmung von drei Metallionen mittels potentiometrischer Stripping-Analyse

Eine exakte Messung der Stripping-Zeit wird erleichtert, wenn anstelle von E die Ableitung von E nach der Zeit als Funktion der Zeit registriert wird (Derivative Potentiometrische Stripping-Analyse), sodaß sich t_{strip} als Abstand zweier Maxima der Kurve ergibt. Vielfach wird auch anstelle von E die Ableitung der Zeit nach E als Funktion von E registriert (Differentielle Potentiometrische Stripping-Analyse). In letzterem Fall erhalten wir Peaks, deren Höhe (oder auch Fläche) proportional zur Konzentration ist. Zusätzlich ergibt diese Technik eine teilweise bessere Auflösung der Signale von Substanzen mit ähnlichen Stripping-Potentialen [87, 88].

Glaskohlenstoffelektroden, welche vor oder während des Anreicherungsschrittes elektrolytisch mit einem Quecksilberfilm versehen werden, stellen in der potentiometrischen Stripping-Analyse die gebräuchlichsten Arbeitselektroden dar. Daneben wurden auch Goldelektroden (z.B. für die Bestimmung von Arsen) oder Kupfer-beschichtete Glaskohlenstoffelektroden (für die Bestimmung von Quecksilber) verwendet. Beträchtliches Interesse fanden in jüngerer Zeit Mikroelektroden in Form von Kohlefaserelektroden [89 - 91]. Gemäß Gleichung 2.56, welche unabängig von der Elektrodengröße ist, sollte es zunächst gleichgültig sein, ob man Mikro- oder Makroelektroden einsetzt; jedoch ist der Stofftransport durch Diffusion an Mikroelektroden im Vergleich zu Makroelektroden erhöht (siehe Kapitel 3), sodaß auch ohne Rühren eine wesentlich effizientere Anreicherung möglich ist.

Anwendungen der potentiometrischen Stripping-Analyse beruhen in der Mehrzahl auf einem kathodischen Anreicherungsschritt und einem anodischen Stripping-Schritt. Daneben lassen sich manche Ionen auch oxidativ anreichern (z.B. Pb^{2+} als PbO_2) und im Stripping-Schritt durch geeignete Reduktionsmittel wie Kaliumhexacyanoferrat(II) und ähnliche reduzieren.

Eine Variante der potentiometrischen Stripping-Analyse ist die Stripping-Analyse bei konstantem Strom. Bei dieser Technik erfolgt die Rückoxidation (Rückreduktion) der reduktiv (oxidativ) angereicherten Analyte nicht auf chemischem Wege durch ein Oxidationsmittel (Reduktionsmittel), sondern durch Anlegen eines konstanten Stroms. Das Meßsignal ist wiederum die Spannung als Funktion der Zeit. Die Stripping-Zeit ist direkt proportional zur Analysenkonzentration und indirekt proportional zur angelegten Stromstärke. Genau genommen dürften wir diese Technik nicht der Potentiometrie zuordnen, welche der Definition nach auf EMK-Messungen bei Stromlosigkeit beruht. Eine korrekte Bezeichnung des Verfahrens ist "Stripping-Chronopotentiometrie". Trotz dieses Unterschiedes sollen an dieser Stelle beide Varianten (unabhängig davon, ob der Stripping-Vorgang durch chemische Reagenzien oder durch Strom erfolgt) gemeinsam behandelt werden.

Bei der Auswahl des Anreicherungspotentials sowie des pH-Wertes der Analysen-lösung können jene Bedingungen übernommen werden, die in der voltammetrischen Stripping-Analyse üblich sind; da letztere ausführlich in Kapitel 4 behandelt wird, braucht an dieser Stelle auf Details der Anreicherung nicht eingegangen zu werden.

Die häufigsten Anwendungen der potentiometrischen Stripping Analyse betreffen Bestimmungen der Elemente Zn, Cd, Pb und Kupfer an der Quecksilberfilmelektrode bei pH-Werten von ungefähr 1 (für Zn kann ein pH-Wert von etwa 4 mitunter vorteilhafter sein). Typische Applikationen betreffen natürliche Wässer [92 - 94], bio-logische Proben [95 - 97] oder Lebensmittel wie Milch [98], Honig [99] oder Wein und Bier [100 - 102] (die angegebene Literatur ist nur eine kleine Auswahl). Die Quecksilberfilmelektrode ist auch geeignet für Bestimmungen von Bi [103], Tl [104], oder Antimon [105] in Umweltproben, Sn in Getränken [106], Ge in Pflanzenmaterialien und Wässern [107] oder Mangan in Wässern und Abwässern [108]. Alle diese Bestimmungen beruhen auf einem Oxidationsvorgang während des Bestimmungsvorganges; dagegen basiert der Stripping-Vorgang für Selen im Zuge der Analyse biologischer Proben [109, 110] auf einem Reduktionsvorgang an Quecksilberfilmelektroden.

Goldfilmelektroden eignen sich für die Analyse von As in Wässern und biologischen Proben [111, 112] sowie für Sn in Fruchtgetränken [113] oder Gesteinsproben [114] (beiden Elementen liegen oxidative Bestimmungsvorgänge zugrunde).

Neben den Applikationen in der anorganischen Analytik existieren auch Untersuchungen zum Einsatz der potentiometrischen Stripping-Analyse in der organischen Analytik. Arbeiten von Wang et al. [115, 116] zeigten, daß einige bioaktive Peptide und Proteine durch Adsorption an Kohlepasteelektroden akkumulierbar sind; der Bestimmungsvorgang ist mit der Oxidation von Tryptophan- oder Tyrosingruppen verbunden. Proteine lassen sich auch reduktiv an Quecksilber unter Reduktion der Disulfidbindungen anreichern und anschließend mit gelöstem Sauerstoff oxidieren [117].

Bisweilen sind die zur Anreicherung optimalen Parameter der Probelösung (pH-Wert usw.) für den Stripping-Vorgang nur bedingt geeignet. In derartigen Fällen kann am Ende des Anreicherungsschrittes die Probelösung durch eine Stripping-Lösung ersetzt werden, welche eine für den Stripping-Vorgang optimale Zusammensetzung aufweist (Verfahren des Matrix-Austausches). Derartige Schritte lassen sich vorteilhaft in Fließsystemen realisieren, welche darüber hinaus die gesamte Automatisierung von Serienanalysen ermöglichen [118, 119]. Die Nachweisgrenzen liegen vielfach im sub-ppb Bereich.

2.6 Ionenselektive Feldeffekttransistoren

Der ionenselektive Feldeffekttransistor (ISFET) wurde von Bergveld [120, 121] zu Beginn der 70er Jahre aus dem MOSFET (metal oxide semiconductor field-effect transistor) entwickelt. Abbildung 2.14 zeigt den grundsätzlichen Aufbau eines n-Kanal-MOSFET. In einem Substrat aus p-dotiertem Silicium sind zwei Bereiche von n-dotiertem Silicium eingebettet. Darüber befindet sich eine dünne Schicht aus SiO_2, die als Isolator fungiert und zusätzlich mit einer Schutzschicht aus Siliciumnitrid überzogen sein kann. Metallische Anschlüsse bestehen an den beiden n-Bereichen, am Substrat sowie an der Oberfläche der Isolierschicht. Die beiden ersteren Anschlüsse bilden Source und Drain, der letztere das Gate.

Bei Anlegen einer Spannung U_{DS} zwischen Drain und Source wird zunächst kein Stromfluß beobachtbar sein, da sowohl bei positiver als auch bei negativer angelegter

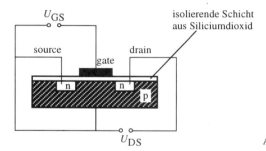

Abbildung 2.14 Aufbau eines MOSFET

Spannung stets eine der beiden p-n-Grenzflächen im Sinne einer Diode in Sperrichtung betrieben wird. Das Anlegen einer positiven Spannung U_{GS} an das Gate induziert einen negativen Kanal direkt unterhalb der Siliciumdioxidschicht zwischen Source und Drain. Die Zahl der negativen Ladungen und somit der Stromfluß wächst, wenn die Gate-Spannung zunimmt. Ein derartiger MOSFET arbeitet im Verstärkermodus. Diese Halbleiterbauelemente können aber auch für einen Verarmungsmodus konstruiert werden, wenn die beiden n-Regionen über einen schmalen Kanal eines Halbleiters vom n-Typ verbunden sind. Stromfluß ist daher bei Abwesenheit einer Gate-Spannung zu beobachten, während das Anlegen einer negativen Spannung an das Gate eine Verdrängung der Elektronen aus dem Kanal und somit einen verringerten Stromfluß ergibt. Der Vollständigkeit halber sei erwähnt, daß auch p-Kanal-MOSFETs erhältlich sind, bei denen die p- und n-Bereiche umgekehrt zu Abbildung 2.14 angeordnet sind.

Ein ISFET weist anstelle des metallischen Gateanschlusses eines MOSFET eine ionenselektive Schicht auf, welche in direktem Kontakt mit der Probelösung steht. Der Aufbau ist in Abbildung 2.15 dargestellt. Die am Gate wirksame Spannung setzt sich nun zusammen aus der an die Bezugselektrode R angelegten Spannung U_R, dem Potentialsprung an der Phasengrenzfläche Bezugselektrode/Probe und dem Potentialsprung an der Phasengrenzfläche Probe/ionenselektive Schicht. Letzterer Potentialsprung ist aber wie bei ionenselektiven Elektroden abhängig von der Aktivität des Meßions, sodaß die am Gate anliegende Spannung und damit der Stromfluß zwischen Source und Drain ebenfalls von der Aktivität des Meßions abhängen. Da durch die SiO_2-Isolatorschicht kein Strom fließt, ermöglicht der ISFET eine stromlose Messung

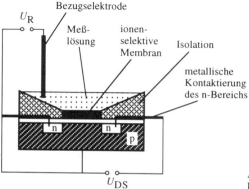

Abbildung 2.15 Aufbau eines ionenselektiven Feldeffekttransistors

einer EMK auf indirektem Wege über die Messung des Drain-Source-Stromes.

Abbildung 2.16 zeigt typische Kennlinien eines pH-ISFETs mit Si_3N_4 als ionen-selektive Schicht. Wie bereits diskutiert, kann man den pH-Wert durch Messung des Stromes I_{DS} bei konstanter angelegter Spannung U_R bestimmen. Vielfach wird jedoch bevorzugt, den Drain-Source-Strom bei konstanter Drain-Source-Spannung durch Nachregeln von U_R stets auf dem selben Wert zu halten. Die Meßgröße ist in diesem Fall daher keine Stromstärke sondern die Spannung U_R, welche gemäß der Nernst-Gleichung auf Änderungen der Ionenaktivitäten reagiert.

Zu Beginn der Entwicklung von ISFETs wurde die SiO_2-Isolierschicht eines MOSFETs als pH-sensitives Material verwendet. Silanolgruppen an der Oberfläche von SiO_2 können je nach pH-Wert der Lösung zu folgenden Reaktionen führen:

$$SiOH + H_3O^+ \rightleftharpoons SiOH_2^+ + H_2O \qquad\qquad (2\text{-}59)$$
$$SiOH + OH^- \rightleftharpoons SiO^- + H_2O \qquad\qquad (2\text{-}60)$$

Als Folge derartiger Reaktionen bildet sich an der Oberfläche des SiO_2 eine pH-abhängige Oberflächenladung. ISFETs auf Basis von SiO_2 haben sich allerdings nicht bewährt, da ihre Steilheit deutlich unter der theoretischen Nernst-Steilheit liegt und teilweise nichtlineares Verhalten festgestellt wurde. Darüber hinaus können Störionen wie Na^+ in die Schicht einwandern und zu Querempfindlichkeiten sowie Drift-erscheinungen führen.

Wesentlich bessere pH-sensitive ISFETs ergeben sich mit Materialien wie Al_2O_3, Ta_2O_5 oder Si_3N_4, welche durch gängige Beschichtungsverfahren wie Sputtern, Aufdampfen oder chemische Abscheidung aus der Gasphase auf die SiO_2-Schicht aufgebracht werden. Für diese Materialien sind ähnliche pH-abhängige Oberflächen-reaktionen wie für SiO_2 anzunehmen.

Neben diesen Schichten aus Metalloxiden und Metallnitriden können grundsätzlich sämtliche von ionenselektiven Elektroden her bekannten Materialien eingesetzt werden, sofern der Prozeß der Schichtherstellung und das Schichtmaterial mit dem Halb-leitergrundelement verträglich sind. ISFETs mit ionenselektiven Schichten auf Basis

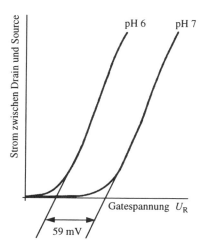

Abbildung 2.16 Abhängigkeit des Drain-Source-Stromes eines pH-selektiven ISFETs bei konstanter Drain-Source-Spannung als Funktion des pH-Wertes

von Gläsern, schwerlöslichen Salzen wie Lanthanfluorid oder Silberhalogeniden, neutralen Ionencarriern oder Ionenaustauschern in Polymermembranen sind beschrieben worden.

Beträchtliches Interesse haben auch Enzym-modifizierte ISFETs (EnFETs) gefunden. Es handelt sich dabei um pH-ISFETs, die mit einem Enzym beschichtet sind, welches bei Umsetzung des betreffenden Substrates eine pH-Änderung bewirkt. Die Strategie dieser EnFETs ist somit die gleiche wie bei enzymbeschichteten pH-Glaselektroden (vergleiche Abschnitt 2.3.5). Bevorzugt untersucht wurden bisher EnFETs mit Urease für die Bestimmung von Harnstoff sowie Glucoseoxidase für die Bestimmung von Glucose.

Aus der Schaltung in Abbildung 2.15 erkennen wir, daß der ISFET in Analogie zur Meßanordnung mit ionenselektiven Elektroden eine Halbzelle einer galvanischen Zelle ersetzt. Wir benötigen als zweite Halbzelle die Bezugselektrode R, für welche bei Messungen mit ISFETs vielfach eine konventionelle Makroelektrode eingesetzt wird. Dabei gehen aber technische Vorteile des Sensors, insbesondere die miniaturisierte Ausführung, verloren. Aus diesem Grund ist es wünschenswert, die Bezugselektrode auf dem Sensorchip zu integrieren. Obwohl es nicht an Versuchen gefehlt hat, die Struktur einer konventionellen Bezugselektrode soweit zu miniaturisieren, daß sie auf dem Sensorchip positioniert werden kann, sind die hierfür notwendigen Herstellungsverfahren aufwendig und heikel. Als Alternative kann der ISFET mit einem zweiten ISFET kombiniert wird, der gegenüber dem Meßion eine nur geringe Empfindlichkeit aufweist [122]. In einer Differenzschaltung der beiden ISFETs und einem zusätzlichen Kontakt zur Lösung als Bezugspunkt (Pseudobezugselektrode in Form eines mehr oder weniger beliebigen Metalls, Potentialkonstanz nicht notwendig) kann nunmehr die Ionenaktivität gemessen werden.

Wesentliche Untersuchungen zu ISFETs wurden bereits in den Jahren zwischen 1970 und 1980 durchgeführt [123], wobei große Erwartungen in die weitere Entwicklung dieser ionenselektiven Halbleiterbauelemente gesetzt wurden. Als Argument für einen ISFET wurde häufig angeführt, daß er als Halbleiterbauelement mit Herstellungstechnologien produziert werden kann, die eine Fertigung von hohen Stückzahlen bei geringem Preis erlauben. Leider sind einige Probleme bei der Fertigung wie die Einkapselung des Sensors noch immer nicht vollkommen zufriedenstellend gelöst. Die große Zahl der laufend publizierten Arbeiten über ISFETs dürfte weniger eine erhöhte Akzeptanz dieser Sensoren in der Routine widerspiegeln als vielmehr die verstärkten Bemühungen um notwendige Verbesserungen im Aufbau. Die Kommerzialisierung von ISFETs hat sich bisher praktisch auf pH-Sensoren beschränkt. Vielfach macht es wenig Sinn, ISFETs anstelle von herkömmlichen ionenselektiven Elektroden zu verwenden, wenn ohnehin ein genügend großes Volumen an Probelösung zur Verfügung steht. Der ISFET könnte aber das Mittel der Wahl sein, wenn es beispielsweise um miniaturisierte implantierbare Sensoren geht, oder wenn hohe Anforderungen an die Robustheit des Sensors (z.B. im Vergleich mit einer Glaselektrode) gestellt werden.

Die eigentliche Zukunft der ISFETs dürfte im Bereich der Multisensoren liegen, da grundsätzlich ein Chip mit mehreren verschiedenartigen Gate-Bereichen aufgebaut werden kann, sodaß Aktivitäten verschiedener Ionen simultan gemessen werden können. Geeignete Herstellungsverfahren für derartige Multisensoren wurden ebenfalls schon vor etlichen Jahren untersucht, doch blieb die kommerzielle Verwertung bis heute praktisch aus. Trotzdem dürften zukünftige Entwicklungen auf dem Gebiet der Multisensoren ein verstärktes Interesse an ISFETs erwarten lassen, wobei die Messungen ähnlich wie bei ionenselektiven Elektroden sowohl im batch-Verfahren als auch in Fließinjektionssystemen durchgeführt werden können [124].

2.7 Potentiometrische Festkörper-Gassensoren

Besonders robuste Gassensoren ergeben sich mit potentiometrischen Meßanordnungen, bei denen die flüssige Elektrolytlösung durch einen Festelektrolyten (d.h. durch einen ionenleitenden Festkörper) ersetzt ist. Im allgemeinen ist die elektrische Leitfähigkeit von Festelektrolyten bei Raumtemperatur nur gering; eine Beheizung des Sensors auf mehrere hundert °C ist daher meist notwendig. Erhöhte Temperaturen sind oft auch die Voraussetzung für die Einstellung der potentialbestimmenden Gleichgewichte an den Elektroden.

Der bekannteste Vertreter von potentiometrischen Festkörper-Gassensoren ist die Lambda(λ)-Sonde zur Bestimmung des Sauerstoffpartialdruckes in Abgasen von Verbrennungsprozessen (insbesondere bei Otto-Motoren mit Abgaskatalysatoren). Das ionenleitende Material besteht aus dem O^{2-}-Ionenleiter Zirkoniumdioxid (dotiert mit Yttriumoxid, eventuell auch mit Calcium- oder Magnesiumoxid); dieses ist beidseitig mit einer porösen Platinschicht als Elektrode versehen (siehe Abbildung 2.17). Bei Temperaturen oberhalb von etwa 600 °C stellt sich an der Dreiphasengrenzfläche Gas/Platin/Festelektrolyt eine Gleichgewichtsgalvanispannung entsprechend dem folgenden Redoxpaar ein:

$$O_{2\,(Gas)} + 4\,e^- \rightleftharpoons 2\,O^{2-}_{(Festelektrolyt)} \tag{2-61}$$

Wie aus Abbildung 2.17 hervorgeht, besteht die Meßanordnung aus zwei identen Halbzellen, sodaß die gemessene EMK vom Unterschied der Sauerstoffpartialdrücke in den beiden Halbzellen abhängt (meist grenzt eine Halbzelle an Luft und fungiert damit als Bezugshalbzelle):

$$EMK = \frac{RT}{4F} \ln \frac{p_{O_2\,(Meßhalbzelle)}}{p_{O_2\,(Bezugshalbzelle)}} \tag{2-62}$$

Die λ-Sonde kann nicht nur potentiometrisch, sondern auch amperometrisch betrieben werden. Dabei wird die Reduktion von O_2 an der Kathode bzw. die Oxidation von O^{2-}-Ionen an der Anode durch eine angelegte Spannung erzwungen und der Stromfluß gemessen. Details sind in Abschnitt 5.3.2 zu finden.

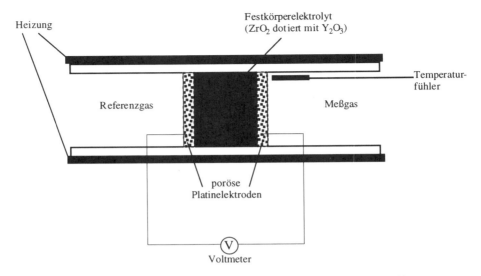

Abbildung 2.17 Aufbau eines potentiometrischen Festkörper-Gassensors für Sauerstoffmessungen

Neben ZrO_2 eignen sich etliche andere Festelektrolyte für potentiometrische Gassensoren, welche allerdings nicht jene kommerzielle Bedeutung erlangt haben, die der λ-Sonde zukommt. Erwähnenswert sind CO_2-Sensoren auf Basis des Ionenleiters K_2CO_3 oder Na_2CO_3 (eventuell mit einem Zusatz von $BaCO_3$), welcher beidseitig von porösen Goldelektroden bedeckt ist [125, 126]. An beiden Elektroden ist die Gleichgewichtsgalvanispannung bestimmt durch die folgende Reaktion:

$$CO_2 + 1/2\ O_2 + 2\ e^- \rightleftharpoons CO_3{}^{2-} \tag{2-63}$$

Ähnlich wie im Fall des oben beschriebenen Sauerstoffsensors kann eine Halbzelle als Bezugshalbzelle fungieren, welche in Kontakt mit einem Gasgemisch konstanter Zusammensetzung ist. Die EMK hängt dann vom CO_2-Gehalt des Meßgases ab, darüber hinaus allerdings auch von dessen Sauerstoffgehalt.

Verwendet man anstelle eines Alkalicarbonats den festen Ionenleiter K_2SO_4, so erhält man einen Gassensor für SO_2/SO_3 [125] entsprechend der Elektrodenreaktion

$$SO_3 + 1/2\ O_2 + 2\ e^- \rightleftharpoons SO_4{}^{2-} \tag{2-64}$$

In analoger Weise ermöglicht ein Sensor mit dem Festelektrolyten $Ba(NO_3)_2$ die Bestimmung von NO/NO_2 [125, 127].

Alle der angeführten Gassensoren weisen zwei vom Aufbau her idente Halbzellen auf. Dies ist aber keinesfalls eine notwendige Voraussetzung für die Konstruktion potentiometrischer Gassensoren mit Festelektrolyten. Zwei Beispiele seien hier zur Demonstration der vielfältigen Möglichkeiten angeführt. Ein Chlorsensor kann mit dem festen Silberionenleiter $RbAg_4I_5$ aufgebaut werden, welcher auf der einen Seite mit einer metallischen Silberschicht, auf der anderen Seite mit einer Silberchloridschicht versehen ist. Die Silberschicht bildet zusammen mit dem Silberionenleiter

$RbAg_4I_5$ die Bezugselektrode, während die Silberchloridschicht im Kontakt mit der Gasprobe steht und die Meßelektrode bildet. Die folgenden Redoxpaare sind für die Ausbildung der EMK verantwortlich:

$$\text{Bezugselektrode: } Ag^+ + e^- \rightleftharpoons Ag \qquad (2\text{-}65)$$
$$\text{Meßelektode: } Cl_2 + 2\,Ag^+ + 2\,e^- \rightleftharpoons 2\,AgCl \qquad (2\text{-}66)$$

Ein Kohlendioxid-Sensor, welcher im Gegensatz zu den oben beschriebenen CO_2-Meßanordnungen unabhängig vom Sauerstoffgehalt der Gasprobe ist und kein Referenzgas benötigt, wurde auf Basis von festen Natriumionenleitern beschrieben, die auf einer Seite eine Goldschicht vermischt mit Na_2CO_3 aufweisen (Elektrode 1), auf der anderen Seite eine Goldschicht vermischt mit einem Metalloxid MeO_2 und dessen Alkalisalz Na_2MeO_3 (Elektrode 2). Die relevanten Redoxpaare lassen sich folgendermaßen formulieren:

$$\text{Elektrode 1: } 2\,Na^+ + CO_2 + 1/2\,O_2 + 2\,e^- \rightleftharpoons Na_2CO_3 \qquad (2\text{-}67)$$
$$\text{Elektrode 2: } MeO_2 + 2\,Na^+ + 1/2\,O_2 + 2\,e^- \rightleftharpoons Na_2MeO_3 \qquad (2\text{-}68)$$

Die Entwicklungen potentiometrischer Festkörper-Gassensoren sind noch lange nicht abgeschlossen. Ob und in welchem Ausmaß weitere Sensoren auf den Markt kommen werden, läßt sich heute kaum voraussagen.

Literatur zu Kapitel 2

[1]   A.J. Bard, L.R. Faulkner, *Electrochemical Methods,* John Wiley & Sons, New York (1980), S.68ff.
[2]   R.P. Buck, E. Lindner, *Pure & Appl.Chem. 66* (1994) 2527.
[3]   M. Cremer, *Z.Biol. 46* (1906) 562.
[4]   F. Haber, Z. Klemensiewicz, *Z.Phys.Chem. 67* (1909) 385.
[5]   G. Eisenman, D.O. Rudin, J.U. Casby, *Science 126* (1957) 831.
[6]   A. Caneiro, P. Fabry, H. Khireddine, E. Siebert, *Anal.Chem. 63* (1991) 2550.
[7]   E. Pungor, *Anal.Chem. 39/13* (1967) 28A.
[8]   W.E. Morf, *The Principles of Ion-Selective Electrodes and of Membrane Transport,* Akademiai Kiado, Budapest (1981), S.182.
[9]   J.W. Ross, *Science 156* (1967) 1378.
[10]   *Selectophore Ionophores, Membranes, Mini-ISE,* Firmenschrift der Fa. Fluka
[11]   D. Ammann, *Ion-Selective Microelectrodes; Principles, Design and Applications,* Springer, Berlin (1986).
[12]   F. Hofmeister, *Arch.exp.Patol.Pharmakol. 24* (1888) 247.
[13]   D. Wegmann, H. Weiss, D. Ammann, W.E. Morf, E. Pretsch, K. Sugahara, W. Simon, *Mikrochim.Acta III* (1984) 1.

[14]   S. Ozawa, H. Miyagi, Y. Shibata, N. Oki, T. Kunitake, W.E. Keller, *Anal.Chem. 68* (1996) 4149.

[15]   R. Perez-Olmos, B. Etxebarria, M.P. Ruiz, J.L.F.C. Lima, M.C.B.S.M. Montenegro, M.N.M.P. Alcada, *Fresenius J.Anal.Chem. 348* (1994) 341.

[16]   J.L.F.C. Lima, M.C.B.S.M. Montenegro, A.M.R. Silva, *Ann.Pharm.Franc. 49* (1982) 76.

[17]   M.E. Meyerhoff, B. Fu, E. Bakker, J. Yun, V.C. Yang, *Anal.Chem. 68* (1996) 168A.

[18]   B. Fu, E. Bakker, J.H. Yun, V.C. Yang, M.E. Meyerhoff, *Anal.Chem. 66* (1994) 2250.

[19]   J.H. Yun, M.E. Meyerhoff, V.C. Yang, *Anal.Biochem. 224* (1995) 212.

[20]   L.A.R.Pioda, W. Simon, *Chimia 23* (1969) 72.

[21]   W. Simon, *Swiss Pat. 479,870* (1969).

[22]   H.F. Oswald, R. Asper, W. Dimai, W. Simon, *Clin.Chem. 25* (1979) 39.

[23]   H.B. Jenny, C. Riess, D. Ammann, B. Magyar, R. Asper, W. Simon, *Mikrochim.Acta II* (1980) 309.

[24]   P. Anker, H.B. Jenny, U. Wuthier, R. Asper, D. Ammann, W. Simon, *Clin.Chem. 29* (1983) 1447.

[25]   M.S. Ghauri, J.D.R. Thomas, *Analyst 119* (1994) 2323.

[26]   K. Kimura, H. Oishi, T. Miura, T. Shono, *Anal.Chem. 59* (1987) 2331.

[27]   T. Shono, M. Okahara, I. Ikeda, K. Kimura, H. Tamura, *J.Electroanal.Chem. 132* (1982) 99.

[28]   H. Tamura, K. Kumami. K. Kimura, T. Shono, *Mikrochim.Acta II* (1983) 287.

[29]   G.J. Moody, B.B. Saad, J.D.R. Thomas, *Anal.Proc. 26* (1989) 8.

[30]   K. Kimura, T. Maeda, H. Tamura, T. Shono, *J.Electroanal.Chem. 95* (1979) 91.

[31]   L. Töke, I. Bitter, B. Agai, E. Csongor, K. Toth, E. Lindner, M. Horvath, S. Harfouch, E. Pungor, *Liebigs Ann.Chem.* (1988) 349.

[32]   E. Lindner, K. Toth, J. Jeney, M. Horvath, E. Pungor, I. Bitter, B. Agai, L. Töke, *Mikrochim.Acta I* (1990) 157.

[33]   S.K. Srivastava, V.K. Gupta, M.K. Dwivedi, S. Jain, *Anal.Proc. 32* (1995) 21.

[34]   A. Cadogan, D. Diamond, M.R. Smyth, G. Svehla, M.A. McKervey, E.M. Seward, S.J. Harris, *Analyst 115* (1990) 1207.

[35]   E. Malinowska, Z. Brzozka, K. Kasiura, R.J.M. Egberink, D.N. Reinhoudt, *Anal.Chim.Acta 298* (1994) 245.

[36]   E. Malinowska, Z. Brzozka, K. Kasiura, R.J.M. Egberink, D.N. Reinhoudt, *Anal.Chim.Acta 298* (1994) 253.

[37]   A.M. Cadogan, D. Diamond, M.R. Smyth, M. Deasy, M.A. McKervey, S.J. Harris, *Analyst 114* (1989) 1551.

[38]   M. Rothmaier, W. Simon, *Anal.Chim.Acta 271* (1993) 135.

[39]   M. Rothmaier, U. Schaller, W.E. Morf, E. Pretsch, *Anal.Chim.Acta 327* (1996) 17.

[40]   T. Kleiner, F. Bongardt, F. Vögtle, M.W. Läubli, O. Dinten, W. Simon,
        Chem.Ber. 118 (1985) 1071.

[41]   M.W. Läubli, O. Dinten, E. Pretsch, W. Simon, F. Vögtle, F. Bongardt, T.
        Kleiner, *Anal.Chem. 57* (1985) 2756.

[42]   M.E. Meyerhoff, E. Pretsch, D.H. Welti, W. Simon, *Anal.Chem. 59* (1987)
        144.

[43]   C. Behringer, B. Lehmann, J. Haug, K. Seiler, W.E. Morf, K. Hartmann, W.
        Simon, *Anal.Chim.Acta 233* (1990) 41.

[44]   U. Schefer, D. Ammann, E. Pretsch, U. Oesch, W. Simon, *Anal.Chem. 58*
        (1986) 2282.

[45]   P. Gehrig, B. Rusterholz, W. Simon, *Chimia 43* (1989) 377.

[46]   P. Anker, E. Wieland, D. Ammann, R.E. Dohner, R. Asper, W. Simon,
        Anal.Chem. 53 (1981) 1970.

[47]   D. Erne, N. Stojanac, D. Ammann, P. Hofstetter, E. Pretsch, W. Simon,
        Helv.Chim.Acta 63 (1980) 2271.

[48]   M. Müller, M. Rouilly, B. Rusterholz, M. Maj-Zurawska, Z. Hu, W. Simon,
        Mikrochim.Acta III (1988) 283.

[49]   M. Maj-Zurawska, M. Rouilly, W.E. Morf, W. Simon, *Anal.Chim.Acta 218*
        (1989) 47.

[50]   U.E. Spichiger, R. Eugster, E. Haase, G. Rumpf, P. Gehrig, A. Schmid, B.
        Rusterholz, W. Simon, *Fresenius J.Anal.Chem. 341* (1991) 727.

[51]   H.B. Jenny, D. Ammann, R. Dörig, B. Magyar, R. Asper, W. Simon,
        Mikrochim.Acta II (1980) 125.

[52]   T. Maruizumi, D. Wegmann, G. Suter, D. Ammann, W. Simon,
        Mikrochim.Acta I (1986) 331.

[53]   P. Gehrig, B. Rusterholz, W. Simon, *Anal.Chim.Acta 233* (1990) 295.

[54]   E. Metzger, D. Ammann, U. Schefer, E. Pretsch, W. Simon, *Chimia 38*
        (1984) 440.

[55]   E. Metzger, D. Ammann, R. Asper, W. Simon, *Anal.Chem. 58* (1986) 132.

[56]   E. Metzger, R. Dohner, W. Simon, D.J. Vonderschmitt, K. Gautschi,
        Anal.Chem. 59 (1987) 1600.

[57]   E. Metzger, R. Aeschimann, M. Egli, G. Suter, R. Dohner D. Ammann, M.
        Dobler, W. Simon, *Helv.Chim.Acta 69* (1986) 1821.

[58]   M. Bochenska, W. Simon, *Mikrochim.Acta III* (1990) 277.

[59]   G.J. Moody, R.B. Oke, J.D.R. Thomas, *Analyst 95* (1970) 910.

[60]   U. Schaller, E. Bakker, E. Pretsch, *Anal.Chem. 67* (1995) 3123.

[61]   U. Oesch, Z. Brzozka, A. Xu, B. Rusterholz, G. Suter, H.V. Pham, D.H.
        Welti, D. Ammann, E. Pretsch, W. Simon, *Anal.Chem. 58* (1986) 2285.

[62]   R. Eugster, T. Rosatzin, B. Rusterholz, B. Aebersold, U. Pedrazza, D. Rüegg,
        A. Schmid, U.E. Spichiger, W. Simon, *Anal.Chim.Acta 289* (1994) 1.

[63]   J.W. Severinghaus, A.F. Bradley, *J.Appl.Physiol. 13* (1958) 515.

[64]   R. Koncki, A. Hulanicki, S. Glab, *Trends Anal.Chem. 16* (1997) 528.

[65]   E. Bakker, R.K. Meruva, E. Pretsch, M.E. Meyerhoff, *Anal.Chem. 66* (1994)
        3021.

[66]   E. Bakker, *Trends Anal.Chem. 16* (1997) 252.

[67]   V.P.Y. Gadzekpo, G.D. Christian, *Anal.Chim.Acta 164* (1984) 279.
[68]   Y. Umezawa, K. Umezawa, H. Sato, *Pure & Appl.Chem. 67* (1995) 507.
[69]   W. Frenzel, *Analyst 113* (1988) 1039.
[70]   W. Frenzel, *Fresenius Z.Anal.Chem. 329* (1988) 698.
[71]   C.F. Tubbs, *Anal.Chem. 26* (1954) 1670.
[72]   S. Ebel, E. Glaser, R. Kantelberg, B. Reyer, *Fresenius Z.Anal.Chem. 312* (1982) 604.
[73]   G. Gran, *Acta Chem.Scand. 4* (1950) 559.
[74]   G. Gran, *Analyst 77* (1952) 661.
[75]   G. Gran, *Anal.Chim.Acta 206* (1988) 111.
[76]   B.J. Birch, R.N. Cockcroft, *Ion-Selective Electrode Rev. 3* (1981) 1.
[77]   C.J. Dowle, B.G. Cooksey, J.M. Ottaway, W.C. Campbell, *Analyst 112* (1987) 1299.
[78]   S. Alegret, J. Alonso, J. Bartroli, J. Baro-Roma, J. Sanchez, M. del Valle, *Analyst 119* (1994) 2319.
[79]   K. Vytras, V. Dvorakova, I. Zeman, *Analyst 114* (1989) 1435.
[80]   K. Vytras, *Electroanalysis 3* (1991) 343.
[81]   *Metrohm Information 3* (1992), 2 (1995) und 2 (1996), Firmenschriften der Fa. Metrohm.
[82]   R. Schulz, R. Gerhards, *Int.Lab. Oktober* (1994) 10.
[83]   *Europäische Norm EN 903:1994.*
[84]   D. Jagner, A. Graneli, *Anal.Chim.Acta 83* (1976) 19.
[85]   T.C. Chau, D.Y. Li, Y.L. Wu, *Talanta 29* (1982) 1083.
[86]   T. Garai, L. Meszaros, L. Bartalits, C. Locatelli, F. Fagioli, *Electroanalysis 3* (1991) 955.
[87]   T. Garai, Z. Nagy, L. Meszaros, L. Bartalits, C. Locatelli, F. Fagioli, *Electroanalysis 4* (1992) 899.
[88]   T. Garai, Z. Nagy, L. Meszaros, L. Bartalits, C. Locatelli, F. Fagioli, *Electroanalysis 8* (1996) 381.
[89]   A.S. Baranski, H. Quon, *Anal.Chem. 58* (1986) 407.
[90]   H. Huiliang, C. Hua, D. Jagner, L. Renman, *Anal.Chim.Acta 193* (1987) 61.
[91]   H. Huiliang, D. Jagner, L. Renman, *Anal.Chim.Acta 207* (1988) 27.
[92]   D. Jagner, M. Josefson, S. Westerlund, *Anal.Chim.Acta 129* (1981) 153.
[93]   A. Hu, R.E. Dessy, A. Granéli, *Anal.Chem. 55* (1983) 320.
[94]   C.W.K. Chow, S.D. Kolev, D.E. Davey, D.E. Mulcahy, *Anal.Chim.Acta 330* (1996) 79.
[95]   L.G. Danielsson, D. Jagner, M. Josefson, S. Westerlund, *Anal.Chim.Acta 127* (1981) 147.
[96]   M. Rozali bin Othman, J.O. Hill, R.J. Magee, *Fresenius Z.Anal.Chem. 326* (1987) 350.
[97]   D. Jagner, L.Renman, Y. Wang, *Electroanalysis 6* (1994) 285.
[98]   L. Almestrand, D. Jagner, L. Renman, *Talanta 33* (1986) 991.
[99]   Y. Li, F. Wahdat, R. Neeb, *Fresenius J.Anal.Chem 351* (1995) 678.
[100] D. Jagner, S. Westerlund, *Anal.Chim.Acta 117* (1980) 159.
[101] C. Marin, P. Ostapczuk, *Fresenius J.Anal.Chem. 343* (1992) 881.

[102]   D. Jagner, L. Renman, Y. Wang, *Electroanalysis 5* (1993) 283.

[103]   H. Eskilsson, D. Jagner, *Anal.Chim.Acta 138* (1982) 27.

[104]   I. Svancara, P. Ostapczuk, J. Arunachalam, H. Emons, K. Vytras, *Electroanalysis 9* (1997) 26.

[105]   S.B. Adeloju, T.M. Young, *Anal.Chim.Acta 302* (1995) 225.

[106]   S. Mannino, *Analyst 108* (1983) 1257.

[107]   F. Dexiong, Y. Peihui, Y. Zhaoliang, *Talanta 38* (1991) 1493.

[108]   G.R. Scollary, G.N. Chen, T.J. Cardwell, V.A. Vincente-Beckett, *Electroanalysis 7* (1995) 386.

[109]   C. Hua. D. Jagner, L. Renman, *Anal.Chim.Acta 197* (1987) 257.

[110]   S.B. Adeloju, D. Jagner, L. Renman, *Anal.Chim.Acta 338* (1997) 199.

[111]   D. Jagner, M. Josefson, S. Westerlund, *Anal.Chem. 53* (1981) 2144.

[112]   H. Huiliang, D. Jagner, L. Renman, *Anal.Chim.Acta 207* (1988) 37.

[113]   R. Ratana-ohpas, P. Kanatharana, W. Ratana-ohpas, W. Kongsawasdi, *Anal.Chim.Acta 333* (1996) 115.

[114]   E. Wang, W. Sun, *Anal.Chim.Acta 172* (1985) 365.

[115]   J. Wang, G. Rivas, X. Cai, M. Chicharro, P.A.M. Farias, E. Palecek, *Electroanalysis 8* (1996) 902.

[116]   X. Cai, G. Rivas, P.A.M. Farias, H. Shiraishi, J. Wang, E. Palecek, *Anal.Chim.Acta 332* (1996) 49.

[117]   M.J. Honeychurch, M.J. Ridd, *Electroanalysis 8* (1996) 654.

[118]   D. Jagner, *Trends Anal.Chem. 2* (1983) 53.

[119]   M.D. Luque de Castro, A. Izquierdo, *Electroanalysis 3 (1991)* 457.

[120]   P. Bergveld, *IEEE Trans.Biomed.Eng. BME-17* (1970) 70.

[121]   P. Bergveld, *IEEE Trans.Biomed.Eng. BME-19* (1972) 342.

[122]   M. Skowronska-Ptasinska, P.D. van der Wal, A. van den Berg, P. Bergveld, E.J.R. Sudhölter, D.N. Reinhoudt, *Anal.Chim.Acta 230* (1990) 67.

[123]   J. Janata, R.J. Huber, *Ion-Selective Electrode Rev. 1* (1979) 31.

[124]   A. Izquierdo, M.D. Luque de Castro, *Electroanalysis 7* (1995) 505.

[125]   M. Gauthier, A. Chamberland, *J.Electrochem.Soc. 124* (1977) 1579.

[126]   H. Möbius, P. Shuk, W. Zastrow, *Fresenius J.Anal.Chem. 356* (1996) 221.

[127]   V. Brüser, S. Jakobs, H. Möbius, U. Schönauer, *Fresenius J.Anal.Chem. 349* (1994) 684.

3 Voltammetrie

Voltammetrische Verfahren basieren auf der Messung des Stroms, welcher in einer elektrochemischen Zelle in Abhängigkeit der angelegten Spannung bei Anwesenheit von reduzierbaren oder oxidierbaren Analyten fließt. Die Aufnahme von Strom-Spannungs-Kurven ergibt sowohl quantitative als auch qualitative Informationen über die Probe. Ein wichtiges voltammetrisches Verfahren in der Routineanalytik ist die Polarographie, welche auf Arbeiten von J. Heyrovsky [1] in den 20er Jahren zurück-geht und auf der Verwendung einer tropfenden Quecksilberelektrode als Arbeitselektrode basiert. Heyrovsky erhielt für die Entwicklung dieser Technik 1959 den Nobelpreis für Chemie. Durch die Entwicklung spektroskopischer Methoden hat allerdings die klassische Polarographie ihre ursprüngliche Bedeutung verloren. Moderne Varianten wie Differentialpulspolarographie oder Stripping-Voltammetrie zählen aber nach wie vor zu überaus leistungsfähigen Techniken für verschiedenste Anwendungen in der organischen Analytik wie auch in der Metallspurenanalytik

3.1 Grundlagen voltammetrischer Verfahren

Voltammetrische Verfahren beruhen auf elektrochemischen Umsetzungen der Analyte an stromdurchflossenen Elektroden. Es ist daher angebracht, zunächst der Frage nach-zugehen, in welcher Weise sich das Einzelpotential einer Elektrode bei Stromfluß ändert. Messungen bei Stromlosigkeit, wie sie in der Potentiometrie durchgeführt werden, ergeben ein Einzelpotential, welches ganz allgemein von den Aktivitäten eines Redoxpaares in der Lösung abhängt. Zwingt man der Elektrode ein Potential auf, das sich ganz wenig vom Einzelpotential unterscheidet, so wird das System grundsätzlich danach trachten, die Konzentrationsverhältnisse des Redoxpaares so zu ändern, daß sie dem geänderten Potential entsprechen. Somit bekommen wir auch bei nur kleinen Änderungen des Elektrodenpotentials einen deutlichen Stromfluß; allerdings müssen wir voraussetzen, daß die Redoxreaktion weitestgehend reversibel ist. Wir können die Situation auch umgekehrt betrachten: bei einem von außen erzwungenen Stromfluß durch die Elektrode würde sich (sofern der Stromfluß nicht allzu hoch ist) keine wesentliche Änderung des Elektrodenpotentials ergeben. Unter diesen Umständen sprechen wir von unpolarisierbaren Elektroden – sie weisen auch bei Stromfluß ein konstantes Potential auf und eignen sich daher vor allem als Bezugselektroden.

Andererseits existieren Systeme, bei welchen in einem gewissen Potentialbereich eine beliebige Spannung an die Elektrode angelegt werden kann, ohne daß es zu einem Stromfluß kommt. Wir haben es in diesem Fall mit einer (ideal) polarisierbaren Elektrode zu tun.

Die Differenz zwischen dem Potential E_i einer stromdurchflossenen Elektrode und dem Potential E_{rev} bei Stromlosigkeit ist die Überspannung η:

$$\eta = E_i - E_{rev} \tag{3.1}$$

Die elektrochemische Umsetzung eines Analyten an der Elektrodenoberfläche umfaßt im wesentlichen 3 Schritte:

- Transport des Analyten aus der Lösung zur Elektrodenoberfläche durch Migration (Wanderung im elektrischen Feld), Diffusion oder Konvektion;
- Durchtrittsreaktion, d.h. Übergang von Elektronen durch die Phasengrenzfläche Elektrode/Lösung;
- Abtransport der Produkte der elektrochemischen Reaktion von der Elektrodenoberfläche.

Darüber hinaus können chemische Reaktionen den angeführten Schritten vor- oder nachgelagert sein, was aber für die folgenden Betrachtungen zunächst ausgeschlossen wird.

Vielfach hängen elektroanalytische Verfahren vorrangig vom Stofftransport der Analyte zur Elektrode ab; sofern der Durchtritt der Elektronen durch die Grenzfläche nicht gehemmt ist, stellt der Transport den geschwindigkeitsbestimmenden Schritt dar. Im folgenden werden daher zunächst die elektrochemischen Reaktionen unter dem Aspekt des Stofftransportes als langsamsten Schritt behandelt. Anschließend werden Reaktionen diskutiert, welche vorwiegend von der Geschwindigkeit der Durchtrittsreaktion abhängen.

3.1.1 Diffusionsgrenzströme

Der Transport von reduzierbaren oder oxidierbaren Substanzen aus dem Inneren der Meßlösung zur Elektrodenoberfläche kann durch Migration (Wanderung im elektrischen Feld), Diffusion oder Konvektion bewerkstelligt werden. Bei elektroanalytischen Verfahren wird die Migration unterdrückt, indem der Analysenlösung ein elektrochemisch inaktiver Elektrolyt ("Leitsalz") im Überschuß zugegeben wird; damit übernimmt in der Lösung das Leitsalz praktisch den gesamten Stromtransport, sodaß die Migration der Analytionen vernachlässigbar ist.

Wenn wir die Analysenlösung nicht rühren, bleibt als einziger Transportmechanismus die Diffusion übrig. Hierbei ist noch zu beachten, daß auch bei Konvektion durch Rühren der Lösung (oder durch Rotation der Elektrode) an der Elektrodenoberfläche eine ruhende Schicht existiert, in welcher der Stofftransport lediglich durch Diffusion möglich ist (Diffusionsschicht). Diffusionsvorgänge sind somit der wichtigste (im Idealfall einzige) Beitrag zum Stofftransport; der Stromfluß, welcher sich aus der elektrochemischen Reaktion der Analyte an der Elektrodenoberfläche ergibt, muß daher wesentlich durch die Diffusionseigenschaften der Analyte beeinflußt sein.

Nehmen wir an, eine Meßlösung enthalte einen reduzierbaren Analyten der Konzentration c_{ox}. Die Meßanordnung bestehe aus einer Arbeitselektrode und einer Bezugselektrode. Als Arbeitselektrode diene eine rotierende Scheibenelektrode, wodurch eine kontrollierte Konvektion in der Lösung und eine konstante Diffusionsschichtdicke δ [cm] gegeben sind. Letztere ist eine Funktion der Winkelgeschwindigkeit ω [s^{-1}], der kinematischen Viskosität v [cm^2 s^{-1}] der Lösung sowie des Diffusionskoeffizienten D_{ox} [cm^2 s^{-1}] des Analyten:

$$\delta = \frac{1,62\, D_{ox}^{1/3}\, v^{1/6}}{\omega^{1/2}}$$

(3-2)

Legen wir an die Arbeitselektrode eine konstante Spannung (relativ zur Bezugselektrode), welche negativ genug ist, um die Reduktion des Analyten an der Elektrodenoberfläche ablaufen zu lassen, so gilt für den Stofffluß J_{ox} von Analytteilchen aus dem Inneren der Lösung zur Elektrodenoberfläche das 1. Fick´sche Gesetz (J bezeichnet die Molzahl an Teilchen, die pro Sekunde durch eine Fläche von 1 cm^2 durchdiffundieren):

$$J_{ox} = -D_{ox}\left(\frac{\partial c_{ox}}{\partial x}\right)_{x=0}$$

(3-3)

Die Elektrodenoberfläche stellt den Ort $x=0$ dar. Wir müssen nunmehr unterscheiden zwischen der Konzentration des Analyten an der Elektrodenoberfläche ($c_{ox(x=0)}$) und im Inneren der Löung ($c_{ox(x=\infty)}$). Letztere ist offenbar zu jedem Zeitpunkt t gleich groß, sofern das Volumen an Lösung groß ist, sodaß es insgesamt zu keiner merkbaren Verringerung der Analytmenge infolge der elektrochemischen Umsetzung kommt. Zum Zeitpunkt $t=0$ ist $c_{ox(x=0)}$ gleich groß wie $c_{ox(x=\infty)}$; zu jedem Zeitpunkt $t>0$ ist $c_{ox(x=0)}$ aber kleiner als $c_{ox(x=\infty)}$, da durch den elektrochemischen Vorgang Analytteilchen an der Elektrodenoberfläche verbraucht werden.

Der Stromfluß an der Elektrode auf Grund der Reduktion von Analytteilchen entspricht dem Stofffluß J (multipliziert mit der pro Mol umgesetzten Ladung nF und der Fläche A [cm^2] der Elektrode):

$$I = -nFAD_{ox}\left(\frac{\partial c_{ox}}{\partial x}\right)_{x=0}$$

(3-4)

Wenn wir ein lineares Konzentrationsgefälle in der Diffusionsschicht annehmen, so können wir Gleichung 3-4 auch in der folgenden Form anschreiben:

$$I = -nFAD_{ox}\frac{c_{ox(x=\infty)} - c_{ox(x=0)}}{\delta}$$

(3-5)

Das Verhältnis von D zu δ wird auch als Massentransferkoeffizient bezeichnet. Bei Erhöhung der angelegten Spannung zu negativeren Werten geht $c_{ox(x=0)}$ gegen Null (jedes zur Elektrodenoberfläche gelangende Teilchen wird sofort elektrochemisch umgesetzt), sodaß sich ein Grenzstrom I_{gr} (Diffusionsgrenzstrom) ergibt, der proportional zur Analysenkonzentration ist:

$$I = -\frac{nFAD_{ox}}{\delta} c_{ox(x=\infty)} \tag{3-6}$$

Für die rotierende Scheibenelektrode ergibt sich durch Zusammenfassen der Gleichungen 3-6 und 3-2 die Levich-Gleichung:

$$I_{gr} = -0,62 nFAD_{ox}^{2/3} \omega^{1/2} \nu^{-1/6} c_{ox(x=\infty)} \tag{3-7}$$

Gehen wir von einer rotierenden Scheibenelektrode zu einer stationären Scheibenelektrode, so wächst nach Anlegen der Spannung zur Reduktion der Analyte die Diffusionsschicht in die Lösung hinein (Abbildung 3.1), sodaß die Diffusionsschichtdicke zunimmt. Abbildung 3.1 zeigt auch, daß der Konzentrationsgradient der Analytteilchen an der Stelle $x=0$ sinkt, sodaß der Strom mit der Zeit abnehmen muß. Für derartige nichtstationäre Diffusionsverhältnisse ist das 2. Fick´sche Gesetz anzuwenden:

$$\frac{\partial c_{ox}}{\partial t} = D_{ox}\left(\frac{\partial^2 c_{ox}}{\partial x^2}\right) \tag{3-8}$$

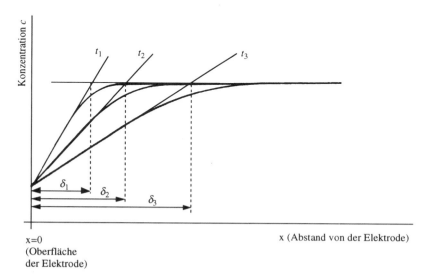

Abbildung 3.1 Zeitliche Änderung der Diffusionsschichtdicke δ an einer stationären Elektrode

Dieses Gesetz führt bei nichtstationären Diffusionsverhältnissen zu einer Gleichung für den Grenzstrom, welche identisch mit Gleichung 3-6 ist, wobei aber die Diffusionsschichtdicke nunmehr eine Funktion der Zeit ist; für diese Zeitabhängigkeit gilt Gleichung 3-9:

$$\delta = \sqrt{\pi D t} \tag{3-9}$$

Somit erhalten wir für den Diffusionsgrenzstrom bei der Reduktion eines Analyten an einer stationären Elektrode den folgenden Zusammenhang (auch bekannt als Cottrell-Gleichung):

$$I_{gr} = -nFA \frac{D_{ox}}{\sqrt{\pi D t}} c_{ox(x=\infty)} \tag{3-10}$$

Das Messen der Stromstärke als Funktion der Zeit nach Anlegen einer Spannung wird Chronoamperometrie genannt.

Besondere Bedeutung für analytische Anwendungen kommt der tropfenden Quecksilberelektrode als Arbeitselektrode zu. Gleichung 3-10 behält auch für diesen Fall ihre Gültigkeit, allerdings ist nunmehr auch die Elektrodenoberfläche A eine Funktion der Zeit (die Oberfläche steigt von Null auf einen bestimmten Wert am Ende der Lebensdauer des Tropfens). Die Masse des Quecksilbers zu einem bestimmten Zeitpunkt t ist das Produkt aus Volumen und Dichte ρ des Quecksilbers und hängt von der Ausströmgeschwindigkeit m des Quecksilbers (mg/s) ab:

$$\frac{4r^3\pi}{3}\rho = mt \tag{3-11}$$

Aus Gleichung 3-11 ergibt sich daher für den Radius r des Quecksilbertropfens:

$$r = \sqrt[3]{\frac{3mt}{4\pi\rho}} \tag{3-12}$$

Diesen Ausdruck für den Radius r setzen wir in die Formel für die Oberfläche einer Kugel ein und erhalten damit die Zeitabhängigkeit der Elektrodenoberfläche A:

$$A = 4\pi\left(\sqrt[3]{\frac{3mt}{4\pi\rho}}\right)^2 \tag{3-13}$$

Die Dichte von Quecksilber beträgt 13600 mg·cm^{-3}, sodaß sich Gleichung (3-13) wie folgt vereinfacht:

$$A = 0,0085 m^{2/3} t^{2/3} \tag{3-14}$$

Im Falle eines anwachsenden Quecksilbertropfens ist weiters zu berücksichtigen, daß durch die Bewegung der Oberfläche in die Lösung hinein die Diffusionsschichtdicke geringer ist als an einer Elektrode mit gleichbleibender Oberfläche. Wie die Arbeiten von Ilkovic zeigten, ist für die tropfende Quecksilberelektrode Gleichung 3-9 zu ersetzen durch die Gleichung 3-15:

$$\delta = \sqrt{\frac{3}{7}\pi D t} \qquad (3\text{-}15)$$

Die Kombination der Gleichungen 3-10, 3-14 und 3-15 führt zur Ilkovic-Gleichung (man beachte, daß c in mol·cm^{-3} anzugeben ist):

$$I_{gr} = -708 n D_{ox}^{1/2} m^{2/3} t^{1/6} c_{ox(x=\infty)} \qquad (3\text{-}16)$$

Der Grenzstrom ist somit während der Lebensdauer des Quecksilbertropfens eine Funktion der Zeit. Mittelt man aber den Strom über die Lebensdauer jedes Tropfens, so erhält man den mittleren Grenzstrom $\overline{I_{gr}}$, welcher nunmehr eine Funktion der Tropfzeit τ ist:

$$\overline{I_{gr}} = -607 n D_{ox}^{1/2} m^{2/3} \tau^{1/6} c_{ox(x=\infty)} \qquad (3\text{-}17)$$

Abbildung 3.2 zeigt eine Gegenüberstellung der Diffusionsgrenzströme an einer stationären Scheibenelektrode, an einer rotierenden Scheibenelektrode sowie an einer tropfenden Quecksilberelektrode.

Die bisherigen Überlegungen gingen davon aus, daß der Stofffluß durch Diffusion senkrecht zur Oberfläche einer planaren Elektrode erfolgt (auch die Oberfläche eines Quecksilbertropfens können wir näherungsweise als planare Elektrode ansehen, wenn der Durchmesser nicht zu klein, d.h. im mm-Bereich ist). Hierbei wird vernachlässigt, daß am Rand einer planaren Scheibenelektrode ein Stofffluß auch aus anderen Richtungen auftreten kann; dies bedeutet, daß zusätzlich zur axialen Diffusion grundsätzlich auch die radiale Diffusion parallel zur Elektrodenoberfläche auftritt. Letztere Komponente ist an Makroelektroden (Durchmesser einer scheibenförmigen

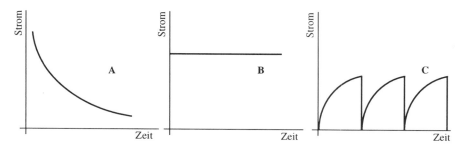

Abbildung 3.2 Zeitabhängigkeit von Diffusionsgrenzströmen an einer stationären Scheibenelektrode (A), an einer rotierenden Scheibenelektrode (B) und an einer tropfenden Quecksilberelektrode (C)

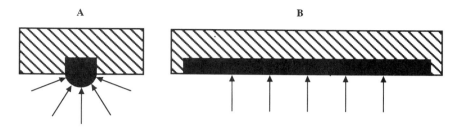

Abbildung 3.3 Diffusionsverhältnisse an einer halbkugelförmigen Mikroelektrode (A) und an einer planaren Makroelektrode (B)

Elektrode im mm-Bereich) vernachlässigbar, wird aber wesentlich, wenn wir zu Mikroelektroden (Durchmesser im µm-Bereich) übergehen. Zur Erklärung dieser Phänomene sei zunächst die Diffusion an einer halbkugelförmigen Mikroelektrode diskutiert (Abbildung 3.3 zeigt die Verhältnisse an einer solchen Mikroelektrode im Vergleich zu einer planaren Makroelektrode). Für eine sphärische Geometrie gilt das 2. Fick'sche Gesetz (welches in Gleichung 3-8 für die planare Geometrie angeführt wurde) in der folgenden Form:

$$\frac{\partial c}{\partial t} = D \left(\frac{\partial^2 c}{\partial x^2} + \frac{2}{x} \frac{\partial c}{\partial x} \right) \tag{3-18}$$

Für das chronoamperometrische Experiment (Anlegen einer Spannung, die dem Grenzstrombereich entspricht), ergibt Gleichung 3-18 die folgende Lösung für den Grenzstrom eines Reduktionsvorganges (r ist der Radius der Elektrode):

$$I_{gr} = -nFAD_{ox}c_{ox(x=\infty)} \left(\frac{1}{\sqrt{\pi Dt}} + \frac{1}{r} \right) \tag{3-19}$$

Gleichung 3-19 zeigt, daß der Diffusionsgrenzstrom aus einem zeitabhängigen Term (der identisch mit der Cottrell-Gleichung ist) und einem zeitunabhängigen Term besteht. Ist der Radius sehr klein, so wird bereits nach kurzer Zeit der zeitunabhängige Term dominierend und der zeitabhängige Term vernachlässigbar und wir erhalten einen zeitunabhängigen konstanten Grenzstrom. Offenbar wird der Grenzstrom dann konstant, wenn $\sqrt{\pi Dt} \gg r$, wenn also die Diffusionsschichtdicke größer als die Elektrode ist. Anschaulich ausgedrückt diffundiert an einer sehr kleinen halbkugelförmigen Elektrode der Analyt aus allen Richtungen zur Elektrode, sodaß das Volumen der Lösung, aus welcher der Analyt zur Elektrode kommt, sehr groß im Vergleich zur Elektrodenfläche ist; dadurch kommt es an einer Mikroelektrode zu keiner laufenden Verarmung an Analyt in der Umgebung der Elektrode. Eine halbkugelförmige Elektrode mit einem Durchmesser von 5 µm würde in wäßrigen Lösungen bereits nach etwa 250 ms einen konstanten Grenzstrom ergeben.

Aus Gleichung 3-19 können wir eine allgemeine Beziehung für den zeitunabhängigen Grenzstrom eines Reduktionsvorganges formulieren, die sowohl für eine kugelformige, eine halbkugelförmige als auch für eine scheibenförmige Elektrode gilt, sofern wir den Oberflächendurchmesser d einführen:

$$I_{gr} = -2nFdD_{ox}c_{ox(x=\infty)}$$
$$(d = 2\pi r \qquad \text{für Kugel}$$
$$d = \pi r \qquad \text{für Halbkugel} \qquad\qquad (3\text{-}20)$$
$$d = 2r \qquad \text{für Scheibe})$$

Auf Grund der kleinen Elektrodenoberfläche sind die Ströme natürlich geringer als an Makroelektroden, die Stromdichten sind allerdings höher. Die kleine Elektrodenoberfläche führt dazu, daß kapazitive Ströme (siehe Abschnitt 3.1.4) weniger stören, da sie proportional zur Fläche abnehmen, während das interessierende Meßsignal gemäß Gleichung 3-20 proportional zum Radius abnimmt. Weiters ergeben sich auf Grund des kleinen Stromflusses wesentlich geringere Probleme hinsichtlich des Spannungsabfalls in Lösungen mit hohem elektrischen Widerstand (siehe Abschnitt 3.2.1).

3.1.2 Durchtrittskontrollierte Ströme

Betrachtet man eine Redoxreaktion zwischen einer oxidierten Form Ox und einer reduzierten Form Red unter dem Gesichtspunkt der Kinetik der Durchtrittsreaktion des Elektrons durch die Phasengrenzfläche Elektrode/Lösung, so sind die einzelnen Geschwindigkeiten v_a der anodischen Reaktion und v_k der kathodischen Reaktion zu berücksichtigen:

$$\text{Red} \rightleftharpoons \text{Ox} + ne^- \qquad\qquad (3\text{-}21)$$

Die Reaktionsgeschwindigkeiten v_a und v_k sind nach der Arrhenius-Theorie und der Theorie des Übergangszustandes abhängig von den freien Aktivierungsenthalpien ΔG_a^* und ΔG_k^*:

$$v_a = k_a c_{red} e^{-\Delta G_a^*/RT} \qquad\qquad (3\text{-}22)$$

$$v_k = k_k c_{ox} e^{-\Delta G_k^*/RT} \qquad\qquad (3\text{-}23)$$

Die Größen k_a und k_k sind Konstanten der anodischen und kathodischen Reaktion. Im Gleichgewicht gilt für eine reversible Reaktion, daß v_a gleich v_k ist, sodaß sich folgende Zusammenhänge ergeben:

$$k_a c_{red} e^{-\Delta G_a^*/RT} = k_k c_{ox} e^{-\Delta G_k^*/RT} \qquad\qquad (3\text{-}24)$$

$$e^{-\Delta G_a^*/RT} = \frac{k_k c_{ox}}{k_a c_{red}} e^{-\Delta G_k^*/RT} \qquad\qquad (3\text{-}25)$$

Wie aus der physikalischen Chemie als bekannt vorausgesetzt wird, gelten für die Redoxreaktionen folgende Beziehungen:

$$\Delta G = \Delta G_k^* - \Delta G_a^* \tag{3-26}$$

$$\Delta G = -nFE \tag{3-27}$$

In Gleichung 3-27 stellt E das Einzelpotential der Elektrode dar. Unter Berücksichtigung der Gleichungen 3-26 und 3-27 können wir nunmehr folgende Beziehungen formulieren:

$$e^{-\Delta G / RT} = \frac{k_k c_{ox}}{k_a c_{red}} \tag{3-28}$$

$$e^{nFE / RT} = \frac{k_k c_{ox}}{k_a c_{red}} \tag{3-29}$$

$$\frac{nFE}{RT} = \ln \frac{k_k}{k_a} + \ln \frac{c_{ox}}{c_{red}} \tag{3-30}$$

$$E = \frac{RT}{nF} \ln \frac{k_k}{k_a} + \frac{RT}{nF} \ln \frac{c_{ox}}{c_{red}} \tag{3-31}$$

Offenbar entspricht Gleichung 3-31 der Nernst-Gleichung (der Einfachheit halber wurden anstelle der Aktivitäten die Konzentrationen verwendet); aus dieser Gleichung geht auch hervor, daß in der Nernst-Gleichung das Standardeinzelpotential $E°$ von den Konstanten k_a und k_k der Geschwindigkeiten von anodischer und kathodischer Reaktion abhängt.

Den Reaktionsgeschwindigkeiten v_a und v_k in Reaktion 3-21 entsprechen anodische und kathodische Ströme I_a und I_k, die im Gleichgewichtszustand der Elektrode gleich groß sind, jedoch entgegengesetztes Vorzeichen aufweisen (der Nettostrom nach außen hin ist Null). Wir nennen diesen Strom den Austauschstrom I_0; sofern wir den Strom durch die Elektrodenfläche dividieren, können wir von der Austauschstromdichte i_0 sprechen.

Wenn ein anodischer oder kathodischer Nettostrom fließen soll, müssen wir das Einzelpotential der Elektrode verändern, indem wir ein zusätzliches anodisches oder kathodisches Potential anlegen, nämlich die Überspannung η. Das Ausmaß des zusätzlichen Potentials, welches für einen bestimmten Nettostromfluß notwendig ist, wird umso größer sein, je stärker die entsprechende Reaktion kinetisch gehemmt ist. Die Überspannung η verändert die freien Aktivierungsenthalpien von ΔG^* auf $\Delta G'^*$:

$$\Delta G'_k^* = \Delta G_k^* + \alpha n F \eta \tag{3-32}$$

$$\Delta G'_a^* = \Delta G_a^* - (1 - \alpha) n F \eta \tag{3-33}$$

Die Größe α wird als Durchtrittsfaktor bezeichnet (er liegt zwischen Null und Eins). Mit diesen veränderten freien Aktivierungsenthalpien können wir die Gleichungen 3-22 und 3-23 neu formulieren:

$$v_a = k_a c_{red} e^{-\left(\Delta G_a^* - (1-\alpha)nF\eta\right)/RT} \tag{3-34}$$

$$v_k = k_k c_{ox} e^{-\left(\Delta G_k^* + \alpha nF\eta\right)/RT} \tag{3-35}$$

Die Stromdichten ergeben sich aus den Geschwindigkeiten (multipliziert mit nF). Damit erhalten wir die entsprechenden anodischen und kathodischen Stromdichten i_a und i_k:

$$i_a = nF k_a c_{red} e^{-\Delta G_a^*/RT} e^{(1-\alpha)nF\eta/RT} \tag{3-36}$$

$$i_k = nF k_k c_{ox} e^{-\Delta G_k^*/RT} e^{-\alpha nF\eta/RT} \tag{3-37}$$

Unter Einbeziehung der Austauschstromdichte i_0 ergeben sich die folgenden einfacheren Beziehungen:

$$i_a = i_0 e^{(1-\alpha)nF\eta/RT} \tag{3-38}$$

$$i_k = i_0 e^{-\alpha nF\eta/RT} \tag{3-39}$$

Wenn beispielsweise ein Reduktionsvorgang abläuft, erhalten wir die folgende Nettostromdichte i:

$$i = i_0 \left(e^{-\alpha nF\eta/RT} - e^{(1-\alpha)nF\eta/RT} \right) \tag{3-40}$$

Die Gleichung 3-40 wird Butler-Volmer-Gleichung genannt. Für kleine Überspannungen η vereinfacht sie sich zur folgenden Form:

$$i = i_0 \frac{nF\eta}{RT} \tag{3-41}$$

Für große kathodische Überspannungen kann in der Butler-Volmer-Gleichung der zweite Exponentialterm gegenüber dem ersten vernachlässigt werden, sodaß gilt:

$$\ln i = \ln i_0 - \frac{\alpha nF\eta}{RT} \tag{3-42}$$

$$\eta = \frac{2,3 RT}{\alpha nF} \log i_0 - \frac{2,3 RT}{\alpha nF} \log i \tag{3-43}$$

Gleichung 3-43 ist identisch mit einer von Tafel eingeführten empirischen Beziehung zwischen Überspannung und Strom:

$$\eta = a + b \log i \tag{3-44}$$

Die Kurven, welche sich beim Auftragen von Werten für η als Funktion von $\log i$ ergeben, werden auch Tafel-Geraden genannt.

3.1.3 Voltammetrische Strom-Spannungskurven

Wie bereits früher erwähnt, beruhen wichtige elektroanalytische Verfahren auf Reaktionen, deren Geschwindigkeit primär durch den Diffusionsmassentransport der Analytteilchen zur Elektrode bedingt ist. In Abschnitt 3.1.1 wurde gezeigt, daß der Diffusionsgrenzstrom direkt proportional zur Analysenkonzentration ist. Wir messen allerdings in der Voltammetrie nicht bei einem konstanten Potential, sondern geben eine variable Spannung vor und registrieren den Stromfluß als Funktion der Spannung. Daher sollen im folgenden die Formen der Strom-Spannungskurven diskutiert werden.

Gehen wir von der Reduktion eines Analyten an einer rotierenden Elektrode aus, so gelten für den Stromfluß die Gleichungen 3-5 und 3-6 aus Abschnitt 3.1.1. Aus diesen Gleichungen erhalten wir die folgenden Zusammenhänge:

$$c_{ox(x=0)} = c_{ox(x=\infty)} + \frac{I\delta}{nFAD_{ox}} \tag{3-45}$$

$$c_{ox(x=\infty)} = -\frac{I_{gr}\delta}{nFAD_{ox}} \tag{3-46}$$

Aus der Kombination der Gleichungen 3-45 und 3-46 erhalten wir die Gleichung 3-47:

$$c_{ox(x=0)} = -\frac{\delta}{nFAD_{ox}}\left(I_{gr} - I\right) \tag{3-47}$$

Unter stationären Verhältnissen ist der Stofffluß von Analytteilchen zur Elektode gleich dem Stofffluß der reduzierten Analyte von der Elektrode in das Innere der Lösung; im Inneren der Lösung ist $c_{red(x=\infty)} = 0$; daraus läßt sich leicht die folgende Beziehung ableiten:

$$c_{red(x=0)} = -\frac{\delta}{nFA}I \tag{3-48}$$

Sofern sich die Elektrode zu jedem Zeitpunkt im thermodynamischen Gleichgewicht befindet, können die Konzentrationen von $c_{ox(x=0)}$ und $c_{red(x=0)}$ in die Nernst-

Gleichung eingesetzt werden (letztere enthält allerdings Aktivitäten, sodaß auch die entsprechenden Aktivitätskoeffizienten zu berücksichtigen sind):

$$E = E^\circ + \frac{RT}{nF} \ln \frac{D_{red}}{D_{ox}} + \frac{RT}{nF} \ln \frac{\gamma_{ox}}{\gamma_{red}} + \frac{RT}{nF} \ln \frac{I_{gr} - I}{I} \tag{3-49}$$

Die Spannung, bei welcher der Strom I die Hälfte des Grenzstromes I_{gr} erreicht hat, bezeichnen wir als Halbstufenpotential $E_{1/2}$. Aus Gleichung 3-49 geht hervor, daß für das Halbstufenpotential gelten muß:

$$E_{1/2} = E^\circ + \frac{RT}{nF} \ln \frac{\gamma_{ox}}{\gamma_{red}} + \frac{RT}{nF} \ln \frac{D_{red}}{D_{ox}} \tag{3-50}$$

Wenn die Diffusionskoeffizienten von oxidierter und reduzierter Form sowie die Aktivitätskoeffizienten der beiden Formen ähnlich sind, entspricht das Halbstufenpotential ungefähr dem Standardeinzelpotential E° des betreffenden Redoxpaares.

Obwohl sich an einer tropfenden Quecksilberelektrode während der Lebensdauer des Tropfens die Diffusionsschichtdicke ändert, erhalten wir auch in diesem Fall einen zu Gleichung 3-49 analogen Ausdruck, sofern wir die über die Tropfzeit gemittelten Ströme $\bar{I}$ und $\bar{I}_{gr}$ verwenden:

$$E = E^\circ + \frac{RT}{nF} \ln \frac{\gamma_{ox}}{\gamma_{red}} \left(\frac{D_{red}}{D_{ox}} \right)^{1/2} + \frac{RT}{nF} \ln \frac{\bar{I}_{gr} - \bar{I}}{\bar{I}} \tag{3-51}$$

Wir können anstelle von Gleichung 3-51 natürlich auch die folgende, übersichtlichere Form des Zusammenhanges zwischen E und I wählen:

$$E = E_{1/2} + \frac{RT}{nF} \ln \frac{\bar{I}_{gr} - \bar{I}}{\bar{I}} \tag{3-52}$$

Durch Auftragen des Terms $\ln(\bar{I}_{gr} - \bar{I})/\bar{I}$ gegen E erhalten wir eine Gerade, aus der wir die Zahl der umgesetzten Elektronen in der Elektrodenreaktion bestimmen können. Die Zahl n ist auch aus den Spannungen bei 75% und 25% des Grenzstromes ermittelbar. Der Wert für $E_{3/4} - E_{1/4}$ (die Tomes-Zahl) beträgt bei 25 °C 56,4/n mV. Allerdings muß nochmals betont werden, daß hierbei die Reversibilität der Elektrodenreaktion vorausgesetzt ist. Daher kann bei bekanntem Wert von n die Tomes-Zahl auch als Kriterium für die Reversibilität herangezogen werden.

Für irreversible Elektrodenreaktionen ergibt sich die Form der Strom-Spannungskurve aus folgendem Zusammenhang (α ist der Durchtrittsfaktor):

$$E = E_{1/2} + \frac{RT}{\alpha nF} \ln \frac{\bar{I}_{gr} - \bar{I}}{\bar{I}} \tag{3-53}$$

Abbildung 3.4 zeigt Strom-Spannungskurven für reversible und irreversible Redox-paare. Im ersten Fall ist die Diffusion im gesamten Bereich der Stufe geschwin-digkeitsbestimmend, im zweiten Fall kommt zunächst der Durchtrittsreaktion und erst bei höheren Spannungen der Diffusionsgeschwindigkeit primäre Bedeutung zu.

Das Halbstufenpotential hängt auch von der eventuellen Anwesenheit von Kom-plexbildnern in der Analysenlösung ab. Wenn wir ein Metallion Me^{z+} bestimmen, welches mit Liganden L^- zum Komplex $MeL_m^{(z-m)+}$ reagiert, so verschiebt sich das Halbstufenpotential der Reduktion des Metallions in Abhängigkeit der Stabilitäts-konstante K des Komplexes in der folgenden Weise:

$$\Delta E_{1/2} = -\frac{0,059}{n}\log K + \frac{0,059}{n}m\log c_{\text{Ligand}} \tag{3-54}$$

Schließlich sollte man nicht übersehen, daß die Form der Strom-Spannungskurve auch durch chemische Reaktionen beeinflußt werden kann, welche der elektro-chemischen Reaktion vor- oder nachgelagert sind. Hier seien einige Beispiele ange-führt:

- reagiert der Analyt in einer chemischen Reaktion langsam zur eigentlichen elektrochemisch aktiven Spezies, so ist der Grenzstrom primär durch die Kinetik der vorgelagerten chemischen Reaktion bedingt und somit kleiner als bei rein diffusionsbedingten Verhältnissen ("kinetischer Strom");

- reagiert das Produkt der elektrochemischen Reaktion auf chemischem Wege mit einer bestimmten Geschwindigkeit wieder zurück zur Ausgangssubstanz, so wird das Stromsignal wesentlich höher als als bei rein diffusionsbedingten Verhält-nissen ("katalytischer Strom");

- reagiert das Produkt der elektrochemischen Reaktion auf chemischem Wege wei-ter, so verschiebt sich das Halbstufenpotential zu höheren Werten.

Derartige vor- oder nachgelagerten Reaktionen werden häufig mit zyklischer Vol-tammetrie untersucht (siehe Abschnitt 3.3.6).

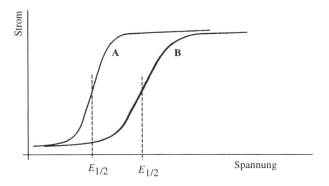

Abbildung 3.4 Polarographische Strom-Spannungskurven (Stromsignal gemittelt über die Tropfzeit) für einen reversiblen (A) und einen irreversiblen (B) Elektrodenvorgang

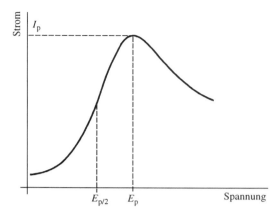

Abbildung 3.5 Strom-Spannungskurve an einer stationären Elektrode

In der bisherigen Diskussion der Form von Strom-Spannungskurven haben wir uns auf Fälle beschränkt, bei denen der Diffusionsgrenzstrom (zumindest im Mittel) zeitlich konstant ist. Etwas aufwendiger ist die Berechnung der Strom-Spannungskurve an einer stationären Elektrode ohne Konvektion, z.B. an einer stationären Scheibenelektrode. Abbildung 3.5 zeigt das Aussehen des entsprechenden Voltammogramms. Für den Peakstrom I_p gilt die Randles-Sevcik-Gleichung (v ist die Scangeschwindigkeit):

$$I_p = 0,446 nFA \left(\frac{nF}{RT} \right)^{1/2} v^{1/2} D^{1/2} c_{(x=\infty)} \qquad (3\text{-}55)$$

Aus der Differenz der Spannungen am Peakmaximum und bei halber Peakhöhe ist die Zahl der umgesetzten Elektronen ermittelbar:

$$\left| E_p - E_{p/2} \right| = \frac{56,5}{n} \quad \text{mV bei 25 °C} \qquad (3\text{-}56)$$

Das Halbstufenpotential der entsprechenden polarographischen Kurve würde in der Mitte zwischen E_p und $E_{p/2}$ liegen. Bei diesen Zusammenhängen ist wieder die Reversibilität der Elektrodenreaktion vorausgesetzt.

3.1.4 Faraday´sche und kapazitive Ströme

Soweit bisher besprochen stammt das Meßsignal von der elektrochemischen Umsetzung eines Analyten an der Elektrodenoberfläche. Wir bezeichnen derartige Ströme als Faraday´sche Ströme. Leider kommt zu diesem Signal noch ein "nicht-Faraday´scher" Strom hinzu, welcher nicht mit elektrochemischen Umsetzungen von Analyten verbunden ist. Insbesondere spielt hier der Aufbau der Grenzfläche zwischen Elektrode und Lösung eine wesentliche Rolle. Wie bereits in Abschnitt 2.1 besprochen, liegt an der Grenzfläche eine elektrochemische Doppelschicht vor, welche einen Kondensator darstellt. Für die Ladung Q dieses Kondensators gilt:

$$Q = CA\left(E - E_{\text{zero}}\right) \tag{3-57}$$

In Gleichung 3-57 stellt C die Doppelschichtkapazität pro Flächeneinheit, A die Fläche der Elektrode, E das Potential der Elektrode und E_{zero} jenes Potential dar, bei dem die Elektrode keine Ladung trägt. Ändert sich aus irgendwelchen Gründen die Ladung mit der Zeit, so fließt ein kapazitiver Strom I_{c}. Die Änderung der Ladung kann durch eine Änderung der Oberfläche A und/oder durch eine Änderung des Potentials hervorgerufen werden:

$$\frac{\mathrm{d}Q}{\mathrm{d}t} = C\left(E - E_{\text{zero}}\right)\frac{\mathrm{d}A}{\mathrm{d}t} + CA\frac{\mathrm{d}E}{\mathrm{d}t} \tag{3-58}$$

Zusätzlich kann sich die Doppelschichtkapazität durch Adsorptionsvorgänge an der Elektrode zeitlich verändern, was ebenfalls zum kapazitiven Strom beiträgt, jedoch hier der Einfachheit halber nicht berücksichtigt wird.

Bei einer sprunghaften Änderung des Potentials einer Elektrode in einer Elektrolytlösung mit dem Widerstand R beobachten wir einen kapazitiven Strom mit der folgenden Zeitabhängigkeit:

$$I_{\text{c}} = \frac{\Delta E}{R}\mathrm{e}^{-t/RC} \tag{3-59}$$

Verwenden wir eine tropfende Quecksilberelektrode, so fließt – bei konstantem Potential – ein kapazitiver Strom infolge der Änderung der Elektrodenoberfläche:

$$I_{\text{c}} = 0,567C\left(E - E_{\text{zero}}\right)m^{2/3}t^{-1/3} \tag{3-60}$$

Mittelt man den kapazitiven Strom über die Tropfzeit τ, so gilt:

$$\overline{I_{\text{c}}} = 0,85C\left(E - E_{\text{zero}}\right)m^{2/3}\tau^{-1/3} \tag{3-61}$$

Kapazitive Ströme sind ein wesentlicher limitierender Faktor für die Empfindlichkeit voltammetrischer Verfahren. Moderne Meßtechniken der Voltammetrie zielen daher auf eine Maximierung des Verhältnisses von Faraday´schem Strom zu kapazitivem Strom.

3.2 Meßanordnungen in der Voltammetrie

3.2.1 Zwei- und Dreielektrodenanordnung

Eine einfache voltammetrische Meßanordnung ist in Abbildung 3.6 gezeigt und besteht aus einer Spannungsquelle und einem Potentiometer, mit welchem eine variable Spannung zwischen einer Bezugselektrode und einer Arbeitselektrode (stationäre Elektrode oder tropfende Quecksilberelektrode; in letzterem Fall handelt es sich um eine polarographische Meßanordnung) angelegt wird. Ein Amperemeter erlaubt die Strommessung als Funktion der angelegten Spannung, welche mit einem Voltmeter überprüft werden kann. Wir bezeichnen einen derartigen Meßaufbau auch als Zweielektrodenanordnung. Die angelegte Spannung teilt sich auf zwei Potential-sprünge an der Phasengrenze Arbeitselektrode/Lösung sowie an der Phasengrenze Bezugselektrode/Lösung auf; der letzte Potentialsprung ist bei einer idealen Bezugs-elektrode konstant. Wenn wir die angelegte Spannung variieren, variieren wir also letztlich den Potentialsprung an der Arbeitselektrode. Ist der Potentialsprung an der Arbeitselektrode groß genug, kann eine elektrochemische Reaktion eines oxidierbaren oder reduzierbaren Analyten ablaufen; der dadurch fließende Strom führt nunmehr aber entsprechend dem elektrischen Widerstand R der Lösung zu einem Spannungsabfall in der Lösung, sodaß sich die angelegte Spannung nicht nur auf die Potentialsprünge an den beiden Elektroden, sondern zusätzlich auf den Spannungsabfall in der Lösung aufteilt. Dadurch ergibt sich ein gravierender Nachteil der Zweielektrodenanordnung: bei Stromfluß verkleinert sich der Potentialsprung an der Arbeitselektrode, obwohl wir die angelegte Spannung gleich groß halten (siehe Abbildung 3.6). Bei Aufnahme einer Strom-Spannungskurve (eines Voltammogramms) kommt es daher zu einer Verzerrung

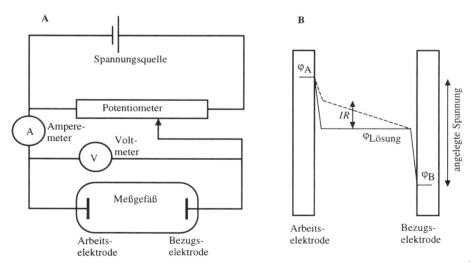

Abbildung 3.6 Prinzip der Zweielektrodenanordnung in der Voltammetrie; A: Schematischer Meßauf-bau; B: Potentialsprünge an den Phasengrenzflächen bei Stromlosigkeit (durchgezogene Linien) und Stromfluß (gestrichelte Linien)

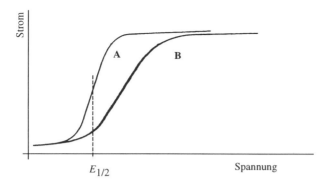

Abbildung 3.7 Voltammetrische Strom-Spannungskurven; A: theoretischer Verlauf; B: Verlauf bei einer Zweielektroden-Meßanordnung

der Kurve, weil zur Erreichung eines bestimmten Potentialsprungs an der Arbeitselektrode jeweils höhere Spannungen anzulegen sind, als bei Abwesenheit eines Ohm´schen Widerstandes in der Lösung notwendig wäre (Abbildung 3.7).

Die Verringerung des Potentialsprunges an der Arbeitselektrode bei Stromfluß ist aber nicht der einzige Nachteil der Zweielektrodenanordnung. Die Bezugselektrode fungiert gleichzeitig als Gegenelektrode, welche den Stromkreis vervollständigt. Der Stromfluß geht daher notgedrungen durch die Bezugselektrode, sodaß deren Potentialkonstanz nie vollständig gegeben sein kann (eine großflächige Ag/AgCl-Bezugselektrode kommt zwar dem angestrebten konstanten Potential bei Stromfluß nahe, erreicht aber trotzdem nicht den Idealzustand).

Die Nachteile der Zweielektrodenanordnung lassen sich weitgehend durch die heute fast immer eingesetzte Dreielektrodenanordnung umgehen, die in Abbildung 3.8 gezeigt ist. Die angelegte Spannung liegt zwischen der Arbeitselektrode und einer Hilfselektrode, wobei der Potentialsprung an der Hilfselektrode nicht unbedingt konstant zu sein braucht. Der Potentialsprung an der Grenzfläche Arbeitselektrode/Lösung wird stromlos zwischen der Arbeitselektrode und einer Referenzelektrode gemessen, welche möglichst nahe an der Arbeitselektrode positioniert wird. Damit erkennt das Meßsystem das Absinken des Potentialsprungs an der Arbeitselektrode bei Stromfluß und kann über einen Rückkopplungsmechanismus die angelegte Spannung soweit erhöhen, daß der Potentialsprung wieder so hoch ist wie bei Stromlosigkeit (Abbildung 3.8). Nicht kompensiert bleibt lediglich der Spannungsabfall zwischen Arbeitselektrode und Bezugselektrode, der aber sehr klein gehalten werden kann, wenn der Abstand zwischen den beiden Elektroden gering ist.

3.2.2 Arbeitselektroden für die Voltammetrie

Ein häufig anzutreffendes Elektrodenmaterial für die Voltammetrie ist Quecksilber. Handelt es sich um eine tropfende Quecksilberelektrode (dropping mercury electrode, DME), so bezeichnen wir das Verfahren als Polarographie. In ihrer klassischen Form besteht die DME aus einer Glaskapillare, welche mit einem erhöht angeordneten

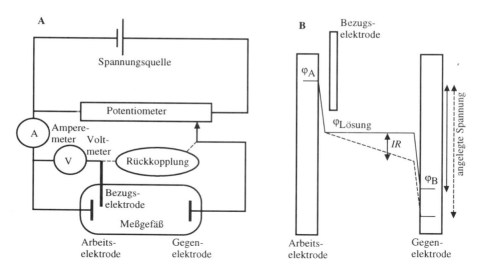

Abbildung 3.8 Prinzip der Dreielektrodenanordnung in der Voltammetrie; A: schematischer Meßaufbau; B: Potentialsprünge an den Phasengrenzflächen bei Stromlosigkeit (durchgezogene Linien) und Stromfluß (gestrichelte Linien)

Quecksilberreservoir verbunden ist. Bei vorgegebener Länge und vorgegebenem Innendurchmesser der Kapillare hängt die Tropfzeit von der Höhe des Quecksilberreservoirs ab. Typische Tropfzeiten liegen zwischen 1 und 5 Sekunden. Registriert man den Strom kontinuierlich während der Lebensdauer jedes Tropfens, so erhält man im Grenzstrombereich Signale, welche der Ilkovic-Gleichung entsprechen (siehe Abschnitt 3.1, Gleichung 3-16).

Der störende Einfluß des kapazitiven Stromes verringert sich, wenn wir nur während einer kurzen Dauer jeweils am Ende der Lebenszeit eines Tropfens den Strom messen, da sich zu diesem Zeitpunkt die Elektrodenfläche nur mehr wenig ändert (Abbildung 3.9). Diese und auch andere Meßtechniken machen es aber sinnvoll, mit kontrollierten Tropfzeiten (etwa zwischen 0,2 und 2 Sekunden) zu arbeiten, welche man durch eine mechanische Klopfvorrichtung an der Kapillare erreicht.

Moderne Geräte verfügen über statische Quecksilbertropfenelektroden (static mercury drop electrode, SMDE). Hierbei wird der Quecksilbertropfen rasch auf eine bestimmte Größe ausgestoßen; er behält seine konstante Größe während der gesamten Lebendauer

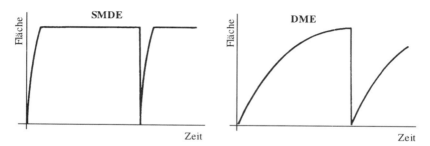

Abbildung 3.9 Abhängigkeit der Elektrodenoberfläche von der Zeit bei einer statischen Quecksilbertropfenelektrode (SMDE) und einer frei tropfenden Quecksilberelektrode (DME).

(siehe Abbildung 3.9). Dies wird erreicht, indem auf der Kapillare ein elektronisch gesteuertes Mikroventil angeordnet ist, welches durch kurzes Öffnen den raschen Austritt einer definierten, kleinen Quecksilbermenge gestattet. Die Strommessung erfolgt jeweils am Ende der Lebensdauer jedes Tropfens, wo der kapazitive Strom weitgehend abgeklungen ist (der Faraday´sche Strom nimmt natürlich während der Lebensdauer des konstant großen Tropfens ebenfalls ab, jedoch wesentlich weniger stark als der kapazitive Strom). Die Ilkovic-Gleichung ist für die SMDE nicht mehr unmittelbar anwendbar, jedoch ist der Diffusionsgrenzstrom weiterhin direkt proportional zur Analysenkonzentration.

Der Vorteil einer sich laufend erneuernden DME oder SMDE liegt in der Tatsache, daß Matrixkomponenten der Probe, welche die Elektrodenoberfläche durch Adsorption oder andere Effekte irreversibel verändern könnten, deutlich weniger stören als an einer stationären Elektrode.

Das Elektrodenmaterial Quecksilber bietet einen weiten nutzbaren Spannungsbereich, da es eine hohe Wasserstoffüberspannung aufweist. Dadurch tritt die Reduktion von Protonen erst bei ca. $-1,8$ V im alkalischen Bereich bzw. etwa $-1,2$ V im sauren Bereich (bezogen auf eine Ag/AgCl-Elektrode) auf. Für oxidative Bestimmungen endet allerdings der Anwendungsbereich bereits bei ca. $+0,2$ V, da es bei positiveren Potentialen zu einer Oxidation des Elektrodenmaterials kommt.

Stationäre Quecksilberelektroden existieren in Form der hängenden Quecksilbertropfenelektrode (hanging mercury drop electrode, HMDE) oder in Form der Quecksilberfilmelektrode (mercury film electrode, MFE), welche aus einem Quecksilberfilm auf einem inerten, leitfähigen Träger besteht. Anwendungen finden diese Elektroden vor allem in der voltammetrischen Stripping-Analyse, die in Kapitel 4 beschrieben wird.

Die offenkundigen Vorteile des Elektrodenmaterials Quecksilber haben trotz der Toxizität zu einer breiten Anwendung in der Voltammetrie geführt. Moderne Quecksilberelektroden sind so aufgebaut, daß der Umgang mit dem Quecksilber weitgehend problemlos geworden ist.

Für oxidative Bestimmungen eignen sich stationäre Edelmetallelektroden (Platin, Gold) oder Kohlelektroden. Derartige Arbeitselektroden kommen meist in Form von Scheibenelektroden zur Anwendung, welche sich durch Einpressen eines Zylinders des Elektrodenmaterials in ein Teflonröhrchen (oder ein anderes isolierendes Material) herstellen lassen. Ein allgemeines Problem dieser stationären Elektroden ist die reproduzierbare Vorbehandlung der Oberfläche. Zunächst empfiehlt sich ein mechanisches Polieren mit üblichen metallographischen Routinen und ein abschließender Polierschritt mit Aluminiumoxid der Korngröße 0,1 µm. An der polierten Oberfläche können aber sowohl lose Mikropartikel des Elektrodenmaterials als auch des Poliermaterials existieren, welche mitunter als adsorptiv oder katalytisch wirkende Stellen agieren. Damit ist verständlich, daß scheinbar ähnliche Poliervorgänge zu deutlich unterschiedlichen Elektrodeneigenschaften führen können. Elektrodenmaterialien wie Platin und Gold bilden potentialabhängig in wäßrigen Elektrolyten Oxidschichten aus, die sich je nach Problemstellung positiv oder negativ auf den interessierenden elektrochemischen Vorgang auswirken können. Oft ist es zielführend, durch wiederholtes abwechselndes Anlegen einer positiven und negativen Spannung die Elektrode zu konditionieren und in einen definierten Ausgangszustand zu bringen.

Auch Kohleelektroden weisen keineswegs eine inerte Oberfläche auf, sondern bilden je nach angelegtem Potential unterschiedliche Sauerstoff-haltige Gruppen (Carbonylgruppen, Carboxylgruppen, phenolische Gruppen, Chinongruppen). Die in der Praxis am weitesten verbreiteten Kohleelektroden basieren auf Glaskohlenstoff (glassy carbon), welcher durch Pyrolyse von Phenol-Formaldehyd-Harzen oder anderen Kohlenstoff-haltigen Polymeren in inerter Atmosphäre in einem Temperaturbereich beginnend bei ca. 300°C und endend bei ca. 2000°C erhalten wird. Das relativ harte, polierfähige Material besteht aus miteinander verschlungenen Bändern aus Kohlenstoffschichten [2]. Auch Glaskohlenstoffelektroden werden häufig elektrochemisch konditioniert, indem abwechselnd anodische und kathodische Potentiale angelegt werden. Details über die Vogänge bei der elektrochemischen Vorbehandlung von Kohleelektroden sind in Arbeiten von Beilby et al [3] zu finden. Eine Übersicht über Aktivierungsverfahren für feste Arbeitselektroden gibt auch eine Arbeit von Stulik [4].

Eine weitere, häufig eingesetzte Kohleelektrode ist die Kohlepasteelektrode, welche auf Arbeiten von Adams [5] zurückgeht. Die Herstellung erfolgt üblicherweise durch Mischen von Graphitpulver mit längerkettigen Kohlenwasserstoffen wie Nujol oder Hexadecan. Der typische Gewichtsanteil des Graphits in der Paste beträgt etwa 70%. Die Paste wird in ein Glas- oder Kunststoffröhrchen gefüllt, ein Kupferdraht dient zur Kontaktierung. Die Oberfläche der Kohlepasteelektrode wird auf einer geeigneten Fläche (z. B. Glanzpapier) glattgestrichen. Weitere Vorbehandlungen sind in vielen Fällen nicht mehr notwendig (obwohl natürlich eine Konditionierung durch anodische oder kathodische Behandlung möglich ist).

Der Vorteil der Kohlepasteelektrode liegt in der leichten Erneuerbarkeit der Elektrodenoberfläche zwischen den Analysen, da die oberste Elektrodenschicht leicht aus der Elektrode herausgedrückt werden kann, sodaß sich nach Glattstreichen der Oberfläche reproduzierbar der Originalzustand wieder herstellen läßt.

Kohlepasteelektroden sind mit organischen Lösungsmitteln nur beschränkt kompatibel. Als Alternative kann Graphitpulver mit lösungsmittelbeständigen Polymeren wie Kel-F (Poly(chlortrifluorethylen)) oder Polyethylen verpreßt werden; ähnliche Elektrodenmaterialien ergeben sich durch Mischen von Graphitpulver mit einem geeigneten Monomer und anschließender Polymerisation wie im Fall einer Epoxy/Graphit-Elektrode. Ein Überblick über derartige Composite-Elektroden ist in einer Arbeit von Cespedes et al. zu finden [6].

Eine Elektrode mit Graphitpartikeln in einer isolierenden Matrix kann sich wie ein Ensemble von Mikroelektroden verhalten; solange die Diffusionsschichten der einzelnen Mikrobereiche nicht überlappen, ist daher ein erhöhter Stromfluß und damit auch ein verbessertes Signal/Rausch-Verhältnis im Vergleich zu einer gewöhnlichen Makroelektrode mit gleicher aktiver Oberfläche zu erwarten.

3.3 Varianten voltammetrischer Verfahren

3.3.1 Gleichstromvoltammetrie

Unter Gleichstromvoltammetrie (direct current voltammetry, DCV) verstehen wir
Meßtechniken, bei denen die angelegte Spannung linear mit der Zeit zu positiveren
oder negativeren Werten verändert wird. Auch die Bezeichnung Linear-Sweep-
Voltammetrie (LSV) ist für derartige Meßverfahren gebräuchlich. Moderne Geräte
realisieren die Spannungsänderung in Form eines treppenförmigen Spannungsanstieges
wie er in Abbildung 3.10 gezeigt ist. In diesem Fall spricht man auch von Staircase-
Voltammetrie. Erfolgt die Strommessung jeweils am Ende einer Stufe, so ist der
störende kapazitive Strom bereits wesentlich stärker abgefallen als der Faraday´sche
Strom und wir können mit verbesserten Nachweisgrenzen rechnen.

Die Formen der Strom-Spannungskurve in der Gleichstromvoltammetrie wurden
bereits in Abschnitt 3.2 diskutiert, sodaß an dieser Stelle nicht mehr auf die
Zusammenhänge zwischen Konzentration und Diffusionsgrenzstrom eingegangen
werden muß. Gleichstromvoltammetrische Verfahren standen auch am Beginn der
analytischen Verwertung von Strom-Spannungskurven, nämlich in Form der Gleich-
strompolarographie, die von Heyrovsky 1922 eingeführt wurde (generell ist unter
Polarographie eine Variante der Voltammetrie zu verstehen, bei welcher die tropfende
Quecksilberelektrode zum Einsatz kommt). Bei Geräten, die mit einer statischen
Quecksilbertropfenelektrode (SMDE, siehe Abschnitt 3.2.2) ausgestattet sind, bleibt
während der Lebensdauer eines Tropfens einerseits die Oberfläche konstant, andererseits
aber auch das angelegte Potential, da der treppenförmige Spannungsanstieg mit der
Lebensdauer synchronisiert ist (siehe Abbildung 3.10).

Gleichstromvoltammetrische Verfahren weisen Nachweisgrenzen in der Größenordnung von 10^{-5} M auf. Damit sind sie anderen Varianten der Voltammetrie, welche
in den folgenden Abschnitten diskutiert werden, deutlich unterlegen und ihr Stellenwert
ist in der modernen analytischen Praxis entsprechend niedrig.

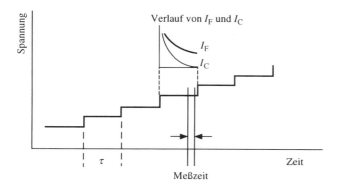

Abbildung 3.10   Spannungsfunktion für die Gleichstromvoltammetrie (τ stellt die Tropfzeit dar, wenn als
Arbeitselektrode die tropfende Quecksilberelektrode eingesetzt wird) sowie Verlauf von Faraday´schem
Strom I_F und kapazitivem Strom I_C.

3.3.2 Normalpulsvoltammetrie

In der Normalpulsvoltammetrie (NPV) wird eine Spannung in Form einer Serie von Spannungspulsen zunehmender Amplitude an die Arbeitselektrode angelegt. Verwendet man die tropfende Quecksilberelektrode, so wird jeweils ein Spannungspuls am Ende der Lebensdauer jedes Tropfens angelegt (Abbildung 3.11). Zwischen den Pulsen liegt die Arbeitselektrode auf einem Basispotential, bei welchem keine elektrochemische Reaktion abläuft. Die Pulsdauer beträgt etwa 50 ms. Die Strommessung erfolgt gegen Ende des Pulses (etwa innerhalb der letzten 10 ms), wenn der kapazitive Strom gegenüber dem Faraday'schen Strom wesentlich stärker zurückgegangen ist.

Wenn die Zeit zwischen den Pulsen nicht zu kurz ist (d.h. etwa 1...3 s), so stellt sich in dieser Zeitspanne an der Elektrodenoberfläche immer wieder die ursprüngliche Konzentration der Analyte ein. Erreicht die Pulsamplitude einen Spannungswert, der dem Diffusionsgrenzstrombereich entspricht, so muß während der Pulsdauer die Cottrell-Gleichung 3-10 gelten. Wir können daher für den Grenzstrom eines reduzierbaren Analyten in der Normalpulsvoltammetrie die folgende Gleichung formulieren, in welcher t_w für die Zeitdauer zwischen Beginn des Spannungspulses und Beginn der Strommessung steht:

$$I_{gr} = -nFAc\frac{D^{1/2}}{\sqrt{\pi t_w}} \tag{3-62}$$

Tragen wir die Pulsamplitude gegen den Strom auf, so erhalten wir eine sigmoidale Strom-Spannungskurve. Die Nachweisgrenzen sind um den Faktor 5 bis 10 besser als in der Gleichstromvoltammetrie. Ein weiterer Vorteil ergibt sich bisweilen aus der Tatsache, daß während der meisten Zeit lediglich die niedrige Basisspannung anliegt, bei der keine elektrochemische Umsetzung abläuft, sodaß die Gefahr einer Deaktivierung der Elektrodenoberfläche durch Adsorption der Reaktionsprodukte geringer ist.

An der tropfenden Quecksilberelektrode lassen sich eine Reihe weiterer gepulster Meßverfahren realisieren. Wir können zum Beispiel die Basisspannung soweit negativ wählen, daß sie im Bereich des Diffusionsgrenzstroms eines reduzierbaren Analyten

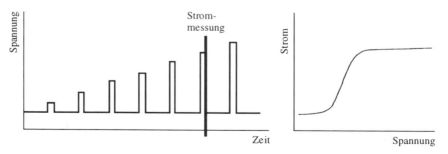

Abbildung 3.11 Spannung-Zeit-Funktion und Strom-Spannungskurve in der Normalpulsvoltammetrie (der Zeitpunkt der Strommessung wurde der Übersichtlichkeit halber nicht an allen Spannungspulsen eingezeichnet)

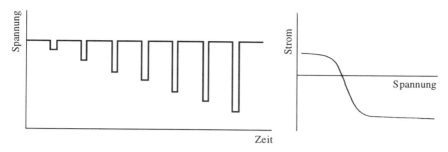

Abbildung 3.12 Spannung-Zeit-Funktion und Strom-Spannungskurve in der umgekehrten Pulspolaro-graphie

liegt. Nunmehr können wir eine Serie oxidativer Spannungspulse überlagern und den Strom am Ende jedes Pulses messen [7]. Solange die Pulsamplitude klein ist (also negativer als das Halbstufenpotential des Analyten), erhalten wir einen reduktiven Strom; wird die Pulsamplitude positiver als das Halbstufenpotential, so messen wir einen oxidativen Strom auf Grund der Rückoxidation des bei der Basisspannung reduzierten Analyten, sofern das Redoxpaar einigermaßen reversibel ist. Wir erhalten damit eine Strom-Spannungskurve mit einem oxidativen und einem reduktiven Grenzstrom (Abbildung 3.12).

Wir können die in Abbildung 3.11 gezeigte Spannungsfunktion auch derart ein-setzen, daß wir die Strommessung nicht am Ende des Spannungspulses, sondern im Bereich der Basisspannung nach dem Puls tätigen (bei Verwendung einer tropfenden Quecksilberelektrode dürfen wir dann den Tropfenabfall nicht mit dem Ende des Pulses synchronisieren, sondern müssen den Tropfen noch einige Zeit auf der Basisspannung belassen). In diesem Fall messen wir bei reversiblen Redoxpaaren die Rückreaktion des Produktes der elektrochemischen Reaktion, welche während des Spannungspulses abläuft, wenn dessen Amplitude groß genug geworden ist.

Die Zahl der denkbaren Varianten ist in der Pulsvoltammetrie sehr groß, doch ist die Bedeutung für die analytische Routine meist gering geblieben. Eine Ausnahme stellt die im nächsten Abschnitt behandelte Differenzpulsvoltammetrie dar, welche eine vor-rangige Rolle unter den modernen elektroanalytischen Verfahren einnimmt.

3.3.3 Differenzpulsvoltammetrie

Verfahren der Differenzpulsvoltammetrie (oder Differentialpulsvoltammetrie, differen-tial pulse voltammetry, DPV), basieren auf dem Anlegen einer stufenförmig ansteigen-den Spannung an die Arbeitselektrode, wobei am Ende jeder Stufe ein Spannungspuls konstanter Amplitude ΔE überlagert ist. Sofern als Arbeitselektrode die tropfende Quecksilberelektrode zum Einsatz kommt, ist die Stufendauer mit der Tropfzeit synchronisiert. Abbildung 3.13 zeigt die entsprechende Spannung-Zeit-Funktion. Die Dauer der überlagerten Spannungspulse beträgt typischerweise jeweils 50 ms, die Pulsamplitude etwa 20...100 mV. Die Strommessung erfolgt immer kurz vor dem Anlegen des Pulses sowie am Ende des Pulses; aufgezeichnet wird die Differenz dieser beiden Strommessungen als Funktion der jeweiligen Grundspannung. Das Differenzpulspolarogramm zeigt ein Peak-förmiges Aussehen. Diese Form erklärt sich unmittelbar aus der entsprechenden gleichstrompolarographischen Kurve; zwei Spannungen, welche sich um die Größe der Pulsamplitude unterscheiden, liefern im Bereich des Halbstufenpotentials der Stufe einen maximalen Unterschied in den zugehörigen Strömen, während in den Spannungsbereichen davor und danach dieser Unterschied praktisch Null ist.

Der Vorteil der Differenzpulspolarographie liegt in der wirkungsvollen Verringerung von kapazitiven Stromanteilen durch die Differenzbildung. Für reversible Elektrodenprozesse ist der Peakstrom I_p in folgender Weise von der Analysenkonzentration c abhängig (das negative Vorzeichen gilt im Falle einer reduktiven Bestimmung; t_w steht wiederum für die Zeit zwischen Anlegen des Spannungspulses und Strommessung):

$$I_p = -nFAc \frac{D^{1/2}}{\sqrt{\pi t_w}} \left(\frac{1-\sigma}{1+\sigma} \right) \tag{3-63}$$

$$\text{mit} \quad \sigma = \exp\left(\frac{nF}{RT} \frac{\Delta E}{2} \right)$$

Der Quotient von $(1-\sigma)/(1+\sigma)$ geht für große ΔE gegen den Maximalwert 1 (für kathodische Pulse) bzw. -1 (für anodische Pulse). Allerdings ist es in der Praxis nicht sinnvoll, mit sehr großen Werten für ΔE zu arbeiten, da sich dabei gleichzeitig die Peakbreite vergrößert, sodaß die Auflösung zwischen eng benachbarten Signalen leidet. Eine Pulshöhe von 50 mV ergibt einen vernünftigen Kompromiß zwischen Peakhöhe und Peakbreite. Bei kleinen Werten für ΔE ist die Peakbreite $w_{1/2}$ in halber Peakhöhe folgendermaßen gegeben:

$$w_{1/2} = \frac{3,52 RT}{nF} \tag{3-64}$$

Die Peakbreite beträgt daher bei kleinen Pulsamplituden und einem Elektronenübergang von 1 bei 25 °C 30,1 mV.

Das Peakpotential E_p beinhaltet ebenso wie das Halbstufenpotential $E_{1/2}$ der gleichstrompolarographischen Kurve qualitative Information über den Analyt. Zwischen

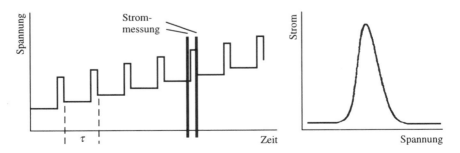

Abbildung 3.13 Spannungsfunktion und Strom-Spannungskurve für die Differenzpulspolarographie

diesen beiden Potentialen gilt der folgende Zusammenhang:

$$E_p = E_{1/2} - \Delta E / 2 \qquad (3\text{-}65)$$

Die Differenzpulsvoltammetrie zählt zu den leistungsstärksten Techniken innerhalb der voltammetrischen Verfahren. Die Nachweisgrenzen liegen im Bereich von 10^{-7} bis 10^{-8} M.

3.3.4 Wechselstromvoltammetrie

In der Wechselstromvoltammetrie (alternating current voltammetry, ACV) liegt an der Arbeitselektrode eine linear bzw. stufenförmig ansteigende Gleichspannung, der eine sinusförmige Wechselspannung überlagert ist (typische Frequenz $f = 50...100$ Hz, typische Amplitude $\Delta E_{ac} = 5...20$ mV). Entsprechend dem jeweiligen Wert der Gleichspannung liegt an der Elektrode ein bestimmtes Verhältnis von oxidierter und reduzierter Form des Analyten vor; dieses Verhältnis wird zusätzlich durch die überlagerte Wechselspannung periodisch verändert, wodurch ein Wechselstrom fließt. Bei Gleichspannungen deutlich positiver als das Halbstufenpotential des Redoxpaares liegt (wenn wir einen reduzierbaren Analyten betrachten) praktisch nur die oxidierte Form des Analyten vor und die zusätzliche kleine Wechselspannung ist nicht in der Lage, den Analyt zu reduzieren; daher werden wir auch keinen Wechselstrom beobachten. Analog gilt, daß bei Potentialen deutlich negativer als das Halbstufenpotential praktisch nur die reduzierte Form vorliegt, welche durch die zusätzliche Wechselspannung nicht oxidiert werden kann. Liegt die angelegte Gleichspannung im Bereich des Halbstufenpotentials, so liegen sowohl die oxidierte als auch die reduzierte Form des Analyten vor, welche durch die überlagerte Wechselspannung laufend reduziert und oxidiert werden und einen Wechselstrom ergeben. Die resultierende voltammetrische Strom-Spannungskurve (Wechselstrom als Funktion der anliegenden Gleichspannung) hat daher ein peakförmiges Aussehen. Bei diesen Überlegungen setzen wir voraus, daß das Redoxpaar ein reversible Verhalten zeigt; die Geschwindigkeit der Durchtrittsreaktion des Elektrons durch die Phasengrenzfläche muß daher wesentlich größer sein als die Geschwindigkeit der Spannungsänderung (hierbei ist die Geschwindigkeit der Spannungsänderung durch die überlagerten Wechselspannung relevant; die Spannungsänderung durch die linear ansteigende Gleichspannung ist wesentlich langsamer).

Der Peakstrom I_p ist in der Wechselstrompolarographie direkt proportional zur Analysenkonzentration c und durch Gleichung 3-66 gegeben:

$$I_p = \frac{n^2 F^2 A (2\pi f D)^{1/2} \Delta E_{ac}}{4RT} c \qquad (3\text{-}66)$$

Das Peakpotential des wechselstrompolarographischen Signals liegt beim Halbstufenpotential des gleichstrompolarographischen Signals, die Peakbreite bei halber Peakhöhe beträgt $90/n$ mV. Reaktionen mit langsamer Durchtrittsgeschwindigkeit der Elektronen führen zu einer Verringerung der Peakströme. Die Wechselstrompolarographie sollte daher vorrangig für Analyte eingesetzt werden, welche reversible Redoxpaare aufweisen. Diese Einschränkung kann bei realen Problemstellungen auch ein Vorteil sein, da sich infolge der Diskriminierung von irreversiblen Reaktionen eine erhöhte Selektivität der Bestimmung ergibt.

Eine voltammetrische Meßanordnung läßt sich immer als Kombination von Ohm´schen Widerständen (etwa die Elektrolytlösung) und Kondensatoren (zum Beispiel die Doppelschichtkapazität an der Grenzfläche Elektrode/Elektrolyt) modellieren. Wie aus der Physik bekannt ist, ergeben sich in Systemen mit Ohm´schen Widerständen und Kondensatoren Phasenverschiebungen des fließenden Wechselstroms gegenüber der angelegten Wechselspannung. Während an einem alleinigen Ohm´schen Widerstand keine Phasenverschiebung auftritt (der Phasenwinkel also $0°$ beträgt), ergibt sich an einem alleinigen Kondensator ein Phasenwinkel von $90°$.

Liegt ein vollständig reversibler, diffusionskontrollierter Faraday´scher Prozeß vor, so beobachten wir einen Phasenwinkel von $45°$ (ist die Reversibilität nicht vollkommen gegeben, so sinkt der Phasenwinkel auf Werte unter $45°$). Der störende kapazitive Strom weist dagegen einen Phasenwinkel von $90°$ auf. Wenn wir mit einer phasenselektiven Meßtechnik nur jene Komponente des Wechselstromes messen, die phasengleich mit der angelegten Wechselspannung ist, so können wir Störungen durch den kapazitiven Strom wirkungsvoll unterdrücken (dies wird anschaulich, wenn wir den Strom als Vektor darstellen, der einerseits aus einer Komponente besteht, die phasengleich mit der angelegten Spannung ist, andererseits aus einer zweiten Komponente, die senkrecht dazu steht; der Winkel zwischen dem Stromvektor und der angelegten Spannung ist der Phasenwinkel).

Die Tatsache, daß die Meßzelle wie ein nichtlinearer Widerstand wirkt, hat zur Folge, daß beim Anlegen einer sinusförmigen Wechselspannung der Frequenz f nicht nur ein Faraday´scher sinusförmiger Wechselstrom mit der Frequenz f auftritt, sondern auch Stromkomponenten mit Frequenzen, die ganzzahlige Vielfache der Grundfrequenz sind (Oberwellen, höhere Harmonische). Vom Standpunkt der analytischen Chemie interessant ist vor allem die Messung der zweiten Harmonischen. Abbildung 3.14 zeigt Strom-Spannungskurven bei Messung der Grundfrequenz und der 1. Oberwelle. Ein

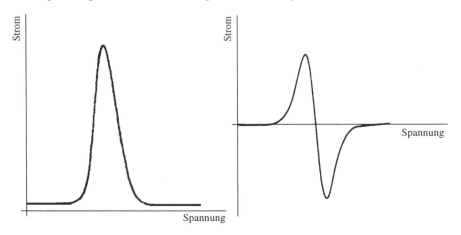

Abbildung 3.14 Wechselstromvoltammogramme bei Messung der Grundfrequenz und der 1. Oberwelle

Vorteil der Oberwellenvoltammetrie liegt in der effizienten Diskriminierung gegen den kapazitiven Strom, für welchen die Meßzelle als linearer Widerstand wirkt, sodaß Oberwellen nicht auftreten.

Nachweisgrenzen der Wechselstromvoltammetrie liegen für reversibel umsetzbare Analyte im Bereich von 10^{-6} bis 10^{-7} M.

Eine Variante der phasenselektiven Wechselstrompolarographie erlaubt es, auch elektrochemisch inaktive Substanzen zu erfassen, die an der Quecksilberoberfläche bei bestimmten Potentialen adsorbieren und desorbieren und dabei die Doppelschichtkapazität an der Elektrodenoberfläche verändern. In diesem Fall ist die Messung des kapazitiven Stromes ohne Störung durch Faraday'sche Ströme notwendig, was durch phasenselektive Strommessung bei einem Phasenwinkel von 135° möglich ist. Derartige Meßverfahren werden unter dem Begriff Tensammetrie zusammengefaßt.

3.3.5 Square-Wave-Voltammetrie

Auch in der Square-Wave-Voltammetrie (SWV) verwenden wir wie bei den meisten anderen voltammetrischen Techniken eine treppenförmig ansteigende Spannung; diese ist nunmehr überlagert von einer rechteckförmigen Wechselspannung. Wir können diese rechteckförmige Wechselspannung auch als Abfolge von positiven und negativen Spannungspulsen ansehen, welche der Basisspannung überlagert sind. Die Zahl der Rechteckschwingungen pro Stufe der Basisspannung kann Eins oder auch wesentlich größer als Eins sein. Letztere Technik geht auf Arbeiten von Barker zurück [8], während die erstere Technik (welche die jüngere ist) durch Osteryoung et al. [9, 10] zur Reife entwickelt wurde. Die Strommessung erfolgt jeweils am Ende des positiven und negativen Pulses. Das aufgezeichnete Stromsignal ist im allgemeinen die Differenz der Signale der beiden Strommessungen. Dadurch ergibt sich eine Peak-förmige Strom-Spannungskurve, deren Höhe direkt proportional zur Analysenkonzentration ist.

Abbildung 3.15 zeigt die Spannung-Zeit-Funktion in der Square-Wave-Voltammetrie nach Osteryoung. Ein wesentlicher Vorteil dieser Technik ist die hohe Geschwindigkeit des Meßvorganges. Verwenden wir beispielsweise eine Frequenz von 50 Hz für die rechteckförmige Wechselspannung und eine Stufenhöhe von 5 mV für die stufenförmig ansteigende Basisspannung, so können wir das gesamte Voltammo-

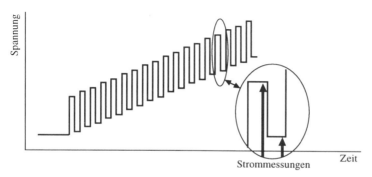

Abbildung 3.15 Spannung-Zeit-Funktion für die Square-Wave-Voltammetrie nach Osteryoung

gramm in einem Bereich von beispielsweise 0 bis 1 V in einer Zeitspanne von 4 s aufnehmen. Auch bei Verwendung einer tropfenden Quecksilberelektrode ist es daher oft
möglich, das gesamte Voltammogramm an einem einzelnen Tropfen aufzunehmen.
Die extrem kurzen Meßzeiten sind vor allem dann vorteilhaft, wenn in Fließsystemen
gemessen wird, bei denen die Verweilzeit des Analyten an der Elektrode sehr kurz ist.

3.3.6 Zyklische Voltammetrie

Die zyklische Voltammetrie (auch Dreiecksspannungsvoltammetrie genannt) ist primär
ein Verfahren zur Aufklärung von elektrochemischen Reaktionsmechanismen. Die
angelegte Spannung wird linear (oder treppenförmig) von einer Anfangsspannung E_1
zu einer Spannung E_2 (der Umkehrspannung) variiert und anschließend wieder zurück
zur Spannung E_1. Liegt eine Analysenlösung mit einer reversibel reduzierbaren
Substanz unter Bedingungen ohne Konvektion vor, so erhalten wir an einer stationären
Elektrode bei linearer Änderung der Spannung von E_1 zur negativeren Spannung E_2
eine Peak-förmige Strom-Spannungskurve, wie sie in Abbildung 3.5 gezeigt wurde.
Wird ab der Umkehrspannung E_2 die Spannung wieder zurück zu positiveren Werten
verändert, so befinden wir uns zunächst nach wie vor im Bereich des Diffusionsgrenzstromes; der Strom nimmt daher entsprechend der Cottrell-Gleichung weiterhin mit der
Quadratwurzel der Zeit ab. Erreicht die Spannung genügend positive Werte, muß die
reduzierte Form wieder in die oxidierte Form zurückreagieren, damit an der Elektrodenoberfläche die Konzentrationsverhältnisse von oxidierter und reduzierter Form der
Nernst-Gleichung entsprechen können. Wir erhalten damit während des linearen
Spannungsverlaufes von der Umkehrspannung zur Ausgangsspannung ein peak-
förmiges oxidatives Stromsignal. Abbildung 3.16 zeigt das gesamte zyklische Voltammogramm. Für die folgenden Überlegungen wollen wir den Spannungsverlauf von
E_1 nach E_2 als 1. Halbzyklus ("Hinreaktion") bezeichnen und den Spannungsverlauf

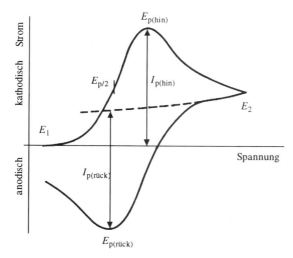

Abbildung 3.16 Zyklisches Voltammogramm für einen reduzierbaren Analyten

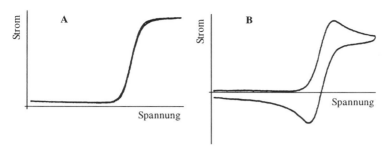

Abbildung 3.17 Zyklische Voltammogramme an Mikroelektroden bei mittleren (A) und sehr hohen (B) Scangeschwindigkeiten

von E_2 zurück nach E_1 als 2. Halbzyklus ("Rückreaktion").

Wie bereits bei der Diskussion von Diffusionsgrenzströmen angeführt, zeigen Mikroelektroden im Vergleich zu Makroelektroden abweichende Voltammogramme. Der Diffusionsgrenzstrom an einer Elektrode setzt sich aus einem zeitabhängigen Term und einem zeitunabängigen Term zusammen (siehe Gleichung 3-19). Bei Mikroelektroden (z.B. Scheibenelektroden mit einem Durchmesser von 1...5 µm) ist der zeitunabängige Term vorherrschend, sofern die Scangeschwindigkeit nicht zu hoch ist. Die Strom-Spannungskurve zeigt daher eine sigmoidale Form mit einem konstanten Grenzstrom; die Stromverläufe während des 1. und 2. Halbzyklus eines zyklischen Voltammogramms sind (idealerweise) identisch. Steigt die Scangeschwindigkeit, so wird der zeitabhängige Term des Diffusionsgrenzstromes vorherrschend und wir erhalten einen Stromverlauf, wie wir ihn von Makroelektroden kennen. Abbildung 3.17 zeigt entsprechende zyklische Voltammogramme. Eine ausführliche Diskussion der Strom-Spannungskurven an Mikroelektroden ist in einer Übersichtsarbeit von Bond et al. [11] zu finden.

Die weitere Behandlung zyklischer Voltammogramme soll sich im Rahmen dieses Buches auf Makroelektroden (bzw. Mikroelektroden bei entsprechend hoher Scangeschwindigkeit) beschränken. Eine Charakterisierung der Reaktionsmechanismen ist auf Grund von Zusammenhängen zwischen $E_{p(hin)}$, $E_{p(rück)}$, $I_{p(hin)}$, $I_{p(rück)}$, $E_{p/2}$, und der Scangeschwindigkeit v möglich. Im fogenden sind einige Beispiele angeführt.

Reversible elektrochemische Reaktionen

Für den 1. Halbzyklus einer vollständig reversiblen elektrochemischen Reaktion gilt die Randles-Sevcik-Gleichung (siehe Gleichung 3-55). Weiters gelten die folgenden Beziehungen:

$$\left| E_p - E_{p/2} \right| = \frac{56,5}{n} \quad \text{mV} \tag{3-67}$$

$$\left| \frac{I_{p(rück)}}{I_{p(hin)}} \right| = 1 \tag{3-68}$$

$$\Delta E_p = \left| E_{p(hin)} - E_{p(rück)} \right| \approx \frac{58}{n} \quad \text{mV} \tag{3-69}$$

Der mV-Wert in Gleichung 3-69 hängt etwas von dem Wert der Umkehrspannung E_2 ab. Das Verhältnis $I_{p(rück)}/I_{p(hin)}$ ist unabhängig von der Scangeschwindigkeit v. E_p und ΔE_p sind ebenfalls unabhängig von v.

Irreversible elektrochemische Reaktionen

Das Aussehen zyklischer Voltammogramme irreversibler Prozesse hängt auch vom Durchtrittsfaktor α ab (siehe Abschnitt 3.1.2):

$$\left| E_p - E_{p/2} \right| = \frac{47,7}{\alpha n} \quad \text{mV} \tag{3-70}$$

$$\left| \frac{I_{p(rück)}}{I_{p(hin)}} \right| < 1 \tag{3-71}$$

E_p hängt von v ab und verschiebt sich bei zehnfacher Scangeschwindigkeit um $30/\alpha n$ mV (bei 25 °C) zu höheren Werten. Ebenso ist ΔE_p eine Funktion von v. Qualitativ betrachtet erhalten wir im Übergangsbereich von einem reversiblen zu einem irreversiblen System eine Verbreiterung der Peaks und eine Erhöhung von ΔE_p.

Elektrochemische Reaktionen gekoppelt mit chemischen Reaktionen

Reagiert das Produkt der elektrochemischen Reaktion in einer chemischen Reaktion zu einem weiteren Produkt, so hängt das Aussehen des zyklischen Voltammogramms sowohl von der Kinetik der Durchtrittsreaktion als auch von der Kinetik der chemischen Reaktion ab.

Bei hoher Geschwindigkeit der elektrochemischen Reaktion und geringer Geschwindigkeit der chemischen Reaktion ist das zyklische Voltammogramm praktisch identisch mit demjenigen, welches wir im Falle einer reversiblen elektrochemischen Reaktion ohne nachfolgende chemische Reaktion erhalten. Steigt die Geschwindigkeit der chemischen Reaktion, so kommt es (bei einem reduzierbaren Analyten) zu einer deutlichen Verringerung des Reduktionsproduktes der elektrochemischen Reaktion. Dadurch wird $E_{p(hin)}$ zu positiveren Werten verschoben. Gleichzeitig sinkt mit steigender Geschwindigkeit der chemischen Reaktion der Strom $I_{p(rück)}$, bis bei hohen

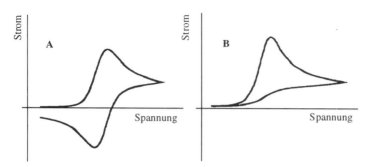

Abbildung 3.18 Zyklische Voltammogramme für eine reversible elektrochemische Reaktion, welcher eine chemische Reaktion mit langsamer (A) und schneller (B) Kinetik nachgelagert ist.

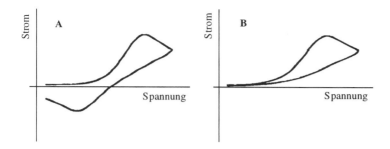

Abbildung 3.19 Zyklisches Voltammogramm einer elektrochemischen Reaktion mit langsamer Kinetik, welcher eine chemische Reaktion mit schneller (A) oder langsamer (B) Kinetik nachgelagert ist

Geschwindigkeiten der Peak der Rückreaktion nicht mehr beobachtbar ist. Die daraus resultierenden Voltammogramme sind in Abbildung 3.18 gezeigt.

Ist die Geschwindigkeit der elektrochemischen Reaktion gering und gleichzeitig die Geschwindigkeit der chemischen Reaktion gering, so ähneln die Verhältnisse dem Fall einer langsamen elektrochemischen Reaktion ohne chemische Reaktion. Bei steigender Geschwindigkeit der chemischen Reaktion verschwindet der Peak der Rückreaktion. Abbildung 3.19 zeigt die entsprechenden Veränderungen der zyklischen Voltammogramme.

Grundsätzlich müssen wir berücksichtigen, daß die Kinetik einer elektrochemischen oder auch einer chemischen Reaktion in Relation zur Scangeschwindigkeit zu setzen ist. Dies führt dazu, daß jede sogenannte elektrochemisch reversible Reaktion bei genügend hoher Scangeschwindigkeit die Eigenschaften einer kinetisch gehemmten Reaktion annimmt. Ähnliches gilt auch für nachgelagerte chemische Reaktionen.

Eine chemische Reaktion kann nicht nur der elektrochemischen Reaktion folgen, sondern dieser auch vorgelagert sein. Ist die Kinetik der chemischen Reaktion langsam und die elektrochemische Reaktion reversibel, so ist im zyklischen Voltammogramm das Verhältnis von $I_{p(rück)}/I_{p(hin)}$ größer als Eins. Dieses Verhältnis geht gegen Eins, wenn die Kinetik der chemischen Reaktion schneller wird (oder wenn die Scangeschwindigkeit erniedrigt wird).

Eine Unterscheidung von Elektrodenprozessen mit und ohne vor- oder nachgelagerten chemischen Reaktionen ist auch möglich wenn wir das Verhältnis $I_{p(hin)}/\sqrt{v}$ als Funktion der Scangeschwindigkeit v auftragen. Handelt es sich um reine elektrochemische Vorgänge, so sollte dieses Verhältnis eine Konstante sein; bei gekoppelten chemischen Reaktionen sollte eine Abhängigkeit von v gegeben sein.

Ein Sonderfall einer elektrochemischen Reaktion, der eine chemische Reaktion folgt, ist die chemische Rückreaktion des Poduktes einer reversiblen elektrochemischen Reaktion zum Ausgangsprodukt. Das Verhältnis der Peakhöhen ist in diesem Fall Eins.

Elektrochemische Reaktionen von adsorbierten Substanzen

Mitunter kann der Analyt oder das Reaktionsprodukt der elektrochemischen Reaktion an der Elektrode adsorbiert vorliegen. Wir wollen hier lediglich den Fall einer reversiblen elektrochemischen Umsetzung behandeln, wobei ein reduzierbarer Analyt

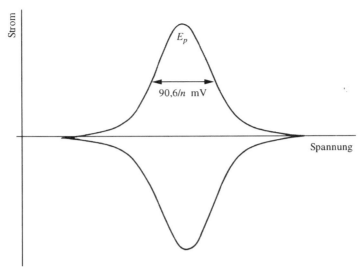

Abbildung 3.20 Zyklisches Voltammogramm eines Analyten, dessen oxidierte und reduzierte Form an der Elektrodenoberfläche adsorptiv gebunden sind

sowie sein Reduktionsprodukt an der Elektrode etwa gleich stark adsorbieren. Wir nehmen an, daß lediglich der adsorbierte Analyt zum Stromsignal beiträgt, nicht jedoch der Analyt in der Lösung. Das zyklische Voltammogramm zeigt eine peakförmige symmetrische Strom-Spannungskurve (siehe Abbildung 3.20); das Peakpotential ist für Reduktions- und Oxidationsvorgang gleich und entspricht dem Halbstufenpotential der entsprechenden gleichstrompolarographischen Stufe. Bei Annahme einer Langmuir´schen Adsorptionsisotherme beträgt die Peakbreite in halber Peakhöhe $90,6/n$ mV. Der Peakstrom hängt von der Oberflächenkonzentration Γ des Analyten, von der Scangeschwindigkeit v sowie von der Elektrodenoberfläche A ab:

$$\left| I_\mathrm{p} \right| = \frac{n^2 F^2 v A \Gamma}{4RT} \tag{3-72}$$

Gleichung 3-72 ist auch für sogenannte Dünnschichtzellen anwendbar. Wir verstehen darunter Anordnungen, in denen die Analysenlösung als dünne Schicht an der Elektrodenoberfläche vorliegt; die Schichtdicke ist geringer als die Diffusionsschichtdicke. Daher erfolgt eine praktisch vollständige elektrochemische Umsetzung des Analyten, welche nicht durch Diffusionsvorgänge limitiert wird. Die Flüssigkeitsschicht entspricht einer Schicht adsorbierter Spezies. Daher gilt Gleichung 3-72 für Dünnschichtzellen, wenn wir anstelle der Elektrodenoberfläche A das Volumen V der Lösung und anstelle von der Oberflächenkonzentration Γ die Konzentration des Analyten in der Lösung verwenden.

3.4 Anwendungen in der analytischen Chemie

In der Praxis weisen polarographische Meßtechniken (d.h. voltammetrische Verfahren an der tropfenden Quecksilberelektrode) den größten Anwendungsbereich innerhalb der Voltammetrie auf. Die Applikationen sind grundsätzlich nicht auf wäßrige Lösungen beschränkt, auch organische Lösungsmittel wie Alkohole, Acetonitril, Dimethylformamid oder Dimethylsulfoxid sind einsetzbar. Gelöster Sauerstoff ist an einer tropfenden Quecksilberelektrode in zwei Schritten reduzierbar (Reduktion zu Wasserstoffperoxid und weiter zu Wasser), sodaß er vor der Aufnahme der Strom-Spannungskurve durch Spülen der Lösung mit Reinststickstoff zu entfernen ist.

Die Konzentration des Leitelektrolyten in der Meßlösung sollte etwa 0,1 M sein. Für Spurenbestimmungen kann es sinnvoll sein, auch geringere Konzentrationen zu wählen, um eventuelle Blindwerte aus dem Leitsalz zu verringern; jedenfalls sollte die Leitelektrolytkonzentration einen hundert- bis tausendfachen Überschuß gegenüber den Analyten ergeben. Typische Leitsalze sind anorganische Säuren und deren Salze bzw. Puffer. In organischen Lösungsmitteln eignen sich Tetraalkylammoniumsalze als Leitelektrolyte. Der verfügbare Potentialbereich ist einerseits durch das Elektrodenmaterial vorgegeben (Quecksilber wird im Bereich positiver als etwa 0,2 V gegen Ag/AgCl oxidiert), andererseits durch das Lösungsmittel (Reduktion der Protonen in wäßrigen Lösungen ab etwa −1,2 V im stark sauren Bereich bzw. etwa −1,8 V im basischen Bereich) sowie durch Elektrolysereaktionen des Leitsalzes.

3.4.1 Anwendungen polarographischer Verfahren in der anorganischen Analytik

Die frühesten Anwendungen der Polarographie lagen im Bereich der Bestimmung von Metallionen. Auf diesem Gebiet dominieren heute die Atomspektroskopie (Atomabsorptions- und Atomemissionsspektroskopie) sowie die Massenspektrometrie (ICP-Massenspektrometrie). Die Polarographie erreicht im allgemeinen nicht die niedrigen Nachweisgrenzen dieser Konkurrenztechniken (in diesem Zusammenhang sehen wir vorerst von der Variante der voltammetrischen Stripping-Analyse ab, welche heute sehr wohl eine attraktive Technik in der Metallspurenanalytik ist; sie wird im Detail in Kapitel 4 beschrieben). Sofern aber Proben vorliegen, die nicht eine ausgesprochene Spurenanalytik erfordern, stellt die Polarographie (insbesondere in Form der Differenzpulspolarographie) nach wie vor eine kostengünstige und routinetaugliche Alternative dar. Die Halbstufenpotentiale einiger polarographisch gut bestimmbarer Elemente sind in Tabelle 3.1 für verschiedene Leitelektrolyte zusammengefaßt.

Die Auftrennung von eng benachbarten Stromsignalen verschiedener Ionen läßt sich optimieren, wenn komplexierende Leitelektrolyte eingesetzt werden. Auf diese Weise können wir Halbstufenpotentiale störender Ionen nach Komplexierung zu wesentlich negativeren Werten verschieben. Andererseits verbessert sich das polarographische Verhalten mancher Ionen nach Zugabe von Komplexbildnern; Co wird in einem

Tabelle 3.1 Polarographische Halbstufenpotentiale einiger Metallionen in unterschiedlichen Leitelektrolyten

Leitelektrolyt	0	−0,2	−0,4	−0,6	−0,8	−1,0	−1,2	−1,4	−1,6
1 M HCl		Bi(III) Cu(II) Sb(III)	As(III) Sn(II) Pb(II) Tl(I)	As(III) Cd(II) In(III)		Zn(II)			
1 M Azetatpuffer pH 4,8		Sn(II) Cu(II) Bi(III)	Pb(II) Sb(III) Sb(III) Tl(I)	Cd(II) Mo(VI) Sn(II)		As(III) Zn(II)			
1 M KNO$_3$		As(III) Sb(III)	Pb(II) Sn(II) Tl(I)	Cd(II)		Zn(II)			
1 M Ammonium-chloridpuffer pH 9,2		Cu(II)	Pb(II) Cu(II) Tl(I)		Sn(II) Sb(III) Cd(II)			Zn(II)	Mn(II)
1 M NaOH		As(III)	Sb(III) Cu(II)	Bi(III)	Sn(II)		Sn(II)		Zn(II)
0,1 M Na$_2$EDTA		Sn(II) Cu(II)	Tl(I)	Sb(III) Bi(III)		Pb(II)	As(III)		

Spannung [V] gegen gesättigte Ag/AgCl

Leitelektrolyt ohne Komplexbildner irreversibel, nach Komplexbildung mit Dimethyl-glyoxim jedoch annähernd reversibel reduziert (ähnliches gilt für Ni). An dieser Stelle sei darauf hingewiesen, daß Metallkomplexe mit organischen Liganden oft zur Adsorption an Quecksilberoberflächen tendieren. Daher ist eine Anreicherung der Metallionen vor der Aufnahme des Polarogramms und damit eine signifikante Empfindlichkeitssteigerung möglich. Details zu dieser Methode sind in Kapitel 4 beschrieben.

3.4.2 Anwendungen polarographischer Verfahren in der organischen Analytik

Polarographische Verfahren sind bis heute in verschiedenen Bereichen der organischen Analytik die Methode der Wahl geblieben. Trotz der beherrschenden Stellung chromatographischer Verfahren ist die Polarographie ein wesentliches Werkzeug bei der Problemlösung in der pharmazeutischen Chemie, der Lebensmittelchemie oder der Umweltanalytik.

Eine Voraussage, ob und in welchem Potentialbereich eine Substanz polaro-graphisch aktiv sein wird, ist nicht immer leicht. Wir kennen heute eine Reihe von funktionellen Gruppen oder Teilstrukturen eines Moleküls, deren Anwesenheit eine elektrochemische Umsetzung des Analyten erwarten lassen. Allerdings hängt die Lage des polarographischen Halbstufenpotentials sehr stark von den jeweiligen Substitu-enten im Molekül ab, sodaß Voraussagen problematisch werden können. Die Zahl der verschiedenen polarographischen Applikationen in der organischen Analytik ist derart hoch geworden, daß eine umfassende Darstellung im Rahmen des vorliegenden Buches unmöglich ist. Im folgenden sollen lediglich stichwortartig einige wichtige polaro-graphisch aktive Gruppen angeführt werden.

Verbindungen mit Kohlenstoff-Kohlenstoff-Doppelbindungen
Die Doppelbindung in ungesättigten Kohlenwasserstoffen ist an der Quecksilber-elektrode nur in wenigen Fällen reduzierbar. Eine wichtige polarographische Gruppierung ist jedoch eine Doppelbindung, welche mit der Doppelbindung einer Carbonylgruppe in Konjugation steht. Natürlich kann man die Frage stellen, ob die Reduktion an der Kohlenstoff-Kohlenstoff-Doppelbindung oder an der Carbonylgruppe abläuft. Es empfiehlt sich aber in diesem Fall, die beiden Gruppen als gemeinsame Einheit zu betrachten. Anwendungsbeispiele sind 3-Keto-Steroide [12], herzwirksame Digitalis-Steroide [13] sowie Cumarin und dessen Derivate.

Auch in den ungesättigten Dicarbonsäuren Maleinsäure und Fumarsäure finden wir das Strukturelement der Doppelbindung, welche zu einer Kohlenstoff-Sauerstoff-Doppelbindung konjugiert ist. Tatsächlich ergeben diese beiden Säuren sehr gut ausgebildete Signale, wobei in einem leicht alkalischen Leitelektrolyten sogar eine Differenzierung zwischen den beiden Säuren möglich ist.

Cephalosporin-Antibiotika oder das Antimykotikum Griseofulvin sind weitere polarographisch aktive Verbindungen, in denen die Reduktion der C–C-Doppelbindung bzw. der C–O-Doppelbindung als wesentlich angesehen wird. Man darf freilich nicht übersehen, daß derartige Substanzen zusätzliche reduzierbare Gruppierungen enthalten können, sodaß eine Aufklärung des exakten Reduktionsmechanismus schwierig ist.

Verbindungen mit Kohlenstoff-Halogen-Bindungen

Mit Ausnahme der Kohlenstoff-Fluor-Bindung sind Kohlenstoff-Halogen-Bindungen an der tropfenden Quecksilberelektrode häufig reduzierbar. Bei der Reduktion wird das Halogen als Halogenid abgespalten und es kommt zur Ausbildung einer Kohlenstoff-Wasserstoff-Bindung oder zu einer Dimerisierung über den Kohlenstoff. Oft sind stark negative Spannungen an der Grenze des verfügbaren Potentialbereiches für die Reduktion erforderlich. Verbindungen mit Iod sind leichter reduzierbar als solche mit Brom, welche wiederum leichter reduzierbar als Chlor-substituierte Verbindungen sind. Die Halbstufenpotentiale liegen umso positiver, je höher die Zahl der Halogenatome im Molekül ist.

Halogenierte Verbindungen spielen eine wesentliche Rolle in der Umweltanalytik. Leider entsprechen die Nachweisgrenzen der Polarographie praktisch nicht den Anforderungen in diesem Bereich, in welchem heute moderne chromatographische Methoden eine unumstrittene Position einnehmen.

Aldehyde und Ketone

Einfache aliphatische Aldehyde wie Formaldehyd oder Acetaldehyd sind an der tropfenden Quecksilberelektrode zu den entsprechenden Alkoholen oder nach Dimerisierung zu den entsprechenden Glykolen reduzierbar. Brauchbare Signale ergeben sich in einem stark alkalischen Leitelektrolyt (z.B. 0,1 M LiOH / 0,1 M LiCl [14]). Aromatische Aldehyde ergeben meist im gesamten pH-Bereich polarographische Signale.

Ähnlich wie Aldehyde sind auch Ketone polarographisch bestimmbar. Vorteilhaft ist - wie bereits erwähnt - die Anwesenheit einer C–C-Doppelbindung, welche zur C–O-Doppelbindung konjugiert ist.

Alternativ können Aldehyde und Ketone zu den polarographisch aktiven Semicarbazonen derivatisiert werden.

Chinone

1,4-Chinone (Benzochinone, Naphthochinone, Anthrachinone, u.ä.) sind ausgezeichnete Kandidaten für polarographische Bestimmungen. Ihre Reduktion ist häufig weitgehend reversibel und verläuft über die Semichinone zu den entsprechenden Hydrochinonen. Das Halbstufenpotential hängt stark von den Substituenten an der Chinonstruktur und vom pH-Wert ab, liegt aber meist bei relativ kleinen negativen Spannungen, sodaß die Selektivität der Bestimmung hoch ist. Interessante Analyte sind unter anderem Vertreter der Vitamin K - Gruppe (substituierte Naphthochinone); Chinonstrukturen finden wir auch bei etlichen Naturstoffen, sodaß die Polarographie ein leistungsfähiges Werkzeug bei der Analyse von Phytopharmaka darstellt.

Peroxide und Hydroperoxide

Die Tatsache, daß Peroxide bzw. Hydroperoxide polarographisch aktive Verbindungen sind, ist dem Elektroanalytiker allgemein bekannt in Form der Störung polarographischer Analysen durch gelösten Sauerstoff. Letzterer wird zunächst zu Wasserstoffperoxid reduziert, welches anschließend weiter zu Wasser reduziert wird. Neben Wasserstoffperoxid sind eine Reihe technisch wichtiger Alkylperoxide und Alkylhydroperoxide polarographisch erfaßbar. Applikationen sind weiters im Bereich von Untersuchungen der Lipidperoxidation bekannt; reaktive Sauerstoffspezies greifen ungesättigte Fettsäuren unter intermediärer Bildung der Fettsäurehydroperoxide an. In Leitelektrolyten mit organischen Lösungsmitteln ist die Bestimmung derartiger Hydroperoxide durchführbar; allerdings ist eine Differenzierung zwischen verschiedenen Hydroperoxiden nur beschränkt möglich.

Nitroverbindungen

Aliphatische Nitroverbindungen werden in saurer Lösung unter Umsetzung von 4 Elektronen zu den Hydroxylaminen reduziert:

$$R-CH_2NO_2 \xrightarrow{4e^-, \, 4H^+} R-CH_2NHOH + H_2O$$

Die Reduktion von aromatischen Nitroverbindungen läuft im sauren Bereich meist als zweistufiger Prozeß ab; im ersten Schritt erfolgt die Reduktion zum Hydroxylamin (4 Elektronen), im zweiten Schritt die Reduktion zum Amin (2 Elektronen):

$$C_6H_5NO_2 \xrightarrow{4e^-, \, 4H^+} C_6H_5NHOH \xrightarrow{2e^-, \, 3H^+} C_6H_5NH_3^+$$

Je nach Substituenten können die beiden Stufen aber zusammenfallen und einen 6-Elektronenübergang ergeben. Im alkalischen Milieu erfolgt die Reduktion im allgemeinen bis zum Hydroxylamin. Aromatische Nitroverbindungen mit mehreren Nitrogruppen ergeben je nach pH-Wert und Substituenten separate Signale oder ein Summensignal für die einzelnen Gruppen. Arbeiten von P. Zuman beinhalten umfangreiche Untersuchungen zum Mechanismus der Reduktion von aromatischen und heterozyklischen Nitroverbindungen [15-21].

Zahlreiche Anwendungen betreffen Nitroverbindungen, welche als Sprengstoffe Verwendung finden, weiters nitrohaltige Pestizide (insbesondere Alkyldinitrophenole und deren Derivate) sowie einige nitrohaltige Arzneimittel (darunter auch Nitrobenzodiazepine sowie Antiinfektionsmittel wie Nitrofuranderivate, Nitro-imidazolderivate und Chloramphenicol). Das günstige polarographische Verhalten von aromatischen Nitroverbindungen (relativ niedriges Reduktionspotential, hohe Empfindlichkeit auf Grund des Vierelektronenüberganges) erlaubt oft die Analyse in komplexen Proben (biologische Flüssigkeiten u.ä.) bei einem Minimum an Probenvorbereitung.

Nitrierungsreaktionen werden mitunter für die Derivatisierung von elektrochemisch inaktiven Substanzen zu polarographisch reduzierbaren Nitroverbindungen eingesetzt. Allerdings werden dabei häufig auch Matrixbestandteile nitriert, sodaß die Selektivität des Bestimmungsverfahrens sinkt.

Nitrosoverbindungen

Bestimmungsverfahren für *N*-Nitrosamine haben verstärktes Interesse gefunden, da diese Verbindungen als starke Kanzerogene gelten. Sie sind im sauren Milieu unter Umsetzung von vier Elektronen zu den entsprechenden Hydrazinen reduzierbar [22]. Unterscheidungen zwischen verschiedenen Nitrosaminen sind auf polarographischem Wege meist nicht möglich, da die Halbstufenpotentiale zu eng benachbart sind.

Verbindungen mit Kohlenstoff-Stickstoff-Doppelbindungen

Die Gruppe der 1,4-Benzodiazepine umfaßt etliche pharmazeutische Wirkstoffe, die als Beruhigungsmittel wie etwa Diazepam (Valium) weite Verbreitung gefunden haben. Allen diesen Wirkstoffen ist die polarographisch aktive Azomethin-Gruppe gemeinsam, welche unter Umsetzung von zwei Elektronen reduziert wird (manche dieser Benzodiazepine weisen allerdings zusätzliche reduzierbare funktionelle Gruppen auf, sodaß mehrere polarographische Stufen beobachtbar sind).

Oxime sind wichtige intermediäre Metabolite von verschiedenen Aminen und Hydroxylaminen. Die lassen sich im sauren Milieu unter Umsetzung von vier Elektronen zu den Aminen reduzieren.

Die polarographische Reduzierbarkeit der C-N-Doppelbindung in Pyridinen ist nur bei Anwesenheit verschiedener Substituenten (etwa Carboxylgruppen in der 3- oder 4-Position) gegeben.

Pyrimidine sind polarographisch erfaßbar und ergeben als Produkt der Reduktion die entsprechenden Tetrahydropyrimidine.

Verbindungen mit Stickstoff-Stickstoff-Doppelbindungen

Azoverbindungen zeigen vielfach in einem weiten Potentialbereich eine annähernd reversible Reduktion der Azogruppe zur Hydrazogruppe. Eine weitere (irreversible) Reduktion zu den Aminen ist mitunter möglich. Bedeutung hat vor allem die polarographische Bestimmung von Azofarbstoffen gefunden. In ähnlicher Weise ergibt auch die Stickstoff-Stickstoff-Doppelbindung in Pyridazin ein gut ausgebildetes Reduktionssignal, welches sich beispielsweise für die Analytik von Pflanzenschutzmitteln auf Basis von substituierten Pyridazinen eignet.

Schwefelhaltige Verbindungen

Polarographisch aktive schwefelhaltige Verbindungen umfassen unter anderem Disulfide (Reduktion zu den Thiolen), Sulfoxide (sofern diese funktionelle Gruppe mit einem aromatischen Ringsystem konjugiert ist) sowie Sulfone und Sulfonamide (Reduktion allerdings meist nur bei stark negativen Spannungen). Etliche schwefelhaltige Verbindungen bilden mit Quecksilberionen schwerlösliche Niederschläge und sind daher anodisch über die Auflösung des Elektrodenmaterials Quecksilber erfaßbar. Die Niederschlagsbildung wird oft zur Anreicherung derartiger Analyte ausgenützt, welche anschließend mit einer Stripping-Technik kathodisch wieder in Lösung gebracht werden; Details zu dieser Technik sind in Kapitel 4 zu finden.

Metallorganische Verbindungen

Polarographische Verfahren fanden insbesondere für die Bestimmung von Phenyl- und Alkylverbindungen der Elemente Quecksilber, Zinn, Blei und Arsen Interesse [23 - 26]. Genügend niedrige Nachweisgrenzen, die den Anforderungen der modernen Umweltanalytik entsprechen, sind allerdings meist nur mit der Stripping-Analyse nach reduktiver Anreicherung (siehe Kapitel 4) erreichbar; Unterscheidungen zwischen verschiedenen metallorganischen Verbindungen eines Elementes sind mitunter durch Variation der Anreicherungsspannung möglich.

Polarographisch oxidierbare Verbindungen

Oxidative polarographische Applikationen sind wegen des geringen verfügbaren Potentialbereichs selten (das Elektrodenmaterial Quecksilber wird ab etwa 0,2 V gegen Ag/AgCl oxidiert). Sieht man von den bereits erwähnten Bestimmungen ab, bei welchen das Elektrodenmaterial selbst unter Bildung schwerlöslicher Quecksilber-verbindungen reagiert, bleibt als beinahe einzige praktisch wichtige oxidative Appli-kation die Bestimmung von Ascorbinsäure (Vitamin C). Dieses Molekül wird bereits bei sehr geringen positiven Spannungen zur Dehydroascorbinsäure oxidiert. Die Selektivität der Bestimmung ist daher sehr hoch. Analysen von Vitamin C in Fruchtsäften und Limonaden erfordern als Probenvorbereitung lediglich den Zusatz eines Gemisches von Oxalsäure und Azetatpuffer (pH 4,5) als Leitelektrolyt [27].

Geht man vom Elektrodenmaterial Quecksilber zu Materialien wie Glaskohlenstoff über, so erweitern sich die Anwendungsmöglichkeiten der voltammetrischen Techniken im oxidativen Bereich wesentlich. Phenolische Verbindungen oder aromatische Amine sind typische Kandidaten für oxidative Bestimmungen an Kohleelektroden. Leider sind die Grundströme an festen Elektroden meist höher als an einer tropfenden Queck-silberelektrode; ferner kann die Adsorption von Matrixkomponenten an der Oberfläche einer festen Elektrode die Reproduzierbarkeit deutlich verschlechtern. In der Routine hat die Voltammetrie an Kohleelektroden und ähnlichen Materialien nur wenig Bedeutung erlangt (davon ausgenommen ist die oxidative amperometrische Detektion bei kon-stanter Spannung in der Flüssigkeitschromatographie, welche zu den leistungsfä-higsten Techniken zur Erfassung oxidierbarer Analyte zählt und in Kapitel 9 besprochen wird). Eine Applikationsnische der oxidativen Voltammetrie sind Be-stimmungen von Neurotransmittern (insbesondere Catecholamine) mittels Mikroelek-troden im lebenden Organismus sowie an einzelnen Zellen. Zyklische Voltammo-gramme, welche sowohl qualitative als auch quantitative Informationen liefern, können mit extrem hohen Scangeschwindigkeiten von bis zu 400 V/s aufgenommen werden, sodaß eine "real-time" Erfassung der Katecholamin-Ausschüttung einer Zelle nach Stimulation möglich ist. Für weitere Details sei auf zwei Übersichtsarbeiten aus der jüngeren Literatur verwiesen [28, 29].

Literatur zu Kapitel 3

[1]   J. Heyrovsky, *Chem.Listy* 16 (1922) 256.
[2]   W.E. van der Linden, J.W. Dieker, *Anal.Chim.Acta 119* (1980) 1.
[3]   A.L. Beilby, T.A. Sasaki, H.M. Stern, *Anal.Chem. 67* (1995) 976.
[4]   K. Stulik, *Electroanalysis 4* (1992) 829.
[5]   R.N. Adams, *Anal.Chem. 30* (1958) 1576.
[6]   F. Cepedes, E. Martinez-Fabregas, S. Alegret, *Trends Anal.Chem. 15* (1996) 296.
[7]   J. Osteryoung, E. Kirowa-Eisner, *Anal.Chem. 52* (1980) 62.
[8]   G.C. Barker, I.L. Jenkins, *Analyst 77* (1952) 685.
[9]   J.H. Christie, J.A. Turner, R.A. Osteryoung, *Anal.Chem. 49* (1977) 1899.
[10] J.A. Turner, J.H. Christie, M. Vukovic, R.A. Osteryoung, *Anal.Chem. 49* (1977) 1904.
[11] A. Bond, K.B. Oldham, C.G.Zoski, *Anal.Chim.Acta 216* (1989) 177.
[12] H.S. de Boer, W.J. van Oort, P. Zuman, *Anal.Chim.Acta 130* (1981) 111.
[13] K.M. Kadish, V.R. Spiehler, *Anal.Chem. 47* (1975) 1714.
[14] I. Eskinja, Z. Grabaric, B.S. Grabaric, M. Tkalcec, V. Merzel, *Mikrochim.Acta III* (1984) 215.
[15] P. Zuman, Z. Fijalek, D. Dumanovic, D. Suznjevic, *Electroanalysis 4* (1992) 783.
[16] D. Dumanovic, J. Jovanovic, D. Suznjevic, M. Erceg, P. Zuman, *Electroanalysis 4* (1992) 795.
[17] D. Dumanovic, J. Jovanovic, D. Suznjevic, M. Erceg, P. Zuman, *Electroanalysis 4* (1992) 871.
[18] D. Dumanovic, J. Jovanovic, D. Suznjevic, M. Erceg, P. Zuman, *Electroanalysis 4* (1992) 889.
[19] D. Dumanovic, J. Jovanovic, B. Marjanovic, P. Zuman, *Electroanalysis 5* (1993) 47.
[20] Z. Fijalek, P. Zuman, *Electroanalysis 5* (1993) 53.
[21] Z. Fijalek, M. Pugia, P. Zuman, *Electroanalysis 5* (1993) 65.
[22] C. Bighi, C. Locatelli, F. Pulidori, *Metodi Anal.Aque 1* (1985) 10.
[23] I.Ioneci, I. Tanase, C. Luca, *Anal.Lett. 18* (1985) 929.
[24] K. Hasebe, Y. Yamamoto, T. Kambara, *Fresenius Z.Anal.Chem. 310* (1982) 234.
[25] P.J. Hayes, M.R. Smyth, *Anal.Proc. 23* (1986) 34.
[26] M.R. Jan, W.F. Smyth, *Analyst 109* (1984) 1483.
[27] G. Sontag, G. Kainz, *Mikrochim.Acta I* (1978) 175.
[28] R.M. Wightman, J.M. Finnegan, K. Pihel, *Trends Anal.Chem. 14* (1995) 154.
[29] J.A. Stamford, J.B. Justice, *Anal.Chem. 68* (1996) 359A.

4 Voltammetrische Stripping-Analyse

Die Empfindlichkeit voltammetrischer Bestimmungen von Metallionen und einigen organischen Verbindungen kann wesentlich gesteigert werden, wenn der Bestimmungsschritt mit einem vorangehenden Anreicherungsschritt der Analyte an der Elektrodenoberfläche kombiniert wird. Die Mehrzahl der voltammetrischen Stripping-Verfahren (manchmal auch inversvoltammetrische Verfahren genannt) beruht auf einer elektrolytischen Anreicherung an Quecksilber- oder Kohleelektroden, wobei die am weitesten verbreitete Variante jene der anodischen Stripping-Voltammetrie (ASV) ist. Diese Technik umfaßt die reduktive Anreicherung von Metallionen als Metall unter Amalgambildung an einer Quecksilberelektrode mit hängendem Tropfen; der Anreicherungsschritt verlangt ein angelegtes Potential, das deutlich negativer als das Standardeinzelpotential des betreffenden Metalls ist und wird im allgemeinen unter Konvektion (Rühren, u.ä.) durchgeführt. Anschließend wird die Konvektion gestoppt und die Spannung linear zu positiveren Werten verändert, sodaß die Metalle anodisch wieder aufgelöst werden. Das Stromsignal dieses Stripping-Vorganges ist proportional zur Probenkonzentration. Abbildung 4.1 zeigt den Verlauf der angelegten Spannung und das entsprechende Stromsignal. Zur Verbesserung der Empfindlichkeit kann der Bestimmungsschritt auch mittels Differentialpulsvoltammetrie oder Square-Wave-Voltammetrie durchgeführt werden.

Die voltammetrische Stripping-Analyse geht auf Arbeiten von Zbinden im Jahre 1931 zurück [1], welcher Kupferionen an Platinelektroden elektrolytisch abschied und anschließend die Dauer des Stromflusses bei anodischer Auflösung registrierte. Auf diese Weise waren bereits Analysen von Kupfer in realen Proben wie Milch möglich [2]. Der eigentliche Aufschwung dieser Technik begann Ende der fünfziger Jahre; in der Folge etablierten sich neben der ASV eine Reihe weiterer Stripping-Verfahren, die sich hauptsächlich im Anreicherungsschritt unterscheiden. Die kathodische Stripping-Voltammetrie (CSV) wurde ursprünglich für Substanzen verwendet, die bei Oxidation des Elektrodenmaterials Quecksilber als schwerlösliche Quecksilbersalze angereichert und im Stripping-Schritt kathodisch bestimmt werden. Der Begriff CSV wird heute aber auch für Metallbestimmungen verwendet, bei denen nach einer elektrolytischen Abscheidung ein kathodischer Bestimmungsschritt durchgeführt wird.

Adsorptive Stripping-Voltammetrie (AdSV) und abrasive Stripping-Voltammetrie (AbrSV) haben ihre Namen von der Art des Anreicherungsschrittes erhalten, welcher in Adsorptionsvorgängen oder mechanischem Transfer an die Elektrodenoberfläche besteht.

Aus diesem kurzen Überblick geht hervor, daß die in der voltammetrischen Stripping-Analyse verwendeten Begriffe keineswegs konsequent gehandhabt werden. Bezeichnungen wie ASV und CSV beziehen sich auf den Stripping-Schritt, AdSV und

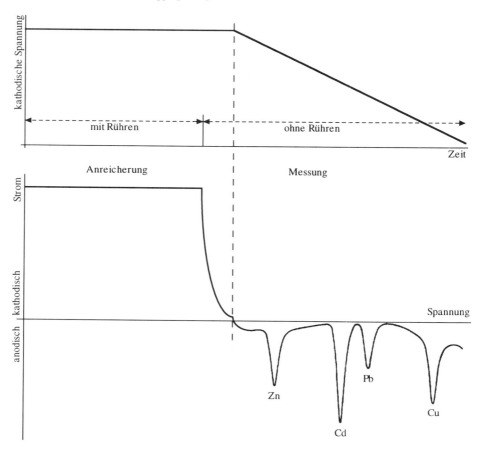

Abbildung 4.1 Verlauf der angelegten Spannung und des entsprechenden Stromsignals bei der anodischen Stripping-Voltammetrie

AbSV auf den Anreicherungsschritt. Darüber hinaus wird der Begriff CSV mitunter sowohl für Techniken mit elektrolytischer als auch für Techniken mit adsorptiver Anreicherung verwendet, sofern ein kathodischer Bestimmungsschritt vorliegt. Eine systematische und umfassende Nomenklatur wäre notwendig, konnte sich aber bisher noch nicht etablieren [3].

Im folgenden werden sämtliche Verfahren mit elektrolytischer Anreicherung und anodischer Bestimmung dem Bereich der ASV zugezählt, Verfahren mit elektrolytischer Anreicherung und kathodischer Bestimmung der CSV, Verfahren mit adsorptiver Anreicherung und kathodischer oder anodischer Bestimmung der AdSV, Verfahren mit abrasiver Anreicherung und kathodischer oder anodischer Bestimmung der AbrSV. Schließlich werden einem eigenen Bereich jene Verfahren zugeordnet, die auf Anreicherungen durch chemische Reaktionen der Analyte mit Reagenzien beruhen, welche auf der Elektrodenoberfläche immobilisiert sind. Eine Zusammenfassung der verschiedenen Möglichkeiten in der voltammetrischen Stripping-Analyse gibt Tabelle 4.1. Die quantitative Auswertung erfolgt meist durch die Standardadditionsmethode.

Tabelle 4.1 Anreicherungsmöglichkeiten in der voltammetrischen Stripping-Analyse

Anreicherungsprinzip	Bestimmungsvorgang	Beispiele
Reduktion von Metallionen an Quecksilberelektroden unter Amalgambildung	Reoxidation der Metalle	Cd^{2+}, Pb^{2+}
Reduktion von Metallionen an Kohle- oder Edelmetallelektroden unter Ausbildung von Metallfilmen	Reoxidation der Metalle	Hg^{2+}
Oxidation des Elektrodenmaterials Quecksilber und Bildung schwerlöslicher Quecksilbersalze mit Analytionen	Reduktion der Quecksilbersalze	Cl^-, Br^-, I^-
Oxidation von Metallionen an Kohle- oder Edelmetallelektroden zu schwerlöslichen Metalloxiden	Reduktion der Metalloxide	Mn^{2+}
Oxidation oder Reduktion von Metallionen unter Bildung schwerlöslicher Verbindungen mit Reagenzien in der Analysenlösung	Reduktion oder Oxidation der Niederschläge	$W(VI)$
Reduktion von Metallionen unter Bildung schwerlöslicher Verbindungen mit einem zusätzlichen Metall	Reduktion	$Se(IV)$
Adsorption von organischen Verbindungen oder Metallkomplexen	Reduktion oder Oxidation	Ni^{2+}, Co^{2+} (komplexiert mit Dimethylglyoxim)
Reaktion der Analyte mit an der Elektrode immobilisierten Reagenzien	Reduktion oder Oxidation	
Mechanischer Transfer der Probe auf die Elektrode	Reduktion oder Oxidation	

Stripping-Techniken werden vielfach als batch-Verfahren eingesetzt. Daneben wurden in den letzten Jahren in zunehmendem Maße Durchflußsysteme entwickelt [4 - 7], deren Herzstück eine voltammetrische Durchflußzelle ist, durch welche ein bestimmtes Volumen an Probe gepumpt und an der Arbeitselektrode angereichert wird. Für den Stripping-Vorgang kann die Zelle mit einem anderen Elektrolyten gefüllt werden. Die Durchflußtechnik bietet einige attraktive Vorteile:

- leichte Automatisierbarkeit;
- Verwendung unterschiedlicher Elektrolyte für Anreicherung und Stripping, sodaß beide Vorgänge unter jeweils optimalen Bedingungen ablaufen können;
- Proben müssen nicht mit Stickstoff gespült werden, da nur der Leitelektrolyt für den Bestimmungsvorgang frei von Sauerstoff sein muß;
- verringerte Gefahr von Kontaminationen infolge des geschlossenen Systems.

Der Vollständigkeit halber sei erwähnt, daß sich der elektrolytische Anreicherungsschritt mit anschließendem Stripping-Schritt nicht nur für voltammetrische Bestimmungen eignet, sondern auch als on-line Konzentrierschritt für Verfahren der Atomemmissionsspektroskopie sowie der Massenspektrometrie mit induktiv gekoppeltem Plasma als Ionisierungsquelle [8].

4.1 Anodische Stripping-Voltammetrie

In der anodischen Stripping-Voltammetrie (ASV) dient als Arbeitselektrode meist die hängende Quecksilbertropfenelektrode (hanging mercury drop electrode, HMDE) oder die Quecksilberfilmelektrode (mercury film electrode, MFE). Für Metalle mit relativ positiven Redoxpotentialen sowie für Quecksilber stehen Kohle- und Edelmetallelektroden zur Verfügung.

Praktisch alle modernen polarographischen Instrumente verfügen anstelle einer freitropfenden Quecksilberelektrode über eine Elektrode, bei der die Quecksilbertropfen kontrolliert ausgestoßen werden. Eine derartige Elektrode eignet sich daher ohne weitere Modifizierung auch als HMDE und zeichnet sich durch eine sehr hohe Reproduzierbarkeit der Elektrodenoberfläche von Analyse zu Analyse aus. Obwohl die HMDE in der anodischen Stripping-Voltammetrie recht universell einsetzbar ist, weist sie auch Nachteile auf. Insbesondere muß das ungünstige Verhältnis von Oberfläche zu Volumen berücksichtigt werden. Die abgeschiedenen Metalle können in das Innere des Quecksilbertropfens diffundieren und benötigen daher im Zuge der Reoxidation des Bestimmungsschrittes eine bestimmte Zeit, um zur Elektrodenoberfläche zu gelangen. Daraus resultieren Verbreiterungen der Stripping-Signale und Verluste an Selektivität.

Die Quecksilberfilmelektrode besteht aus einer dünnen Schicht metallischen Quecksilbers, welches meist auf Glaskohlenstoff oder Graphit aufgebracht ist. Mit einer derartigen Elektrode ist eine höhere Empfindlichkeit als mit einer HMDE erreichbar, da einerseits die Oberfläche groß ist, andererseits die Elektrode mit stark konvektiven Bedingungen während der Anreicherung kompatibel ist, sodaß sich die Anreicherungseffizienz erhöht. Die Auftrennung eng benachbarter Signale ist meist besser als bei der HMDE.

Glaskohlenstoffelektroden für die Herstellung von MFEs müssen vor dem Aufbringen des Quecksilberfilms sorgfältig poliert werden; hierfür eignen sich die in der Metallographie gängigen Verfahren. Die Verwendung einer Aluminiumoxidpaste (Korngröße 0,1 μm) im abschließenden Polierschritt ergibt meist zufriedenstellende Ergebnisse. Ähnliches gilt auch für Graphitelektroden.

Die Erzeugung des Quecksilberfilms für eine MFE geschieht elektrolytisch vor der Analyse oder in-situ während der Anreicherung der Analytionen aus der Analysenlösung, welcher Hg^{2+}-Ionen zugesetzt werden. Tabelle 4.2 faßt ASV-Verfahren für anorganische Ionen an Quecksilberelektroden zusammen. Die Bestimmungsgrenzen liegen für Ionen wie Cd^{2+} oder Pb^{2+} im ppt-Bereich und sind in der Praxis oft durch Blindwerte und weniger durch die Methode selbst bedingt. Typische Anwendungsgebiete liegen im Bereich der Wasseranalytik (Trinkwasser, Grund- und Oberflächenwasser, Niederschlagswasser), wo eine entsprechende DIN-Vorschrift existiert [9]. In

Tabelle 4.2 Anreicherungsmöglichkeiten in der voltammetrischen Stripping-Analyse

Element	geeigneter Leitelektrolyt	Signallage (bezogen auf SCE)	mögliche Störungen
Bi^{3+}	1 M HCl	- 0,1 V	eng benachbarte Signale von Cu^{2+}, Sb^{3+} (an der Quecksilberfilmelektrode meist ausreichende Auftrennung); Störungen durch Sb^{3+} sind durch Oxidation zu Sb^{5+} vermeidbar
Cd^{2+}	0,1 M HCl	-0,65 V	eng benachbarte Signale von In^{3+}, Tl^+; die Trennung zwischen Cd^{2+} und In^{3+} läßt sich in KBr- oder KJ-haltigen Leitelektrolyten verbessern
Cu^{2+}	Azetatpuffer pH 5	-0,3 V	intermetallische Verbindungen mit Zn, Cd; eng benachbarte Signale von Bi^{3+}
Ga^{2+}	Azetatpuffer pH 5	-0,9 V	intermetallische Verbindugen mit Cu (Signal von Ga verschwindet bei hohem Kupferüberschuß)
In^{3+}	Halogenid-haltiger Azetat-puffer pH 5	-0,65 V	eng benachbartes Signal von Cd^{2+}; die Trennung wird in KBr- oder KJ-haltigen Leitelektrolyten verbessert
Pb^{2+}	0,1 M HCl	-0,45 V	eng benachbarte Signale von $Sn^{2+/4+}$ und Tl^+; Zinn stört meist nur bei hohem Überschuß
Sb^{3+}	0,5 M HCl	-0,15 V	eng benachbarte Signale von Cu^{2+}, Bi^{3+}; in 10% HCl ist auch Sb^{5+} bestimmbar
$Sn^{2+/4+}$	0,1 M HCl	-0,45 V	eng benachbarte Signale von Pb^{2+} und Tl^+; Störungen sind vermeidbar, wenn nach der Anreicherung der Leitelektrolyt getauscht wird und die Bestimmung im schwach alkalischen Milieu erfolgt (Verschiebung des Sn-Signals in kathodischer Richtung)
Tl^+	Azetatpuffer pH 6	-0,65 V	eng benachbarte Signale von Pb^{2+}, $Sn^{2+/4+}$, Cd^{2+}; Störungen durch Zugabe von Komplexbildnern wie EDTA vermeidbar
Zn^{2+}	Azetatpuffer pH 4,5	-1,1 V	intermetallische Verbindungen mit Cu; Störung ist durch Zugabe von Ga^{2+} vermeidbar, welches eine stabilere Ga/Cu-Verbindung bildet

der Meerwasseranalytik bietet die ASV insofern Vorteile, als sie auch mit hohen Salz-gehalten kompatibel ist.

ASV-Verfahren sind häufig auch im Bereich der Bestimmung von Schwermetallen in biologischen Matrices anzutreffen. Hierbei sind allerdings geeignete Aufschluß-verfahren notwendig, die in Abschnitt 4.6 diskutiert werden.

Die ASV hat über die in Tabelle 4.2 angeführten Elemente hinausgehend auch für die Bestimmung von Quecksilber und Edelmetallen (z.B. Gold) etliche Bedeutung erlangt. Anreicherungen von Quecksilber sind an Gold-, Glaskohlenstoff- oder Kohlepasteelektroden möglich, jedoch hängt die Nachweisgrenze wesentlich von Elektrodenmaterial und Leitelektrolytzusammensetzung ab. Das vermutlich empfind-lichste ASV-Verfahren für anorganisches ionisches Quecksilber geht auf Arbeiten von Scholz und Mitarbeitern [10] zurück, welche eine Anreicherung an Glaskohlenstoffelektroden in Thiocyanat-haltigen Elektrolyten entwickelten; die Bestimmungsgrenzen liegen bei $5 \cdot 10^{-14}$ mol l^{-1}. Auch für Au(III) ist die Empfindlichkeit wesentlich durch das Elektrodenmaterial bestimmt: Bond et al. [11] verglichen Platin, Rhodium, Iridium und Glaskohlenstoff und erzielten mit Platinscheibenelektroden von 50 µm Durchmesser die besten Ergebnisse (Nachweisgrenzen bei etwa $5 \cdot 10^{-7}$ mol l^{-1}). Arbeiten von Korolczuk [12] zeigten, daß Spurenbestimmungen von Gold bis zu Nachweisgrenzen von etwa $5 \cdot 10^{-9}$ mol l^{-1} an Glaskohlenstoffelektroden möglich sind, die vor der Analyse durch Abscheiden geringer Goldmengen aktiviert wurden.

4.2 Kathodische Stripping-Voltammetrie

Die kathodische Stripping-Voltammetrie (CSV) basiert auf einer elektrolytischen Anreicherung der Analyte gefolgt von einem reduktiven Meßvorgang. Vielfach dient Quecksilber als Elektrodenmaterial, welches beim angelegten Anreicherungspotential an der Oberfläche zu Hg(I) oxidiert wird:

$$2 \text{ Hg} \rightleftharpoons \text{Hg}_2^{2+} + 2 \text{ e}^-$$

Analyte, die mit Quecksilberionen schwerlösliche Niederschläge bilden, lassen sich daher als Film an der Elektrodenoberfläche anreichern:

$$\text{Hg}_2^{2+} + 2 \text{ X}^- \rightleftharpoons \text{Hg}_2\text{X}_2$$

Der Bestimmungsschritt besteht aus einem Potentialscan in negativer Richtung, sodaß es zur Reduktion der schwerlöslichen Quecksilbersalze zu metallischem Quecksilber kommt. Die Potentiallage des Stripping-Signals hängt von der Art des Analyten ab. Anwendungen derartiger Verfahren sind bereits seit längerem für anorganische Anionen wie Chlorid, Bromid, Iodid, Thiocyanat, Sulfid, Chromat, Molybdat, Wolframat oder Vanadat bekannt [13-19]. Allerdings kommen in diesem Bereich heute alternative Techniken wie Ionenchromatographie oder ionenselektive Elektroden bevorzugt zum Einsatz; für spezielle Applikationen wie Spurenbestimmungen von Iodid oder Sulfid in Meereswasser zählt die CSV jedoch noch immer zu den empfindlichsten Analysenverfahren.

Luther et al. [20] haben die CSV erfolgreich im Rahmen der Speciation-Analytik von Iod in Meerwasser zum Nachweis von anorganischem Iodid im niedrigen ppb-Bereich eingesetzt. Die Anreicherung erfolgt an einer hängenden Quecksilbertropfenelektrode bei –0,1 V (gegenüber eine Kalomel-Referenzelektrode), der Bestimmungsvorgang mit Square-Wave-Voltammetrie im Bereich zwischen –0,1 und –0,7 V (Stripping-Signal bei ca. –0,3 V). Die Empfindlichkeit läßt sich durch Zugabe von Triton X-100 (ca. 100 µl einer 0,2%igen Lösung zu 10 ml Probe) wesentlich erhöhen,

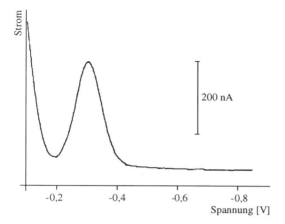

Abbildung 4.2 Kathodisches Stripping-Voltammogramm einer Meerwasserprobe mit ca. 10 ppb Iodid. (Nach [20] mit Genehmigung)

sodaß Nachweisgrenzen von etwa 0,02 ppb möglich sind. Dies ist insofern interessant, als im allgemeinen die Anwesenheit von oberflächenaktiven Substanzen bei voltammetrischen Stripping-Verfahren zu einem deutlichen Empfindlichkeitsverlust führt. Abbildung 4.2 zeigt ein typisches Voltammogramm einer Meerwasserprobe mit ca. 10 ppb Iodid.

Ähnliche Bedingungen wie für Iodid eignen sich auch für die Spurenanalytik von Sulfid in Wässern [21]. Das Stripping-Potential liegt bei –0,6 V (bezogen auf eine Kalomelelektrode).

Auch einige organische Substanzen bilden schwerlösliche Quecksilberverbindungen und lassen sich daher mittels CSV bestimmen. In diesen Bereich fallen Thiole und Disulfide [22, 23], Penicilline nach Umwandlung in die entsprechenden Penicillansäuren [24], Thiobarbiturate [25], Thioharnstoff und dessen Derivate [26, 27], Thioamide [28], Purin- und Pyrimidinderivate [29, 30], Alkylxanthate und Alkyldithiophosphate [31] oder Hesperidin (ein glycosidisches Flavonoid) [32].

Besondere Bedeutung hat die CSV für die Bestimmung von Arsen und Selen erlangt. Beide Elemente werden bevorzugt in Gegenwart von Kupferionen an einer hängenden Quecksilbertropfenelektrode als intermetallische Kupfer/Arsen- bzw. Kupfer/Selenverbindungen angereichert. Henze et al. [33] entwickelten auf dieser Basis ein Verfahren zur Spurenbestimmung von As(III):

Anreicherung: $H_3AsO_3 + 3\ Cu^{2+} + 3\ H^+ + 9e^- \rightleftharpoons Cu_3As + 3\ H_2O$

Stripping: $Cu_3As + 3\ H^+ + 3\ e^- \rightleftharpoons 3\ Cu(Hg) + AsH_3$

Ein brauchbarer Grundelektrolyt besteht aus 1 M HCl und 1 mM Cu^{2+}; das Anreicherungspotential liegt bei ca. –0,5 V, das Stripping-Signal bei ca. –0,8 V (bezogen auf Ag/AgCl). Die Bestimmungsgrenze liegt bei etwa 0,1 ppb. Arsen(V) ist unter diesen Bedingungen elektrochemisch inaktiv und muß mit Kaliumiodid oder ähnlichen Reduktionsmitteln vor der Analyse in die dreiwertige Form gebracht werden. Weiters ist darauf hinzuweisen, daß sehr geringe Arsenkonzentrationen im angeführten Grundelektrolyt nicht stabil sind (Oxidationsvorgänge zu As(V)). Eine Stabilisierung ist durch Zugabe von Hydrazin möglich [34].

In neueren Untersuchungen konnten Henze und Mitarbeiter zeigen, daß auch die Anreicherung von As(V) möglich ist, wenn ein kupferhaltiger Grundelektrolyt aus Perchlorsäure/Perchlorat (pH 1,7) oder 0,4 M Schwefelsäure verwendet wird, welcher Mannit enthält [35, 36]. As(III) und As(V) ergeben unter diesen Bedingungen Stripping-Signale beim gleichen Potential, allerdings mit unterschiedlicher Empfindlichkeit. Ein Zusatz von Se(IV) kann zusätzlich die Effizienz der Anreicherung infolge der Bildung intermetallischer Verbindungen erhöhen. Für Speciation-Analysen kann es sinnvoll sein, zunächst in einem Grundelektrolyt ohne Mannit As(III) zu bestimmen, anschließend Mannit zuzugeben, As(III) durch UV-Bestrahlung zu As(V) zu oxidieren und schließlich den Gesamtarsengehalt zu bestimmen [36].

Voltammetrische Verfahren für die Spurenbestimmung von Selen haben als Alternative zu atomspektrometrischen Methoden in den letzten Jahren deutlich an Bedeutung gewonnen, seit in der Biochemie und Medizin verstärktes Interesse an den Wirkungen dieses essentiellen Spurenelementes im Organismus festzustellen ist. Grundsätzlich ist eine Anreicherung an Quecksilberelektroden in Form eines schwer löslichen Quecksilberselenidfilmes möglich, doch wird die Abscheidung in Gegenwart von Kupferionen als Kupferselenid in der Praxis bevorzugt [37 - 40]. Die Vorgänge bei Anreicherung und Stripping lassen sich vereinfacht folgendermaßen beschreiben (Details zum Mechanismus sind in einer Arbeit von Mattson et al. [41] zu finden):

$$\text{Anreicherung: } H_2SeO_3 + 2\ Cu^{2+} + 4\ H^+ + 8\ e^- \rightleftharpoons Cu_2Se + 3\ H_2O$$
$$\text{Stripping: } Cu_2Se + 2\ H^+ + 2\ e^- \rightleftharpoons 2\ Cu(Hg) + H_2Se$$

Selen ist nur in der vierwertigen Form elektrochemisch aktiv. Eine Reduktion von eventuell vorhandenem Se(VI) ist beispielsweise durch Kochen mit 6 M HCl möglich. Als Grundelektrolyt für die Meßlösung eignet sich 0,1 M HCl mit 1 mg Cu^{2+}/l. Eine Zugabe von EDTA kann Interferenzen durch andere Metallionen vermindern, doch sollte dann auch mit höheren Kupferionenkonzentrationen in der Meßlösung gearbeitet werden. Der hängende Quecksilbertropfen ist die bevorzugte Arbeitselektrode für Selenanreicherungen; Quecksilberfilmelektroden auf Basis von Glaskohlenstoff eignen sich nur dann, wenn Thiocyanat-haltige Elektrolyte verwendet werden [42].

Eine Kombination von einfachen Trennschritten mit der Stripping-Analyse ermöglicht ohne hohen Aufwand Aussagen über die Bedingungsformen des Selens in biologischen Proben: Ultrafiltration von Serumproben ergibt eine Fraktion mit proteingebundenem Selen, sowie eine zweite mit niedermolekularen Selenverbindungen; in letzterer können selenhaltige Aminosäuren und selenhaltige niedermolekulare Peptide mit Orthophthalaldehyd und Mercaptoethanol zu hydrophoben Derivaten umgesetzt und durch Festphasenextraktion abgetrennt werden [43]. Die einzelnen Fraktionen sind nach Veraschung mit Salpetersäure/Perchlorsäure geeignet für die CSV. Abbildung 4.3 zeigt das Stripping-Voltammogramm für die Bestimmung des Selengehaltes von 1,1 ppb im Ultrafiltrat einer Serumprobe.

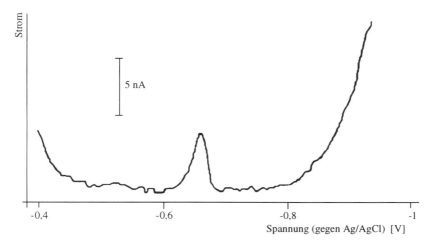

Strom

5 nA

-0,4   -0,6   -0,8   -1

Spannung (gegen Ag/AgCl) [V]

Abbildung 4.3 Kathodisches Stripping-Voltammogramm für die Bestimmung von 1,1 ppb Selen im Ultra-filtrat einer Serumprobe nach Veraschung

Neben Quecksilber haben andere Elektrodenmaterialien in der kathodischen Stripping-Analyse nur begrenzte Bedeutung erlangt. Silberelektroden eignen sich für Anreicherungen von Halogenid- und Sulfidionen. Kublik und Mitarbeiter untersuchten Kupferamalgamelektroden zur Analyse von Substanzen, welche in Analogie zur Abscheidung an Quecksilber schwerlösliche Kupfersalze bilden; die grundsätzliche Brauchbarkeit dieser Technik konnte am Beispiel der Spurenbestimmung von Thiocyanat [44] und Purin [45] demonstriert werden.

Der CSV sind weiters Verfahren zuzurechnen, bei denen eine oxidative Anreicherung von Metallionen wie Pb(II), Fe(II), Tl(I) oder Mn(II) unter Ausbildung schwerlöslicher Oxide bzw. Hydroxide erfolgt. Allerdings kommt derartigen Techniken in der Praxis wenig Bedeutung zu, da meist andere Stripping-Verfahren mit wesentlich besserer Empfindlichkeit zur Verfügung stehen. Ausnahmen sind jene Problemstellungen, bei denen die Selektivität der anodischen Anreicherung zum Tragen kommt; als Beispiel sei die Bestimmung von Mn(II) in Meerwasser [46] oder die Erfassung geringer Mengen Blei in Kupfer angeführt. Bei letzterer Applikation kann man durch die Anreicherung von Pb(II) als PbO_2 an einer Platinelektrode auf eine Abtrennung der Kupfermatix vor der Analyse verzichten [47].

4.3 Adsorptive Stripping-Voltammetrie

Die in den Abschnitten 4.1 und 4.2 beschriebenen Anreicherungsverfahren beruhen auf Elektrolysevorgängen während des Anreicherungsschrittes. Demgegenüber basiert die adsorptive Stripping-Voltammetrie (AdSV) auf der Anreicherung der Analyte durch Adsorption ohne elektrochemische Umsetzung an einer geeigneten Elektrode. Vielfach werden eine Quecksilberelektrode mit hängendem Tropfen (HMDE) oder eine Queck-silberfilmelektrode (MFE) [48] verwendet, daneben auch Kohleelektroden oder Edel-metallelektroden. Die AdSV geht auf Arbeiten von Kalvoda [49] zurück und hat seit Mitte der 80er Jahre besondere Beachtung für die Spurenbestimmung sowohl von organischen Verbindungen als auch von Metallen nach Komplexierung gefunden.

Wenn wir annehmen, daß an einer HMDE ein Analyt durch Adsorption während der Zeit t_{anr} angereichert und im anschließenden Bestimmungsschritt mit Gleichstrom- oder Differentialpulsvoltammetrie reduziert wird, so gilt im Falle von Adsorptions-vorgängen, deren Geschwindigkeit durch Diffusionsmassentransport kontrolliert wird, die folgende Beziehung für den gemessenen Spitzenstrom I_p [50 - 52]:

$$I_p = kA\Gamma = kAc\left[(D/r)t_{anr} + 2(D/\pi)^{1/2}t_{anr}^{1/2}\right] \qquad (4\text{-}10)$$

In Gleichung 4-10 ist k eine Proportionalitätskonstante, A die Elektrodenoberfläche, Γ die Oberflächenkonzentration (Mole pro cm^2), D der Diffusionskoeffizient und r der Radius der HMDE. Bei hohenKonzentrationen der Analysensubstanz in der Lösung und/oder langen Anreicherungszeiten geht Γ auf einen Maximalwert Γ_m zu, bei welchem die Elektrodenoberfläche vollkommen mit Molekülen des Analyten belegt ist. Das Stromsignal I_p geht gleichzeitig in ein maximales Signal $I_{p(max)}$ über. Eine Abhängigkeit des Stromsignals von der Probenkonzentration ist daher nur bei Oberflächenkonzentrationen deutlich unter Γ_m gegeben. Bei kleinen Werten für c und t_{anr} gilt der folgende experimentell gefundene Zusammenhang:

$$I_p = k\,c\,t_{anr}^{1/2} \qquad (4\text{-}11)$$

Nachweisgrenzen der AdSV liegen für Standardlösungen häufig in der Größenord-nung von 10^{-10} mol l^{-1}; in realen Proben können allerdings diese niedrigen Grenzen oft nicht erreicht werden. Störungen sind hauptsächlich durch konkurrierende Ad-sorptionsvorgänge von Matrixbestandteilen bedingt, welche das Analysensignal ver-ringern oder in ungünstigen Fällen weitgehend unterdrücken. Bei der Spurenbestim-mung organischer Verbindungen ist daher eine Probenvorbereitung mit geeigneten Trennverfahren wie flüssig-flüssig-Extraktion oder Festphasenextraktion notwendig. In der Metallspurenanalytik lassen sich durch Veraschungsverfahren weitgehend saubere Analysenlösungen gewinnen, sodaß nach Zugabe von Komplexbildnern die Leistungsfähigkeit der AdSV tatsächlich voll ausgenützt werden kann.

Störungen durch Matrixbestandteile, die im Voltammogramm ein Signal ergeben, jedoch durch Adsorption nicht angereichert werden können, lassen sich bisweilen dadurch umgehen, daß nach dem Anreicherungsschritt die Probelösung durch einen reinen Grundelektrolyt ersetzt und erst dann das Voltammogramm aufgenommen wird. Fließinjektionssysteme können einen derartigen Wechsel der Lösungen zwischen Anreicherungs- und Bestimmungsschritt deutlich erleichtern.

Die Möglichkeit der adsorptiven Anreicherung einer Probenkomponente ist leicht zu überprüfen. Zunächst wird die Zusammensetzung des Grundelektrolyten soweit opti-miert, daß sich ein zufriedenstellendes Voltammogramm ergibt. Anschließend werden mehrere Voltammogramme aufgenommen, wobei die Probe unterschiedlich lange bei konstantem Startpotential gerührt wird. Unterschiedliche Signalhöhen deuten auf adsorptive Anreicherungsvorgänge hin. Anschließend sind Anreicherungspotential und Anreicherungszeit zu optimieren. Im Fall von Quecksilberelektroden können wechselstromvoltammetrische Messungen Informationen über den Kapazitätsstrom und damit über das Adsorptionsverhalten der Analyte in Abhängigkeit der angelegten Spannung liefern [53]. Ebenso ist die Zusammensetzung des Grundelektrolyten in Hinblick auf den Anreicherungsschritt zu optimieren (pH, Ionenstärke, Lösungsmittel, usw.).

4.3.1 Anwendungen der AdSV in der organischen Spurenanalytik

Organische Moleküle zeigen vielfach eine Tendenz, aus wäßrigen Lösungen an Quecksilber oder Kohle zu adsorbieren und erfüllen damit die Voraussetzung zur Analyse mittels AdSV. In der Literatur beschriebene Beispiele umfassen verschiedenartigste Verbindungsklassen wie Farbstoffe [54, 55], Nitropestizide [56], chlorierte Phenole [57], Benzodiazepine [58, 59], Dihydropyridin-Calciumantagoniste [60, 61], Tetracycline [62], Cephalosporine [63], Indole [64], Vitamin B12 [65], Cholesterin [66], Riboflavin [67], Aminosäuren nach Derivatisierung mit 4-Chlor-7-nitrobenzofurazan [68], Theophyllin [69], Ubichinone [70], Flavonoide [71] oder DNA [72,], um nur einige Beispiele aus der neueren Literatur anzuführen. Eine umfangreiche Übersicht über frühere Arbeiten bis zum Jahr 1989 ist in einer Publikation von Kalvoda und Kopanica [52] zu finden, eine Zusammenstellung jüngerer Applikationen für biologisch aktive Substanzen in einer Arbeit von Zuhri und Voelter [73].

Trotz der dokumentierten vielfältigen Anwendbarkeit ist es schwierig, für eine bestimmte Substanz das Adsorptionsverhalten schlüssig vorauszusagen. Meist sind Verbindungen mit nur mäßiger Löslichkeit im (wäßrigen) Leitelektrolyten potentielle Kandidaten für die AdSV. Eine experimentelle Überprüfung der adsorptiven Anreicherung in der oben angeführten Weise ist meist die einfachste und zielführendste Vorgangsweise.

Für die Anreicherung an Kohleelektroden sind mehrere unterschiedliche Mechanismen verantwortlich, insbesondere wenn Kohlepasteelektroden zum Einsatz kommen. Neben der Adsorption am Graphit kommt den Wechselwirkungen mit dem Binder in der Kohlepaste besondere Bedeutung zu. Diese flüssige organische Komponente kann zusätzlich durch Extraktionsvorgänge zur Anreicherung beitragen [74]. Eine Optimierung der Empfindlichkeit in der AdSV ist daher auch möglich, wenn anstelle des meist verwendeten Nujols andere Binder mit höherer Extraktionseffizienz wie beispielsweise Diphenylether zum Einsatz kommen [75].

Weiterentwicklungen von AdSV-Verfahren zielten auf Verbesserungen der Nachweisgrenzen durch Optimierung der Adsorptionseigenschaften der Elektrode. Zur Verstärkung hydrophober Wechselwirkungen zwischen Analyt und Elektrodenmaterial wurden für die Analyse einer Reihe pharmakologisch wichtiger Substanzen Lipidmodifizierte Kohleelektroden eingesetzt [76-80]. Weiters war es naheliegend, auf Erfahrungen aus dem Gebiet der Festphasenextraktion bei der Anreicherung organischer

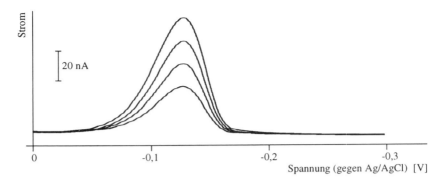

Abbildung 4.4 Bestimmung des Harnwegantibiotikums Nifuroxazid in Urin mittels adsorptiver Stripping-Voltammetrie an einer Quecksilberelektrode (Gehalt der Probe ca. 50 ppb, dreimalige Aufstockung mit je 25 ppb).

Analyte aus wäßrigen Probelösungen zurückzugreifen und Kohlepaste mit entsprechenden stationären Phasen (C18-modifiziertes Kieselgel oder Polystyrol/ Divinylbenzolpartikel) zu mischen [81-84]. Der Gewinn an Empfindlichkeit ist allerdings vielfach geringer als erwartet. Dies mag zunächst überraschend klingen, wenn man die hohen Anreicherungsfaktoren der Festphasenextraktion in der organischen Spurenanalytik in Betracht zieht. Die Festphasenextraktion ist jedoch meist ein Säulenverfahren mit sich wiederholender Einstellung des Adsorptionsgleichgewichtes an der festen Phase, während sich in der AdSV naturgemäß das Adsorptionsgleichgewicht nur ein einziges Mal einstellt.

Als Beispiel einer AdSV-Analyse in der organischen Analytik zeigt Abbildung 4.4 das Voltammogramm für die Bestimmung des Harnwegantibiotikums Nifuroxazid (4-Hydroxybenzoesäure-[(5-nitro-2-furanyl)methylen]hydrazid) in einer Harnprobe. Als Probenvorbereitung genügt eine Extraktion mit Ethylazetat; die organische Phase wird anschließend zur Trockene gebracht und der Rückstand mit einigen Millilitern des Leitelektrolyten aufgenommen.

4.3.2 Anwendungen der AdSV in der anorganischen Spurenanalytik

Anorganische Kationen können vielfach nach Komplexbildung mit geeigneten Liganden adsorptiv an einer Quecksilberelektrode (oder auch an Kohleelektroden) angereichert werden. Dieser Vorgang kann im Detail unterschiedlich ablaufen:

*   im einfachsten Fall reagiert das Metallion in der Lösung mit dem zugesetzten Liganden, gefolgt von der Adsorption des Komplexes an der Elektrodenoberfläche;

*   der Ligand kann zunächst an der Elektrodenoberfläche adsorbiert werden und erst dann mit den Metallionen reagieren; bei diesem Mechanismus erkennen wir einen fließenden Übergang zu den chemisch-modifizierten Elektroden (siehe Abschnitt 4.4), welche an ihrer Oberfläche immobilisierte Reagenzien tragen;

- das Anreicherungspotential kann zu einem Wechsel der Wertigkeit des Metallions führen und die Komplexbildung eventuell erst mit der oxidierten oder reduzierten Form des Metallions ablaufen; beispielsweise führt die Bestimmung von Eisen mit Catechol (siehe Tabelle 4.3) während des adsorptiven Anreicherungsschrittes zu einer Oxidation der zweiwertigen in die dreiwertige Form.

Es sei darauf hingewiesen, daß die Applikationen dieses Abschnittes auch Beispiele umfassen, welche nur bedingt der AdSV zuzuordnen sind; so beruht der Anreicherungsvorgang von Wolfram auf der Reduktion zur fünfwertigen Form und der Niederschlagsbildung mit Rhodanidionen und Antipyrin an der Elektrodenoberfläche; anschließend erfolgt ein anodischer Stripping-Schritt. Offensichtlich ließe sich diese Bestimmung auch als Applikation der anodischen Stripping-Analyse interpretieren; andererseits sind Ähnlichkeiten zur AdSV gegeben, welche die hier getroffene Zuordnung gerechtfertigt erscheinen lassen. Tabelle 4.3 gibt einen Überblick über die Bestimmung verschiedener Metallionen mit AdSV.

Der Bestimmungsschritt von Stripping-Verfahren nach adsorptiver Anreicherung besteht fast immer in einer Reduktion der adsorbierten Spezies (die erwähnte Wolframbestimmung ist eine der wenigen Ausnahmen). Dabei kann das Metallion des Komplexes oder der Ligand des Komplexes reduziert werden. Der erste Fall ergibt den Vorteil, daß Simultanbestimmungen mehrerer Elemente häufig möglich sind, da sich die Reduktionspotentiale der verschiedenen Elemente in vielen Fällen genügend unterscheiden. Wird das Anreicherungspotentials so gewählt, daß es nur knapp positiver als das Reduktionspotential des gesuchten Elementes ist, so erhöht sich die Selektivität in komplexen Matrizes, da störende Elemente eventuell bereits reduziert werden und im Adsorptionsvorgang nicht mehr konkurrieren (ein Verzicht auf Empfindlichkeit infolge des Weggehens vom effizientesten Anreicherungspotential kann dabei durchaus sinnvoll sein). Weiters besteht die Möglichkeit, Amalgambildner mit erhöhter Selektivität zu bestimmen: zunächst werden unter Konvektion bei stark negativem Potential alle Metallionen reduziert; Amalgambildner werden dabei am Quecksilber immobilisiert, während andere Elemente zurück in die Lösung diffundieren; hierauf werden ohne Konvektion die Amalgambildner wieder oxidiert, sodaß sie an der Elektrodenoberfläche mit dem Liganden in der Lösung reagieren können; anschließend erfolgt die reduktive Bestimmung der Komplexe.

Handelt es sich um Proben mit schwer reduzierbaren Metallionen, so bietet sich die Verwendung reduzierbarer Liganden an; dabei müssen wir allerdings voraussetzen, daß sich die Halbstufenpotentiale des Liganden in freier Form (welche immer im Überschuß vorliegt) und des Liganden im Komplex soweit unterscheiden, daß sich hinreichend aufgetrennte Reduktionssignale der beiden Formen ergeben. Typische Beispiele sind Bestimmungsverfahren mit Eriochromschwarz T, o-Kresolphthalexon oder Solochromviolett RS. Durch die Komplexierung mit einem Metallion kommt es im allgemeinen zu einer Verschiebung des Reduktionspotentials des Liganden zu negativeren Werten. Komplexe mit verschiedenen Metallen sind nur dann simultan bestimmbar, wenn sich die Komplexstabilitäten deutlich unterscheiden. Die Nachweisgrenzen liegen in der Größenordnung von 10^{-9} mol/l und sind damit etwa um eine Größenordnung schlechter als bei Verfahren mit Reduktion des Metallions eines Komplexes.

Tabelle 4.3 Beispiele für die Bestimmung von Metallen mittels adsorptiver Stripping-Voltammetrie nach Komplexierung

Element	Komplexbildner	pH	Anreicherungspotential/ Peakpotential (gegen Ag/AgCl)	Literatur
Al	1,2-Dihydroxyanthra-chinon-3-sulfonsäure	7	−0,90 / −1,10	[85]
	Solochromviolett RS	4,5	−0,45 / −0,60	[86]
As	2,5-Dimercapto-1,3,4-thiadiazol	6,8	−0,25 / −0,42	[87]
Cd	2,5-Dimercapto-1,3,4-thiadiazol	6	−0,55 / −0,85	[88]
	8-Hydroxychinolin	7,8	−0,30 / −0,70	[89]
Co	Dimethylglyoxim	8	−0,70 / −1,10	[90]
	Nioxim	7,6	−0,60 / −1,00	[91]
	Nioxim	9,2	−0,75 / −1,1	[92]
	2,2′-Bipyridin	9,0	−0,8 / −1,25	[93]
	α-Benzildioxim	9,5	−0,6 / −1,0	[94]
Cr	Diethylentriaminpentaessigsäure	6,2	−1,00 / −1,20	[95, 96]
	1,5-Diphenylcarbazid	1	+0,35 / +0,10 (an Graphit)	[97]
Cu	Catechol	7,7	−0,05 / −0,2	[98]
	8-Hydroxychinolin	8	−0,30 / −0,45	[89]
	Nioxim	9,2	−0,15 /−0,45	[99]
	2-(5-Brom-2-pyridylazo)-5-diethylaminophenol	9,0	−0,15 / −0,30	[100]
Eu	Kupferron	5,5	0 / −0,88	[101]
Fe	Catechol	7,0	−0,10 / −0,35	[102]
	Solochromviolett RS	5,1	−0,4 / −0,7	[103, 104]
	1-Nitroso-2-naphthol	6,9	−0,25 / −0,6	[105, 106]
	Thiocyanat, Nitrit	4	−0,15 / −0,50	[107]
Ga	Solochromviolett RS	4,8	−0, 4/ −0,5, −1,05	[108]
Ge	Catechol	3	0 / −0,60	[109]
	Pyrogallol	3	0 / −0,60	[109]
In	Morin	3,5	−0,30 / −0,70	[110]
La, Ce, Pr	o-Kresolphthalexon	9,4	−0,4 / −1,10	[111]

Tabelle 4.3 (Fortsetzung)

Element	Komplexbildner	pH	Anreicherungspotential/ Peakpotential (gegen Ag/AgCl)	Literatur
Mn	Eriochromschwarz T	1,2	–0,8 / –1,0	[112]
	Solochromviolett RS	1,2	–0,65 / –0,80	[113]
Mo	Mandelsäure	1,5	+0,15 / –0,15	[114]
	8-Hydroxychinolin	3,5	–0,1 / –0,5	[115]
	Tropolon	2	–0,2 / –0,45	[116]
	Toluidinblau	1,8	–0,1 / –0,3	[117]
	Chloranilsäure	2,7	–0,2 / –0,6	[118]
Ni	Dimethylglyoxim	9,2	–0,7 / –0,95	[119]
	Nioxim	7,6	–0,6 / –0,85	[91]
Pd	Dimethylglyoxim	5,2	–0,2 / –0,75	[120, 121]
	Thioridazin	1	+0,05 / –0,20	[122]
Pt	Formaldehyd/Hydrazin	0,5	–0,85 / –1,0	[123-125]
Rh	Formaldehyd/Hydrazin	0,5	–0,8 / –1,1	[126]
Sb	Catechol	6	–0,2 / –0,70	[127]
	Chloranilsäure (Sb^{3+})	3	+0,1 / –0,4	[128]
	Chloranilsäure (Sb^{5+})	1	–0,5 / –0,15	[128]
Sn	Methylenblau		–0,9 / –0,55	[129]
	Chloranilsäure	4,3	–0,2/ –0,35, –0,55	[130]
	Tropolon	2...4	–0,4 / –0,55...–0,65	[131, 132]
	Catechol	4,5	–0,2 / –0,4	[133]
Ti	Mandelsäure	3,3	–0,10 / –0,9	[134, 135]
	4-(2-Pyridylazo)resorcinol	3,4	+0,1 / –0,25	[136]
	2-(5-Brom-2-pyridylazo)-5-diethylamino)phenol	3,6	+0,2 / –0,25	[137]
U	Chloranilsäure	2,5	+0,15 / –0,1	[138, 139]
	Mordantblau 9	6,5	–0,45 / –0,55	[140]
	Azofarbstoffe	8,6	–0,4 / –0,6	[141]
	Catechol	6,8	–0,3 / –0,55	[142]
	Kupferron	4,5	–0,2 / –0,35	[143]
	Oxin	7	–0,4 / –0,8	[144]

Tabelle 4.3   (Fortsetzung)

Element	Komplexbildner	pH	Anreicherungspotential/ Peakpotential (gegen Ag/AgCl)	Literatur
V	Chloranilsäure	4,6	–0,2 / –0,55	[145]
	Catechol	6,6	–0,1 / –0,5	[146]
	Pyrogallol	5,6	–0,3 / –0,5	[147]
	Kupferron	4,8	+0,1 / –0,1	[148]
	Dihydroxynaphthalin	4,8	–0,1 / –0,60	[149]
W	Rhodanid und Antipyrin oder Dimethylaminoantipyrin	ca. 0,5	–0,5 / –0,25 (an Graphit)	[150]
Zn	Ammoniumpyrrolidindithiocar- bamat	7,3	–0,9 / –1,2	[151]
Zr	Solochromviolett RS	1	–0,2 / –0,3	[152]

Sehr niedrige Nachweisgrenzen ergeben sich in manchen Fällen durch Ausnutzung von katalytischen Effekten. Das Reduktionssignal von Chrom nach adsorptiver Anreicherung als Cr(III)-DTPA erhöht sich signifikant in einem Nitrat-haltigen Leitelektrolyt, da Nitrat zu einer Rückoxidation des Reduktionsproduktes Cr(II) zu Cr(III) führt [95]. In analoger Weise führen Chlorat bzw. Bromat als Bestandteile des Leitelektrolyten zu einer Oxidation von Reduktionsprodukten bei der Bestimmung von Molybdän bzw. Vanadium und somit zu einer Signalverstärkung. Auch die Spurenbestimmung von Platin mit AdSV nach Anreicherung als Formazon-Komplex beruht auf einem katalytischen Effekt: der Platinkomplex katalysiert die Wasserstoffentwicklung und verschiebt damit das Potential für die Reduktion von Protonen an einer Quecksilberelektrode zu wesentlich positiveren Werten; das Meßsignal basiert daher auf dem Meßsignal für die Wasserstoffreduktion, welche von der Konzentration des Platins abhängt. Mit dieser Technik konnten van den Berg und Jacinto [123] Platin in Meerwasser bis zu Nachweisgrenzen von etwa 10 pg/l bestimmen.

Gegenüber der wesentlich länger gebräuchlichen anodischen Stripping-Voltammetrie ist die AdSV insbesondere für jene Metallionen besser geeignet, welche schlechte Amalgambildner sind und/oder ein irreversibles Redoxverhalten aufweisen. Die wahrscheinlich bekannteste Anwendung der AdSV ist die Bestimmung von Ni und Co nach Komplexierung mit Dimethylglyoxim, welche ein Normverfahren in der Wasseranalytik geworden ist [153].

Die Mehrzahl dieser Methoden wurde für Einzelbestimmungen entwickelt, doch sind Simultanmessungen mehrerer Metallionen ebenfalls beschrieben worden (etwa die Bestimmung von Cu, V, Fe und U mit Catechol [154] oder Cu, Ni, Pb, Co und Cd mit 1-(2-pyridylazo)-2,7-dihydroxynaphthalin [155]). Zusätzliche Möglichkeiten ergeben sich bei Verwendung von Mischungen mehrerer Komplexbildner; beispielsweise erlaubt eine Kombination von Dimethylglyoxim und 8-Hydroxychinolin die Simultanbestimmung von Cu, Pb, Cd, Ni, Co und Zn [156].

4.4 Stripping-Voltammetrie an chemisch modifizierten Elektroden

Das Konzept chemisch modifizierter Elektroden (CMEs) basiert auf der Immobilisierung von Reagenzien an der Elektrodenoberfläche, wo die Analyte zunächst durch eine chemische Reaktion gebunden und angereichert werden. Unterschiedliche Herstellungstechniken bieten sich für eine CME an:

* Adsorption des Reagens an der Elektrodenoberfläche
* kovalente Bindung des Reagens an die Elektrodenoberfläche
* Aufbringung der Reagenzien in Form von Polymerfilmen auf die Elektrode
* Mischen des Reagens mit Kohlepaste

In der Praxis ist vor allem die Immobilisierung der Reagenzien in Kohlepaste vorteilhaft, da derartige Elektroden leicht herzustellen sind und die Oberfläche durch Entfernen der obersten Schicht der Paste einfach zu erneuern ist. Zahlreiche Anwendungen liegen im Bereich der Metallspurenanalytik; die Anreicherung erfolgt vorwiegend durch komplexbildende Reagenzien oder durch Ionenaustauscher, in manchen Fällen auch durch Biomaterialien wie Flechten oder Moose, bei denen die Fähigkeit der Bioakkumulation von Schwermetallen ausgenutzt wird.

In Abschnitt 4.3.2 wurde bereits erwähnt, daß zum Teil ein fließender Übergang zur adsorptiven Stripping-Voltammetrie (AdSV) besteht, wenn die Oberflächenmodifizierung nicht vor der Analyse erfolgt, sondern das Reagens zur Analysenlösung gegeben und aus dieser Lösung adsorptiv an der Elektrode gebunden wird; dabei ist nicht immer klar zu unterscheiden, ob zunächst das Reagens an der Elektrode adsorbiert wird und eine chemisch modifizierte Elektrode bildet, oder ob zunächst die Reaktion mit Analytionen in der Lösung erfolgt und danach die Adsorption des Produktes an der Elektrode stattfindet.

Tabelle 4.4 umfaßt Beispiele für Bestimmungen von Metallionen mit chemisch modifizierten Elektroden. Grundsätzlich kann der Bestimmungsschritt auf der elektrochemischen Reduktion der angereicherten Ionen basieren; vielfach werden aber die Analyte nach der Anreicherung durch Anlegen eines geeigneten Potentials zum metallischen Zustand reduziert und anschließend in einem oxidativen Potentialscan bestimmt. Die Nachweisgrenzen liegen meist im ppb-Bereich, für manche Anwendungen sogar deutlich darunter.

Chemisch modifizierte Elektroden könnten für spezielle Applikationen stärkere Bedeutung gewinnen, wenn entsprechende Technologien zur Massenproduktion von Einmalelektroden genutzt werden. Damit eröffnen sich auch vielversprechende Perspektiven für einfache tragbare Meßgeräte, welche für ein rasches Screening auf einzelne Analyte einsetzbar sind.

Tabelle 4.4 Beispiele für chemisch modifizierte Elektroden in der Metallspurenanalytik

Reagenz für die Modifizierung	Analyte	Literatur
KOMPLEXBILDNER:		
Diphenylcarbazid, Diphenylcarbazon	Hg(II), Cr(VI)	[157, 158]
1-(2-Pyridylazo)-2-naphthol	Bi(III), Mn(II)	[159, 160]
1,10-Phenantrolin	Fe(II), Co(II)	[161, 162]
2,2-Bipyridyl	Co(II), Fe(II)	[163, 164]
2,2'-Dithiopyridin	Ag(I)	[165]
Benzoinoxim	Cu(II), Mo(VI)	[166, 167]
Di-8-Chinolyldisulfid	Cu(II)	[168]
Salicylidenamino-2-thiophenol	Cu(II)	[169]
Rhodamin-B	Au(III)	[170]
Bismuthiol-I	Bi(III)	[171]
Thiobenzanilid	Au(III)	[172]
Hydroxamsäuren	Fe(III)	[173]
N-Benzoyl-N',N'-diisobutylthioharnstoff	Ag(I)	[174]
2-Mercaptobenzoxazol	Ag(I), Hg(II), Bi(III)	[175]
Kronenetherverbindungen	Au(III), Hg(II)	[176, 177]
Calixarene	Pb(II), Cu(II), Hg(II)	[178]
komplexbildende Harze	Ag(I), Au(III), Zn, Cd, Pb, Cu, Hg	[179-181]
IONENAUSTAUSCHER:		
flüssige Anionenaustauscher	anionische Komplexe von Hg(II), Tl(III)	[182, 183]
Cetyltrimethylammoniumbromid	anionische Komplexe von V(V), Ti(IV)	[184, 185]
Kationenaustauscher	Cd	[186]
BIOMATERIALIEN:		
getrocknetes Moos	Pb(II)	[187]
Flechten	Pb(II), Cu(II), Hg(II)	[188, 189]

4.5 Stripping-Voltammetrie mit mechanischer Abscheidung

Im allgemeinen sind feste Proben nur dann elektroanalytischen Verfahren zugänglich, wenn sie vor der Analyse in Lösung gebracht werden können. Feststoffe direkt mit voltammetrischen Techniken zu untersuchen stellt daher eine wesentliche Herausforderung dar. Allerdings genügen an der Elektrodenoberfläche einige Pikogramm an Analysensubstanz, um entsprechend den Faraday-Gesetzen einen Stromfluß im Mikroampere-Bereich bei der Aufnahme eines Voltammogramms zu erzielen. Vor diesem Hintergrund entwickelten Scholz und Mitarbeiter die "Abrasive Stripping-Voltammetrie (AbrSV)" [190, 191]; sie verwendeten Paraffin-imprägnierte Graphitelektroden und konnten zeigen, daß durch leichtes Reiben der Elektrode auf der festen Probe genügend Material auf die Elektrodenoberfläche übertragen wird, um anschließend nach Eintauchen in einen geeigneten Leitelektrolyt ein Voltammogramm aufnehmen zu können. In manchen Fällen ist es vorteilhaft, die feste Probe auf der Elektrodenoberfläche zunächst durch eine Vorelektrolyse in eine andere Form zu bringen und erst dann das Voltammogramm zu registrieren. Die Qualität anodischer Voltammogramme kann durch Zugabe von Quecksilbersalzen zum Leitelektrolyt während einer kathodischen Vorelektrolyse verbessert werden; dabei scheiden sich kleine Quecksilbertröpfchen ab, welche Metalle der Probe lösen können. Bei der anschließenden anodischen Auflösung aus dem flüssigen Amalgam ergeben sich häufig bessere Trennungen von eng benachbarten Signalen als bei der Auflösung eines festen Metalls. Für diese Technik der Kombination einer Vorelektrolyse mit dem eigentlichen voltammetrischen Bestimmungsschritt bietet sich die Bezeichnung "Inverse Abrasive Stripping-Voltammetrie" an.

In jedem Fall liefert das Voltammogramm qualitative Informationen über die Probe, entweder an Hand einzelner spezifischer Signale oder mit Hilfe des gesamten Musters des Voltammogramms, welches als Fingerprint für die Analysensubstanz anzusehen ist.

Die Menge der auf die Elektrode aufgebrachten Probe ist naturgemäß nicht exakt definiert und kann von Analysenlauf zu Analysenlauf variieren. Trotzdem liefert die AbrSV auch quantitative Informationen, da die einzelnen Signalintensitäten zueinander in Beziehung gesetzt werden können, sodaß die prozentuelle Zusammensetzung bestimmbar ist. Anwendungen der abrasiven Stripping-Analyse umfassen Analysen von Metallen und Legierungen [190, 192, 193] sowie Mineralien und synthetischen anorganischen Verbindungen [194-197], Untersuchungen zum Korrosionsverhalten von Dentalamalgamen [198], Screeningtechniken für Pestizide auf Lebensmitteln [199] sowie die Charakterisierung von Elektrodenmaterialien für Batterien [200]. Abbildung 4.5 zeigt entsprechende Voltammogramme für verschiedene Thallium-Zinn-Sulfosalze. Generell zeichnen sich diese Applikationen durch minimale Probenvorbereitung aus, sodaß die Technik der AbrSV besonders in Hinblick auf Schnelltests attraktiv erscheint. Darüber hinaus eignet sich die mechanische Aufbringung der Probe auf die

Elektrodenoberfläche auch für theoretische elektrochemische Studien, auf welche jedoch hier nicht näher eingegangen werden soll.

Ebenfalls auf mechanischer Abscheidung beruhen Stripping-Verfahren, bei denen feste Partikel aus einer Suspension durch Ultraschall auf die Elektrodenoberfläche transferiert werden. Die Leistungsstärke dieser Technik ("Sonochemical Stripping-Voltammetry") konnte von Madigan et al. [201] am Beispiel der Bestimmung von metallischem Kupfer in Schmierölen demonstriert werden. Eine umfassende Evaluierung der Leistungsfähigkeit dieser Techniken in der analytischen Routine fehlt allerdings noch.

Im Zusammenhang mit mechanischen Abscheidungsverfahren sind auch die "elektrochemisch aktiven Kohlepasteelektroden" zu erwähnen. Dieser Ansatz basiert auf dem Vermischen der gepulverten Probe mit Graphitpulver und einem organischen Binder (längerkettige Kohlenwasserstoffe, Silikonöl, Dibutylphthalat u. ä.) zu einer Paste, welche als Elektrodenmaterial fungiert und nach Eintauchen in einen Leitelektrolyt die Aufnahme eines Voltammogramms erlaubt. Die Reaktionsmechanismen sind komplex; zunächst entstehen nach dem Eintauchen in den Elektrolyt an einzelnen Probenpartikeln elektrochemisch aktive Stellen, an denen die elektrochemische Reaktion ablaufen kann. Dabei kann es zur vollständigen oder lediglich teilweisen Auflösung der Partikel kommen; letzteres tritt ein, wenn passivierende Oxidschichten oder andere inhibierende Einflüsse auftreten. Das Stromsignal hängt von der Größe der Reaktionszone und damit von der Partikelgröße der Probe ab. Daneben spielen auch die Korngröße des Graphits sowie die chemische Natur des Binders eine wesentliche Rolle.

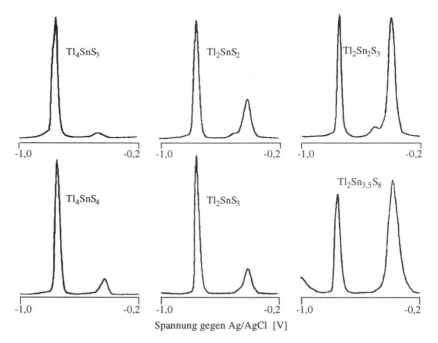

Abbildung 4.5 Inverse abrasive Stripping-Analyse von Thallium-Zinn-Sulfosalzen (Nach [196] mit Genehmigung)

Gruner et al. [202] haben in einer neueren Arbeit Details und Probleme der Elektrodenherstellung diskutiert. Eine Reihe von Applikationen sind in Monographien von Brainina und Mitarbeitern zusammengestellt [203, 204]. Trotzdem ist diese Technik eher den "Exoten" unter den elektroanalytischen Verfahren zuzuordnen. Schließlich sei darauf hingewiesen, daß feste Proben auch dadurch bestimmbar sind, daß sie mit Kohlepulver und einem Elektrolyten als Binder zu einer Paste vermischt werden. Nach Eintauchen in einen Leitelektrolyt läuft die elektrochemische Reaktion nicht nur an der Elektrodenoberfläche ab (wie im Fall von Kohlepasten mit einem elektrisch nichtleitenden Binder), sondern auch im Inneren der Kohlepasteelektrode, da ein elektrolytisch leitender Binder vorliegt. Auf diese Weise war es möglich, das elektrochemische Verhalten einer Reihe fester Materialien wie Metalloxide [205-208], Hochtemperatursupraleiter [206, 207], Abgaskatalysatoren [209] sowie organische Substanzen nach Adsorption an Aluminiumoxid [210] zu untersuchen.

4.6 Probenvorbereitung für Stripping-Verfahren in der Metallspurenanalytik

In der Umweltanalytik wie auch in der biochemischen und medizinischen Analytik ist es für viele Fragestellungen wichtig, nicht nur den Gesamtgehalt eines Elementes zu kennen sondern auch die verschiedenen chemischen Formen, in denen das Element in der Probe vorliegt. Dazu zählen unterschiedliche Oxidationsstufen und unterschiedliche Bindungsformen (insbesondere freie Metallionen, labile oder inerte Komplexe mit verschiedenen Liganden und metallorganische Verbindungen). Die Identifizierung und Quantifizierung von verschiedenen Elementspezies ist Aufgabengebiet der "Speciation-Analytik". In diesem Bereich bieten voltammetrische Verfahren im Vergleich zu atomspektroskopischen Verfahren wesentliche Vorteile, da sie grundsätzlich auf bestimmte Spezies und nicht auf ein Element ansprechen. Atomspektroskopische Verfahren eignen sich dagegen für die Speciation-Analytik nur dann, wenn sie mit analytischen Trennverfahren (z.B. Ionenchromatographie) gekoppelt werden.

Eine Abhängigkeit des voltammetrischen Signals von der Oxidationsstufe ist naheliegend. Interessant ist die Tatsache, daß mit der anodischen Stripping-Voltammetrie simultane Analysen von anorganischen und metallorganischen Spezies eines Elementes möglich sind; Pongratz und Heumann beschrieben die Bestimmung von Monomethylcadmium und Cd^{2+} in Meerwasser bei pH 8 mittels ASV, wobei sich ein Unterschied der beiden Signale um mehr als 100 mV ergibt [211]. Mechanismen für das Auftreten getrennter Signale sind noch nicht vollständig geklärt. Andererseits ergeben Pb^{2+}, Dimethylblei und Trimethylblei nur ein einziges Stripping-Signal; zur Unterscheidung von Alkylbleiverbindungen und anorganischem Blei kann letzteres durch Mitfällen mit Bariumsulfat abgetrennt werden [212]. Die Differenzierung zwischen Dimethylblei und Trimethylblei ist durch Variation der Anreicherungs-spannung möglich.

Oft dient die voltammetrische Stripping-Analyse zur Unterscheidung zwischen labilen und inerten Komplexen. Techniken wie die ASV ergeben meist nur für labile Komplexe ein Signal; in der adsorptiven Stripping-Analyse sind nur diejenigen Elemente erfaßbar, welche mit dem zugegebenen Ligand stabilere Komplexe eingehen als mit dem Liganden in der ursprünglichen Probe.

Richtige Ergebnisse in der Speciation-Analytik setzen voraus, daß die Gleich-gewichte in der Probe bei der Probenvorbereitung nicht verändert werden. Im Idealfall wäre eine Analyse in der ursprünglichen Probe notwendig. Bei festen Proben muß allerdings notgedrungen vor der voltammetrischen Analyse ein Lösen der Probe ablaufen, was grundsätzlich einen Informationsverlust mit sich bringt. Ferner können organische Betandteile der Matrix weitreichende Störungen an der Arbeitselektrode verursachen und damit den Anwendungsbereich für die Speciation-Analytik empfindlich einschränken.

Berücksichtigt man die Schwierigkeiten der Speciation-Analytik, so ist verständlich, daß Gesamtelementbestimmungen noch immer hohe Bedeutung in der analytischen Chemie haben. In diesem Bereich bilden geeignete Aufschluß-/Veraschungsverfahren einen wesentlichen Teil der Probenvorbereitung; es gelten die folgenden generellen Anforderungen an einen Aufschluß:

- vollständige Zerstörung der organischen Matrix
- Überführung der verschiedenen Spezies des zu bestimmenden Elementes in eine einheitliche, optimal bestimmbare Form
- keine Verluste von flüchtigen Elementen
- keine Verluste durch Adsorption an kontaktierten Oberflächen
- keine Blindwerte durch Chemikalien, Gefäße und Staub

Man sollte sich bewußt sein, daß der Fehler des Aufschluß-/Veraschungsverfahrens häufig wesentlich größer als der Fehler der voltammetrischen Endbestimmung ist. Eine sorgfältige und problembewußte Auswahl und Durchführung des Aufschlusses ist unabdingbar. Folgende Fehlerquellen treten häufig in Erscheinung:

- unvollständiger Aufschluß mit unvollständiger Freisetzung der Metalle und Inter-ferenzen durch unzersetzte organische Bestandteile bei der voltammetrischen Bestimmung
- Verluste durch zu hohe Temperaturen bei den leichter flüchtigen Elementen oder beim Vorliegen in Form von organischen Komplexen
- Blindwert aus Reagenzien, von Gefäßoberflächen oder durch Staub aus der Luft
- Querkontamination bei gleichzeitiger Veraschung mehrerer Proben in offenen Gefäßen.

Versucht man zu einer systematischen Einteilung der verschiedenen Aufschluß-techniken zu gelangen, so ist festzustellen, daß die Namensgebung mancher Verfahren in Bezug auf den tatsächlichen Aufschlußmechanismus irreführend sein kann. So ist beim Hochdruckaufschluß für eine vollständige Zersetzung der organischen Matrix die hohe Temperatur erforderlich, der daraus resultierende Druck jedoch eine nicht immer erwünschte Begleiterscheinung. Auch beim sogenannten Mikrowellenaufschluß dient die elektromagnetische Strahlung nur zum Aufheizen der Probe, eine Bindungsspaltung durch Mikrowellen selbst findet nicht statt. Die Namen sind jedoch bereits in der Literatur verankert und sollen daher weiter verwendet werden. Allgemein kann unterschieden werden in Naß- und Trockenaufschlüsse, in Nieder- und Hochtemperaturverfahren sowie nach der Art der Energiezuführung in thermisch-konvektive Aufheizung oder Erwärmung durch elektromagnetische Strahlung. Tabelle 4.10 soll einen kurzen Überblick über Aufschlußtechniken geben.

4.6.1 Der Trockenaufschluß im Muffelofen

Dem Trockenaufschluß wurde wegen verschiedener inhärenter Problemen wiederholt jegliche Eignung für die Spurenanalytik abgesprochen [213, 214]; dennoch wird er immer noch häufig eingesetzt. Die Vorteile, wie die Möglichkeit des Aufschlusses großer Probemengen, der geringe erforderliche Geräte- und Chemikalienbedarf und die daraus resultierenden niedrigen Blindwerte lassen auch heute noch viele Laboratorien zu

Tabelle 4.10   Überblick über Aufschlußtechniken für die Voltammetrie

Bezeichnung	Druck	Temperatur	Energiezuführung
NASSAUFSCHLUSSTECHNIKEN			
offener Säureaufschluß	drucklos	mittel	konvektiv
offener mikrowellenunterstützter Säureaufschluß	drucklos	mittel	elektromagnetische Strahlung
UV - Aufschluß	drucklos	niedrig	elektromagnetische Strahlung
Druckaufschluß (nach Tölg, Seif)	mittel	mittel	konvektiv
Hochdruckaufschluß (nach Knapp)	hoch	hoch	konvektiv
mikrowellenunterstützter Druckaufschluß	mittel	mittel	elektromagnetische Strahlung
mikrowellenunterstützter Hochdruckaufschluß	hoch	hoch	elektromagnetische Strahlung
TROCKENAUFSCHLUSSTECHNIKEN			
Trockenaufschluß im Muffelofen	drucklos	hoch	konvektiv
Verbrennung unter Sauerstoffatmosphäre	drucklos	hoch	
Mikrowellenunterstützter Trockenaufschluß	drucklos	hoch	elektromagnetische Strahlung
Kaltplasmaveraschung	Unterdruck	mittel	elektromagnetische Strahlung
Verbrennung in Sauerstoffbomben	mittel	hoch	

diesem Verfahren greifen [215, 216]. Den bereits erwähnten Vorteilen stehen jedoch schwerwiegende Nachteile gegenüber. Dazu zählen vor allem die sehr langen Auf- schlußzeiten sowie die Gefahr von Verlusten durch das Arbeiten in offenen Gefäßen bei hohen Temperaturen. Durch die Verwendung von Veraschungshilfsmitteln wie Schwe- felsäure, Salpetersäure oder Magnesiumnitrat, die der Überführung der Metalle in die schwerer flüchtigen Salze dienen, und durch eine sorgfältige Temperaturführung ist für die meisten Metalle und Matrices ein für die anschließende voltammetrische Be- stimmung ausreichender Aufschluß möglich. Probleme bereitet, wie bei den meisten Aufschlußtechniken, eine anschließende Bestimmung nach dem Verfahren der Ad- sorptiven Stripping-Voltammetrie, welches besonders empfindlich auf unzersetzte organische Reste reagiert. Eine ausreichende Veraschung läßt sich manchmal nur bei sehr hohen Temperaturen erzielen, die für Elemente wie Pb, As, Se und einige andere bereits zu Verlusten führen. Eine Übersicht über Publikationen seit 1979 geben Mader et al. [216] mit dem Resümee, daß bei sorgfältiger Arbeit und einem für die jeweilige Matrix optimierten Verfahren eine voltammetrische Bestimmung der meisten Metalle nach vorhergehender Trockenveraschung möglich ist. Probleme mit unzersetzten organischen Resten traten nicht auf, die größere Gefahr war jene von Verlusten durch Verpuffungen oder durch Verflüchtigung bei zu hohen Temperaturen.

Zur Erhöhung des Oxidationsvermögens kann durch die Einleitung von Ozon und Stickoxiden in den Muffelofen eine superoxidierende Atmosphäre geschaffen werden [217]. Neben der Erhitzung in einem konventionellen Muffelofen besteht die Möglichkeit, die Aufheizung mit Hilfe von Mikrowellen durchzuführen, wobei in diesem Fall das Gefäß aus einem mikrowellenabsorbierenden Material wie Silizium- carbid bestehen muß. Temperaturen bis zu 1000 °C können in 2 min erreicht werden, auch die Abkühlung erfolgt in wenigen Minuten [218].

4.6.2 Verbrennung mit Sauerstoff

Bei der Verbrennung mit Sauerstoff lassen sich durch die Verwendung eines Gases als Aufschlußmittel Blindwerte aus Chemikalien weitgehend vermeiden. Die Verbrennung kann in offenen Gefäßen durchgeführt werden, in diesem Fall ist ein Rückflußkühler notwendig, oder aber sie erfolgt in Verbrennungsbomben bei einem vorgegebenen Druck. Insbesondere für die Analyse von flüchtigen Metallen wie Quecksilber ist das Arbeiten in geschlossenen Systemen zur Vermeidung von Verlusten unbedingt notwendig [218]. Eine für eine voltammetrische Bestimmung ausreichende Veraschung gelingt vor allem bei Proben, die annähernd zur Gänze aus Kohlenstoff und Wasser- stoff bestehen. Diese Aufschlußtechnik wird für die voltammetrische Bestimmung von Metallen jedoch kaum eingesetzt.

4.6.3 Kaltplasmaveraschung

Die Veraschung erfolgt auch bei diesem Verfahren mit Sauerstoff als Oxidationsmittel, wobei dieser bei einem Druck von wenigen mbar durch ein Hochfrequenzfeld bei 27,12

MHz oder 2,45 GHz angeregt wird. Die Oxidation erfolgt durch die dabei gebildeten kurzlebigen Sauerstoffradikale bei Temperaturen unterhalb von 150 °C. Für einen effektiven Aufschluß muß die Probe trocken sein und eine möglichst große Oberfläche aufweisen [219, 220]. Durch einen Magnetrührer mit einem quarzbeschichteten Rührstab zur Schaffung frischer Partikeloberflächen kann die Effizienz weiter gesteigert werden, sodaß nach 2...4 h die organische Matrix in den meisten Fällen fast vollständig zerstört ist. Zur Vermeidung von Verlusten empfiehlt sich der Einsatz eines Kühlfingers, der ebenfalls mit der zum Auflösen verwendeten Säure zu spülen ist. Vorteile der Kaltplasmaveraschung sind die relativ große aufschließbare Probenmenge von bis zu 2 g und die geringen Blindwerte; Nachteile liegen im geringen Probendurchsatz und in den Problemen, die bei einem hohen Aschegehalt der Probe auftreten. Letzteres kann zu einer deutlichen Verlängerung der Aufschlußzeiten und auch zu einer unvollständigen Zersetzung der Probe führen. Für eine voltammetrische Bestimmung ausreichende Aufschlüsse sind vor allem bei vorwiegend kohlenstoffhaltigen Proben möglich.

4.6.4 Der offene Säureaufschluß

Der Aufschluß erfolgt durch Zugabe von konzentrierten oxidierenden Mineralsäuren wie Salpetersäure, Schwefelsäure oder Perchlorsäure, zum Teil auch in Kombination mit Wasserstoffperoxid, und durch Erhitzen bis in den Bereich des Siedepunktes der jeweiligen Säure. Für einen vollständigen Aufschluß muß die Zugabe des Oxidationsmittels oft in mehreren Schritten durchgeführt werden. Einige Proben neigen stark zum Schäumen [215, 221, 222], in diesen Fällen muß das Oxidationsmittel in sehr kleinen Mengen zudosiert werden. Am besten geeignet für eine anschließende voltammetrische Bestimmung erwies sich dabei Schwefelsäure, da die Siedetemperatur deutlich höher liegt als für Salpetersäure. Bei Verwendung von Salpetersäure ohne weitere Zusätze konnte ein vollständiger Aufschluß für die meisten Proben nicht erzielt werden [215], erst die Kombination mit Schwefelsäure oder Kaliumperoxodisulfat ermöglichte einen vollständigen Aufschluß. Die Energiezuführung kann über die konventionellen Heizblöcke erfolgen, aber auch durch die Einkopplung von Mikrowellen in das Aufschlußgefäß [223, 224]. Vorteile des offenen Säureaufschlusses sind die leichte Automatisierbarkeit und die relativ große einsetzbare Probenmenge von bis zu 2 g, Nachteile die meist lange Aufschlußdauer und der hohe Chemikalieneinsatz, der auch zu erhöhten Blindwerten führen kann.

4.6.5 Der UV-Aufschluß

Diese Aufschlußtechnik wird meist für nur mäßig belastete wäßrige Proben eingesetzt (bis 100 mg organischer Kohlenstoff / l), wobei die Probe in den meisten Fällen gelöst vorliegt; in seltenen Fällen werden auch Suspensionen aufgeschlossen. Der Abbau der organischen Matrix erfolgt nicht direkt durch die UV-Strahlung, sondern durch die gebildeten Hydroxylradikale, die bei der Einwirkung der UV-Strahlung aus Wasser und vor allem aus Wasserstoffperoxid gebildet werden [225, 226]. Der Mechanismus verläuft bei niedrigen pH-Werten am besten, sodaß meist mit einer Mineralsäure angesäuert wird. Die Bestrahlung erfolgt durch Nieder-, Mittel- oder Hochdruckquecksilberdampflampen, wobei erstere eine besonders hohe Lichtintensität bei den Wellenlängen 184.9 und 253.7 nm aufweisen, letztere eine höhere Gesamtintensität. Die Meinungen darüber, welche Lampen die effektiveren sind, gehen auseinander [226-228]. Auch die Verwendung von monochromatischen Lasern wurde beschrieben [229]. Der Aufschluß kann nach dem üblicherweise eingesetzten Batch-Verfahren, aber auch in einem Fließsystem erfolgen [225].

Vorteile des UV-Aufschlusses liegen im geringen Chemikalienbedarf und den daraus resultierenden niedrigen Blindwerten, Nachteile sind die zum Teil sehr lange Aufschlußdauer und die Einschränkung auf schwach belastete Proben. Auch die Vollständigkeit des Aufschlusses ist bei einigen Matrices nicht gewährleistet [230, 231]. Für mäßig belastete wäßrige Proben konnte in den meisten Fällen ein für die anschließende voltammetrische Bestimmung ausreichender Aufschluß erzielt werden.

4.6.6 Der Druckaufschluß

Diese Bezeichnung wird üblicherweise für den Naßaufschluß mit Mineralsäuren in geschlossenen Systemen bei Temperaturen bis zu 180 °C und einem Druck von 10 bis 20 bar verwendet. Der Druck ist dabei nur eine nicht immer erwünschte Nebenerscheinung der verwendeten Temperaturen und der Tatsache, daß der Aufschluß in geschlossenen Systemen erfolgt. Die Limitierung resultiert aus der begrenzten Temperaturstabilität des für die Aufschlußgefäße eingesetzten Materials Teflon, welches bei höherem Druck und Temperaturen oberhalb von 180 °C zu fließen beginnt. Unter diesen Bedingungen kann eine vollständige Zersetzung der organischen Matrix auch bei Verwendung von Perchlorsäure als Oxidationsmittel nicht sichergestellt werden. Bei Verwendung von Salpetersäure ist nicht nur ein unvollständiger Aufschluß zu beobachten, sondern es bilden sich auch Nitroverbindungen, die interferierende Signale bei der voltammetrischen Bestimmung ergeben. Probleme treten vor allem bei mehrfach ungesättigte Fettsäuren sowie bei bestimmten Aminosäuren auf [232], die bei 180 °C nicht restlos zersetzt werden konnten. Der Einsatz des Druckaufschlusses beschränkt sich daher auf leicht zu veraschende Proben, von der Verwendung von Perchlorsäure ist aus Gründen der Arbeitssicherheit abzuraten.

4.6.7 Der Hochdruckaufschluß nach Knapp

Durch den speziellen Aufbau des Hochdruckveraschers nach Knapp ist der Aufschluß in Quarzgefäßen bei Temperaturen von bis zu 320 °C und bei einem Druck von etwa 100 bar möglich. Dies wird erreicht, indem in einem Autoklaven ein äußerer Druck aufgebaut wird, der den Druck in den im Autoklaven erwärmten geschlossenen Veraschungsgefäßen etwa ausgleicht. Bei einem richtigen Verhältnis von Salpetersäure zu eingesetzter Probemenge konnte unter diesen Bedingungen für jede Probe ein vollständiger Aufschluß erreicht werden [220, 233, 234]. Zur Zeit liefert diese Technik die besten Ergebnisse für die voltammetrische Bestimmung komplexer Proben und erlaubt durch die Möglichkeit einer genauen Druck- und Temperatursteuerung sehr schnell die Optimierung des Verfahrens. Die Aufschlußdauer liegt bei etwa 3 Stunden, die benötigte Menge an Salpetersäure liegt meist bei 2 ml.

4.6.8 Der Mikrowellenaufschluß

Wie bereits erwähnt dienen die Mikrowellen mit einer Frequenz von 2.45 GHz zum Aufheizen der Probe, können jedoch nicht direkt zur Spaltung von Bindungen beitragen. Es werden der Probelösung daher wie beim Druckaufschluß Oxidationsmittel in Form von Mineralsäuren zugefügt [235 - 241]. Die Erwärmung erfolgt durch direktes Aufheizen der Probe und verläuft damit sehr viel schneller als bei der konvektiven Energiezuführung, eine genaue Temperaturführung ist aber praktisch unmöglich. Die Regulierung der Erwärmungsrate erfolgt über die Zu- und Abschaltung des Mikrowellengenerators; die Gefahr von Verlusten durch zu schnellen Druckanstieg und ein teilweises Abblasen der Probe über die Überdrucksicherung ist gegeben. In Abhängigkeit vom verfügbaren Temperatur- und Druckbereich unterscheidet man auch hier zwischen mikrowellenunterstützten Nieder-, Mittel- und Hochdruckverfahren. Ein gravierender Nachteil der Nieder- bis Mitteldrucksysteme ist in der häufig erforderlichen mehrstufigen Veraschung und den auch dann zeitweise noch vorhandenen Rückständen zu sehen. Dazu zählen vor allem aliphatische und aromatische Säuren, Nitroverbindungen und Oxalate [237]. Bei den mikrowellenunterstützten Hochdruckaufschlußsystemen liegt die erreichbare Obergrenze bei etwa 250 °C und 70 bar. Auch unter diesen Bedingungen kann ein Teil der Probe unzersetzt bleiben, sodaß die Qualität des herkömmlichen Hochdruckaufschlusses bisher noch nicht erreicht werden konnte. Die Eignung für eine anschließende voltammetrische Bestimmung ist daher noch nicht in allen Fällen gegeben. Als zusätzlicher Nachteil erwiesen sich die Schwierigkeiten beim gleichzeitigen Aufschluß von mehr als einer Probe im selben Ofen. In diesem Fall kann bei den meisten Geräten die für einen zufriedenstellenden Aufschluß erforderliche Leistung nicht mehr erreicht werden. Im Fall der Notwendigkeit eines sehr raschen Aufschlusses zur schnellen Gewinnung eines Analysenergebnisses ist der mikrowellenunterstützte Aufschluß durch die kurze Aufschlußdauer allen anderen Techniken überlegen.

Literatur zu Kapitel 4

[1]   C. Zbinden, *Bull.soc.chim.biol. 13* (1931) 35.
[2]   C. Zbinden, *Lait 12* (1932) 481.
[3]   A.G. Fogg, *Anal.Proc. 32* (1995) 433.

[4]   D. Saur, E. Spahn, *Fresenius J.Anal.Chem. 351* (1995) 154.
[5]   F. Björefors, L. Nyholm, *Anal.Chim.Acta 325* (1996) 11.
[6]   C. Colombo, C.M.G. van den Berg, A. Daniel, *Anal.Chim.Acta 346* (1997) 101.
[7]   *Metrohm-Information, Sonderheft VA-Spurenanalytik*, Fa.Metrohm, 1995.
[8]   F. Zhou, *Electroanalysis 8* (1996) 855.
[9]   *DIN 38406 E16*
[10]   S. Meyer, F. Scholz, R. Trittler, *Fresenius J.Anal.Chem. 356* (1996) 247.
[11]   A.M. Bond, S. Kratsis, S. Mitchell, J. Mocak, *Analyst 122* (1997) 1147.
[12]   M. Korolczuk, *Fresenius J.Anal.Chem. 356* (1996) 480.
[13]   G. Colovos, G.S. Wilson, J.L. Moyers, *Anal.Chem. 46* (1974) 1051.
[14]   K. Manandhar, D. Pletcher, *Talanta 24* (1977) 387.
[15]   R.C. Probst, *Anal.Chem. 49* (1977) 1199.
[16]   R.E. Reims, D.D. Hawn *53* (1981) 1088.
[17]   M.R. Jan, W.F. Smyth, *Analyst 111* (1986) 1239.
[18]   W. Holak, *Anal.Chem. 59* (1987) 2218.
[19]   R. Ortiz, O. de Marquez, J. Marquez, *Anal.Chim.Acta 215* (1988) 307.
[20]   G.W. Luther, C.B. Swartz, W.J. Ullman, *Anal.Chem. 60* (1988) 1721.
[21]   G.W. Luther, E. Tsamakis, *Marine Chem. 27* (1989) 165.
[22]   W.M. Moore, V.F. Gaylor, *Anal.Chem. 49* (1977) 1386.
[23]   R.A. Grier, R.W. Andrews, *Anal.Chim.Acta 124* (1981) 333.
[24]   U. Forsman, *Anal.Chim.Acta 146* (1983) 71.
[25]   Y. Vaneesorn, W.F. Smyth, *Anal.Chim.Acta 117* (1980) 183.
[26]   V. Stara, M. Kopanica, *Anal.Chim.Acta 159* (1984) 105.
[27]   M.R. Smyth, J.G. Osteryoung, *Anal.Chem. 14* (1977) 2310.
[28]   I.E. Davidson, W.F. Smyth, *Anal.Chem. 49* (1977) 1195.
[29]   E. Palecek, F. Jelen, M.A. Hung, J. Lasovsky, *Bioelectrochem. Bioenerg. 8* (1981) 621.
[30]   A.J.M. Ordieres, M.J.G. Gutierrez, A.C. Garcia, P.T. Blanco, W.F. Smyth, *Analyst 112* (1987) 243.
[31]   A. Ivaska. J. Leppinen, *Talanta 33* (1986) 801.
[32]   D. Obendorf, E. Reichart, *Electroanalysis 11* (1995) 1075.
[33]   G. Henze, A.P. Joshi, R. Neeb, *Fresenius Z.Anal.Chem. 300* (1980) 267.
[34]   H. Li, R.B. Smart, *Anal.Chim.Acta 325* (1996) 25.
[35]   U. Greulach, G. Henze, *Anal.Chim.Acta 306* (1995) 217.
[36]   G. Henze, W. Wagner, S. Sander, *Fresenius J.Anal.Chem. 358* (1997) 741.
[37]   U. Baltensperger, J. Hertz, *Anal.Chim.Acta 172* (1985) 49.
[38]   C.M.G. van den Berg, S.H. Khan, *Anal.Chim.Acta 231* (1990) 221.
[39]   W. Holak, J.J. Specchio, *Analyst 119* (1994) 2179.
[40]   G. Mattsson, L. Nyholm, A. Olin, U. Örnemark, *Talanta 42* (1995) 817.
[41]   G. Mattsson, L. Nyholm, A. Olin, *J.Electroanal.Chem. 379* (1994) 49.
[42]   B. Lange, F. Scholz, *Fresenius J.Anal.Chem. 358* (1997) 736.
[43]   K. Etzelstorfer, *Diplomarbeit,* Universität Linz, Österreich, 1993.
[44]   R. Bilewicz, Z. Kublik, *Anal.Chim.Acta 123* (1981) 201.
[45]   S. Glodowski, R. Bilewicz, Z. Kublik, *Anal.Chim.Acta 186* (1986) 39.

[46]   J.S. Roitz, K.W. Bruland, *Anal.Chim.Acta 344* (1997) 175.

[47]   T. Ishiyama, K. Abe, T. Tanaka, A. Mizuike, *Anal.Sci. 12* (1996) 263.

[48]   A. Economou, P.R. Fielden, *Trends Anal.Chem. 16* (1997) 286.

[49]   R. Kalvoda, *Coll.Czechoslov.Chem.Commun. 21* (1956) 852.

[50]   K. Kano, T. Konse, N. Nishimura, T. Kubota, *Bull.Chem.Soc.Jpn. 57* (1984) 2383.

[51]   R. Kalvoda, *Fresenius J.Anal.Chem. 349* (1994) 565.

[52]   R. Kalvoda, M. Kopanica, *Pure Appl.Chem. 61* (1989) 97.

[53]   S. Sander, G. Henze, *Electroanalysis 8* (1996) 253.

[54]   M.V.B. Zanoni, A.G. Fogg, *Anal.Proc. 31* (1994) 217.

[55]   J. Barek, A.G. Fogg, J.C. Moreira, M.V.B. Zanoni, J. Zima, *Anal.Chim.Acta 320* (1996) 31.

[56]   M. Kotoucek, M. Opravilova, *Anal.Chim.Acta 329* (1996) 73.

[57]   R. bin Othman, J.O. Hill, R.J. Magee, *Mikrochim.Acta I* (1986) 171.

[58]   L. Hernandez, A. Zapardiel, J.A.P. Lopez, E. Bermejo, *Analyst 112* (1987) 1149.

[59]   L. Hernandez, A. Zapardiel, J.A.P. Lopez, E. Bermejo, *Talanta 35* (1988) 287.

[60]   D. Obendorf, G. Stubauer, *J.Pharm.Biomed.Anal. 13* (1995) 1339.

[61]   G. Stubauer, D. Obendorf, *Analyst 121* (1996) 351.

[62]   J. Wang, T. Peng, M.S. Lin, *Bioelectrochem.Bioenerg. 15* (1986) 147.

[63]   B. Ogorevc, A. Krasna, V. Hudnik, S. Gomiscek, *Mikrochim.Acta I* (1991) 131.

[64]   N.E. Zoulis, D.P. Nikolelis, C.E. Efstathiou, *Analyst 115* (1990) 291.

[65]   J. Amez del Pozo, A. Costa Garcia, A.J. Miranda Ordieres, P. Tunon Blanco, *Electroanalysis 4* (1992) 87.

[66]   T. Peng, H. Li, R. Lu, *Anal.Chim.Acta 257* (1992) 15.

[67]   A. Economou, P.R. Fielden, *Electroanalysis 7* (1995) 447.

[68]   O. Nieto, P. Hernandez, L. Hernandez, *Talanta 43* (1996) 1281.

[69]   R.M. Shubietah, A.Z. Abu Zuhri, A.G. Fogg, *Analyst 119* (1994) 1967.

[70]   H. Emons, G. Wittstock, V. Voigt, H. Seidel, *Fresenius J.Anal.Chem. 342* (1992) 737.

[71]   N.E. Zoulis, C.E. Efstathiou, *Anal.Chim.Acta 320* (1996) 255.

[72]   E. Palecek, F. Jelen, C. Teijeiro, V. Fucik, T.M. Jovin, *Anal.Chim.Acta 273* (1993) 175.

[73]   A.Z. Abu Zhuri, W. Voelter, *Fresenius J.Anal.Chem. 360* (1998) 1.

[74]   N.E. Zoulis, C.E. Efstathiou, *Anal.Chim.Acta 204* (1988) 201.

[75]   E.G. Cookeas, C.E. Efstathiou, *Analyst 117* (1992) 1329.

[76]   M. Khodari, J. Kauffmann, G.J. Patriarche, M.A. Ghandour, *Electroanalysis 1* (1989) 501.

[77]   J. Wang, M. Ossoz, *Electroanalysis 2* (1990) 595.

[78]   O. Chastel, J. Kaufmann, G.J. Patriarche, *Talanta 37* (1990) 213.

[79]   J. Arcos, J. Kaufmann, G.J. Patriarche, P. Sanchez-Batanero, *Anal.Chim.Acta 236* (1990) 299.

[80]   M. Khodari, *Electroanalysis 5* (1993) 521.

[81]   E. Gonzalez, P. Hernandez, L. Hernandez, *Anal.Chim.Acta 228* (1990) 265.

[82]   P. Herandez, E. Lorenzo, J. Cerrada, L. Hernandez, *Fresenius J.Anal.Chem.* *342* (1992) 429.

[83]   L. Hernandez, P. Hernandez, J. Vicente, *Fresenius J.Anal.Chem. 345* (1993) 712.

[84]   C. Faller, A. Meyer, G. Henze, *Fresenius J.Anal.Chem. 356* (1996) 279.

[85]   C.M.G. van den Berg, K. Murphy, J.P. Riley, *Anal.Chim.Acta 188* (1986) 177.

[86]   J. Wang, P.A.M. Farias, J.S. Mahmoud, *Anal.Chim.Acta 172* (1985) 57.

[87]   L. Chiang, B.D. James, R.J. Magee, *Mikrochim.Acta II* (1989) 149.

[88]   C. Li, B.D. James, R.J. Magee, *Mikrochim.Acta III* (1988) 175.

[89]   C.M.G. van den Berg, *J.Electroanal.Chem. 215* (1986) 111.

[90]   H. Zhang, R. Wollast, J.C. Vire, G.J. Patriarche, *Analyst 114* (1989) 1597.

[91]   J.R. Donat, K.W. Bruland, *Anal.Chem. 60* (1988) 240.

[92]   A. Daniel, A.R. Baker, C.M.G. van den Berg, *Fresenius J.Anal.Chem. 358* (1997) 703.

[93]   Z. Gao, K.S. Siow, *Talanta 43* (1996) 255.

[94]   A. Bobrowski, A.M. Bond, *Electroanalysis 3* (1991) 157.

[95]   J. Golimowski, P. Valenta, H.W. Nürnberg, *Fresenius Z.Anal.Chem. 322* (1985) 315.

[96]   F. Scholz, B. Lange, M. Draheim, J. Pelzer, *Fresenius J.Anal.Chem. 338* (1990) 627.

[97]   N.A. Malakhova, A.V. Chernysheva, K.Z. Brainina, *Electroanalysis 3* (1991) 803.

[98]   C.M.G. van den Berg, *Anal.Chim.Acta 164* (1984) 195.

[99]   A. Bobrowski, *Talanta 36* (1989) 1123.

[100] S. Tanaka, K. Sugawara, M. Taga, *Talanta 37* (1990) 1001.

[101] O. Abollino, M. Aceto, E. Mentasti, C. Sarzanini, C.M.G. van den Berg, *Electroanalysis 9* (1997) 444.

[102] C.M.G. van den Berg, Z.Q. Huang, *J.Electroanal.Chem. 177* (1984) 269.

[103] J. Wang, J.S. Mahmoud, *Fresenius Z.Anal.Chem. 327* (1987) 789.

[104] R. Naumann, W. Schmidt, G. Höhl, *Fresenius J.Anal.Chem. 349* (1994) 643.

[105] C.M.G. van den Berg, M. Nimmo, O. Abollino, E. Mentasti, *Electroanalysis 3* (1991) 477.

[106] M.D. Gelado-Caballero, J.J. Hernandez-Brito, J.A. Herrera-Melian, C. Collado-Sanchez, J. Perez-Pena, *Electroanalysis 8* (1996) 1065.

[107] Z. Gao, K.S. Siow, *Talanta 43* (1996) 727.

[108] J. Wang, J.M. Zadeii, *Anal.Chim.Acta 185* (1986) 229.

[109] C. Schleich, G. Henze, *Fresenius J.Anal.Chem. 338* (1990) 145.

[110] P.A.M. Farias, C.M.L. Martins, A.K. Ohara, J.S. Gold, *Anal.Chim.Acta, 293* (1994) 29.

[111] J. Wang, P.A.M. Farias, J.S. Mahmoud, *Anal.Chim.Acta 171* (1985) 215.

[112] J. Wang, J.S. Mahmoud, *Anal.Chim.Acta 182 (1986) 147.*

[113] A. Romanus, H. Müller, D. Kirsch, *Fresenius J.Anal.Chem. 340* (1991) 363.

[114] J. Pelzer, F. Scholz, G. Henrion, P. Heininger, *Fresenius Z.Anal.Chem. 334* (1989) 331.

[115] Z. Gao, K.S. Siow, *Talanta 43* (1996) 719.

[116] S.H. Khan, C.M.G. van den Berg, *Mar.Chem. 27* (1989) 31.

[117] Z. Zhao, J. Pei, X. Zhang, X. Zhou, *Talanta 37* (1990) 1007.

[118] M. Karakaplan, S. Gücer, G. Henze, *Fresenius J.Anal.Chem. 342* (1992) 186.

[119] B. Pihlar, P. Valenta, H.W. Nürnberg, *Fresenius Z.Anal.Chem. 307* (1981) 337.

[120] J. Wang, K. Varughese, *Anal.Chim.Acta 199* (1987) 185.

[121] M. Georgieva, B. Pihlar, *Electroanalysis 8* (1996) 1155.

[122] G. Raber, K. Kalcher, C.G. Neuhold, C. Talaber, G. Kölbl, *Electroanalysis 7* (1995) 138.

[123] C.M.G. van den Berg, G.S. Jacinto, *Anal.Chim.Acta 211* (1988) 129.

[124] O. Nygren, G.T. Vaughan, T.M. Florence, G.M.P. Morrison, I.M. Warner, L.S. Dale, *Anal.Chem. 62* (1990) 1637.

[125] J. Wang, J. Zadeii, M.S. Lin, *J.Electroanal.Chem. 237* (1987) 281.

[126] C. Leon, H. Emons, P. Ostapczuk, K. Hoppstock, *Anal.Chim.Acta 356* (1997) 99.

[127] G. Capodaglio, C.M.G. van den Berg, G. Scarponi, *J.Electroanal.Chem. 235* (1987) 275.

[128] W. Wagner, S. Sander, G. Henze, *Fresenius J.Anal.Chem. 354* (1996) 11.

[129] *Metrohm Applikations-Bulletin 176/2d*, Fa.Metrohm.

[130] F. Heppeler, S. Sander, G. Henze, *Anal.Chim.Acta 319* (1996) 19.

[131] J. Wang, J. Zadeii, *Talanta 34* (1987) 909.

[132] C.M.G. van den Berg, S.H. Khan, J.P. Riley, *Anal.Chim.Acta, 222* (1989) 43.

[133] S.B.O. Adeloju, F. Pablo, *Electroanalysis 7* (1995) 750.

[134] H. Li, C.M.G. van den Berg, *Anal.Chim.Acta 221* (1989) 269.

[135] K. Yokoi, C.M.G. van den Berg, *Anal.Chim.Acta, 245* (1991) 167.

[136] J. Zhou, R. Neeb, *Fresenius J.Anal.Chem. 338* (1990) 34.

[137] J. Zhou, R. Neeb, *Fresenius J.Anal.Chem. 338* (1990) 905.

[138] S. Sander, G. Henze, *Fresenius J.Anal.Chem. 349* (1994) 654.

[139] S. Sander, W. Wagner, G. Henze, *Anal.Chim.Acta 305* (1995) 154.

[140] J. Wang, J.M. Zadeii, *Talanta 34* (1987) 247.

[141] P.A.M. Farias, A.K. Ohara, *Fresenius J.Anal.Chem. 342* (1992) 87.

[142] C.M.G. van den Berg, Z.Q. Huang, *Anal.Chim.Acta 164* (1984) 209.

[143] J. Wang, R. Setiadji, *Anal.Chim.Acta 264* (1992) 205.

[144] J. Wang, R. Setiadji, L. Chen, J. Lu, S.G. Morton, *Electroanalysis 4* (1992) 161.

[145] S. Sander, G. Henze, *Fresenius J.Anal.Chem, 356* (1996) 259.

[146] M. Vega, C.M.G. van den Berg, *Anal.Chim.Acta, 293* (1994) 19.

[147] S.B.O. Adeloju, F. Pablo, *Anal.Chim.Acta 288* (1994) 157.

[148] J. Wang, B. Tian, J. Lu, *Talanta 39* (1992) 1273.

[149] H. Li, R.B. Smart, *Anal.Chim.Acta 333* (1996) 131.

[150] N.A. Malakhova, G.N. Popkova, G. Wittmann, L.N. Kalnichevskaia, K.Z.Brainina, *Electroanalysis 8* (1996) 375.

[151] C.M.G. van den Berg, *Talanta 31* (1984) 1069.

[152] J. Wang, B.S. Grabaric, *Mikrochim.Acta I* (1990) 31.

[153] *DIN 38406, Teil 16.*

[154] C.M.G. van den Berg, *Anal.Chim.Acta 250* (1991) 265.

[155] Z. Zhang, S. Chen, H. Lin, H. Zhang, *Anal.Chim.Acta 272* (1993) 227.

[156] C. Colombo, C.M.G. van den Berg, *Anal.Chim.Acta 337* (1997) 29.

[157] J. Labuda, V. Plaskon, *Anal.Chim.Acta 228* (1990) 259.

[158] A.R. Paniagua, M.D. Vazquez, M.L. Tascon, P.S. Batanero, *Electroanalysis 5* (1993) 155.

[159] K.L. Dong, L. Kryger, J.K. Christensen, K.N. Thomsen, *Talanta 38* (1991) 101.

[160] S.B. Khoo, M.K. Soh, Q. Cai, M.R. Khan, S.X. Guo, *Electroanalysis 9* (1997) 45.

[161] Z. Gao, P. Li, G. Wang, Z. Zhao, *Anal.Chim.Acta 241* (1990) 137.

[162] Z. Gao, P. Li, Z. Zhao, *Fresenius J.Anal.Chem 339* (1991) 137.

[163] .Z. Gao, G. Wang, P. Li, Z. Zhao, *Anal.Chem. 63* (1991) 953.

[164] Z. Gao, P. Li, Z. Zhao, *Talanta 38* (1991) 1177.

[165] K. Sugawara, S. Tanaka, M. Taga, *J.Electroanal.Chem. 304* (1991) 249.

[166] G. Zhang, Ch. Fu, *Talanta 38* (1991) 1481.

[167] Z. Gao, K.S. Siow, A. Ng, *Electroanalysis 8* (1996) 1183.

[168] K. Sugawara, S. Tanaka, M. Taga, *Analyst 116* (1991) 131.

[169] K. Sugawara, S. Tanaka, M. Taga, *Fresenius J.Anal.Chem. 342* (1992) 65.

[170] G. Kölbl, K. Kalcher, A. Voulgaropoulos, *Fresenius J.Anal.Chem 342* (1992) 83.

[171] X. Cai, K. Kalcher, R.J. Magee, *Electroanalysis 5* (1993) 413.

[172] X. Cai, K. Kalcher, C. Neuhold, W. Diewald, R.J. Magee, *Analyst 118* (1993) 53.

[173] D.W.M. Arrigan, B. Deasy, J.D. Glennon, B. Johnston, G. Svehla, *Analyst 118* (1993) 355.

[174] M. Guttmann, K.-H. Lubert, L. Beyer, *Fresenius J.Anal.Chem. 356* (1996) 263.

[175] R. Ye, S.B. Khoo, *Electroanalysis 9* (1997) 481.

[176] I. Turyan, D. Mandler, *Fresenius J.Anal.Chem. 349* (1994) 491.

[177] I. Turyan, D. Mandler, *Electroanalysis 6* (1994) 838.

[178] D.W.M. Arrigan, G. Svehla, St.J. Harris, M.A. McKervey, *Electroanalysis 6* (1994) 97.

[179] P. Li, Z. Gao, Y. Xu, G. Wang, Z. Zhao, *Anal.Chim.Acta 229* (1990) 213.

[180] Z. Gao, P. Li, S. Dong, Z. Zhao, *Anal.Chim.Acta 232* (1990) 367.

[181] R. Agraz, M.T. Sevilla, L. Hernández, *Anal.Chim.Acta 273* (1993) 205.

[182] X. Cai, K. Kalcher, W. Diewald, C. Neuhold, R.J. Magee, *Fresenius J.Anal.Chem. 345* (1993) 25.

[183] W. Diewald, K. Kalcher, C. Neuhold, X. Cai, R.J. Magee, *Anal.Chim.Acta 273* (1993) 237.

[184] M. Stadlober, K. Kalcher, G. Raber, *Electroanalysis 9* (1997) 225.

[185] M. Stadlober, K. Kalcher, G. Raber, C. Neuhold, *Talanta 43* (1996) 1915.

[186] L. Hernández, J.M. Melguizo, M.H. Blanco, P. Hernández, *Analyst 114* (1989) 397.

[187] J.A. Ramos, E. Bermejo, A. Zapardiel, J.A. Pérez, H. Hernández, *Anal.Chim.Acta 273* (1993) 219.

[188] M. Connor, E. Dempsey, M.R. Smyth, D.H.S. Richardson, *Electroanalysis 3* (1991) 331.

[189] E. Dempsey, M.R. Smyth, D.H.S. Richardson, *Analyst 117* (1992) 1467.

[190] F. Scholz, L. Nitschke, G. Henrion, *Fresenius Z.Anal.Chem. 334* (1989) 56.

[191] F. Scholz, B. Lange, *Trends Anal.Chem. 11* (1992) 359.

[192] F. Scholz, L. Nitschke, G. Henrion, *Electroanalysis 2* (1990) 85.

[193] F. Scholz, W.D. Müller, L. Nitschke, F. Rabi, L. Livanova, C. Fleischfresser, C. Thierfelder, *Fresenius J.Anal.Chem. 338* (1990) 37.

[194] F. Scholz, L. Nitschke, G. Henrion, F. Damaschun, *Fresenius Z.Anal.Chem. 335* (1989) 189.

[195] F. Scholz, B. Lange, *Fresenius J.Anal.Chem. 338* (1990) 293.

[196] S. Zhang, B. Meyer, G.H. Moh, F. Scholz, *Electroanalysis 7* (1995) 319.

[197] B. Meyer, S. Zhang, F. Scholz, *Fresenius J.Anal.Chem. 356* (1996) 267.

[198] F. Scholz, F. Rabi, W.D. Müller, *Electroanalysis 4* (1992) 339.

[199] S.J. Reddy, M. Hermes, F. Scholz, *Electroanalysis 8* (1996) 955.

[200] D.A. Fiedler, J.O. Besenhard, M.H. Fooken, *J.Power Sources 69* (1997) 11.

[201] N.A. Madigan, T.J. Murphy, J.M. Fortune, C.R.S. Hagan, L.A. Coury, *Anal.Chem. 67* (1995) 2781.

[202] W. Gruner, J. Kunath, L.N. Kalnishevskaja, J.V. Posokin, K.Z. Brainina, *Electroanalysis 5* (1993) 243.

[203] K.Z. Brainina, E.Y. Neyman, *Tverdofaznye reaktsii v elektroanaliticheskoy khimii*, Khimiya, Moskau 1982.

[204] K.Z. Brainina. E.Y. Neyman, V.V. Slepushkin, *Inversionnye elektro-naliticheskie metody*, Khimiya, Moskau 1988.

[205] M.L. Tascon, M.D. Vazquez, R. Pardo, P. Sanchez Batanero, J. Iza, *Electroanalysis 1* (1989) 363

[206] M.T. San Jose, A.M. Espinosa, M.L. Tascon, M.D. Vazquez, P. Sanchez Batanero, *Electrochim.Acta 36* (1991) 1209.

[207] A.M. Espinosa, M.T. San Jose, M.L. Tascon, M.D. Vazquez, P. Sanchez Batanero, *Electrochim.Acta 36* (1991) 1561.

[208] P. Encinas Bachiller, M.L. Tascon Garcia, M.D. Vazquez Barbado, P. Sanchez Batanero, *J.Electroanal.Chem. 367* (1994) 99.

[209] F.A. Adekola, C. Colin, D. Bauer, *Electrochim.Acta 37* (1992) 2009.

[210] P. Navarro, C. Jambon, O. Vittori, *Fresenius J.Anal.Chem. 356* (1996) 476.

[211] R. Pongratz, K.G. Heumann, *Anal.Chem. 68* (1996) 1262.

[212] M. Mikac, M. Branica, *Anal.Chim.Acta 264* (1992) 249.

[213] J. Pikhart, *Chem.Listy 82* (1988) 881.

[214] P.B. Stockwell und G. Knapp, *Int. Labmate 14* (1989) 47.

[215] S.B. Adeloju, *Analyst 114* (1989) 455.

[216] P. Mader, J. Szakova, E. Curdova, *Talanta 43* (1996) 521.
[217] I. Sestakova, D. Miholova, A. Slamova, P. Mader, J. Szakova, *Electroanalysis 6* (1994) 1057.
[218] J. Begerow, L. Dunemann in L. Matter (Hrsg.), *Elementspurenanalytik in biologischen Matrices,* Spektrum Akademischer Verlag, Heidelberg (1997), S. 27 - 84
[219] S.E. Raptis, G. Knapp, A.P. Schalk, *Fresenius Z.Anal.Chem. 316* (1983) 482.
[220] G. Knapp, *Fresenius Z.Anal.Chem. 317* (1984) 213.
[221] K.W. Budna, G. Knapp, *Fresenius Z.Anal.Chem. 294* (1979) 122.
[222] A. Izquierdo, M.D. Luque de Castro, M. Valcarzel, *Electroanalysis 6* (1994) 894.
[223] L. Dunemann, M. Meinerling, *Fresenius J.Anal.Chem. 342* (1992) 714.
[224] D.W. Bryce, A. Izquierdo, M.D. Luque de Castro, *Analyst 120* (1995) 2171.
[225] J. Golimowski, K. Golimowska, *Anal.Chim.Acta 325* (1996) 111.
[226] M. Kolb, P. Rach, J. Schäfer, A. Wild, *Fresenius J.Anal.Chem. 342* (1992) 341.
[227] S.K. Bhowal, D. Saur, R. Neeb, *Fresenius J.Anal.Chem. 346* (1993) 627.
[228] K. Yokoi, T. Tomisaki, T. Koide, C.M.G. van den Berg, *Fresenius J.Anal.Chem. 352* (1995) 547.
[229] A. Unkroth, U. Körner, *Fresenius J.Anal.Chem. 347* (1993) 464.
[230] J. Pisch, J. Schäfer, D. Frahne, *GIT Fachz. Lab. 37* (1993) 500.
[231] D. Saur in P.A. Bruttel, J. Schäfer (Hrsg.), *Probenvorbereitungstechniken in der voltammetrischen Spurenanalytik*, Firmenschrift der Fa.Metrohm, Herisau (1990), S. 5 - 24.
[232] H. Kürner in P.A. Bruttel, J. Schäfer (Hrsg.), *Probenvorbereitungstechniken in der voltammetrischen Spurenanalytik*, Firmenschrift der Fa.Metrohm, Herisau (1990), S. 47 - 53.
[233] M. Würfels, E. Jackwerth, M. Stoeppler, *Fresenius Z.Anal.Chem. 329* (1987) 459.
[234] P. Schramel, S. Hasse, G. Knapp, *Fresenius Z.Anal.Chem. 326* (1987) 142.
[235] R.A. Romero, J.E. Tahan, A.J. Moronta, *Anal.Chim.Acta 257* (1992) 147.
[236] P. Schramel, S. Hasse, *Fresenius J.Anal.Chem. 346* (1993) 794.
[237] H.J. Reid, S. Greenfield, T.E. Edmonds, *Analyst 120* (1995) 1543.
[238] J.E. Tahan, L. Marcano, R.A. Romero, *Anal.Chim.Acta 317* (1995) 311.
[239] W. Wasiak, W. Ciskewska, A. Ciskewski, *Anal.Chim.Acta 335* (1996) 201.
[240] I. Eguiarte, R.M. Alonso, R.M. Jimenez, *Analyst 121* (1996) 1835.
[241] E. Stryjewska, S. Rubel, I. Szynkarczuk, *Fresenius J.Anal.Chem. 354* (1996) 128.

5 Amperometrie

Die quantitative Erfassung von elektrochemisch oxidierbaren oder reduzierbaren Analyten ist nicht nur durch Aufnahme der gesamten Strom-Spannungskurve möglich, sondern kann auch durch Messung des Stroms bei einer angelegten konstanten Spannung erfolgen. Die Spannung ist dabei so zu wählen, daß sie im Bereich des Diffusionsgrenzstroms des zu bestimmenden Analyten liegt. Derartige amperometrische Meßverfahren sind allerdings nur dann sinnvoll, wenn keine Probenkomponenten vorhanden sind, die bereits bei niedrigeren Spannungen oxidierbar oder reduzierbar sind und daher stören würden.

Die Amperometrie eignet sich zur Endpunktsbestimmung von Titrationen; die Variante der Biamperometrie (Verwendung von zwei Arbeitselektroden anstelle einer Arbeits- und einer Bezugselektrode) dient vor allem zur Registrierung des Verlaufs von Redoxtitrationen (insbesondere von Titrationen zur Wasserbestimmung nach Karl Fischer). Darüber hinaus ist das amperometrische Meßprinzip die Grundlage etlicher Sensoren für flüssige und gasförmige Proben; zu den wichtigsten Anwendungen zählen amperometrische Sauerstoffsensoren und amperometrische Glucosesensoren.

5.1 Amperometrische Titrationen

Der Begriff der amperometrischen Titration bezieht sich auf eine besondere Art der Endpunktserkennung bei Fällungs-, Komplexbildungs- oder Redoxtitrationen. Anwendung findet dieses Verfahren, wenn Analyt oder Titrationsmittel (oder auch beide) an der gewählten Arbeitselektrode oxidierbar oder reduzierbar sind. Im allgemeinen wird die zwischen Arbeitselektrode und Bezugselektrode angelegte Spannung so gewählt, daß sie im Bereich des Diffusionsgrenzstromes des Analyten oder des Titrationsmittels liegt. Danach richtet sich auch die Wahl des Materials der Arbeitselektrode. Edelmetalle oder Kohle kommen für den oxidativen Bereich sowie eingeschränkt für den reduktiven Bereich in Frage; eine höhere Wasserstoffüberspannung im negativen Potentialbereich ergibt sich mit Quecksilber in Form einer Quecksilberfilmelektrode, welche im Vergleich zu einer tropfenden Quecksilberelektrode bei Titrationen eine bessere Handhabbarkeit zeigt.

Diffusionsgrenzströme sind - wie in Kapitel 3 gezeigt - direkt proportional zur Konzentration der elektrochemisch umsetzbaren Substanz. Daher besteht die Titrationskurve aus zwei Geraden, deren Schnittpunkt den Äquivalenzpunkt ergibt (vorausge-

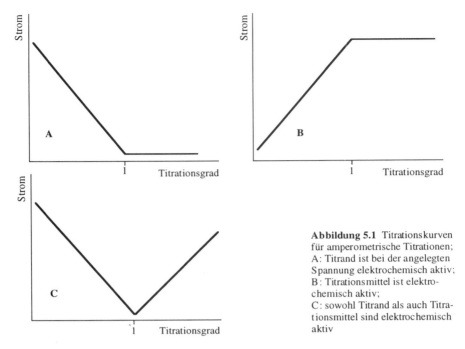

Abbildung 5.1 Titrationskurven
für amperometrische Titrationen;
A: Titrand ist bei der angelegten
Spannung elektrochemisch aktiv;
B: Titrationsmittel ist elektrochemisch aktiv;
C: sowohl Titrand als auch Titrationsmittel sind elektrochemisch
aktiv

setzt, wir können die Verdünnung der Analysenlösung durch das Titrationsmittel vernachässigen). Abbildung 5.1 zeigt verschiedene Typen von amperometrischen Titrationskurven. Wie aus dieser Abbildung hervorgeht, unterscheiden sich die Kurven amperometrischer Titrationen von den typischen S-förmigen Kurven potentiometrischer Titrationen, welche im wesentlichen auf den logarithmischen Zusammenhang zwischen Meßsignal und Konzentration zurückzuführen sind.

Man sollte bei amperometrischen Titrationen auf definierte konvektive Verhältnisse in der Analysenlösung achten, um nach Zugabe eines Volumeninkrements Titrationsmittel zeitunabhängige Stromsignale zu erhalten (wie in Kapitel 3 angeführt würde der Diffusionsgrenzstrom an einer stationären Elektrode in einer ruhenden Lösung mit der Zeit sinken, da sich die Diffusionsgrenzschicht in die Lösung ausbreitet). Konvektion ergibt sich notgedrungen durch das Rühren der Lösung während der Zugabe des Titrationsmittels, was meist gleichzeitig brauchbare Strömungsverhältnisse an der Elektrodenoberfläche und einigermaßen konstante Diffusionsschichtdicken schafft.

Trotz der Fülle an Anwendungsmöglichkeiten sind amperometrische Titrationsverfahren im analytischen Labor eher selten anzutreffen. Allerdings hat eine Variante dieser Technik, nämlich die biamperometrische Titration, weite Verbreitung für iodometrische Redoxtitrationen gefunden; Details dazu sind im folgenden Abschnitt zu finden.

5.2. Biamperometrische Titrationen

Ähnlich wie bei der amperometrischen Titration verstehen wir unter dem Begriff der biamperometrischen Titration ein Verfahren zur Endpunktsbestimmung von Titrationen. Wir messen allerdings nunmehr den Stromfluß bei konstanter angelegter Spannung zwischen zwei Arbeitselektroden anstelle zwischen einer Arbeits- und einer Bezugselektrode. Der Stromfluß als Funktion des Titrationsgrades läßt sich wiederum aus den entsprechenden voltammetrischen Kurven erklären. Wir wollen diese Verhältnisse am Beispiel der Titration von Fe(II) mit Ce(IV) und zwei Platinelektroden diskutieren und setzen (berechtigterweise) voraus, daß sowohl das Fe(II)/Fe(III) Redoxpaar als auch das Ce(III)/Ce(IV) Redoxpaar praktisch vollkommen reversibel ist. Abbildung 5.2 zeigt die (vereinfachten) Strom-Spannungskurven an einer rotierenden Platinelektrode in Kombination mit einer Normalwasserstoffelektrode bei unterschiedlichem Titrationsgrad λ. Legen wir nunmehr eine Potentialdifferenz ΔE von etwa 100 mV an zwei in die Titrationslösung eintauchende Platinelekroden, so muß eine der Elektroden als Kathode mit dem entsprechenden kathodischen Stromanteil und die andere Elektrode als Anode mit dem anodischen Stromanteil fungieren. In Abbildung 5.2 driftet daher die angelegte Spannungsdifferenz während der Titration entlang der Spannungsachse, da sie stets an jener Stelle zu finden sein muß, wo die Stromspannungskurve die x-Achse schneidet. Wir sehen daraus, daß zu Beginn der Titration der Stromfluß Null ist, bei einem Titrationsgrad von 0,5 ein Maximum

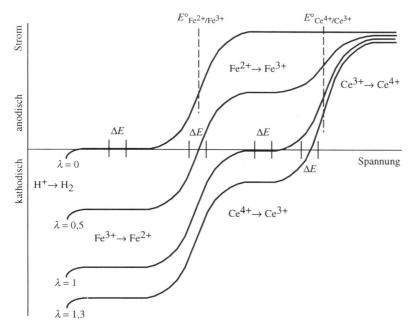

Abbildung 5.2 Strom-Spannungskurven an einer rotierenden Platinelektrode für unterschiedliche Titrationsgrade λ während der Tiration von Fe(II) mit Ce(IV)

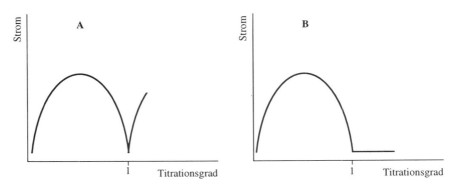

Abbildung 5.3 Titrationskurven von biamperometrischen Titrationen. A: Redoxtitration, bei der sowohl Analyt als auch Titrationsmittel reversible Redoxpaare bilden; B: Redoxtitration, bei der nur der Analyt ein reversibles Redoxpaar bildet, das Titrationsmittel jedoch ein irreversibles Redoxpaar.

erreicht, am Äquivalenzpunkt wieder auf Null sinkt und anschließend neuerlich ansteigt. Die entsprechende Titrationskurve ist in Abbildung 5.3 (A) gezeigt. Mit den in Kapitel 3 diskutierten Zusammenhängen zwischen Strom und Spannung im Verlauf einer voltammetrischen Kurve läßt sich zeigen, daß die Titrationskurve im Idealfall einer Hyperbel entsprechen muß. Es gilt der folgende Zusammenhang zwischen gemessenem Stromfluß, der angelegten konstanten Spannung ΔE, der Anfangskonzentration c_A an Analyt und dem Titrationsgrad λ: [1]

$$I = \frac{nFDA}{\delta} \frac{c_A}{2} \frac{\Delta+1}{\Delta-1} \left[1 - \sqrt{\left\{ 1 - 4\left(\frac{\Delta-1}{\Delta+1}\right)^2 \lambda(1-\lambda) \right\}} \right]$$

$$\left(\text{mit } \Delta = \Delta E \frac{nF}{RT} \right)$$

(5-1)

In Gleichung 5-1 stehen n, F, D, A und δ für die üblichen Größen, wie sie bei der Behandlung von Diffusionsströmen in Kapitel 3 verwendet wurden. Im vorliegenden Fall wird vereinfachend angenommen, daß die Diffusionskoeffizienten D von oxidierter und reduzierter Form des Redoxpaares gleich groß sind. Weitergehende Berechnungen von biamperometrischen Titrationskurven unter zusätzlicher Berücksichtigung der Kinetik der Elektrodenreaktionen sind in Arbeiten von Surmann et al. [2] zu finden, worauf hier jedoch nicht näher eingegangen werden soll.

Ist eines der Redoxpaare von Titrationsmittel oder Analyt nicht vollständig reversibel, so sind natürlich auch die Halbstufenpotentiale für die kathodischen oder anodischen Reaktionen des Redoxpaares nicht mehr identisch. Das Anlegen einer kleinen Spannung kann daher bei Anwesenheit des nichtreversiblen Redoxpaares zu keinem Stromfluß führen, wie aus den in Abbildung 5.4 gezeigten Strom-Spannungskurven hervorgeht. Daher werden wir bei der Redoxtitration einer Substanz, welche ein reversibles Redoxpaar bildet, mit einem Titrationsmittel, das ein irreversibles Redoxpaar bildet, nach dem Äquivalenzpunkt einen Strom von Null beobachten; die entsprechende Titrationskurve ist in Abbildung 5.3 (B) gezeigt. Umgekehrt be-

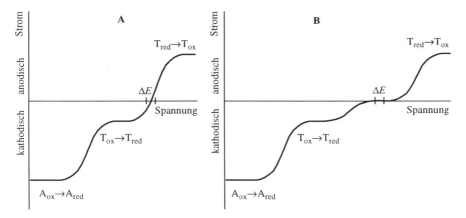

Abbildung 5.4 Strom-Spannungskurven an einer rotierenden Platinelektrode nach dem Äquivalenzpunkt der Titration des Analyten A_{red} mit dem Titrationsmittel T_{ox}; A: die Redoxpaare von Analyt und Titrationsmittel sind reversibel; B: das Redoxpaar des Analyten ist reversibel, das Redoxpaar des Titrationsmittel ist nicht vollständig reversibel.

obachten wir einen Stromanstieg nach dem Äquivalenzpunkt, wenn die Probe ein irreversibles Redoxpaar, das Titrationsmittel dagegen ein reversibles Redoxpaar bildet.

Zusammenfassend können wir feststellen, daß sich Redoxtitrationen biamperometrisch an zwei Platinelektroden indizieren lassen, wenn mindestens eines der bei der Titration entstehenden Redoxpaare (aus Probe oder Titrationsmittel) reversiblen Charakter zeigt. Am Äquivalenzpunkt ist der Strom in jedem Fall Null (bisweilen ist auch der Name "dead-stop"-Titration üblich). Neben dem Paar J_2/J^- und den zahlreichen Anwendungsmöglichkeiten in der Jodometrie stellen Br_2/Br^-, Fe^{2+}/Fe^{3+}, Ce^{4+}/Ce^{3+}, Ti^{4+}/Ti^{3+} oder VO_2^+/VO^{2+} weitere reversible Redoxpaare dar, welche für dieses Indikationsverfahren brauchbar sind. Fällungstitrationen mit Silbernitrat lassen sich mittels zweier Silberelektroden biamperometrisch indizieren, an denen nach dem Äquivalenzpunkt das reversible Redoxpaar Ag/Ag^+ auftritt.

Eine der wichtigsten Anwendungen der biamperometrischen Titration stellt die Wasserbestimmung nach Karl Fischer dar (KF-Titration). Das von Fischer 1935 erstmals publizierte Verfahren [3] beruht auf der Bunsen-Reaktion, wonach Schwefeldioxid mit Iod unter Verbrauch von Wasser reagiert:

$$SO_2 + 2\,H_2O + I_2 \rightleftharpoons H_2SO_4 + 2\,HI \qquad (5\text{-}2)$$

Als Lösungsmittel eignet sich Methanol; zusätzlich ist eine geeignete Base zur Pufferung des Systems wesentlich, wofür lange Zeit Pyridin verwendet wurde. Obige Gleichung entspricht allerdings nicht dem tatsächlichen Reaktionsablauf der Titration. Neue Untersuchungen und Ergebnisse sind von Scholz [4] in folgender Weise zusammengefaßt worden:

$$SO_2 + CH_3OH + C_5H_5N \rightleftharpoons CH_3SO_3^- + C_5H_5NH^+ \qquad (5\text{-}3)$$
$$CH_3SO_3^- + I_2 + H_2O + 2\,C_5H_5N \rightleftharpoons CH_3SO_4^- + 2\,I^- + 2\,C_5H_5NH^+$$
$$(5\text{-}4)$$

In einer Gleichgewichtsreaktion (5-3) bildet sich Methylsulfit, gefolgt von der iodometrischen Redoxreaktion, welche mittels Biamperometrie indiziert werden kann.

Der unangenehme Geruch und die Toxizität von Pyridin führten am Beginn der 80er Jahre zu einer verstärkten Suche nach Pyridin-freien Reagenzien. Pyridin wirkt in der KF-Reaktion lediglich als Puffer und kann auch durch andere Basen ersetzt werden. Neben iso-Propylamin, Diethanolamin oder Morpholin [5] hat Imidazol in einer Reihe kommerziell erhältlicher KF-Reagenzien besondere Bedeutung gewonnen [6]. Der Vorteil von Imidazol liegt nicht nur in der verringerten Toxizität sondern auch in der erhöhten Basenstärke; während Pyridin einen pH Wert von etwa 4 ergibt, puffert Imidazol im pH-Bereich zwischen 5 und 6. Da die Reaktionsgeschwindigkeit mit diesem steigenden pH Wert ansteigt, ergeben sich wesentlich besser ausgeprägte Endpunkte. KF-Reagenzien werden heute in zwei Ausführungen angewendet:

- Einkomponenten-Reagenzien: das Titrationsmittel enthält sämtliche Reaktionspartner (Iod, Schwefeldioxid, Imidazol) in einem geeigneten Lösungsmittel; im Titriergefäß wird Methanol oder ein Gemisch von Methanol und anderen Lösungsmitteln vorgelegt und vorhandenes Wasser bis zum Äquivalenzpunkt titriert. Anschließend wird die Analysensubstanz zugegeben und deren Wassergehalt titriert.

- Zweikomponenten-Reagenzien: das Titrationsmittel ist eine methanolische Iodlösung; im Titriergefäß wird Methanol vorgelegt, welches Schwefeldioxid und Imidazol enthält. Analog zur Titration mit Einkomponenten-Reagenzien wird zunächst der Blindwert "vortitriert", dann die Analysensubstanz zugefügt und der Wassergehalt titriert.

Titrationsmittel von Einkomponenten-Reagenzien weisen in Methanol als Lösungsmittel eine unzureichende Stabilität auf. Lange Zeit wurde in der Routine Ethylenglykolmonomethylether verwendet [7], welches allerdings in jüngerer Zeit meist durch Diethylenglykolmonomethylether oder Diethylenglykolethylether ersetzt wurde. Die Titerkonstanz derartiger Einkomponenten-Reagenzien ist für praktische Zwecke ausreichend (etwa 10% Abfall pro Jahr); Zweikomponenten-Reagenzien sind fast unbegrenzt lagerfähig.

Eine Reihe von Proben lassen sich ohne besondere Vorkehrungen mit den oben beschriebenen Ein- oder Zweikomponenten-Reagenzien titrieren; allgemein werden Titrationsmittel mit einem Titer zwischen 1 und 5 mg H_2O/ml verwendet. Eventuelle Störungen lassen sich vielfach durch Variation der Arbeitsbedingungen umgehen, wie im folgenden kurz diskutiert werden soll:

- Öle und Fette lösen sich in Methanol nur unzureichend. Ein Zusatz von Chloroform oder eines langkettigen Alkohols (z. B. 1-Decanol [8]) erhöht die Löslichkeit.

- Aldehyde und Ketone reagieren mit Methanol zu Acetalen und Ketalen (Gleichung 5-5); ferner kann eine Bisulfit-Additionsreaktion auftreten (Gleichung 5-6):

$$RCR'O + 2\ CH_3OH \rightleftharpoons RCR'(OCH_3)_2 + H_2O \qquad (5\text{-}5)$$

$$RCHO + SO_2 + H_2O + Base \rightleftharpoons RCH(OH)SO_3^-\ BaseH^+ \qquad (5\text{-}6)$$

Der Ersatz von Methanol durch Chlorethanol oder neuerdings durch Mischungen von N-Methylformamid und Tetrahydrofurfurylalkohol umgeht die Acetal- und Ketalbildung. Kommerzielle Reagenzien sind weiters so optimiert, daß eine verringerte Konzentration von Schwefeldioxid und eine hohe Reaktionsgeschwindigkeit die Bisulfit-Addition unterdrücken.

- Kohlenhydrate, eiweißhaltige Substanzen oder anorganische Salze lösen sich in Methanol bisweilen schlecht oder nur langsam. Ein Zusatz von Formamid verbessert den Lösungsvorgang. Auch Hydratwasser von Salzen wird während der Titration meist nur dann abgegeben, wenn sich die Probensubstanz löst. Soll dagegen nur anhaftende Feuchtigkeit bestimmt werden, so muß das Auflösen der Substanz durch Anwendung geeigneter Lösungsmittelgemische verhindert werden.

- Starke Säuren oder Basen können die Pufferkapazität des Systems übersteigen. Eine Neutralisation mit wasserfreien Reagenzien (Benzoesäure, Salicylsäure, Imidazol) kann vor der Titration notwendig sein.

- Substanzen, die Wasser nur langsam abgeben, können bei erhöhter Temperatur oder sogar in siedendem Methanol titriert werden.

- Unlösliche Feststoffe, die ihr Wasser erst bei stark erhöhter Temperatur abgeben, können in einem Röhrenofen ausgeheizt werden, welcher durch einen Inertgasstrom mit der Titrationszelle verbunden ist. Diese Technik wird allerdings meist mit der coulometrischen KF-Titration kombiniert (siehe Kapitel 6).

- Leicht oxidierbare Substanzen können mit dem Titrationsmittel Iod reagieren und verursachen einen zu hohen Verbrauch. Falls derartige Reaktionen stöchiometrisch verlaufen, kann der Mehrverbrauch eventuell rechnerisch korrigiert werden. In manchen Fällen kann die Störung durch ein Arbeitsmedium mit etwas niedrigerem pH-Wert vermieden werden, wie am Beispiel von Phenolen gezeigt worden ist [9]. Mitunter können Nebenreaktionen auch durch Arbeiten bei −20°C "eingefroren" werden. Auf diese Weise läßt sich der Wassergehalt selbst von organischen Peroxiden störungsfrei titrieren [10].

Zur Titerstellung von KF-Titrationsmittel eignet sich Natriumtartrat-2-hydrat, eine Urtitersubstanz mit einem Wassergehalt von 15,66%. Auch reines Wasser ist geeignet, sofern es im unteren Mikroliterbereich mit genügender Genauigkeit dosiert werden kann. Darüber hinaus wurden Mischungen von Xylol/iso-Butanol beschrieben, deren Wassergehalt über lange Zeit stabil ist [11]. Detaillierte Informationen und praktische Hinweise über Karl-Fischer-Titrationen unterschiedlichster Proben sind unter anderem von der Fa. Riedel-de Haen zusammengestellt worden. [12].

5.3 Amperometrische Sensoren

Amperometrische Sensoren sind elektrochemische Zellen, welche in direkter Messung Stromsignale liefern, die proportional zu den Stoffmengenkonzentrationen sind. Die Anwendung dieser Technik setzt voraus, daß das Elektrodenmaterial das Anlegen einer Spannung erlaubt, die hoch genug für eine Reduktion oder Oxidation des Analyten ist. Der nutzbare Spannungsbereich hängt nicht nur von der Art des Elektrodenmaterials sondern auch vom pH-Wert des Elektrolyten und von der Art des Lösungsmittels ab. In wäßrigen Lösungen limitiert meist die Wasserstoffentwicklung im kathodischen Bereich bzw. die Sauerstoffentwicklung im anodischen Bereich die Anwendbarkeit. Werden Elektroden verwendet, welche zur Bestimmung der elektrochemischen Umsetzung des Analyten mit Katalysatoren aktiviert sind, so kann es zu einer deutlichen Verringerung der Wasserstoffüberspannung und damit zu einer empfindlichen Einschränkung des zur Verfügung stehenden Spannungsbereiches kommen.

Amperometrische Sensoren weisen naturgemäß umso höhere Querempfindlichkeiten auf, je höher die anzulegende Spannung ist. Störungen können durch selektive chemische Filter vor der Elektrodenoberfläche reduziert werden. Zusätzlich ist auf physikalischem Wege eine Erhöhung der Selektivität möglich, wenn mit membranbedeckten Sensoren gearbeitet wird; die Selektivität hängt dann entscheidend von der Diffusionsgeschwindigkeit der Analyten durch die Membran ab. Etliche kommerziell erhältliche Sensoren sind für genau definierte Applikationen optimiert, bei denen Art und Menge von störenden Substanzen in der Probe von vornherein bekannt sind, sodaß Querempfindlichkeiten hinreichend korrigiert werden können.

Im folgenden wird eine Gruppierung in amperometrische Sensoren für Lösungen, amperometrische Gassensoren und amperometrische Biosensoren vorgenommen. Diese Einteilung mag inkonsequent erscheinen, da die Bezeichnung der ersten beiden Sensortypen auf die Art der Probe hinweist, während im dritten Fall zum Ausdruck kommt, daß das Sensormaterial eine biologische Komponente enthält. Trotzdem ergeben sich für die einzelnen Fälle jeweils sehr charakteristische Anwendungen, weshalb die getroffene Einteilung gerechtfertigt sein mag.

5.3.1 Amperometrische Sensoren für Lösungen

Amperometrische Sensoren spielen in der routinemäßigen Wasseranalytik zur Bestimmung des gelösten Sauerstoffs eine bedeutende Rolle. Dieser Parameter erweist sich bei der Charakterisierung von Oberflächengewässern als hilfreich und ist für die Beurteilung von Abwässern durch Bestimmung des biochemischen Sauerstoffbedarfs unumgänglich. Gegenüber der klassischen Titration nach Winkler zeichnet sich die amperometrische Sauerstoffmessung durch einen geringen Zeitaufwand und einen einfachen Meßvorgang aus, sodaß diese Methode auch für Feldmessungen besonders geeignet ist. Weitere wichtige Applikationen der amperometrischen Sauerstoffmessung liegen in den Bereichen Lebensmittelchemie und klinische Chemie. Für letztere Applikation sind auch entsprechende Mikrosensoren gebräuchlich.

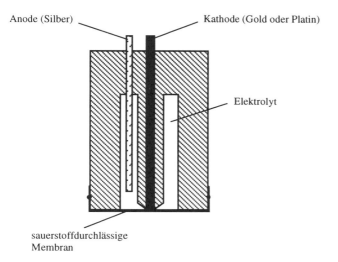

Anode (Silber)   Kathode (Gold oder Platin)

Elektrolyt

sauerstoffdurchlässige
Membran

Abbildung 5.5 Schematischer Aufbau eines Sauerstoffsensors nach Clark

Die Entwicklung der amperometrischen Sauerstoffsensoren geht auf die Arbeiten von Clark zurück [13], sodaß dieser Sensortyp auch unter dem Namen Clark-Elektrode bekannt ist (natürlich handelt es sich nicht um eine Elektrode im Sinn der Potentiometrie). Abbildung 5.5 zeigt das Prinzip dieser Meßtechnik. In einer Kaliumchloridlösung liegen eine Edelmetall-Arbeitselektrode (häufig Gold) und eine Silber-Gegenelektrode (Bezugselektrode) vor, welche von einer sauerstoffdurchlässigen Membran (Polytetrafluorethylen oder ähnliche Materialien) bedeckt sind. Zwischen der als Kathode gepolten Arbeitselektrode und der Gegenelekrode wird eine Spannung angelegt, welche dem Grenzstrombereich der Sauerstoffreduktion an der Arbeitselektrode entspricht. Dabei laufen folgende Elektrodenreaktionen ab:

$$\text{Kathode:} \quad O_2 + 2\,H_2O + 4\,e^- \; \Longleftrightarrow \; 4\,OH^- \tag{5-7}$$

$$\text{Anode:} \quad 4\,Ag + 4\,Cl^- \; \Longleftrightarrow \; 4\,AgCl + 4\,e^- \tag{5-8}$$

Die Höhe des gemessenen Grenzstroms hängt von der Konzentration des in der Probe gelösten Sauerstoffs sowie der Transportgeschwindigkeit aus der Probe zur Elektrodenoberfläche ab. Es ist empfehlenswert, die Sauerstoffmessungen in gerührten Lösungen vorzunehmen. An der Außenseite der Membran kommt es dann zu keiner wesentlichen Verarmung an Sauerstoff; der Konzentrationsgradient tritt vielmehr in der Membran selbst auf. Wenn wir den Elektrolytfilm zwischen innerer Membranoberfläche und Elektrode vernachlässigen, können wir die Membrandicke als konstante Diffusionsschichtdicke mit linearem Konzentrationsgefälle betrachten. Der Grenzstrom ist daher zeitunabhängig (vergleiche auch Kapitel 3) und direkt proportional zur Probenkonzentration.

Die soeben beschriebene Zweielektrodenanordnung ist oft in Sauerstoffsensoren für einfachere Messungen und Felduntersuchungen verwirklicht. Eine logische Weiterentwicklung ist die Dreielektrodenanordnung, deren grundsätzliche Vorteile in Kapitel 3 diskutiert wurden. Die Vorteile liegen in einer erhöhten Stabilität des Sensorsignals.

Neben den eigentlichen amperometrischen Sauerstoffsensoren haben sich auch galvanische Sensoren mehr und mehr etabliert. Ihr Aufbau entspricht der oben beschriebenen Zweielektrodentechnik, enthält jedoch eine Bleielektrode als Gegenelektrode und einen alkalischen Elektrolyten. Diese Anordnung benötigt keine angelegte Spannung; vielmehr stellt der Sensor eine galvanische Zelle dar, welche bei äußerer elektrischer Verbindung der Elektroden zu einem Stromfluß entsprechend den folgenden Elektrodenreaktionen führt:

$$O_2 + 2\ H_2O + 4\ e^- \rightleftharpoons 4\ OH^- \tag{5-9}$$
$$2\ Pb + 4\ OH^- \rightleftharpoons 2\ PbO + 2\ H_2O + 4\ e^- \tag{5-10}$$

Der Stromfluß ist wiederum limitiert durch die Transportgeschwindigkeit des Sauerstoffs durch die Membran; das Stromsignal ist daher in der oben beschriebenen Weise direkt proportional zur Sauerstoffkonzentration in der Lösung.

Sauerstoffsensoren müssen vor den Messungen regelmäßig kalibriert werden. Falls der Sensor nullstromfrei ist, braucht der Nullpunkt nicht abgeglichen werden. Eine Kontrolle des Nullpunktes ist durch Eintauchen in eine Lösung aus 1 g Natriumsulfit und 1 mg Kobaltsalz in 1 Liter Wasser möglich. Die Kalibrierung erfolgt heute meist in wasserdampfgesättigter Luft (früher auch in luftgesättigtem Wasser, was jedoch wesentlich aufwendiger ist). Diese Vorgangsweise ist für die meisten Applikationen vollkommen ausreichend; trotzdem hat es nicht an Versuchen gefehlt, Mehrpunktkalibrierungen mit Lösungen von unterschiedlichen, exakt definierten Sauerstoffgehalten anzuwenden. Als Beispiel sei die Erzeugung von Sauerstoffstandardlösungen auf coulometrischem Wege über die Zersetzung von Wasser erwähnt [14], welche besonders vorteilhaft in Fließinjektionssysteme integrierbar ist.

Grundsätzlich ist der Einfluß der Temperatur auf die Sauerstoffmessungen zu beachten (nicht zuletzt ist auch die Sauerstoffdurchlässigkeit der Membran eine Funktion der Temperatur), weshalb kommerziell erhältliche Meßgeräte im allgemeinen mit einer entsprechenden Temperaturkompensation ausgestattet sind.

Membranbedeckte amperometrische Sensoren haben auch eine gewisse Bedeutung für die Messung von gelöstem Chlor in Proben aus der Wasseraufbereitung erlangt. Bei der Erfassung starker Oxidationsmittel kann die angelegte reduktive Spannung klein gehalten werden, sodaß eine hohe Selektivität der Sensoren resultiert.

Das Konzept amperometrischer Sensoren kann grundsätzlich zur Erfassung einer Reihe weiterer oxidierbarer oder reduzierbarer Substanzklassen erweitert werden, obzwar die Bedeutung im Vergleich zu den Sauerstoffsensoren gering ist. Auch membranlose Sensoren kommen zum Einsatz – insbesondere in Fließsystemen, wo konstante Transportbedingungen für die Analyte zur Elektrode vorliegen. Allerdings stößt man infolge der beschränkten Selektivität bei der Analyse komplexer Proben rasch an die Grenzen der Leistungsfähigkeit amperometrischer Sensoren. In derartigen Fällen bietet sich die Kopplung des Sensors mit analytischen Trennverfahren, vor allem mit der Flüssigkeitschromatographie an. Es scheint dann allerdings nicht mehr gerechtfertigt zu sein, von amperometrischen Sensoren zu sprechen; stattdessen ist der Begriff des amperometrischen Detektors angebracht. Die Kombination von Hochleistungsflüssigkeitschromatographie und amperometrischer Detektion wird im Detail in Kapitel 9 behandelt.

5.3.2 Amperometrische Gassensoren

Amperometrische Gassensoren spielen heute eine wesentliche Rolle in den Bereichen Personenschutz am Arbeitsplatz, Prozeßüberwachung, Kontrolle von Verbrennungsvorgängen sowie Medizintechnik. Zunehmende Bedeutung werden derartige Sensoren auch auf dem Gebiet der Immissionsmessungen schädlicher Gase gewinnen.

Insbesondere für die personenbezogene Überwachung der Umgebungsluft auf toxische Gase oder auch auf Sauerstoffmangel sind robuste netzunabhängige Gasmeß- und Warngeräte von geringer Größe notwendig. Hierfür eignet sich grundsätzlich der Typ eines membranbedeckten Sensors, wie er in Abschnitt 5.3.1 für Messungen in Lösungen beschrieben wurde. Da die Oxidation oder Reduktion mancher Gase kinetisch stark gehemmt ist, müssen oft Elektrodenmaterialien mit hoher katalytischer Aktivität verwendet werden. Typische Arbeitselektroden bestehen aus Edelmetallpartikeln, welche in einer porösen PTFE-Matrix immobilisiert sind. Diese poröse Elektrode ist auf einer Seite in direktem Kontakt mit dem Elektrolyten, auf der anderen Seite in Kontakt mit dem Gas, sodaß sich eine Dreiphasengrenzfläche Gas/Elektrolyt/Metall ergibt, an welcher der Elektronentransfer abläuft. Amperometrische Gassensoren können auf der Zweielektrodenanordnung oder (häufiger) auf der Dreielektrodenanordnung basieren. Daneben existieren insbesondere für Sauerstoffmessungen auch galvanische Sensoren, deren Prinzip ebenfalls in Abschnitt 5.3.1 bereits diskutiert wurde. Abbildung 5.6 zeigt den Aufbau eines amperometrischen Gassensors mit Dreielektrodentechnik. Auf der Seite der Gasprobe befindet sich (oft) ein Staubfilter, hinter dem eventuell ein chemischer Filter angebracht ist, um Querempfindlichkeiten zu vermeiden. Daran schließt sich eine Diffusionsbarriere in Form einer porösen Membran oder auch in Form von Kapillaröffnungen an, um den Stromfluß an der Elektrode über den Massentransport durch die Barriere zu kontrollieren. Auf die Diffusionsbarriere aufgebracht ist die poröse Arbeitselektrode, welche im Inneren des

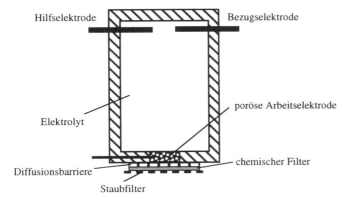

Abbildung 5.6 Schematischer Aufbau eines amperometrischen Gassensors

Sensors den Elektrolyten kontaktiert. Bezugselektrode und Gegenelektrode vervollständigen den Aufbau.

Die Lebensdauer elektrochemischer Gassensoren kann dadurch beschränkt sein, daß die katalytische Aktivität der Arbeitselektrode langsam abnimmt. Darüber hinaus sollte man nicht übersehen, daß die Elektrolytmenge im Sensor beschränkt ist und die Zusammensetzung durch die Elektrolysereaktionen eventuell in negativer Weise verändert wird. Dabei ist nicht nur die elektrochemische Reaktion an der Arbeitselektrode sondern auch jene an der Gegenelektrode zu berücksichtigen. Für manche Applikationen eignen sich "Luftelektroden" als Gegenelektroden; das sind poröse Elektroden, die einerseits an den Elektrolyten, andererseits an Luft grenzen. Für einen CO-Sensor ergeben sich bei einer derartigen Bauart die folgenden Elektrodenreaktionen:

$$\text{Anode:} \qquad CO + H_2O \rightleftharpoons CO_2 + 2\,H^+ + 2e^- \qquad\qquad (5\text{-}11)$$

$$\text{Kathode:} \qquad 1/2\ O_2 + 2\,H^+ + 2\,e^- \rightleftharpoons H_2O \qquad\qquad (5\text{-}12)$$

In diesem Fall wird durch die Kathodenreaktion die gleiche Menge Protonen verbraucht wie sie während der Anodenreaktion entsteht, sodaß ein saurer Elektrolyt praktisch nicht verändert wird.

Der Anwendungsbereich amperometrischer Gassensoren erweitert sich, wenn die Arbeitselektrode von einer Flüssigkeitsschicht umgeben ist, in der vor der eigentlichen Elektrodenreaktion chemische Reaktionen mit den Analyten ablaufen können. Derartige vorgelagerte chemische Umsetzungen führen zu verschiedene Vorteilen:

- elektrochemisch inaktive Analyte können in aktive Spezies überführt werden (beispielsweise setzen Säuredämpfe in einer Lösung aus Iodid und Iodat elementares Jod frei, welches amperometrisch detektierbar ist)

- Redoxmediatoren erlauben die Verwendung einer niedrigeren Spannung als bei direkter Detektion des Analyten und erhöhen somit die Selektivität

- die Anreicherung eines Analyten und somit eine Empfindlichkeitserhöhung ist möglich, wenn man zunächst ohne angelegte Spannung die chemische Reaktion des Analyten für eine vorgegebene Zeitdauer ablaufen läßt und anschließend elektrochemisch die entstandene Menge an Produkt bestimmt. Da hierbei allerdings Strommengen gemessen werden, handelt es sich nicht um einen amperometrischen Sensor im engeren Sinne, sondern um einen coulometrischen Sensor.

Die hohe Zahl der jährlichen Patentanmeldungen auf dem Gebiet amperometrischer Gassensoren unterstreicht den innovativen Charakter der laufenden Forschungsarbeiten und weist auch darauf hin, daß der Markt für diese Sensoren stark steigend ist. Es erscheint im Rahmen dieses Buches praktisch nicht möglich, auf Details der laufenden Sensorenentwicklungen weiter einzugehen.

In kommerziellen Gasmeßgeräten kommen amperometrische Sensoren für folgende Gase zum Einsatz: Ammoniak, Arsenwasserstoff, Brom, Chlor, Chlordioxid, Cyanwasserstoff, Diboran, Fluor, Germaniumwasserstoff, Hydrazin, Kohlenmonoxid, Kohlendioxid, Phosgen, Phosphorwasserstoff, Schwefelwasserstoff, Schwefeldioxid, Selenwasserstoff, Siliziumwasserstoff, Stickstoffmonoxid, Stickstoffdioxid. Weiters sind Sensoren für eine Reihe von organischen Verbindungen wie Ethylenoxid, kurzkettige ungesättigte Kohlenwasserstoffe, kurzkettige Alkohole, kurzkettige Aldehyde, usw. verfügbar, wobei allerdings wegen der vorhandenen Querempfindlichkeiten die praktische Brauchbarkeit mitunter nur in eng definierten Anwendungsbereichen gegeben ist.

Gassensoren mit flüssigem Elektrolyt eignen sich naturgemäß nur schlecht für Bestimmungen in heißen Gasen. Hier ergeben sich Einsatzmöglichkeiten für amperometrische Festkörper-Gassensoren. Diese Sensoren weisen einen Festelektrolyt auf (ionenleitender Feststoff). Aus der Verwendung ausschließlich fester Komponenten resultiert eine hohe Robustheit und oft auch eine deutlich erhöhte Lebensdauer. Ein Beispiel dieses Typs ist die amperometrische λ-Sonde für Sauerstoffmessungen mit Zirkondioxid (dotiert mit Yttriumoxid) als Sauerstoffionen-leitendem Festelektrolyt. Der Aufbau ist ähnlich wie jener der potentiometrischen λ- Sonde (siehe Abschnitt 2.7) und umfaßt zwei poröse Platinelektroden, welche durch eine Schicht von Zirkondioxid getrennt sind; bei Anlegen einer Spannung zwischen den Elektroden laufen die folgenden Elektrodenreaktionen ab:

$$\text{Kathode:} \qquad O_2 + 4\ e^- \rightleftharpoons 2\ O^{2-} \qquad\qquad\qquad (5\text{-}13)$$
$$\text{Anode:} \qquad 2\ O^{2-} \rightleftharpoons O_2 + 4\ e^- \qquad\qquad\qquad (5\text{-}14)$$

Wenn die Kathode mit einer Diffusionsbarriere versehen ist, ergibt sich ein linearer Zusammenhang zwischen dem Sauerstoffgehalt des Gases und dem Grenzstrom.

Ein weiteres brauchbares Elektrolytmaterial für Festkörper-Gassensoren ist Nafion, ein Protonen-leitendes Copolymer aus Poly(tetrafluorethylen) und Poly(sulfonyl-fluoridvinylether). Manches befindet sich in diesem Bereich noch im Experimentierstadium, sodaß lediglich zur Illustration ein Sensor für Stickstoffdioxid [15] herausgegriffen sei: in diesem Fall fungiert eine Gitterelektrode aus Gold, aufgepreßt auf eine Nafionmembran als Arbeitselektrode sowie Platin als Gegenelektrode und Platin/Luft als Referenzelektrode (die Platinelektroden wurden durch elektrochemische Abscheidung des Metalls auf der anderen Seite der Membran erzeugt). An der Kathode ergibt sich die Reaktion:

$$NO_2 + 2\ H^+ + 2\ e^- \rightleftharpoons NO + H_2O \qquad\qquad\qquad (5\text{-}15)$$

An der Gegenelektrode läuft die Oxidation von Wasser ab:

$$H_2O \rightleftharpoons 2\ H^+ + 1/2\ O_2 + 2\ e^- \qquad\qquad\qquad (5\text{-}16)$$

Protonen wandern daher von der Anode durch den Festelektrolyt zur Kathode, während Elektronen durch den äußeren Stromkreis fließen und ein Stromsignal liefern, das proportional zur Konzentration von Stickstoffdioxid ist. Nachteilig wirkt sich aus, daß die Sensoreigenschaften von der relativen Feuchte des zu messenden Gases abhängen.

Schließlich eignen sich manche festen Silbersalze wegen ihrer Eigenschaft als Silberionenleiter für amperometrische Gassensoren, wenn die Kathoden- bzw. Anodenreaktion in einem Verbrauch bzw. einer Erzeugung von Silberionen besteht. Auf diese

Art ist Chlorgas detektierbar, welches bei der Reduktion an der Kathode Silberionen unter Bildung von Silberchlorid verbraucht, während an einer Silberanode Silberionen generiert werden [16].

5.3.3 Amperometrische Biosensoren

Ählich wie in der Potentiometrie können wir die Selektivität amperometrischer Sensoren wesentlich erhöhen, wenn die Elektrodenoberfläche mit biologischen Komponenten wie Enzymen, Antikörpern oder ganzen Zellen modifiziert ist, welche eine selektive Erkennung oder Umsetzung eines Analyten erlauben. Redoxenzyme (Oxidoreduktasen) sind für amperometrische Biosensoren von besonderem Interesse, da Elektronenübergänge mit den entsprechenden enzymatischen Umsetzungen von Substraten verbunden sind. Zu den ersten Arbeiten dieser Art zählt die Entwicklung eines Glucosesensors (basierend auf Glucoseoxidase) durch Updike und Hicks im Jahr 1967 [17]. Diese Applikation zählt auch heute noch zu den wichtigsten Anwendungsmöglichkeiten amperometrischer Biosensoren in der Routineanalytik.

Entscheidend für den Erfolg des Sensors ist die richtige Immobilisierung der biologischen Komponente auf der Elektrode. In der Literatur finden wir eine Vielzahl unterschiedlicher und oft auch sehr spezieller Immobilisierungstechniken, die oft hinsichtlich ihrer Leistungsfähigkeit nur sehr schwer beurteilbar und vergleichbar sind. Es zeigt sich aber deutlich, daß ein universelles Immobilisierungsverfahren für jede Art von Enzymen und Elektrodenmaterialien nicht existiert.

Im folgenden sind einige gängige Immobilisierungstechniken angeführt, ohne daß diese Aufzählung Anspruch auf Vollständigkeit erheben kann:

- physikalische Adsorption an der Elektrodenoberfläche
- Immobilisierung an der Elektrodenoberfläche mittels semipermeabler Membranen
- Einschluß in Gelen oder Polymeren an der Elektrodenoberfläche
- kovalente Bindung an das Elektrodenmaterial
- Mischungen mit Kohlepaste [18]
- Immobilisierung in elektrisch leitenden Composite-Materialien (z. B. Kohle/Polymere [19])
- Aufbringung des Elektrodenmaterials und des Enzyms auf PVC-Streifen mittels Siebdruckverfahren (Teststreifen für einmaligen Gebrauch) [20].

Bei der Entwicklung von enzymatischen amperometrischen Biosensoren ist zu berücksichtigen, daß der direkte Elektronentransfer zwischen dem Redoxkofaktor der Oxidoreduktase und der Elektrode aus sterischen oder kinetischen Gründen häufig stark gehindert ist. In Oxidoreduktasen mit gebundenen Kofaktoren (z. B. Glucoseoxidase mit FAD) liegt das aktive Zentrum im Inneren des Proteins und ist somit von einer isolierenden Schicht umgeben. Redoxenzyme mit löslichen Kofaktoren wie NAD-abhängige Dehydrogenasen weisen den Nachteil auf, daß die elektrochemische Oxidation von NADH ein irreversibler Vorgang ist, der an einfachen Metall- oder Kohleelektroden nur bei relativ hohen angelegten Spannungen abläuft. Eine Alternative stellen Redoxmediatoren dar, worunter niedermolekulare, weitgehend reversibel oxidierbare/reduzierbare Substanzen zu verstehen sind; die Mediatoren bewerkstelligen

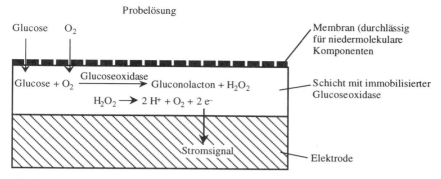

Abbildung 5.7 Schematischer Aufbau eines Glucosesensors basierend auf der Oxidation von Wasserstoffperoxid

den Elektronentransfer zwischen dem Redoxzentrum des Enzyms und der Elektrode, sofern ihr Redoxpotential demjenigen des Enzyms angepaßt ist. Grundsätzlich eignet sich der Mediator sowohl in gelöster Form in der Analysenlösung als auch gemeinsam mit dem Enzym in immobilisierter Form an der Elektrodenoberfläche.

5.3.3.1 Biosensoren mit Oxidasen

Die am weitesten verbreitete Applikation von amperometrischen Biosensoren ist die Blutzuckerbestimmung in klinischen Laboratorien oder im Rahmen der Selbstüberwachung von Diabetikern. Die biologische Komponente des Sensors ist das Enzym Glucoseoxidase (GOD), welches den gebundenen Kofaktor Flavinadenindinucleotid (FAD) enthält. Dieses Enzym setzt Glucose zu Gluconolacton um, wobei gleichzeitig FAD zu FADH reduziert wird. Die Reoxidation von FADH erfolgt üblicherweise durch Sauerstoff, welcher zu H_2O_2 reduziert wird. Dieser Reaktionsmechanismus erlaubt die quantitative Bestimmung von Glucose entweder durch Messung des Sauerstoffverbrauchs oder durch Bestimmung der H_2O_2-Produktion. Erstere Möglichkeit ist durch eine mit GOD modifizierte Clark-Sauerstoffelektrode realisierbar, hat aber in der Praxis an Bedeutung verloren. Stattdessen ist die oxidative Messung von H_2O_2 an einer Platinanode bei ca. 0,5 V gegenüber einer Silber/Silberchlorid-Bezugselektrode gebräuchlich. Abbildung 5.7 zeigt den schematischen Aufbau eines derartigen Sensors, wie er in klinischen Analysatoren Einsatz findet.

Ein Nachteil der Detektion von H_2O_2 ist das relativ hohe notwendige Detektionspotential, sodaß Störungen durch oxdierbare Komponenten der Analysenlösung nicht auszuschließen sind. Die Überspannung für die H_2O_2-Oxidation ist vom Elektrodenmaterial abhängig, dessen Zusammensetzung in Hinblick auf eine Erniedrigung des Detektionspotentials optimiert werden kann. Arbeiten von Wang und Mitarbeitern [21 - 24] zeigten, daß Kohleelektroden, welche Metalle wie Rhodium, Ruthenium oder Iridium in disperser Form enthalten, die Detektion von H_2O_2 in einem sehr niedrigen Potentialbereich zwischen +0,1 und –0,1V ermöglichen.

Ähnlich günstige Verhältnisse ergeben sich bei zusätzlicher Immobilisierung einer Peroxidase an der Elektrodenoberfläche, welche die Reduktion von H_2O_2 zu H_2O unter

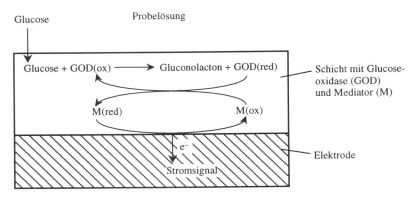

Abbildung 5.8 Schematischer Aufbau eines Glucosesensors basierend auf einem Mediator

gleichzeitiger Oxidation eines Wasserstoffdonors ermöglicht. Letzterer wird an der Elektrode reduziert und ergibt ein Stromsignal, das proportional zur Glucosekonzentration ist. Für Details über gekoppelte Peroxidase/Oxidase-Reaktionen sei auf Abschnitt 5.3.3.3 verwiesen.

Ein wesentlicher Schritt in der Entwicklung amperometrischer Glucosesensoren war die Verwendung von Mediatoren, welche anstelle von Sauerstoff die Reoxidation von FADH der Glucoseoxidase ermöglichen. Der Mediator muß beweglich genug sein, um zwischen dem aktiven Zentrum des Enzyms und der Elektrode die Elektronenübertragung bewerkstelligen zu können. Die Oxidation der reduzierten Form des Mediators an der Elektrode liefert das analytische Signal; bei richtiger Auswahl eines passenden Mediators liegt das Detektionspotential wesentlich niedriger als für die Oxidation von H_2O_2, sodaß auch die Querempfindlichkeit gegen oxidierbare Probenkomponenten deutlich sinkt. Abbildung 5.8 zeigt Funktionsweise und Aufbau derartiger Sensoren. Typische Redoxmediatoren sind Ferrocenderivate [25], Hexacyanoferrat(III) [26], Chinone [27, 28], Viologenderivate [29], Cobaltphthalocyanin [30], Tetrathiafulvalen [31], Pyrrolchinolinchinon [32], Meldolablau [33], oder Ruthenium(III)hexamin [34].

Auf dem Konzept von Sensoren mit Glucoseoxidase und Mediatoren basieren kommerzielle Einmalsensoren zur Blutzuckerbestimmung, welche von Diabetikern für die Selbstkontrolle benützt werden können. Diese Sensoren sind in Form eines Teststreifens zum Einmalgebrauch ausgeführt, auf den eine Bezugselektrode, eine Arbeitselektrode und (häufig) eine Vergleichselektrode aufgedruckt sind. Die Vergleichselektrode unterscheidet sich von der Arbeitselektrode nur dadurch, daß sie kein Enzym enthält. Die Messung des Differenzsignals zwischen Arbeits- und Vergleichselektrode erhöht die Selektivität der Bestimmung, da oxidierbare Störsubstanzen an beiden Elektroden in gleicher Weise detektiert und durch die Differenzbildung eliminiert werden [35].

Etwas modifiziert wurde dieses Prinzip für Glucoseteststreifen mit zwei identischen Arbeitselektroden, welche von einer Schicht aus Enzym und Mediator bedeckt sind [36]. Zunächst wird ein Tropfen der Probe auf den Teststreifen gebracht, ohne daß zwischen den Elektroden eine Spannung anliegt; Glucose wird durch Glucoseoxidase oxidiert, der Mediator gleichzeitig reduziert. Wenn diese Reaktion vollständig abgelaufen ist, wird eine Spannung angelegt, wodurch es an der Kathode zur Reduktion des im Überschuß vorliegenden Mediators und an der Anode zur Oxidation des bei der Enzymreaktion entstandenen reduzierten Mediators kommt. Letzterer bestimmt den Stromfluß und führt zu einem Signal, das direkt proportional zur Glucosekonzentration ist.

Grundsätzlich würde es natürlich von Vorteil sein, auf Mediatoren zu verzichten und den Elektronenübergang direkt zwischen Elektrode und dem FAD(H)-Redoxzentrum des Enzyms ablaufen zu lassen. Wie aber bereits erwähnt, ist das Redoxzentrum in der Glucoseoxidase derart durch das Protein nach außen isoliert, daß der direkte Elektronenübergang im allgemeinen nicht ablaufen kann. Einen Ausweg stellen die sogenannten "wired enzyme electrodes" dar, bei denen das Redoxzentrum und die Elektrode durch ein Redoxmakromolekül "verdrahtet" werden [37]. Der "Draht", d. h. das Redoxpolymer muß a) das Enzym komplexieren und dabei in dessen Struktur eindringen, b) den direkten Elektronenfluß zwischen Enzym und Elektrode erlauben und c) das Enzym an der Elektrodenoberfläche immobilisieren, ohne in einem dieser Vorgänge das Enzym zu deaktivieren. Unter anderem erfüllen Komplexe von Osmiumdi(bipyridyl)chlorid mit quervernetzbarem Poly(vinylpyridin) oder Poly(vinylimidazol) die genannten Voraussetzungen. Herstellung und Verhalten dieses Sensortyps sind in Arbeiten von Heller und Mitarbeitern [38 - 41] beschrieben.

Glucosesensoren basierend auf Glucoseoxidase sind derzeit die am weitesten verbreiteten amperometrischen Biosensoren. Daneben existieren jedoch eine Reihe weiterer Oxidasen, die analog zur Glucoseoxidase reagieren, meist den gebundenen Kofaktor FAD oder FMN (Flavinmononucleotid) aufweisen und die Bestimmung der einzelnen Analyte (Substrate) wie bei Glucosesensoren durch direkte Messung des entstehenden H_2O_2 oder über Mediatoren bzw. Peroxidase-Reaktionen erlauben. Ein oft verwendetes Enzym ist Lactatoxidase zur Herstellung von Lactatsensoren [42-45]; das Enzym katalysiert die Umsetzung von Lactat zu Pyruvat. Weitere in der Literatur beschriebene Biosensoren basieren auf Alkoholoxidase [46, 47], Aminosäureoxidase [48], Galactoseoxidase [49], Glycolatoxidase [50], Nucleosidoxidase [51], Oxalatoxidase [52, 53], Pyruvatoxidase [54], Sulfitoxidase [55] und Xanthinoxidase; letzteres Enzym katalysiert die Umsetzung von Hypoxanthin zu Xanthin sowie von Xanthin zu Harnsäure. Hypoxanthinbestimmungen sind unter anderem in der Lebensmittelchemie zur Beurteilung der Qualität von Fisch interessant [56, 57].

In der klinischen Chemie hat die Bestimmung von Kreatin und Kreatinin wesentliche Bedeutung. Ein möglicher amperometrischer Biosensor für diese Problemstellung basiert auf Sarcosinoxidase in Kombination mit den Enzymen Kreatininamidohydrolase und Kreatinamidinohydrolase [58, 59]:

$$\text{Kreatinin} + H_2O \xrightarrow{\text{Kreatininamidohydrolase}} \text{Kreatin} \qquad (5\text{-}17)$$

$$\text{Kreatin} + H_2O \xrightarrow{\text{Kreatinamidinohydrolase}} \text{Sarcosin} + \text{Harnstoff} \qquad (5\text{-}18)$$

$$\text{Sarcosin} + O_2 + H_2O \xrightarrow{\text{Sarcosinoxidase}} \text{Glycin} + \text{Formaldehyd} + H_2O_2$$
$$(5\text{-}19)$$

Bereits seit längerer Zeit ist das Enzym Cholinoxidase in Kombination mit Acetyl-cholinesterase für die Bestimmung des Neurotransmitters Acetylcholin und dessen Metaboliten Cholin in biologischem Material in Verwendung. Enzymreaktoren mit den beiden immobilisierenden Enzymen wurden häufig mit der Flüssigkeitschromato-graphie kombiniert und das entstehende H_2O_2 in einem nachgeschalteten Detektor amperometrisch erfaßt:

$$Acetylcholin + H_2O \xrightleftharpoons{Acetylcholinesterase} Cholin + Essigsäure \qquad (5\text{-}20)$$

$$Cholin + 2O_2 + H_2O \xrightleftharpoons{Cholinoxidase} Betain + 2H_2O_2 \qquad (5\text{-}21)$$

Daneben entwickelten sich in zunehmenden Maße Biosensoren, bei denen Acetyl-cholinesterase und Cholinoxidase direkt an der Elektrodenoberfläche immobilisiert ist [60 - 64]. Derartige Sensoren eignen sich aber nicht nur für die direkte Bestimmung von Cholin und Acetylcholin sondern auch für die indirekte Erfassung einiger Pesti-zide; insbesondere Organophosphorpestizide sind dafür bekannt, daß sie die Aktivität der Acetylcholinesterase hemmen. Hier eröffnen sich interessante Perspektiven für zukünftige einfache Screening-Verfahren von Umweltproben auf Pestizidrückstände [65 - 67].

Etliches Interesse haben Phenoloxidasen für amperometrische Biosensoren zur Er-fassung von Phenolen gefunden. Vielfach kommt Tyrosinase zum Einsatz [68 - 71], ein Enzym, welches Kupfer im aktiven Zentrum enthält. Tyrosinase weist einerseits eine Hydroxylaseaktivität gegenüber Monophenolen auf, welche zu den *o*-Diphenolen reagieren, andererseits eine Oxidaseaktivität gegenüber *o*-Diphenolen, welche zu *o*-Chinonen umgesetzt werden. Das *o*-Chinon ist an der Elektrode bei relativ niedrigen angelegten Spannungen reduzierbar, sodaß Interferenzen von anderen elektrochemisch aktiven Probenkomponenten weitgehend ausgeschlossen sind. Abbildung 5.9 zeigt das Reaktionsschema eines derartigen Biosensors. Neben Tyrosinase eignet sich auch Laccase (ebenfalls eine kupferhaltige Oxidase) zur Oxidation von Phenolen; dieses Enzym ist in der Lage, auch m- und p-Dihydroxyphenole umzusetzen. Coimmo-bilisierung von Tyrosinase und Laccase an einer Elektrodenoberfläche erhöht daher die

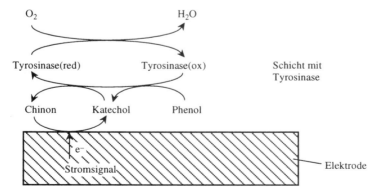

Abbildung 5.9 Schematischer Aufbau eines Sensors für Phenole basierend auf Tyrosinase

Zahl der detektierbaren phenolischen Verbindungen [72]. Darüber hinaus ist es mit Tyrosinase - modifizierten Elektroden möglich, einige Pestizide zu erfassen, welche die Aktivität des Enzyms hemmen [73].

5.3.3.2   Biosensoren mit Dehydrogenasen

Viele der Dehydrogenasen, welche in Biosensoren Verwendung finden, benötigen den Kofaktor NAD^+ oder $NADP^+$ als Elektronenakzeptor für die Umsetzung eines Substrates. Allgemein läßt sich die Enzym-katalysierte Reaktion eines Analyten SH_2 folgendermaßen darstellen:

$$SH_2 + NAD(P)^+ \xrightarrow{\text{Dehydrogenase}} S + NAD(P)H + H^+ \qquad (5\text{-}22)$$

Diese Reaktion umfaßt die Übertragung eines H-Atoms aus dem Substrat SH_2 an die 4-Position des Nicotinamidrings des Coenzyms sowie die Abgabe eines Protons an die Lösung. Eine elektrochemische Oxidation von NADH bzw. NADPH an einem amperometrischen Sensor erlaubt somit die Quantifizierung des Analyten SH_2 (der Einfachheit halber werden für die folgenden Überlegungen NADH und NADPH als äquivalent hinsichtlich der oxidativen Erfassung angesehen). Durch die elektrochemische Oxidation ergibt sich der zusätzliche Vorteil, daß das Coenzym NAD^+ insgesamt nicht verbraucht wird. Letztere Tatsache ist insbesondere dann von Bedeutung, wenn das Coenzym an der Elektrodenoberfläche immobilisiert wird, da in diesem Fall nur eine begrenzte Menge NAD^+ zur Verfügung steht. Die Rückführung von NADH zu NAD^+ bewirkt schließlich auch eine Verschiebung des Umsatzes von Reaktion 5-22 auf die rechte Seite, woraus höhere Empfindlichkeiten und niedrigere Nachweisgrenzen des Sensors resultieren können.

Die Oxidation von NADH läuft bei pH 7 an Kohle- oder Platinelektroden in einem Spannungsbereich zwischen ca. 0,5 und 0,7 V (gegenüber einer gesättigten Kalomelelektrode) ab; das Standardeinzelpotential des Redoxpaares NAD^+/NADH liegt allerdings bei –0,56 V, sodaß die anzulegende Spannung um mehr als 1 V höher ist als dem thermodynamischen Gleichgewicht entspricht. Die direkte Oxidation von NADH ist daher für analytische Zwecke nur bedingt brauchbar, da durch die notwendige hohe Spannung beträchtliche Querempfindlichkeiten gegenüber anderen oxidierbaren Substanzen auftreten können.

Eine Modifizierung von Kohlelektroden mit Edelmetallpartikeln (Pt, Pd, Ru) ermöglicht eine Verringerung der Überspannung für die NADH-Oxidation [74] und ermöglicht in manchen Fällen die Konstruktion von Sensoren hinreichender Selektivität.

Der weitaus am häufigsten eingeschlagene Weg zur NADH-Oxidation bei niedrigen Spannungen liegt in der Verwendung von Redoxmediatoren, welche in oxidierter Form in das Sensorsystem integriert werden. Entstehendes NADH wird durch den Mediator oxidiert, dieser selbst daher reduziert; an der Elektrode erfolgt bei relativ niedriger Spannung die Rückoxidation des Mediators, wodurch das analytisch verwertbare Stromsignal entsteht. Typische Mediatoren für die NADH-Oxidation sind substituierte *o-* und *p*-Chinone, substituierte Phenazine, Phenoxazine und Phenothiazine [75], Tetracyanochinodimethan [76] oder Metallkomplexe wie das Osmiumdi(4,4'-dimethyl, 2,2'-bipyridyl)-1,10-phenanthrolin-5,6-dion [77] sowie Redoxpolymerfilme.

Schließlich ist noch die enzymatische Oxidation von NADH durch ein weiteres Enzym wie Diaphorase und NADH-Oxidase zu nennen. In derartigen Systemen liefert die Reoxidation dieses zweiten Enzyms an der Elektrode das analytisch verwertbare Signal. Daneben ist auch die Koimmobilisierung der Dehydrogenase mit Flavin-reductase bekannt; letzteres Enzym katalysiert die Umsetzung von Riboflavin zu Dihydroriboflavin unter gleichzeitiger Oxidation von NADH zu NAD^+. Dihydro-riboflavin ist an der Elektrode elektrochemisch oxidierbar und liefert das analytische Signal [78]

Im folgenden seien einige NAD^+-abhängige Dehydrogenasen angeführt, die in Biosensoren Verwendung finden (die angegebene Literatur soll lediglich auf Beispiele jüngerer Arbeiten hinweisen):

- Lactatdehydrogenase für die Bestimmung von Lactat [79, 80]; das Enzym kata-lysiert die Umsetzung von Lactat zu Pyruvat;

- Alkoholdehydrogenase für die Bestimmung von Ethanol [81, 82] durch Oxidation des Alkohols zum Aldehyd;

- Glucosedehydrogenase für die Bestimmung von Glucose [83, 84, 77], wobei die Bedeutung nicht an jene von Biosensoren auf Basis von Glucoseoxidase heran-kommt;

- Glucose-6-phosphatdehydrogenase [85], Glutamatdehydrogenase [86], 3-Hydroxy-butyratdehydrogenase [87] und Glyzerindehydrogenase [85]; das letztere Enzym eignet sich auch für Biosensoren zur Bestimmung von Triglyceriden, wenn diese zunächst mit Lipase gespalten werden [88].

Neben den $NAD(P)^+$-abhängigen Enzymen existieren eine Reihe weiterer für Biosensoren interessanter Dehydrogenasen, welche gebundene Cofaktoren, insbesondere Pyrrolchinolinchinon (PQQ), enthalten. Sowohl direkte als auch durch Mediatoren unterstützte Elektronenübergänge zwischen Enzym und Elektrode sind möglich. Bei-spiele für Biosensoren mit PQQ-haltigen Dehydrogenasen sind Fructosesensoren auf Basis von Fructosedehydrogenase [89, 90], Glucosesensoren auf Basis von Glucose-dehydrogenase [91] sowie Aldosesensoren auf Basis von Aldosedehydrogenase [92]. Oligosacchariddehydrogenase ist eine weitere Dehydrogenase mit gebundenem Cofaktor und breiter Selektivität gegenüber Zucker [93].

Indirekte Bestimmungen von Dithiocarbamatpestiziden sind durch Messungen der Hemmung der Enzymaktivität von Aldehyddehydrogenase möglich [94]; hierbei wird die enzymkatalysierte Produktion von NADH bei der Oxidation von Propionaldehyd amperometrisch verfolgt.

5.3.3.3 Biosensoren mit Peroxidasen

Biosensoren zur Erfassung von Wasserstoffperoxid basieren auf Peroxidasen, das sind Häm-hältige Enzyme wie Meerrettichperoxidase, Chloroperoxidase, Lactoperoxidase,

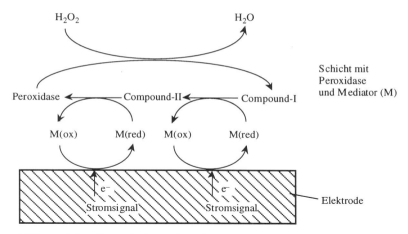

Abbildung 5.10 Schematischer Aufbau eines Sensors für Wasserstoffperoxid basierend auf einer Peroxidase

Mikroperoxidase und eine Reihe weiterer in Pflanzen vorkommender Peroxidasen. Die meisten Peroxidasen zeigen einen einheitlichen Reaktionszyklus: das Enzym reagiert mit Wasserstoffperoxid zu einer um zwei Oxidationsequivalente höheren Verbindung, meist Compound-I bezeichnet. Letztere reagiert mit einem Elektronendonor unter Aufnahme eines Elektrons zu einer Zwischenstufe Compound-II. Diese kann neuerlich von einem Elektronendonor ein Elektron aufnehmen und zurück zum ursprünglichen Enzym reagieren. Compound-I und Compound-II sind auch elektrochemisch an einer Elektrode reduzierbar, entweder durch direkten Elektronentransfer oder unterstützt durch Mediatoren. Typische Mediatoren für Peroxidase-modifizierte Elektroden sind Ferrocenderivate, Hexacyanoferrat(II), Osmiumkomplexe mit Pyridin, Phenylendiamin, Hydrochinone oder Methylenblau [95]. Abbildung 5.10 zeigt das entsprechende Reaktionsschema.

In der Praxis stellt die Meerrettichperoxidase das wichtigste Enzym für Biosensoren zur Messung von Wasserstoffperoxid dar. In wäßrigen Lösungen liegt die Nachweisgrenze bei etwa 10 nM. Allerdings ist zu beachten, daß Reduktionsmittel wie Phenole, aromatische Amine oder Ascorbinsäure die oxidierte Form des Enzyms reduzieren können und damit je nach Bauart der Elektrode zu Interferenzen führen.

Biosensoren mir Peroxidase eignen sich - mit verringerter Empfindlichkeit - auch für die Bestimmung einiger organischer Hydroperoxide [96 - 98] wobei sogar in Mischungen von Wasser und organischen Lösungsmitteln gearbeitet werden kann [99 - 101]. Letzteres unterstreicht die Tatsache, daß Enzymreaktionen keineswegs an ein vollständig wäßriges Milieu gebunden sein müssen [102, 103].

Ansatzweise existieren auch Untersuchungen, Peroxidase-modifizierte Elektroden zur Erfassung von phenolischen Verbindungen einzusetzen, da diese als Mediatoren für den Elektronenübergang zwischen Enzym und Elektrode während der Reduktion von Wasserstoffperoxid fungieren können. Der Sensor spricht auf eine Reihe umweltrelevanter chlorierter Phenole an [104], wobei allerdings die Brauchbarkeit für reale Proben noch weiter zu untersuchen ist.

Peroxidasen eignen sich auch zur Bestimmung von Substanzen, welche die Enzym-aktivität für die Umsetzung von H_2O_2 zu H_2O hemmen. Auf diesem Prinzip beruhen Biosensoren für Cyanid, die Nachweisgrenzen unter 1 µM erreichen [105].

Wesentliche Bedeutung haben Biosensoren mit Peroxidasen zur Erfassung von H_2O_2 gefunden, welches bei der Umsetzung eines Substrates durch Oxidasen entsteht. Grundsätzlich kann man die beiden enzymatischen Reaktionen räumlich getrennt oder direkt miteinander an der Elektrodenoberfläche ablaufen lassen. Im ersten Fall bieten sich Durchflußsysteme an, wobei die Probe zunächst durch einen Enzymreaktor fließt und das gebildete H_2O_2 anschließend zur Peroxidase-modifizierten Elektrode gelangt; in dieser Anordnung finden Biosensoren auch Anwendung als amperometrische HPLC-Detektoren (siehe Kapitel 9). Eleganter ist es natürlich, sowohl die Oxidase als auch die Peroxidase gemeinsam an der Elektrode zu immobilisieren. Kulys et al. [106] führten das Konzept von Bienzymelektroden für das System Glucoseoxidase/ Meerrettichperoxidase ein. Inzwischen liegen Erfahrungen für eine Reihe weiterer Oxidasen in Kombination mit Peroxidase vor z. B. Alkoholoxidase, Lactatoxidase, Cholinoxidase, Aminosäureoxidase, Xanthinoxidase, Uricase, Cholesterinoxidase, Putrescinoxidase, Polyaminoxidase, Bilirubinoxidase oder Glutamatoxidase [95].

5.3.3.4 Biosensoren mit Zellen und Geweben

Bei der Fertigung eines Biosensors geht man meistens von einem definierten Enzym in seiner reinen Form aus. Andererseits enthalten viele pflanzliche Materialien analytisch interessante Enzyme in einem optimalen Milieu, das heißt in stabilisierter und aktivierter Form. Daher kann es sinnvoll sein, entsprechende Zellen oder Gewebe an Elektrodenoberflächen zu immobilisieren. Beispiele sind Banane (Polyphenoloxidase) [107], Champignon (Tyrosinase) [108], Spinat (Glycolatoxidase und Peroxidase) [109], Kohlrabi (Peroxidase) [110], Ananas (Peroxidase) [111], Hefe (Alkohol-dehydrogenase) [108], Erbsensämlinge (Diaminoxidase) [112] und ähnliches. Der Phantasie sind hier keine Grenzen gesetzt. Allerdings scheinen derartige Biosensoren eher für Forschungszwecke als für Routineapplikationen geeignet.

5.3.3.5 Weitere Biosensoren

Eine Reihe weiterer Enzyme eignen sich für Biosensoren, wenn das Substrat zu einem elektrochemisch aktiven Produkt umgesetzt wird, welches an der Elektrode oxidiert oder reduziert wird. Einige Beispiele seien im folgenden zur Illustration der unter-schiedlichen Anwendungsmöglichkeiten diskutiert.

Salizylathydroxylase immobilisiert an einer Kohleelektrode setzt Salizylat in Gegenwart von NADH und Sauerstoff zu Katechol um, welches amperometrisch oxidativ erfaßt wird [113]. Arylacylamidase bildet die Grundlage zu einem Sensor für N-Acetyl-p-aminophenol (Paracetamol); das Enzym katalysiert die Spaltung des Analyten zu Essigsäure und p-Aminophenol, welches oxidativ detektiert wird [114]. Biosensoren für Pestizide mit dem Enzym Acetylcholinesterase oder Butyrylcholinesterase benötigen - im Gegensatz zu den in Abschnitt 5.3.3.1 angeführten Sensoren - nicht unbedingt Cholinoxidase als als zweites Enzym zur Messung der Acetylcholinesterasehemmung; bei Verwendung von Acetylthiocholin oder Butyrylthiocholin als Substrat entsteht Thiocholin, welches direkt amperometrisch erfaßbar ist [115].

Schließlich sei noch auf die alkalische Phosphatase verwiesen, welche eine besondere Rolle bei elektrochemischen Immunoassays spielt, wo sie zur Markierung eines Reaktionspartners der immunchemischen Reaktion dient. Geeignete Substrate sind Phenylphosphat oder *p*-Aminophenylphosphat [116], die enzymkatalysiert zu Phenol beziehungsweise zu *p*-Aminophenol reagieren. Beide sind amperometrisch oxidativ bestimmbar. Im Prinzip kann eine der immunreaktiven Komponenten auch an der Elektrodenoberfläche immobilisiert werden; ist der Analyt die zweite Komponente der Immunreaktion und versetzt man die Analysenlösung zusätzlich mit enzymmarkiertem Analyt, so werden je nach Analytkonzentration unterschiedliche Mengen von enzymmarkiertem Analyt an der Elektrodenoberfläche gebunden. Taucht man anschließend die Elektrode in eine Lösung des Substrates, so kann aus dem fließenden Strom auf die Analytkonzentration in der Analysenlösung zurückgeschlossen werden.

Literatur zu Kapitel 5

[1]   H.L. Kies, *Anal.Chim.Acta 18* (1958) 14.

[2]   P. Surmann, B. Peter, C. Stark, *Fresenius J.Anal.Chem. 356* (1996) 173.

[3]   K. Fischer, *Angew. Chem. 48* (1935) 394.

[4]   E. Scholz, *Karl Fischer Titration,* Springer Verlag, New York (1984).

[5]   E. Scholz, *Fresenius Z.Anal.Chem. 303* (1980) 203.

[6]   E. Scholz, *Fresenius Z.Anal.Chem. 312* (1982) 462.

[7]   E.D. Peters, J.L. Jungrückel, *Anal.Chem. 27* (1955) 450.

[8]   *Metrohm-Information 1/94 (1994)* 15, Fa. Metrohm.

[9]   E. Scholz, *Fresenius Z.Anal.Chem. 330* (1988) 694.

[10]   *Metrohm-Information 2/95* (1995) 14, Fa. Metrohm.

[11]   E. Scholz, *Fresenius Z.Anal.Chem. 309* (1981) 123.

[12]   *Hydranal-Guide,* Firmenschrift der Fa. Riedel-de Haen.

[13]   L.C. Clark, *US Patent 2,913,386* (1959).

[14]   P. Jeroschewski, D. zur Linden, *Fresenius J.Anal.Chem. 358* (1997) 677.

[15]   F. Opekar, *Electroanalysis 4* (1992) 133.

[16]   G. Hötzel, W. Weppner, *Solid State Ionics 18/19* (1989) 1223.

[17]   S.J. Updike, G.P. Hicks, *Nature 214* (1967) 986.

[18]   L. Gorton, *Electroanalysis 7* (1995) 23.

[19]   S. Alegret, *Analyst 121* (1996) 1751.

[20]   J.P. Hart, S.A. Wring, *Electroanalysis 6* (1994) 617.

[21]   J. Wang, L. Fang, D. Lopez, H. Tobias, *Anal.Lett. 26* (1993) 1819.

[22] J. Wang, J. Liu, L. Chen, F. Lu, *Anal.Chem. 66* (1994) 3600.

[23] J. Wang, G. Rivas, M. Chicharro, *Electroanalysis 8* (1996) 434.

[24] J. Wang, L. Chen, J. Liu, *Electroanalysis 9* (1997) 298.

[25] A.E.G. Cass, G. Davis, G.D. Francis, H.A.O. Hill, W.J. Aston, I.J. Higgins, E.V. Plotkin, L.D.L. Scott, A.P.F. Turner, *Anal.Chem. 56* (1984) 667.

[26] P. Schläpfer, W. Mindt, P. Racine, *Clin.Chim.Acta 57* (1974) 283.

[27] T. Ikeda, H. Hamada, K. Miki, *Agric.Biol.Chem. 49* (1985) 541.

[28] N. Motta, A.R. Guadalupe, *Anal.Chem. 66* (1994) 566.

[29] P.D. Hale, L.I. Boguslavsky, H.I. Karan, H.L. Lan, H.S. Lee, Y. Okamoto, T.A. Skotheim, *Anal.Chim.Acta 248* (1991) 155.

[30] I. Rosen-Margalit, A. Bettelheim, J. Rishpon, *Anal.Chim.Acta 281* (1993) 327.

[31] J.D. Newman, A.P.F. Turner, G. Marrazza, *Anal.Chim.Acta 262* (1992) 13.

[32] M.G. Loughran, J.M. Hall, A.P.F. Turner, *Electroanalysis 8* (1996) 870.

[33] J. Kulys, H.E. Hansen, T. Buch-Rasmussen, J. Wang, M. Ozsoz, *Anal.Chim.Acta 288* (1994) 193.

[34] N.A. Morris, M.F. Cardosi, B.J. Birch, A.P.F. Turner, *Electroanalysis 4* (1992) 1.

[35] M.J. Green, P.I. Hilditch, *Anal.Proc. 28* (1991) 374.

[36] K.H. Pollmann, M.T. Gerber, K.M. Kost, M.L. Ochs, P.D. Walling, J.E. Bateson, L.S. Kuhn, C.A. Han, *US Patent 5,288,636* (1994).

[37] A. Heller, *J.Phys.Chem. 96* (1992) 3579.

[38] B.A. Gregg, A. Heller, *Anal.Chem. 62* (1990) 258.

[39] B.A. Gregg, A. Heller, *J.Phys.Chem. 95* (1991) 5976.

[40] T.J. Ohara, R. Rajagopalan, A. Heller, *Anal.Chem. 65* (1993) 3512.

[41] T.J. Ohara, R. Rajagopalan, A. Heller, *Anal.Chem 66* (1994) 2451.

[42] G. Urban, G. Jobst, E. Aschauer, O. Tilado, P. Svasek, M. Varahram, C. Ritter, J. Riegebauer, *Sensors Actuators B 18/19* (1994) 592.

[43] M. Boujtita, M. Chapleau, N. El Murr, *Electroanalysis 8* (1996) 485.

[44] I. Rohm, M. Genrich, W. Collier, U. Bilitewski, *Analyst 121* (1996) 877.

[45] G. Kenausis, Q. Chen, A. Heller, *Anal.Chem. 69* (1997) 1054.

[46] A.R. Vijayakumar, E. Csöregi, A. Heller, L. Gorton, *Anal.Chim. Acta 327* (1996) 223.

[47] X. Du, J. Anzai, T. Osa, R. Motohashi, *Electroanalysis 8* (1996) 813.

[48] V. Kacaniklic, K. Johanson, G. Marko-Varga, L. Gorton, G. Jönson-Pettersson, E. Csöregi, *Electroanalysis 6* (1994) 381.

[49] J.M. Dicks, W.J. Aston, G. Davis, A.P.F. Turner, *Anal.Chim.Acta 182* (1986) 103.

[50] P.D. Hale, T. Inagaki, H.S. Lee, H.I. Karan, Y. Okamoto, T.A. Skotheim, *Anal.Chim.Acta 228* (1990) 31.

[51] T. Ikeda, Y. Hashimoto, M. Senda, Y. Isono, *Electroanalysis 3* (1991) 891.

[52] M. Saka Amini, J.J. Vallon, *Anal.Chim.Acta 299* (1994) 75.

[53] S.M. Reddy, S.P. Higson, P.M. Vadgama, *Anal.Chim.Acta 343* (1997) 59.

[54] J. Kulys, L. Wang, N. Daugvilaite, *Anal.Chim.Acta 265* (1992) 15.

[55]   P.A. Nader, S.S. Vives, H.A. Mottola, *J.Electroanal.Chem. 284* (1990) 323.

[56]   H. Okuma, H. Takahashi, S. Sekimukai, K. Kawahara, R. Akahoshi,
       Anal.Chim.Acta 244 (1991) 161.

[57]   S. Hu, C. Liu, *Electroanalysis 9* (1997) 372.

[58]   H. Sakslund, O. Hammerich, *Anal.Chim.Acta 268* (1992) 331.

[59]   J. Schneider, B. Gründig, R. Renneberg, K. Camman, M.B. Madaras, R.P.
       Buck, K.D. Vorlop, *Anal.Chim.Acta 325* (1996) 161.

[60]   U. Löffler, U. Wollenberger, F. Scheller, W. Göpel, *Fresenius Z.Anal.Chem.
       335* (1989) 295.

[61]   P.D. Hale, L.F. Liu, T.A. Skotheim, *Electroanalysis 3* (1991) 751.

[62]   R. Rouillon, N. Mionetto, J.L. Marty, *Anal.Chim.Acta 268* (1992) 347.

[63]   E.N. Navera, M. Suzuki, K. Yokoyama, E. Tamiya, T. Takeuchi, I. Karube,
       Anal.Chim.Acta 281 (1993) 673.

[64]   A. Guerrieri, G.E. De Benedetto, F. Palmisano, P.G. Zambonin, *Analyst 120*
       (1995) 2731.

[65]   J.L. Marty, K. Sode, I. Karube, *Electroanalysis 4* (1992) 249.

[66]   M. Trojanowicz, M.L. Hitchman, *Trends Anal.Chem. 15* (1996) 38.

[67]   I. Palchetti, A. Cagnini, M. Del Carlo, C. Coppi, M. Mascini, A.P.F.
       Turner, *Anal.Chim.Acta 337* (1997) 315.

[68]   M. Lutz, E. Burestedt, J. Emneus, H. Liden, S. Gobhadi, L. Gorton, G.
       Marko-Varga, *Anal.Chim.Acta 305* (1995) 8.

[69]   J. Wang, L. Fang, D. Lopez, *Analyst 119* (1994) 455.

[70]   G. Marko-Varga, E. Burestedt, C.J. Svensson, J. Emneus, L. Gorton, T.
       Ruzgas, M. Lutz, K.K. Unger, *Electroanalysis 8* (1996) 1121.

[71]   D. Puig, T. Ruzgas, J. Emneus, L. Gorton, G. Marko-Varga, D. Barcelo,
       Electroanalysis 8 (1996) 885.

[72]   A.I. Yaropolov, A.N. Kharybin, J. Emneus, G. Marko-Varga, L. Gorton,
       Anal.Chim.Acta 308 (1995) 137.

[73]   J. Wang, V.B. Nascimento, S.A. Kane, K. Rogers, M.R. Smyth, L. Angnes,
       Talanta 43 (1996) 1903.

[74]   J. Wang, N. Naser, L. Angnes, H. Wu, L. Chen, *Anal.Chem. 64* (1992)
       1285.

[75]   L. Gorton, E. Csöregi, E. Dominguez, J. Emneus, G. Jönsson-Pettersson, G.
       Marko-Varga, B. Persson, *Anal.Chim.Acta 250* (1991) 203.

[76]   A.S.N. Murthy, Anita, R.L. Gupta, *Anal.Chim.Acta 289* (1994) 43.

[77]   M. Heldenmo, A. Narvaez, E. Dominguez, I. Katakis, *Analyst 121* (1996)
       1891.

[78]   S. Cosnier, M. Fontecave, C. Innocent, V. Niviera, *Electroanalysis 9* (1997)
       685.

[79]   J. Wang, J. Liu, *Anal.Chim.Acta 284* (1993) 385.

[80]   S.D. Sprules, J.P. Hart, R. Pittson, S.A. Wring, *Electroanalysis 8* (1996)
       539.

[81]   M.J. Lobo, A.J. Miranda, P. Tunon, *Electroanalysis 8* (1996) 932.

[82]   S.D. Sprules, I.C. Hartley, R. Wedge, J.P. Hart, R. Pittson,
       Anal.Chim.Acta 329 (1996) 215.

[83]   G. Bremle, B. Persson, L. Gorton, *Electroanalysis 3* (1991) 77.
[84]   M. Polasek, L. Gorton, R. Appelqvist, G. Marko-Varga, G. Johansson, *Anal.Chim.Acta 246* (1991) 283.
[85]   K. Miki, T. Ikeda, S. Todoriki, M. Senda, *Anal.Sci. 5* (1989) 269.
[86]   A. Amine, J.M. Kaufmann, G. Palleschi, *Anal.Chim.Acta 273* (1993) 213.
[87]   M.J. Batchelor, M.J. Green, C.L. Sketch, *Anal.Chim.Acta 221* (1989) 289.
[88]   V. Laurinavicius, B. Kurtinaitiene, V. Gureviciene, L. Boguslavsky, L. Geng, T. Skotheim, *Anal.Chim.Acta 330* (1996) 159.
[89]   J. Parellada, E. Dominguez, V.M. Fernandez, *Anal.Chim.Acta 330* (1996) 71.
[90]   C.A.B. Garcia, G. de Oliveira Neto, L.T. Kubota, L.A. Grandin, *J.Electroanal.Chem. 418* (1996) 147.
[91]   L. Ye, M. Hämmerle, A.J.J. Olsthoorn, W. Schuhmann, H. Schmidt, J.A. Duine, A. Heller, *Anal.Chem. 65* (1993) 238.
[92]   M. Smolander, G. Marko-Varga, L. Gorton, *Anal.Chim.Acta 302* (1995) 233.
[93]   T. Ikeda, T. Shibata, S. Todoriki, M. Sendai, H. Kinoshita, *Anal.Chim.Acta 230* (1990) 75.
[94]   T. Noguer, J.L. Marty, *Anal.Chim.Acta 347* (1997) 63.
[95]   T. Ruzgas, E. Csöregi, J. Emneus, L. Gorton, G. Marko-Varga, *Anal.Chim.Acta 330* (1996) 123.
[96]   J. Wang, B. Freiha, N. Naser, E. Gonzales Romero, U. Wollenberger, M. Ozsoz, O. Evans, *Anal.Chim.Acta 254* (1991) 81.
[97]   E. Csöregi, L. Gorton, G. Marko-Varga, A.J. Tüdös, W.T. Kok, *Anal.Chem. 66* (1994) 3604.
[98]   W. Tsai, A.E.G. Cass, *Analyst 120* (1995) 2249.
[99]   O. Adeyoju, E.I. Iwuoha, M.R. Smyth, *Anal.Proc. 31* (1994) 177.
[100] A.J. Reviejo, F. Liu, J.M. Pingarron, J. Wang, *J.Electroanal.Chem. 374* (1994) 133.
[101] A.N.J. Moore, E. Katz, I. Willner, *J.Electroanal.Chem. 417* (1996) 189.
[102] S. Saini, G.F. Hall, M.E.A. Downs, A.P.F. Turner, *Anal.Chim.Acta 249* (1991) 1.
[103] E.I. Iwuoha, M.R. Smyth, *Anal.Commun. 33* (1996) 23H.
[104] A. Lindgren, J. Emneus, T. Ruzgas, L. Gorton, G. Marko-Varga, *Anal.Chim.Acta 347* (1997) 51.
[105] T. Park, E.I. Iwuoha, M.R. Smyth, *Electroanalysis 9* (1997) 1120.
[106] J. Kulys, M. Pesliakiene, A. Samatius, *Bioelectrochem.Bioenerg. 8* (1981) 81.
[107] J. Wang, M.S. Lin, *Anal.Chem. 60* (1988) 1545.
[108] M.P. Connor, J. Wang, W. Kubiak, M.R. Smyth, *Anal.Chim.Acta 229* (1990) 139.
[109] W. Oungpipat, P.W. Alexander, *Anal.Chim.Acta 295* (1994) 37.
[110] L. Chen, M.S. Lin, M. Hara, G.A. Rechnitz, *Anal.Lett. 24* (1991) 1.
[111] M.S. Lin, S.Y. Tham, G.A. Rechnitz, *Electroanalysis 2* (1990) 511.
[112] D. Wijesuriya, G.A. Rechnitz, *Anal.Chim.Acta 243* (1991) 1.

[113] M. Ehrendorfer, G.Sontag, F. Pittner, *Fresenius J.Anal.Chem. 356* (1996) 75.

[114] P.I. Hilditch, M.J. Green, *Analyst 116* (1991) 1217.

[115] D. Martorell, G. Cespedes, E. Martinez-Fabregas, S. Alegret, *Anal.Chim.Acta 337* (1997) 305.

[116] H.T. Tang, C.E. Lunte, H.B. Halsall, W.R. Heineman, *Anal.Chim.Acta 214* (1988) 187.

6 Coulometrie

Coulometrische Analysenverfahren beruhen auf Messungen der Ladungsmenge, welche bei der elektrolytischen Überführung eines Analyten in eine andere Oxidationsstufe umgesetzt wird. Zwischen Stoffmenge und Ladungsmenge besteht in Form des Faraday'schen Gesetzes ein direkter Zusammenhang, sofern wir gewährleisten können, daß der Elektrolysevorgang quantitativ abläuft und keine elektrolytischen Neben-reaktionen auftreten. Die coulometrische Analyse kann grundsätzlich bei konstantem Potential oder bei konstantem Stromfluß durchgeführt werden. Letztere Variante dient bevorzugt für coulometrische Titrationen, bei denen das Titrationsmittel elektrolytisch im Titrationsgefäß erzeugt wird.

Coulometrische Verfahren dienten in der Vergangenheit vielfach zur Analyse von Metallen, doch hat die Bedeutung derartiger Applikationen – nicht zuletzt durch die Verfügbarkeit effizienter atomspektroskopischer Techniken – stark abgenommen. Auch das Angebot an kommerziellen Instrumenten ist wesentlich geringer geworden. Trotz-dem haben einige Anwendungen im Bereich der Titrationen ihren Platz behaupten können, etwa die coulometrische Karl-Fischer-Titration oder die coulometrische Mikrotitration von Halogenidionen. Schließlich bleibt die Coulometrie mitunter die Methode der Wahl, wenn Absolutverfahren mit hoher Präzision gefordert sind.

6.1 Faraday-Gesetze

Die umgesetzte Stoffmenge m während eines Elektrolysevorganges steht mit der La-dungsmenge Q in folgendem Zusammenhang (Faraday'sches Gesetz):

$$m = \frac{Q}{n \cdot F} \qquad (6\text{-}1)$$

In Gleichung 6-1 steht F für die Faraday-Kostante (96486,7 Coulomb·mol^{-1}), n für die Zahl der pro Formeleinheit umgesetzten Elektronen. Da der fließende Strom I der Differentialquotient von Q nach der Zeit t ist, läßt sich das Faraday'sche Gesetz auch in der folgenden Form anschreiben:

$$m = \frac{1}{n \cdot F} \int_0^t I \, \mathrm{d}t \tag{6-2}$$

Wie bereits erwähnt, eignet sich das Faraday'sche Gesetz nur dann als Grundlage für quantitative Messungen, wenn die Stromausbeute für die Umsetzung des Analyten praktisch 100% beträgt. Stromausbeuten unter 100%, d. h. geringere Mengenumsätze des Analyten als dem Faraday'schen Gesetz entsprechen, können dann auftreten, wenn elektrolytische Nebenreaktionen ablaufen wie die Zersetzung des Lösungsmittels oder eine Rückreaktion des umgesetzten Analyten mit Komponenten der Probe zum Ausgangsprodukt. Darüber hinaus kann es notwendig sein, Anodenraum und Kathodenraum durch Diaphragmen zu trennen, um eventuelle Rückreaktionen von reduzierten (oxidierten) Spezies an der Anode (Kathode) zu vermeiden. In der Praxis kann es manchmal notwendig sein, mit empirischen Stromausbeuten zu rechnen, sodaß der Vorteil einer Absolutmethode verloren geht.

Zur Erzielung kurzer Elektrolysezeiten soll der elektrolytische Stoffumsatz pro Zeiteinheit hoch sein. Daher empfiehlt es sich, Elektroden mit großer Oberfläche im Verhältnis zum Volumen der Probelösung einzusetzen sowie durch Konvektion die Diffusionsschichtdicke an der Elektrodenoberfläche und damit die Diffusions-überspannung zu verringern (vergleiche auch Kapitel 3). Die Stromstärken sind somit bei coulometrischen Verfahren wesentlich höher als bei anderen elektrochemischen Techniken, wie etwa der Voltammetrie.

6.2 Coulometrie bei kontrolliertem Potential

Für coulometrische Methoden bei konstantem Potential liegt das Potential der Arbeitselektrode im Bereich des Diffusionsgrenzstromes eines Analyten, sodaß dessen Konzentration direkt an der Elektrodenoberfläche gleich Null ist. Gemäß dem ersten Fick'schen Gesetz ist der Stofftransport zur Elektrode und somit auch der elektrolytische Stoffumsatz proportional zur Konzentration c des Analyten in der Lösung (vergleiche Abschnitt 3). Daraus folgt, daß die zeitliche Änderung der Konzentration proportional zur Konzentration sein muß:

$$\frac{\mathrm{d}c}{\mathrm{d}t} = -k \cdot c \tag{6-3}$$

Integration von 0 bis zur Zeit t ergibt den folgenden Zusammenhang zwischen der Anfangskonzentration c_0 und der Konzentration c_t zum Zeitpunkt t:

$$c_t = c_0 \cdot e^{-kt} \tag{6-4}$$

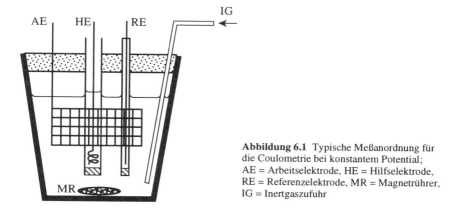

Abbildung 6.1 Typische Meßanordnung für die Coulometrie bei konstantem Potential; AE = Arbeitselektrode, HE = Hilfselektrode, RE = Referenzelektrode, MR = Magnetrührer, IG = Inertgaszufuhr

Die Konstante k hängt unter anderem vom Diffusionskoeffizienten des Analyten sowie vom Verhältnis der Elektrodenoberfläche zum Lösungsvolumen ab.

Da der Stromfluß proportional zum Stofftransport ist, kann ein analoger Zusammenhang zwischen dem Anfangsstrom I_0 und dem Strom I_t zum Zeitpunkt t formuliert werden:

$$I_t = I_0 \cdot e^{-kt} \tag{6-5}$$

$$\log I_t = \log I_0 - \frac{k}{2,303} t \tag{6-6}$$

Der Elektrolysestrom von coulometrischen Titrationen bei konstantem Potential nimmt exponentiell ab und geht bei Erreichen des Endpunktes gegen Null. Die Ladungsmenge Q ergibt sich durch die entsprechende Integration:

$$Q = \int_{t=0}^{t=\infty} I \; \mathrm{d}t = \int_{t=0}^{t=\infty} I_0 \cdot e^{-kt} \; \mathrm{d}t = \frac{I_0}{k} \tag{6-7}$$

Die Konstante k kann gemäß Gleichung 6-6 aus der Steigung der Geraden ermittelt werden, wenn $\log I$ gegen t aufgetragen wird. Damit ist eine Bestimmung der Ladungsmenge Q auch möglich, ohne den Elektrolysevorgang vollständig ablaufen lassen zu müssen.

Ähnlich wie in der Voltammetrie sind Dreielektrodenanordnungen mit Arbeitselektrode, Bezugselektrode und Hilfselektrode auch in der Coulometrie bei konstantem Potential gebräuchlich. Als Elektrodenmaterial kommen Edelmetalle (insbesondere Platin), Quecksilber und verschiedene Arten von Kohlenstoff zum Einsatz. Abbildung 6.1 zeigt eine typische coulometrische Elektrolysezelle.

Coulometrische Analysenverfahren bei konstantem Potential haben während der letzten Jahre vielfach deutlich an Bedeutung für die Praxis verloren. Nach wie vor aktuelle Anwendungen sind teilweise im Bereich der Bestimmung von Edelmetallen

Tabelle 6.1 Beispiele für coulometrische Bestimmungen von Edelmetallen bei konstantem Potential

Metall	coulometrischer Vorgang	Elektrolyt	Arbeitspotential	Literatur
Ag	Ag(I) → Ag(0) an Tantal	Milchsäure pH 2...6	0,09 V (SCE)	[1]
	Ag(I) → Ag(0) an Platin	2 M HCl, 0,1 M KSCN	0,28 V (Ag/AgCl)	[2]
Au	Au(III) → Au(0) an Kohle	1...2 M HCl, 0...1 M HBr	0,2 V (Ag/AgCl)	[3]
	Au(III) → Au(0) an Kohle	1 M HCl	0,5 V (SCE)	[4]
	Au(II) → Au(I), Au(I) → Au(0) an Kohle	0,5 M HCl, 0,1 M KSCN	0,20, −0,20 V (Ag/AgCl)	[5]
Ir	Ir(IV) → Ir(III) an Kohle	0,5 M HCl, 1 M H_3PO_4	0,6 V (Ag/AgCl)	[6]
Pd	Pd(IV) → Pd(II) an Platin	0,2 M NaN_3, 0,2 M Na_2HPO_4, pH 7	0,125 V (SCE)	[7]
	Pd(IV) → Pd(II) an Platin	NaN_3 pH 8.4	0,10 V (SCE)	[8]
	Pd(IV) → Pd(II) an Kohle	0,2 M NaN_3, 4,8 M $NaClO_4$, 0,2 M Na_2HPO_4, pH 7	0 V (SCE)	[9]
Pt	Pt(IV) → Pt(0) an Quecksilber	1 M H_2SO_4, 0,02M Amidoschwefelsäure	−0,3 V (Ag/AgCl)	[10]
	Pt(IV) → Pt(II) oder Pt(II) → Pt(IV) an Platin, Graphit	2 M HCl, 0,1 M Ethylendiamin	0,10 V oder 0,80 V (Ag/AgCl)	[11]
	Pt(IV) → Pt(II) an Platin	2 M HCl, 0,1M KSCN	−0,15...−0,20 V (Ag/AgCl)	[12,13]
Rh	Rh(III) → Rh(IV) an Platin	3 M NaOH	0,38 V (SCE)	[14]
Ru	Ru(IV) → Ru(IV, III) an Platin	1 M HCl	0,4 V (SCE)	[15]
	Ru(III) → Ru (II) an Platin	3 M HCl	0,35 V (SCE)	[16]

und Aktiniden zu finden. Die Tabellen 6.1 und 6.2 fassen einige Beispiele aus der Literatur der letzten Jahre zusammen.

Der Wunsch nach kurzen Analysenzeiten führte zu etlichen Zellenkonstruktionen mit stark verbessertem Verhältnis von Analysenlösung zu Elektrodenfläche. Uchiyama und Mitarbeiter entwickelten Arbeitselektroden auf der Basis von einem porösen Kohlefilz [22, 23] oder einem porösen Netzwerk aus Kohlefasern [24], welche mit einem geeigneten Elektrolyten getränkt sind. Einige Mikroliter der Analysenlösung werden auf den Kohlefilz aufgebracht und innerhalb weniger Sekunden praktisch

Tabelle 6.2 Beispiel für die coulometrische Analyse von Aktiniden bei konstantem Potential

Metall	coulometrischer Vorgang	Elektrolyt	Arbeitspotential	Literatur
Am	Am(IV) → Am(III) an Platin	1 M H_2SO_4 0,1 M $K_{10}P_2W_{17}O_{61}$	+1,03 V (Ag/AgCl)	[17]
Np	Np(V) → Np(VI) an Platin	1 M H_2SO_4	+0,77...+0,99 V (SCE)	[18]
U, Pu	U(VI) → U(IV) Pu(III) → Pu(IV) an Graphit	0,5 M H_2SO_4	−0,325 V + 0,7 V (SCE)	[19]
U	U(VI) → U(IV) an Quecksilber	0,5 M H_2SO_4	−0,325 V (SCE)	[20]
Pu	Pu(III) → Pu(IV) Pu(IV) → Pu(III) an Platin	1...2 M HNO_3	+0,9 V +0,5 V	[21]
Pu	Pu(III) → Pu(IV) Pu(IV) → Pu(III) an Platin	1 M H_2SO_4	+ 0,67 V + 0,27 V (SCE)	[20]

quantitativ umgesetzt. Etliche der beschriebenen Anwendungen machen zusätzlich Gebrauch von Mediatoren im Elektrolyten. Für Peroxide in Ölen [24] oder Chlorverbindungen aus der Wasseraufbereitung [23] eignet sich Iodid als Mediator, welches durch die Analyte zu elementarem Iod oxidiert und in dieser Form coulometrisch erfaßt wird. Ein Elektrolyt mit Cholesterinoxidase und Hexacyanoferrat(II) ermöglicht die Bestimmung von Cholesterin [25]; das bei der enzymatischen Oxidation von Cholesterin entstehende Wasserstoffperoxid reagiert mit Hexacyanoferrat(II) zu Hexacyanoferrat(III); letzteres ergibt das coulometrische Signal. Tocopherole sind mit Hexacyanoferrat(III) als Mediator bestimmbar [26].

Kurze Analysenzeiten sind auch mit Dünnschichtzellen möglich, die ähnlich wie die in Kapitel 9 beschriebenen Detektionszellen für die Flüssigkeitschromatographie aufgebaut sind. Die Analysenlösung befindet sich in Form einer Schicht von weniger als 100 μm Dicke zwischen einer großflächigen Arbeitselektrode und einer Deckplatte; die Konstante k der Gleichung 6-3 bzw. 6-4 ist in diesem Fall indirekt proportional zum Quadrat der Schichtdicke [27].

Anstelle eines konstanten Potentials ist auch die Anwendung von linear veränderlichen Potentialen möglich, sofern eine langsame Potentialänderung im Vergleich zur notwendigen Elektrolysezeit vorgenommen wird. Diese Technik liefert neben der quantitativen Information auch qualitative Aussagen an Hand des Potentials, bei dem Stromfluß auftritt.

Neben den bisher beschriebenen coulometrischen Analysen im batch-Modus erlauben Durchflußelektroden aus porösem Kohlenstoff auch Anwendungen in der Fließinjektionsanalyse. Die Elektrolysezellen gleichen den coulometrischen Durchflußzellen der Flüssigkeitschromatographie (siehe Kapitel 9).

6.3 Coulometrie bei kontrollierter Stromstärke

Coulometrische Analysen bei vorgegebener Stromstärke erlauben eine sehr einfache Bestimmung der umgesetzten Stoffmenge durch eine Zeitmessung, da sich die verbrauchte Ladungsmenge aus dem Produkt des angelegten konstanten Stromes und der Zeit ergibt. Allerdings muß eine geeignete Indikationsmethode für die Erkennung des Elektrolyseendpunktes verfügbar sein.

Verfahren mit direkter elektrolytischer Umsetzung des Analyten bei konstanter Stromstärke sind selten. Vielmehr dient der angelegte Strom meist zur elektrolytischen Erzeugung eines Reagenzes, welches mit dem Analyten in einer Fällungs-, Säure/Base-, Redox- oder Komplexbildungsreaktion reagiert. Diese Vorgangsweise entspricht einer Titration mit einem elektrolytisch erzeugten Titrationsmittel, wobei die bis zum Erreichen des Äquivalenzpunktes aufgewendete Ladungsmenge proportional zur Stoffmenge des Analyten ist. Der Begriff der "coulometrischen Titration" wird häufig dem Begriff der "Coulometrie bei kontrollierter Stromstärke" gleichgesetzt, obwohl letzterer der eigentliche Überbegriff ist und die coulometrische Titration einen (fast ausschließlich angewandten) Spezialfall darstellt.

Die elektrochemische Zelle für coulometrische Titrationen umfaßt eine Generatorelektrode zur Erzeugung des Titrationsmittels sowie eine Gegenelektrode, welche häufig durch eine Fritte von der Analysenlösung abgetrennt ist, um eventuelle Störungen durch Elektrolysevorgänge an der Gegenelektrode zu vermeiden.

Als Materialien für die Generatorelektrode kommen Edelmetallelektroden wie Platin oder Gold, Kohleelektroden sowie "aktive" Materialien wie Silber (für die anodische Erzeugung von Silberionen) zum Einsatz. Eine Konstantstromquelle liefert den Generatorstrom. Die vorgegebene Stromstärke muß allerdings nicht während des gesamten Titrationsvorganges gleich groß bleiben, sondern kann den sich ändernden Analytkonzentrationen angepaßt werden. Als Alternative können Strompulse konstanter Größe jedoch einstellbarer Frequenz angewendet werden.

Die Selektivität der coulometrischen Titration ist wie bei jeder Titration mitunter nicht hoch genug, um eine einzelne Komponente störungsfrei in komplexen Matrizes bestimmen zu können. Wesentliche Verbesserungen sind vor allem für die Analyse flüchtiger Substanzen wie NH_3, SO_2 oder H_2S mittels Gasdiffussionsverfahren möglich [28, 29]. Die Probe fließt – eventuell nach Einspritzung in eine geeignete Transportlösung – über eine mikroporöse Membran, die in eine coulometrische Titrationszelle integriert ist. Flüchtige Substanzen diffundieren durch die Membran in die Elektrolytlösung (Akzeptorlösung), welche durch die coulometrische Zelle zirkuliert. Diese Technik eignet sich grundsätzlich auch für kontinuierliche Messungen, obwohl meist der Transfer durch die Membran nicht quantitativ ist, sodaß entsprechende Kalibrierungen notwendig sind.

Eine interessante Ergänzung zu den bisher diskutierten coulometrischen Techniken stellt die von Pungor und Mitarbeitern entwickelte Durchflußtitration mit Dreiecksprogrammierung (triangle programmed flow titration) dar [30, 31]. Die Probe durchströmt mit konstanter Geschwindigkeit die coulometrische Zelle; der Strom zur Erzeugung des Titrationsmittels steigt von Null linear zu einem Maximum an und fällt

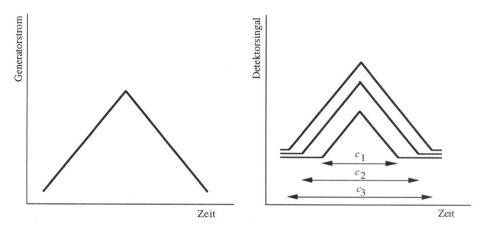

Abbildung 6.2 Coulometrische Durchflußtitration mit Dreiecksprogrammierung;
Zeitverlauf von Generatorstrom und Detektorsignal bei drei unterschiedlichen Analytkonzentrationen abnehmender Konzentration

wieder linear auf Null. Teilt man gedanklich die fließende Probe in dünne Segmente, so wird jedes Segment beim Durchfließen der Zelle in verschiedenem Ausmaß unter- oder übertitriert sowie ein bestimmtes Segment genau bis zum Äquivalenzpunkt titriert. Da der angelegte Strom symmetrisch ansteigt und abfällt, tritt der Äquivalenzpunkt zweimal auf. Die Differenz zwischen den Äquivalenzpunkten ist indirekt proportional zur Konzentration des Analyten. Abbildung 6.2 zeigt als Beispiel die Verhältnisse für eine iodometrische Titration mit coulometrisch generiertem Iod; die Endpunktsbestimmung erfolgt amperometrisch, sodaß vor dem Äquivalenzpunkt der Stromfluß an der Indikatorelektrode Null, nach dem Äquivalenzpunkt dagegen proportional zum Iodüberschuß ist. Neuere Anwendungen dieser Technik umfassen die Titration von pharmazeutischen Produkten mit Hypobromit [32] oder Iod [33] sowie die Bestimmung von Sulfit und Schwefeldioxid mit Brom [34].

6.3.1 Coulometrische Fällungstitrationen

Coulometrische Titrationen haben besondere Bedeutung für die Bestimmung von Halogenidionen erlangt. Hierbei dient eine Silberanode zur Generierung von Silberionen. Meist wird die Titration in stark essigsaurem Milieu durchgeführt; die Endpunktserkennung ist potentiometrisch mit einer Indikatorelektrode aus Silber und einer Bezugselektrode oder biamperometrisch mit zwei Silberelektroden möglich. Die Einsatzmöglichkeiten der coulometrischen Halogenidtitration sind vielfältig. In der klinischen Analytik ist es möglich, Chlorid im Serum mit sehr hoher Präzision zu bestimmen [35] und diesen Vorgang weitestgehend zu automatisieren. In der Petrochemie hat sich dieses Verfahren in Kombination mit einem Verbrennungsschritt als Standardmethode für die Bestimmung des Gesamtchlorgehaltes von Erdölprodukten etabliert. Die Probe wird im Sauerstoffstrom bei Temperaturen zwischen 900 °C und 1000 °C in einem Rohrofen verbrannt, sodaß aus chlorhaltigen Verbindungen gasförmige Salzsäure entsteht. Die Verbrennungsgase durchlaufen einen mit konzentrierter

Schwefelsäure gefüllten Gaswäscher, werden dabei getrocknet und gelangen anschließend in die Meßzelle des Coulometers, welche einen stark essigsauren Elektrolyten mit einer geringen Menge an Silberionen enthält. Die Verringerung der Silberionenkonzentration bei Ausfällung von Silberchlorid wird durch anodisch generierte Silberionen aus einer Silberelektrode kompensiert. Die absoluten Bestimmungsgrenzen liegen im Bereich von 10 bis 50 ng.

Bestimmungsmethoden für Organohalogenverbindungen in Wässern finden in den letzten Jahren zunehmende Bedeutung in der Umweltanalytik. Es ist allerdings nicht möglich, routinemäßig sämtliche einzelnen Organohalogenverbindungen einer Wasser- oder Abwasserprobe zu identifizieren und zu quantifizieren. Als Alternative haben sich Summenparameter bewährt, insbesondere der AOX-Wert (adsorbable organic halogen), der EOX-Wert (extractable organic halogen) und der POX-Wert (purgeable organic halogen). AOX-Bestimmungen beruhen auf der Adsorption von Organohalogenverbindungen einer angesäuerten Wasserprobe (pH 2 bis 3) an Aktivkohle. Anschließendes Waschen der Aktivkohle mit einer Natriumnitratlösung entfernt anorganische Halogenide und ergibt selbst bei industriellen Abwässern mit hoher Salzbelastung korrekte Ergebnisse [36]. Ein Verbrennen der beladenen Aktivkohle im Sauerstoffstrom führt zu den gasförmigen Halogenwasserstoffsäuren, welche in der oben bereits beschriebenen Weise durch coulometrische Titration erfaßt werden. EOX-Bestimmungen basieren auf der Extraktion der Wasserprobe mit Pentan, Hexan oder Heptan, der Extrakt wird wiederum der Verbrennungsapparatur mit nachgeschalteter coulometrischer Zelle zugeführt. Flüchtige Organohalogenverbindungen (POX-Wert) werden mit Hilfe eines Sauerstoffstroms aus der Wasserprobe ausgeblasen und direkt in das Verbrennungssystem eingeleitet.

6.3.2 Coulometrische Säure-Base-Titrationen

Protonen lassen sich anodisch an Platinelektroden in wäßrigen Neutralsalzlösungen (z.B. 1%ige Natriumsulfatlösung) generieren. Unter anderem diente dieses Verfahren zur Titration von Ammoniak im Rahmen der Stickstoffbestimmung nach Kjeldahl [37] oder als Endbestimmungsmethode bei der Bestimmung des gesamten gebundenen Stickstoffs (Nitrat-Stickstoff, Nitrit-Stickstoff, Ammonium-Stickstoff, organisch gebundener Stickstoff) in Wässern nach Zersetzung der Probe bei 700 °C im Wasserstoffstrom und Überführung des gebundenen Stickstoffs in Ammoniak [38].

Auch in nichtwäßrigen Lösungsmitteln ist eine coulometrische Generierung von Protonen möglich. Während in wasserähnlichen Lösungsmitteln die Reaktion analog zu wäßrigen Lösungen abläuft, ist in anderen nichtwäßrigen Lösungsmitteln die Protonengenerierung von der Zugabe geeigneter oxidierbarer Substanzen zum Lösungsmittel abhängig. Mihajlovic et al. [39, 40] schlugen unter anderem Gallussäure, Gallussäureester, Pyrocatechol, Pyrogallol und Ascorbinsäure in Propylencarbonat, Cyclohexa-1,4-dien und Cyclohexa-1,3-dien in Essigsäure/Essigsäureanhydrid, Cyclohexa-1,4-dien in Acetonitril, 2,3,4,-Trihydroxybenzoesäure, 3,4,5-Trihydroxybenzoesäure, Pyrocatechol, Pyrogallol und Gallussäureester in Nitromethan sowie Hydrochinon, Gallussäureethylester und Pyrogallol in Sulpholan vor. Ein alternatives Verfahren der coulometrischen Säureerzeugung besteht in der Oxidation von Wasserstoff oder Deuterium, welche in Palladium gelöst sind. Diese Technik ist sowohl in wäßrigen Lösungen [41] als auch in nichtwäßrigen Lösungsmitteln wie Aceton, Methylethylketon, Methylisobutylketon, Cyclohexanon, Essigsäure/Essigsäuren-hydrid, Propylencarbonat, Acetonitril, Propionitril, Benzonitril, Benzylcyanid, Nitromethan und Sulfolan einsetzbar [42 - 46].

Die coulometrische Erzeugung von Hydroxylionen durch Zersetzung von Wasser an einer Platinkathode hat vor allem für die Kohlenstoffbestimmung Bedeutung gefunden. Zunächst wird der Kohlenstoff der Probe zu Kohlendioxid oxidiert, welches anschließend in die Elektrolytlösung der coulometrischen Zelle geleitet wird. Als Elektrolyt ist eine alkalische Bariumperchloratlösung geeignet, in welcher bei Absorption von Kohlendioxid der pH-Wert sinkt, da Bariumcarbonat ausfällt. Coulometrisch generierte Hydroxylionen stellen sodann die ursprüngliche Alkalität wieder her. Dieses Verfahren ermöglicht die Kohlenstoffbestimmung in verschiedensten Werkstoffen sowie die Beurteilung von Wässern und Abwässern an Hand von Kohlenstoffkennzahlen. Infolge der Vielzahl organischer Inhaltsstoffe in Wässern ist es in der Routine wenig sinnvoll, einzelne Verbindungen zu analysieren; vielmehr kommen Summenparameter zur Anwendung wie der TOC-Wert (total organic carbon) oder der DOC-Wert (dissolved organic carbon). Die Verfahren zur Bestimmung von organischem Kohlenstoff in Wasserproben basieren auf der Oxidation des Kohlenstoffs auf thermischem Wege durch Verbrennung oder auf naßchemischem Wege durch Oxidationsmittel und/oder Behandlung mit UV-Licht. Anorganischer Kohlenstoff (gelöstes Kohlendioxid, Hydrogencarbonat, Carbonat) ist vor der Analyse durch Ansäuern der Probe und Austreiben des Kohlendioxids zu entfernen, sofern man nicht den TOC-Wert aus der Differenz des Gesamtkohlenstoffs (TC-Wert, total carbon) und des anorganischen Kohlenstoffs (TIC-Wert, total inorganic carbon) ermittelt. Eine Erhöhung der Empfindlichkeit ist durch den Einsatz von nichtwäßrigen Lösungen in der Titrationszelle möglich; beispielsweise reagiert Ethanolamin in Dimethylformamid mit Kohlendioxid zu Carbaminsäure, welche coulometrisch titrierbar ist. Es ist naheliegend, die coulometrische Titration auch für die Bestimmung des anorganischen Kohlenstoffs nach Ansäuern der Probe einzusetzen; diese Methode hat insbesondere für die Analyse von Meerwasser Bedeutung erlangt, wenn höchste Genauigkeit gefordert ist [47, 48].

Man darf allerdings nicht übersehen, daß anstelle der Coulometrie die Infrarotspektroskopie zunehmend Bedeutung als Endbestimmungsmethode für Kohlendioxid gewinnt.

6.3.3 Coulometrische Redoxtitrationen

Die coulometrische Generierung von Titrationsmittel ist für eine Reihe von Redoxtitrationen denkbar, allerdings sind nicht in jedem Fall Vorteile im Vergleich zur volumetrischen Titration gegeben. Besonderes Interesse findet die Coulometrie für die Erzeugung sehr starker Oxidations- oder Reduktionsmittel, welche üblicherweise in wäßrigen Medien nicht stabil sind. So stellt coulometrisch erzeugtes Ag(II) das

Tabelle 6.3 Überblick über gebräuchliche coulometrische Redoxtitrationen

Titrationsmittel	coulometrischer Vorgang	Anwendungsbeispiel
Cl_2	$2 \ Cl^- \rightarrow Cl_2 + 2 \ e^-$ (Platinanode in saurer Lösung)	oxidative Bestimmung von Steroiden [49]
Br_2	$2 \ Br^- \rightarrow Br_2 + 2 \ e^-$ (Platinanode in saurer Lösung)	Bestimmung der Bromzahl petrochemischer Produkte [50]
I_2	$2 \ I^- \rightarrow I_2 + 2 \ e^-$ (Platinanode in saurer bis neutraler Lösung)	Bestimmung des Gesamtschwefels nach Überführung in SO_2 [51]
BrO^-	$Br^- + 2 \ OH^- \rightarrow BrO^- + H_2O + 2 \ e^-$ (Platinanode in alkalischer Lösung)	Bestimmung von Ammoniak durch Oxidation zu Stickstoff [52]
IO^-	$I^- + 2 \ OH^- \rightarrow IO^- + H_2O + 2 \ e^-$ (Platinanode in alkalischer Lösung)	Bestimmung von 2-Thiobarbitursäure [53]
Co^{3+}	$Co^{2+} \rightarrow Co^{3+} + e^-$ (Platin- oder Glaskohlenstoffanode)	Bestimmung oxidierbarer Substanzen [54, 55]
Mn^{3+}	$Mn^{2+} \rightarrow Mn^{3+} + 2 \ e^-$ (Platin- oder Gaskohlenstoffanode in Essigsäure)	Bestimmung oxidierbarer Substanzen [56]
Ce^{4+}	$Ce^{3+} \rightarrow Ce^{4+} + e^-$ (Platin- oder Gaskohlenstoffanode in saurer Lösung)	Bestimmung oxidierbarer Substanzen [57]
Cu^+	$[CuEDTA]^{2-} + 2 \ Cl^- + e^- \rightarrow CuCl_2^- + EDTA^{4-}$ (Platinkathode in Azetatpuffer)	Bestimmung von Platin(IV) [58]
Ti^{3+}	$Ti^{4+} + e^- \rightarrow Ti^{3+}$ (Platin- oder Quecksilberkathode in schwefelsaurer Lösung	Bestimmung von Uran(VI) [59]
Fe^{2+}	$Fe^{3+} + e^- \rightarrow Fe^{2+}$	Bestimmung von Np [60]

stärkste bekannte Oxidationsmittel in wäßrigen Lösungen dar, coulometrisch erzeugtes U(III) das stärkste bekannte Reduktionsmittel. Tabelle 6.3 gibt einen Überblick über gebräuchliche coulometrische Reagenzien mit ausgewählten neueren Anwendungsbeispielen, ohne den Anspruch der Vollständigkeit zu erheben. Die wahrscheinlich wichtigsten Applikationen liegen im Bereich der coulometrischen Erzeugung von elementarem Iod, welches aus Iodid an Platinanoden einerseits für Oxidationen in wäßrigen Medien, andererseits für die Karl-Fischer Wasserbestimmung in methanolischer Lösung mit ausgezeichneter Stromausbeute erzeugt werden kann (letztere Applikation wird in Abschnitt 6.3.4 genauer behandelt). Die coulometrische Iodometrie in wäßriger Lösung ist vielfach die Methode der Wahl für die Bestimmung von Sulfit (als neueres Beispiel sei die Analyse von Sulfit in gechlortem Wasser angeführt [61]), oder des Schwefelgehaltes petrochemischer Produkte nach Verbrennung im Argon-Sauerstoffstrom zu SO_2 [62].

Die Verbrennungsapparatur für Gesamtschwefelbestimmungen ist – abgesehen vom Elektrolyten in der coulometrischen Zelle – praktisch identisch mit jener für Gesamt-chlorbestimmungen (siehe Abschnitt 6.3.1). Typisch sind absolute Nachweisgrenzen im unteren Nanogrammbereich. Man sollte beachten, daß je nach Verbrennungs-temperatur und Sauerstoffpartialdruck neben SO_2 auch SO_3 entsteht, welches sich der Bestimmung entzieht. Optimierte Verbrennungsbedingungen können den Anteil an SO_3 gering halten, eine entsprechende Korrektur mittels Schwefelstandards ist aber angebracht. Darüber hinaus ist auch eine Reduktion des SO_3 zu SO_2 im Gasstrom an Kupferoxid bei Temperaturen zwischen 900 und 1000 °C möglich [51]. Die coulo-metrische Gesamtschwefelbestimmung nach Verbrennung eignet sich auch zur Er-fassung schwefelorganischer Wasserinhaltsstoffe über Summenparameter wie AOS (adsorbable organic sulfur), EOS (extractable organic sulfur) oder TOS (total organic sulfur). Allerdings haben diese Kenngrößen in der Wasseranalytik noch nicht jene Bedeutung erreicht, die den analogen Halogen-Summenparametern zukommt.

Eine andere häufiger eingesetzte coulometrische Redoxtitration stellt die Be-stimmung von Ammoniak mit Hypobromit dar. Der Elektrolyt zur coulometrischen Reagenserzeugung besteht aus Kaliumbromid in einem Puffer pH 8.6. Zunächst generiert eine Platinanode aus Bromid elementares Brom, welches beim eingestellten pH-Wert zu Hypobromit und Bromid disproportioniert. Hypobromit oxidiert Ammoniak unter Bildung von elementarem Stickstoff. Applikationen finden wir im Bereich der Bestimmung von Stickstoff nach der Kjeldahl-Methode in unter-schiedlichsten Proben wie Reinstmetallen [63], proteinhaltigen Materialien [64] oder industriellen Wässern [65].

6.3.4 Coulometrische Karl-Fischer-Wasserbestimmung

Die coulometrische Karl-Fischer-Titration beruht ebenso wie die in Kapitel 5 beschrie-bene volumetrische Variante auf der Reaktion von Wasser mit Iod und Schwefeldioxid in Gegenwart einer Base RN und Methanol:

$$SO_2 + CH_3OH + RN \rightleftharpoons CH_3SO_3^- + RNH^+ \qquad (6\text{-}8)$$

$$CH_3SO_3^- + I_2 + H_2O + 2\,RN \rightleftharpoons CH_3SO_4^- + 2\,I^- + 2\,RNH^+ \qquad (6\text{-}9)$$

Bei der coulometrischen Titration wird das Titrationsmittel Iod elektrolytisch an einer Platinanode aus Iodid erzeugt. Die Vorteile dieser Titrationstechnik liegen für die Praxis in der Tatsache, daß die Titerstellung entfällt und der Luftausschluß leichter realisierbar ist; weiters eignet sie sich besonders für die Bestimmung kleiner Wassermengen im Mikrogramm- oder niedrigen Milligrammbereich.

Die ersten routinemäßig eingesetzten coulometrischen Karl-Fischer-Titrationszellen enthielten einen Anodenraum und einen Kathodenraum, welche durch ein Diaphragma voneinander getrennt waren. Derartige Zellen sind zum Teil auch heute noch im Einsatz. Der Anodenraum enthält das Karl-Fischer-Reagens bestehend aus einer Base, Schwefeldioxid und Iodid in Methanol. Üblicherweise enthält diese Lösung 20 bis 40% Chloroform, welches einerseits die Löslichkeit unpolarer Substanzen verbessert,

andererseits eine schnelle Endpunktseinstellung ermöglicht, da es die Reaktionsgeschwindigkeit der Karl-Fischer-Reaktion deutlich erhöht [66, 67]. Heute stehen auch
chloroformfreie Anodenelektrolyte zur Verfügung, um den Wunsch nach toxikologisch
weniger bedenklichen Chemikalien Rechnung zu tragen. Ein Zusatz von längerkettigen
Alkoholen verbessert die Löslichkeit für unpolare Substanzen; der etwas langsamere
Titrationsverlauf ist meist akzeptierbar.

Die Vorgänge im Kathodenraum sind wesentlich komplexer. Der Kathodenelektrolyt
ist ein (leicht modifiziertes) Karl-Fischer Reagens bestehend aus einer Base,
Schwefeldioxid und Iodid in Methanol sowie Tetrachlorkohlenstoff. Reagenzien ohne
Tetachlorkohlenstoff führen dazu, daß die gemessenen Wassergehalte zu hoch sind und
das Reagens sehr viel rascher erschöpft ist (der Stromfluß sinkt dann auf Null).
Arbeiten von Scholz [68] zeigten, daß Methylsulfit im Kathodenelektrolyten reduzierbar ist und anionische Schwefelverbindungen mit niedrigerer Oxidationszahl entstehen, welche zusammen mit dem Methylsulfitionen in den Anodenraum migrieren,
durch Iod oxidiert werden und zu hohe Werte vortäuschen. Gleichzeitig kommt es an
der Kathode auch zu einer Wasserstoffentwicklung, die mit der Umwandlung der
protonierten Base in die freie Base verbunden ist. Wir beobachten somit eine Umwandlung des Kathodenelektrolyten in eine elektrolytisch nicht leitende Lösung,
welche keinen Stromfluß mehr zuläßt. Durch den Zusatz von Tetrachlorkohlenstoff
entstehen an der Kathode durch Reduktion Chloroform und Chlorid; letzteres trägt dazu
bei, den Stromfluß aufrecht zu erhalten. Gleichzeitig konkurriert die Reduktion des
Tetrachlorkohlenstoffs mit der Reduktion des Methylsulfits, sodaß weniger oxidierbare
Schwefelverbindungen entstehen.

Verbesserungen in der Zusammensetzung des Karl-Fischer-Reagens zielten darauf
ab, einen Zusatz von Tetrachlorkohlenstoff zu vemeiden, ohne die geschilderten Nachteile in Kauf nehmen zu müssen. Methanollösliche Ammoniumsalze stellen eine
brauchbare Alternative dar [68]. Das Ammoniumion wird an der Kathode unter Wasserstoffentwicklung zum freien Amin umgesetzt, das zugehörige Anion hält den Stromfluß aufrecht.

Eine Reihe weitestgehend optimierter und patentrechtlich geschützter Reagenzien
stehen heute dem Praktiker in kommerziell erhältlicher Form zur Verfügung [69].
Spezielle Elektrolytzusammensetzungen erlauben auch die Verwendung von coulometrischen Zellen ohne Trennung von Anode und Kathode durch ein Diaphragma [70];
man benötigt somit nur einen einzigen Elektrolyten, was die Routineanwendung
vereinfacht.

Die Grenzen der coulometrischen Karl-Fischer-Titration liegen einerseits in der
Chemie der Reaktion selbst und sind somit identisch mit den Limitationen der
volumetrischen Titration (siehe Kapitel 5); andererseits entziehen sich leicht oxidierbare Substanzen wie Hydrochinon oder Pyrocatechol der coulometrischen Analyse, da
sie an der Anode oxidiert werden. Vorsicht ist auch bei Nitrophenolen geboten, sofern
mit Zellen ohne Diaphragma gearbeitet wird; in diesem Fall kommt es an der Kathode
zu einer Reduktion zum entsprechenden Amin, welches anschließend an der Anode
oxdiert wird [70].

Die Leistungsfähigkeit der Karl-Fischer-Titration in Bezug auf die exakte Erfassung
kleiner Wassermengen machen das Verfahren attraktiv für Wasserbestimmungen in

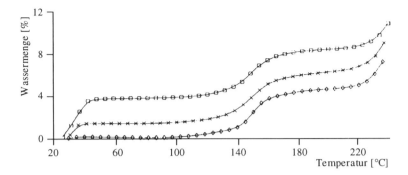

Abbildung 6.3 Bestimmung von Wasser in Proben von Lactosemonohydrat mit unterschiedlichen Gesamtwassergehalten durch Karl-Fischer-Titration und temperaturprogrammierte Ausheiztechnik (Nach [71] mit Genehmigung)

Feststoffen in Kombination mit einer Ausheiztechnik [71]. Die Festprobe wird in eine temperaturprogrammierbare Ausheizkammer dosiert; ein Inertgas läuft zwischen Titrationszelle und Heizkammer im Kreislauf und transportiert das abgegebene Wasser der Probe in das Karl-Fischer-Reagens. Die Temperaturprogrammierung bietet die Möglichkeit, zwischen adsorptiv gebundenem Oberflächenwasser, Kristallwasser sowie Wasser aus Zersetzungsprozessen zu unterscheiden. Ebenso ist die stufenweise Abgabe von Wasser bei Substanzen, die mehrere Kritallwassermoleküle aufweisen, verfolgbar. Abbildung 6.3 zeigt als typisches Beispiel die temperaturprogrammierte Wasserbestimmung von Oberflächenwasser und Kristallwasser in Lactose. Zwischen 30 und 50 °C wird das Oberflächenwasser abgegeben, zwischen 120 und 180°C das Kristallwasser. Bei höheren Temperaturen tritt Wasser infolge Zersetzung der Substanz auf.

6.3.5 Weitere coulometrische Titrationen

Coulometrische Titrationen von Metallionen sind auf komplexometrischem Weg möglich; Titrationsmittel wie EDTA lassen sich reduktiv aus Metallkomplexen freisetzen. Neben Quecksilber(II)-EDTA hat sich vor allem Bismut(III)-EDTA zur Generierung freier EDTA bewährt. Anstelle der direkten Titration ist manchmal auch eine Rücktitration mit coulometrisch erzeugten Metallionen empfehlenswert. Als Beispiel sei die Bestimmung von Galliumionen in Galliumarsenid angeführt [72]; nach Zugabe einer definierten Menge EDTA wird der Überschuß mit Cadmiumionen aus einer Cadmiumamalgamelektrode zurücktitriert.

Ein weiteres Beispiel, das zwar keine Titration im strengen Sinn des Wortes darstellt, trotzdem aber ähnliche Merkmale aufweist und daher an dieser Stelle erwähnt werden soll, ist die coulometrische Bestimmung des biochemischen Sauerstoffbedarfs (BSB-Wert) in Wässern. Die Probe ist in einem geschlossenen System mit einem coulometrischen Sauerstoffgenerator verbunden. Beim Abbau organischer Wasserinhaltsstoffe durch Mikroorganismen ensteht unter Verbrauch von Sauerstoff Kohlendioxid, welches durch Natronkalk absorbiert wird. Der entstandene Unterdruck über der Probe steuert den Stromfluß des Coulometers und die Sauerstofferzeugung, bis wieder Druckausgleich erreicht ist [73]. Diese Technik erlaubt die zeitliche Verfolgung des oxidativen Abbaus in der Probe und ergibt Aussagen über das unterschiedliche Abbauverhalten von organischen Stoffen.

Literatur zu Kapitel 6

[1]   Z. Nan, Z. Min, H. Chun-Xiang, J. Zhao-Qiang, L.Li-Fen, *Talanta 37* (1990) 941.
[2]   A.M. Demkin, *J.Anal.Chem. 50* (1995) 65.
[3]   I.V. Markova, *Zh.Anal.Khim. 46* (1991) 1557.
[4]   I.V. Markova, *Zh.Anal.Khim. 48* (1993) 513.
[5]   A.M. Demkin, *J.Anal.Chem. 50* (1995) 1158.
[6]   N.A. Ezerskaya, O.L. Kabanova, T.G. Stril´chenko, *Zh.Anal.Khim. 43* (1988) 1925.
[7]   L.P. Rigdon, J.E. Harrer, *Anal.Chem. 46* (1974) 696.
[8]   J.N. Story, *Anal.Chem. 48* (1976) 1986.
[9]   V.I. Shirokova, O.L. Kabanova, *Zh.Anal.Khim. 45* (1990) 2197.
[10]   W. Bartscher, B. Giovannone, *Anal.Chim.Acta 91* (1977) 139.
[11]   A.M. Demkin, *Zh.Anal.Khim. 42* (1987) 1473.
[12]   A.M. Demkin, *Zh.Anal.Khim. 46* (1991) 1563.
[13]   A.M. Demkin, L.V. Borisova, *J.Anal.Chem. 50* (1995) 803.
[14]   N.A. Ezerskaya, I.N. Kiseleva, T.P. Solovykh, N.K. Bel´skii, L.K. Shubochkin, *Zavod.Lab. 55* (1989) 13.
[15]   M.V. Afanas´eva, N.A. Ezerskaya, *Zh.Anal.Khim. 46* (1991) 789.
[16]   M.V. Afanas´eva, N.A. Ezerskaya, *Zh.Anal.Khim. 49* (1994) 505.
[17]   T.I. Trofimov, I.G. Sentyurin, Y.M. Kulyako, S.A. Perevalov, I.A. Lebedev, B.F. Myasoedov, *Zh.Anal.Khim. 48* (1993) 707.
[18]   P.K. Kalsim, L.R. Sawant, R.C. Sharma, S. Vaidyanathan, *J.Radioanal.Nucl.Chem.Lett. 187* (1994) 265.
[19]   H.S. Sharma, R.B. Manolkar, J.V. Kamat, S.G. Marathe, *Fresenius J.Anal.Chem. 347* (1993) 486.
[20]   Y. Le Duigou, W. Leidert, M. Bickel, *Fresenius J.Anal.Chem. 351* (1995) 499.
[21]   I.S. Sklyarenko, V.V. Andriets, T.M. Chubukova, *Radiochemistry 37* (1995) 343
[22]   S. Uchiyama, M. Ono, S. Suzuki, O. Hamamoto, *Anal.Chem. 60* (1988) 1835.
[23]   S. Uchiyama, S. Suzuki, O. Hamamoto, *Electroanalysis 1* (1989) 323.

[24]   S. Uchiyama, M. Shimamoto, S. Suzuki, O. Hamamoto, *Electroanalysis 2* (1990) 259.

[25]   S. Uchiyama, S. Kato, S. Suzuki, O. Hamamoto, *Electroanalysis 3* (1990) 59.

[26]   S. Uchiyama, Y. Kurokawa, Y. Hasebe, S. Suzuki, *Electroanalysis 6* (1994) 63.

[27]   C.N. Reilley, *Rev.Pure Appl.Chem. 18* (1968) 137.

[28]   U. Spohn, M. Hahn, H. Matschiner, G. Ehlers, H. Berge, *Fresenius Z. Anal.Chem. 332* (1989) 849.

[29]   M. Hahn, H.H. Rüttinger, H. Matschiner, *Fresenius J.Anal.Chem. 343* (1992) 269.

[30]   G. Nagy, Z. Feher, K. Toth, E. Pungor, *Anal.Chim.Acta 91* (1977) 87.

[31]   G. Nagy, Z. Feher, K. Toth, E. Pungor, *Anal.Chim.Acta 91* (1977) 97.

[32]   Z. Feher, I. Kolbe, E. Pungor, *Fresenius Z.Anal.Chem. 332* (1988) 345.

[33]   Z. Feher, I. Kolbe, E. Pungor, *Analyst 113* (1988) 881.

[34]   F. Buchholz, N. Buschmann, *Fresenius J.Anal.Chem. 338* (1990) 622.

[35]   P.J. Taylor, R.A. Bouska, *J.Autom.Chem. 10* (1988) 10.

[36]   A. van Strien, A. Thiel, *Labor Praxis 21* (1997) 68.

[37]   F. Ehrenberger, *Quantitative organische Elementaranalyse,* VCH Weinheim (1991) Seite 369.

[38]   *DIN 38409-H27*

[39]   R. Mihajlovic, V. Vajgand, L. Jaksic, M. Manetovic, *Anal.Chim.Acta 229* (1990) 287.

[40]   R. Mihajlovic, V. Vajgand, Z. Simic, *Anal.Chim.Acta 265* (1992) 35.

[41]   R.P. Mihajlovic, V.V. Vajgand, L.N. Jaksic, *Talanta 38* (1991) 333.

[42]   V.J. Vajgand, R.P. Mihajlovic, R.M. Dzudovic, L.N. Jaksic, *Anal.Chim.Acta 202* (1987) 231.

[43]   R.P. Mihajlovic, L.V. Mihajlovic, V.J. Vajgand, L.N. Jaksic, *Talanta 36* (1989) 1135.

[44]   R.P. Mihajlovic, V.J. Vajgand, R.M. Dzudovic, *Talanta 38* (1991) 673.

[45]   R.P. Mihajlovic, L.N. Jaksic, V.V. Vajgand, *Talanta 39* (1992) 1587.

[46]   R. Mihajlovic, Z. Simic, L. Mihajlovic, A. Jokic, M. Vukasinovic, N. Rakicevic, *Anal.Chim.Acta 318* (1996) 287.

[47]   K.M. Johnson, A.E. King, J.M. Sieburth, *Mar.Chem. 16* (1985) 61.

[48]   K.M. Johnson, K.D. Wills, D.B. Butler, W.K. Johnson, C.S. Wong, *Mar.Chem. 44* (1993) 167.

[49]   K. Nikolic, *Pharmazie 44* (1993) 350.

[50]   R.H. Taylor, C. Windbo, G.D. Christian, J. Ruzicka, *Talanta 39* (1992) 789.

[51]   M. Hahn, H.H. Rüttinger, H. Matschiner, *GIT Fachz.Lab.* (1991) 1213.

[52]   A. Hioki, M. Kubota, A. Kawase, *Talanta 38* (1991) 397.

[53]   W. Ciesielski, J. Kowalska, R. Zakrzewski, *Talanta 42* (1995) 733.

[54]   T.J. Pastor, V.V. Antonijevic, J. Barek, *Mikrochim.Acta 117* (1995) 153.

[55]   T.J. Pastor, V.V. Antonijevic, D.D. Manojlovic, *Anal.Chim.Acta 258* (1992) 161.

[56]   T.J. Pastor, V.V. Antonijevic, *Mikrochim.Acta I* (1990) 313.

[57]   T.J. Pastor, V.V. Antonijevic, *Mikrochim.Acta 110* (1993) 111.

[58]   D. Shouan, *Talanta 42* (1995) 49.

[59]   T. Tanaka, G. Marinenko, W.F. Koch, *Talanta 32* (1985) 525.

[60]   A.I. Karelin, E.N. Semenov, N.A. Mikhailova, *J.Radioanal.Nucl.Chem. 147* (1991) 33.

[61]   N. Ekkad, C.O. Huber, *Anal.Chim.Acta 332* (1996) 155.

[62]   A. van Strien, *Int.Lab. September* (1995) 14.

[63]   W. Werner, G. Tölg, *Z.Anal.Chem. 276* (1975) 103.

[64]   N.I. Larina, A.G. Buyanovskaya, *J.Anal.Chem. 50* (1995) 1114.

[65]   N.I. Larina, A.G. Buyanovskaya, *J.Anal.Chem. 50* (1995) 1014.

[66]   G. Wünsch, A. Seubert, *Fresenius Z.Anal.Chem. 334* (1989) 16.

[67]   A. Cedergren, *Anal.Chem. 68* (1996) 3682.

[68]   E. Scholz, *Fresenius J.Anal.Chem. 348* (1994) 269.

[69]   E. Scholz, *Hydranal Praktikum,* Firmenschrift der Fa. Riedel-de Haen AG.

[70]   E. Scholz, *Int.Lab. October* (1989) 46.

[71]   M. Hahn, P. Hartung, *CLB 47* (1996) 388.

[72]   T. Tanaka, K. Watakabe, K. Kurooka, T. Yoshimori, *Bunseki Kagaku 38* (1989) 724.

[73]   G. Braun, *Labor Praxis 21* (1997) 48.

7 Konduktometrie

Die Konduktometrie basiert auf Messungen der elektrischen Leitfähigkeit von Lösungen und liefert Informationen über den Gesamtgehalt gelöster ionischer Spezies einer Probe. Obwohl das Meßsignal nur einen unspezifischen Summenparameter darstellt, haben Leitfähigkeitsmessungen bei analytischen Routinemessungen breite Anwendungen gefunden wie etwa in der Wasseranalytik, in der Lebensmittelanalytik oder in der industriellen Prozeßkontrolle. In letzterem Bereich sind konduktometrische Messungen anderen on-line Methoden in Hinblick auf Einfachheit, Genauigkeit und Zuverlässigkeit häufig deutlich überlegen.

7.1 Grundlagen

Die elektrische Leitfähigkeit G einer Lösung ist definiert als der Reziprokwert des elektrischen Widerstands R:

$$G = \frac{1}{R} \tag{7-1}$$

Die Leitfähigkeit G (mitunter auch elektrischer Leitwert genannt) wird in Siemens (S) gemessen und hängt von den geometrischen Abmessungen der Meßzelle ab. Werden zwei zueinander parallele Elektroden (meist aus Platin) mit der jeweiligen Fläche A und dem Abstand l verwendet, so ist die Leitfähigkeit direkt proportional zu A und indirekt proportional zu l:

$$G = \kappa \frac{A}{l} \tag{7-2}$$

Die Proportionalitätskonstante κ wird spezifische Leitfähigkeit genannt und besitzt die Einheit S cm^{-1}. Sie ist identisch mit der Leitfähigkeit einer Zelle mit einer Elektrodenfläche von 1 cm^2 und einem Elektrodenabstand von 1 cm. Als Zellenkonstante K bezeichnen wir das Verhältnis von l zu A:

$$K = \frac{l}{A} \tag{7-3}$$

Tabelle 7.1 Spezifische Leitfähigkeit κ von Kaliumchlorid-Lösungen (nach [1]).

Konzentration mol/l	Spezifische Leitfähigkeit bei 25°C μS/cm
0,0005	74
0,001	147
0,005	720
0,01	1410
0,05	6700
0,1	12900
0,2	24800

Sollen spezifische Leitfähigkeiten von Proben gemessen werden, müssen die Abmessungen der Meßzelle, d.h. die Zellenkonstante, genau bekannt sein. Allerdings werden nicht Größe und Abstand der Elektroden ausgemessen, sondern die Meßzelle wird mit einer Lösung bekannter spezifischer Leitfähigkeit kalibriert. Häufig dienen hierfür Kaliumchlorid-Lösungen, deren spezifische Leitfähigkeiten in Tabelle 7.1 zusammengefaßt sind.

Die spezifische Leitfähigkeit ist wegen ihrer Konzentrationsabhängigkeit für Vergleiche von Elektrolytlösungen unterschiedlicher Zusammensetzung nicht geeignet. Bessere Information liefert die Äquivalentleitfähigkeit Λ, welche sich aus dem Quotienten von spezifischer Leitfähigkeit und Äquivalentkonzentration c_{eq} ergibt (zusätzlich ist ein Faktor von 1000 zu berücksichtigen, da die Äquivalentkonzentration üblicherweise nicht in Äquivalenten pro cm³, sondern in Äquivalenten pro Liter angegeben wird):

$$\Lambda = \frac{1000\,\kappa}{c_{eq}} \tag{7-4}$$

Wie aus der Physikalischen Chemie bekannt ist, weist allerdings auch Λ eine Konzentrationsabhängigkeit infolge eines konzentrationsabhängigen Dissoziationsgrades oder interionischer Wechselwirkungen der Analytionen auf. Aus diesem Grund ist es vorteilhaft, den Begriff der Grenzleitfähigkeit Λ_0 einzuführen, welche die für unendliche Verdünnung extrapolierte Äquivalentleitfähigkeit darstellt. Die Grenzleitfähigkeit eines Elektrolyten setzt sich additiv aus den Ionengrenzleitfähigkeiten λ_0^+ und λ_0^- der Kationen und Anionen zusammen:

$$\Lambda_0 = \lambda_0^+ + \lambda_0^- \tag{7-5}$$

Tabelle 7.2 Grenzleitfähigkeiten von Anionen und Kationen bei 25°C [S cm^2 eq^{-1}]

Kationen	Grenz-leitfähigkeit	Anionen	Grenz-leitfähigkeit
H^+	349	OH^-	199
K^+	73,5	SO_4^{2-}	80,0
NH_4^+	73,5	Br^-	78,1
Fe^{3+}	68,0	J^-	76,8
Ba^{2+}	63,6	Cl^-	76,4
Ag^+	61,9	NO_3^-	71,5
Ca^{2+}	59,5	CO_3^{2-}	69,3
Zn^{2+}	52,8	ClO_4^-	67,3
Na^+	50,1	Azetat	40,9
Li^+	38,7	Benzoat	32,4

Die Zahlenwerte für λ_0^+ und λ_0^- geben eine quantitative Information über jenen Beitrag, den eine bestimmte Ionensorte zur Gesamtleitfähigkeit der Lösung beisteuert. Tabelle 7.2 beinhaltet Grenzleitfähigkeiten von einigen Kationen und Anionen.

7.2 Messung von Leitfähigkeiten

Gemäß dem Ohm'schen Gesetz ist die Leitfähigkeit bei angelegter konstanter Spannung direkt proportional zum fließenden Strom. Allerdings sind Messungen mit Gleichspannung wenig zielführend, da der fließende Strom mit Elektrolysereaktionen an den Elektroden verbunden ist und zusätzliche Potentialunterschiede an den Phasengrenzflächen auftreten. Dieses Problem läßt sich im allgemeinen durch Messungen mit Wechselspannungen umgehen. Hierbei müssen wir jedoch berücksichtigen, daß neben dem Ohm'schen Widerstand auch ein kapazitiver Widerstand auftritt, da die elektrischen Doppelschichten (siehe auch Kapitel 2.1) an den Grenzflächen Elektrode/Elektrolyt einem Kondensator gleichzusetzen sind. Wir können daher die Leitfähigkeitsmeßzelle als Serienschaltung eines Ohm'schen Widerstandes R und eines Kondensators der Kapazität C darstellen. Wie aus der Physik bekannt, ergibt eine Wechselspannung der Form

$$U = U_0 \cos \omega t \tag{7-6}$$

an einem Ohm'schen Widerstand den folgenden Strom

$$I = I_0 \cos \omega t \tag{7-7}$$

Der durch einen Ohm'schen Widerstand fließende Strom befindet sich immer in Phase mit der Spannung über dem Widerstand. Es gilt das Ohm'sche Gesetz für den

Zusammenhang zwischen Strom und Spannung. Eine Wechselspannung der Form von Gleichung 7-6 ergibt hingegen an einem Kondensator mit der Kapazität C den Strom:

$$I = I_o \cos \left(\omega t + \frac{\pi}{2} \right) \tag{7-8}$$

Der Strom läuft an einem Kondensator der Spannung um 90° voraus. Der Zusammenhang zwischen Strom und Spannung lautet

$$I = \frac{U}{\frac{1}{\omega C}} = \frac{U}{X_c} \tag{7-9}$$

In Analogie zum Ohm'schen Gesetz können wir formal die Größe X_c als Widerstand auffassen. Sie wird als Blindwiderstand des Kondensators oder kapazitiver Widerstand bezeichnet.

Bei der Serienschaltung eines Ohm'schen Widerstandes mit einem Kondensator gilt für den Strom als Funktion der Spannung:

$$I = \frac{U}{\sqrt{X_c^2 + R^2}} = \frac{U}{Z} \tag{7-10}$$

Wir bezeichnen die Größe Z als die Impedanz der Leitfähigkeitsmeßzelle. Aus Gleichung 7-10 geht hervor, daß es für die Messung von R (und damit der Leitfähigkeit G) wünschenswert ist, den Wert von X_c zu minimieren. Dafür stehen zwei Möglichkeiten zur Verfügung:

- Vergrößerung der Kapazität C durch Vergrößerung der Fläche der Meßelektrode; dies geschieht durch Verwendung von platinierten Platinelektroden, welche durch elektrolytisches Abscheiden von feinverteiltem metallischen Platin hergestellt werden.
- Messen mit Wechselspannungen hoher Frequenz ($\omega = 2\pi v$)

Werden zur Messung Frequenzen verwendet, die mehr als einige kHz betragen, so können allerdings neuerlich größere Unterschiede zwischen Z und R auftreten. Die Meßlösung selbst kann nämlich als Dielektrikum zwischen zwei Kondensatorplatten aufgefaßt werden, sodaß sich ein Kondensator parallel zu einem Ohm'schen Widerstand ergibt. Die Impedanz Z dieser Anordnung ist wie folgt gegeben:

$$Z = \frac{1}{\sqrt{\left(\frac{1}{X_c}\right)^2 + \left(\frac{1}{R}\right)^2}} \tag{7-11}$$

Gleichung 7-11 zeigt, daß nunmehr der Unterschied zwischen Impedanz und Ohm'schen Widerstand umso kleiner wird, je niedriger die Frequenz ist. Aus dieser

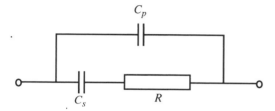

Abbildung 7.1 Ersatzschaltbild für eine konduktometrische Meßzelle

Sachlage ergibt sich als geeignetes Ersatzschaltbild einer konduktometrischen Meßzelle ein Ohm'scher Widerstand R in Serie mit einem Kondensator der Kapazität C_s, wobei parallel zu beiden ein Kondensator der Kapazität C_p liegt (Abbildung 7.1). Es existiert ein optimaler mittlerer Frequenzbereich (etwa zwischen 60 Hz und 50 kHz, abhängig von der Leitfähigkeit der Probe), wo minimale Abweichungen zwischen Z und R erreicht werden.

Eine Alternative zur Leitfähigkeitsmessung mit (sinusförmiger) Wechselspannung stellt die bipolare gepulste Meßtechnik dar [2]. Hierbei werden wiederholt zwei Spannungspulse gleicher Länge und gleicher Größe aber unterschiedlicher Polarität an die Elektroden gelegt. Die Pulsbreite t beträgt zwischen 20 und 100 µs. Für die Erklärung des Meßprinzips ist wiederum das Ersatzschaltbild nach Abbildung 7.1 hilfreich. Am Beginn des ersten Spannungspulses wird die Kapazität C_p rasch aufgeladen, sodaß wir eine Stromspitze beobachten. Falls t wesentlich kleiner als das Produkt RC_s ist, wird die am Kondensator C_s anliegende Spannung klein sein und näherungsweise linear mit der Zeit ansteigen. Somit wird der Strom, der durch R und C_s fließt, während der Zeit t auf Grund des Aufladens von C_s leicht sinken. Wenn im folgenden Spannungspuls die Polarität geändert wird, wird C_p rasch umgeladen und ergibt eine neuerliche Stromspitze. Anschließend wird die Kapazität C_s während der Zeit t dieselbe Ladungsmenge entladen, die im vorangegangenen Spannungspuls aufgeladen wurde. Am Ende des Spannungspulses ist C_s vollständig entladen, sodaß der gesamte Spannungsabfall an der Zelle nur auf den Ohm'schen Widerstand zurückzuführen ist (zu diesem Zeitpunkt fließt auch kein Strom durch C_p, dessen Kapazität vollständig aufgeladen ist). Der Stromfluß ist daher am Ende des zweiten Spannungspulses gemäß Ohm'schen Gesetz direkt proportional der Leitfähigkeit, ohne von Kapazitäten in der Meßzelle beeinflußt zu werden.

Die bisherigen Ausführungen beruhen auf einer Meßzelle mit zwei Meßelektroden (Zweielektroden-Meßtechnik). Dabei müssen wir voraussetzen, daß der elektrische Widerstand der Kabel und der Meßelektroden vernachlässigbar gegenüber dem Widerstand der Lösung ist. Diese Voraussetzungen sind allerdings bei Messungen hoher Leitfähigkeiten bisweilen nicht mehr vollständig erfüllt. In diesem Fall kann die Richtigkeit der Messung durch die Anwendung der Vierelektroden-Meßtechnik verbessert werden, deren Prinzip in Abbildung 7.2 gezeigt ist. Zwei der vier Elektroden einer derartigen Meßzelle fungieren in gleicher Weise wie bei der Zweielektroden-Meßtechnik; eine Spannungsquelle führt in Abhängigkeit des Widerstandes zu einem Stromfluß. Die beiden anderen Elektroden messen praktisch stromlos den zwischen

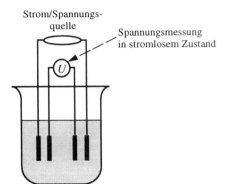

Abbildung 7.2 Prinzip der Leitfähigkeitsmessung
mit der Vierelektroden-Meßtechnik

ihnen auftretenden Spannungsabfall. Aus dieser Meßgröße und der bekannten Stromstärke ergibt sich der elektrische Widerstand der Probelösung.

Elektrische Leitfähigkeiten von Elektrolytlösungen weisen eine starke Temperaturabhängigkeit auf. Sollen Werte, die bei unterschiedlichen Temperaturen gemessen wurden, miteinander verglichen werden, so ist auf eine Referenztemperatur (meist 25 °C) umzurechnen. Diese Umrechnung der spezifischen elektrischen Leitfähigkeit κ_ϑ bei der Temperatur ϑ (in °C) auf eine elektrische Leitfähigkeit κ_{25} bei 25 °C kann mit Hilfe der folgenden Gleichung vorgenommen werden:

$$\kappa_{25} = \frac{\kappa_\vartheta}{\left[1 + \dfrac{\alpha}{100}(\vartheta - 25)\right]} \tag{7-11}$$

In Gleichung 7-11 stellt α den Temperaturkoeffizienten der elektrischen Leitfähigkeit dar, welcher in % je °C ausgedrückt werden kann. Der Wert der Temperaturkoeffizienten hängt von der Art und Konzentration der gelösten Stoffe sowie der Meßtemperatur ϑ ab.

Übliche Konduktometer sind mit einer entsprechenden Temperaturkompensation ausgestattet, welche nach Wahl des geeigneten Temperaturkoeffizienten die Umrechnung von der Meßtemperatur auf 25 °C automatisch durchführen. Mitunter kann einem nichtlinearen Zusammenhang zwischen Temperatur und Leitfähigkeit durch Polynome der folgenden Form Rechnung getragen werden:

$$\kappa_\vartheta = \kappa_{25}\left[\left(1 + a_1(\vartheta - 25) + a_2(\vartheta - 25)^2 + a_3(\vartheta - 25)^3 + \ldots\right)\right] \tag{7-12}$$

In der Praxis ist zu beachten, daß platinierte Platinelektroden nicht austrocknen sollten, da ansonsten die Qualität der Platinierung leiden kann und es zu signifikanten Änderungen der Zellenkonstanten und zu schlecht reproduzierbaren Ergebnissen kommt. Gegebenenfalls sollte die Platinierung elektrolytisch erneuert werden. Hierfür sind eine Gleichspannungsquelle von ca. 5 Volt, ein Regulierwiderstand sowie ein Milliamperemeter erforderlich. Die Platinierungslösung besteht aus 3 g Hexachlorplatin(IV)säure-Hexahydrat und 25 mg Bleiazetat in 100 ml Wasser. Vor einer Neuplatinierung kann es sinnvoll sein, die alte Schicht zu entfernen; dazu werden die Elektroden in konzentrierte Salzsäure getaucht und als Anode an die Spannungsquelle angeschlossen; eine Platinhilfselektrode dient als Kathode. Anschließend wird die Stromdichte auf ca. 300 mA/cm^2 eingestellt. Nach Abschluß dieser Vorbehandlung werden die Elektroden mit Wasser gespült und in der Platinierlösung bei einer Stromdichte von ungefähr 10 mA/cm^2 etwa zehn Minuten platiniert (fehlt ein Milliamperemeter, so erhöht man den Strom, bis an der Kathode eine sehr schwache Gasentwicklung bemerkbar ist). Wird die Platinierungsschicht erneuert, ohne vorher die alte Schicht zu entfernen, reichen kürzere Zeiten für den Platinierungsvorgang. Eine sachgemäß hergestellte Platinierungsschicht zeigt ein samtschwarzes Aussehen.

7.3 Anwendungen von Leitfähigkeits-messungen

7.3.1. Wasseranalytik

Konduktometrische Messungen ermöglichen auf einfache und sehr effektive Weise die Reinheitskontrolle und Charakterisierung von Wässern [1]. Abbildung 7.3 zeigt typische Leitfähigkeitsbereiche, mit denen bei derartigen Analysen gerechnet werden muß.

Die Qualität von Reinst- und Reinwasser wird praktisch immer on-line während des Reinigungsprozesses durch Leitfähigkeitsmessung kontrolliert. Wasser für analytische Zwecke wird nach DIN ISO 3696 in drei Qualitätsklassen eingeteilt. Wasser der Qualitätsklasse 1 kommt nahe an die theoretische Leitfähigkeit von 0,0548 µS cm^{-1} (25 °C) heran und wird in der Praxis häufig auch als 18 MΩ-Wasser bezeichnet. Wasser der Qualitätsklasse 3 darf eine maximale Leitfähigkeit von 5 µS cm^{-1} aufweisen. Es muß betont werden, daß Reinstwässer auch eine Minimierung der Konzentrationen organischer Verunreinigungen voraussetzen, welche im allgemeinen als TOC-Wert (total organic carbon) angegeben werden. Neben den üblichen thermischen und naß-

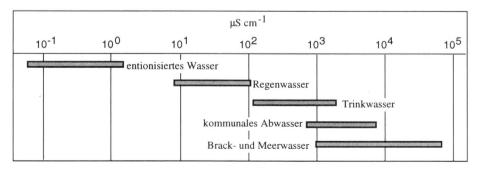

Abbildung 7.3 Leitfähigkeitsbereiche verschiedener Gewässer

Tabelle 7.3. Temperaturkoeffizienten für die Umrechnung von elektrischen Leitfähigkeiten natürlicher Wässer auf 25 °C (Nach [4])

Temperatur in °C	Temperatur-korrekturfaktor	Temperatur in °C	Temperatur-korrekturfaktor
10	1,428	23	1,044
11	1,390	24	1,021
12	1,354	25	1,000
13	1,320	26	0,979
14	1,287	27	0,959
15	1,256	28	0,940
16	1,225	29	0,921
17	1,196	30	0,903
18	1,168	31	0,886
19	1,141	32	0,869
20	1,116	33	0,853
21	1,091	34	0,837
22	1,067	35	0,822

chemischen TOC-Meßverfahren ist dieser Wert bei Reinstwässern ebenfalls über Leitfähigkeitsmessungen zugänglich; das Meßprinzip beruht auf einer vollständigen Oxidation der organischen Substanzen durch UV-Licht bei 185 nm und 254 nm zu Kohlendioxid, welches in Wasser die Leitfähigkeit erhöht [3].

Im Zuge von routinemäßigen Kontrollen von Grund- und Oberflächenwässern ergeben konduktometrische Messungen einen Parameter für den Mineralisierungsgrad. In ungestörtem Zustand weisen derartige Wässer nur geringe Schwankungen der Leitfähigkeit auf. Erhöhte Leitfähigkeitswerte zählen zusammen mit anderen Parametern zu den Verschmutzungsindikatoren für Wässer. Die Temperaturabhängigkeit der elektrischen Leitfähigkeit natürlicher Wässer kann mittels tabellierter Temperaturkorrekturfaktoren [4] berücksichtigt werden (Tabelle 7.3).

Leitfähigkeitsmessungen haben auch zur Überwachung von Abwasserbehandlungsanlagen Bedeutung erlangt. Je nach Art des Abwassers kann es mitunter sinnvoll sein, zu kontaktlosen Meßtechniken überzugehen (siehe Abschnitt 7.4), um Probleme mit Elektrodenverschmutzungen zu vermeiden. Auch bei Messungen in Meerwasser wird meist auf eine kontaktlose Messung zurückgegriffen.

7.3.2. Lebensmittelanalytik

Konduktometrische Messungen erlauben die einfache Summenbestimmung von ionischen Verunreinigungen in Nichtelektrolyten wie Zucker und ähnlichen Produkten. Die Probenvorbereitung besteht lediglich im Auflösen der Probe in entionisiertem Wasser.

Ein elegantes Anwendungsbeispiel der Konduktometrie ist die Bestimmung der Oxidationsstabilität von Fetten, Ölen oder fetthaltigen Lebensmitteln sowie die Bestimmung der Wirksamkeit von natürlichen oder synthetischen Antioxidantien. Die

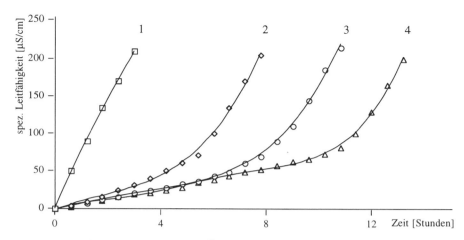

Abbildung 7.4 Leitfähigkeitsverläufe bei der Überprüfung der Oxidationsstabilitäten von vier verschiedenen Ölen.

Fett- oder Ölprobe bzw. das aus Lebensmitteln extrahierte Fett wird bei erhöhter Temperatur (50 bis 220 °C) mit Luft oxidiert. Durch den Oxidationsvorgang bilden sich flüchtige Carbonsäuren, welche in eine Leitfähigkeitsmeßzelle gespült werden. Nach einer von der Probe abhängigen Induktionszeit, welche für die Oxidationsstabilität charakteristisch ist, kommt es zu einem signifikanten Anstieg der Leitfähigkeit. Abbildung 7.4 zeigt typische Beispiele derartiger Messungen. Dieses Verfahren hat durch die Einführung der AOCS Official Method Cd 112b-92 auch offiziellen Charakter.

7.3.3. Weitere Anwendungen der Konduktometrie

In ähnlicher Weise wie bei den oben erwähnten Stabilitätsbestimmungen von Fetten kann auch die thermische Stabilität von Polyvinylchlorid ermittelt werden, welches sich bei etwa 200 °C unter Abspaltung von Salzsäure zersetzt.

Ionische Verunreinigungen in Papier, Pappe und Zellstoff sowie in Elektroisolierstoffen können durch Messung der Leitfähigkeit wäßriger Extrakte bestimmt werden. Auf die gleiche Art ist auch der Salzgehalt von Böden ermittelbar, woraus Aussagen über Umfang von Düngung und Bewässerung möglich sind.

Besondere Bedeutung hatten konduktometrische Messungen lange Zeit in der Elementaranalyse zur Kohlenstoffbestimmung [5]. Das bei der Verbrennung der Probe gebildet Kohlendioxid wird in verdünnter Natronlauge absorbiert; die stark leitenden Hydroxylionen reagieren dabei zu den weniger leitenden Karbonationen, sodaß es zu einer Abnahme der elektrischen Leitfähigkeit kommt. Auf demselben Prinzip beruhen Anwendungen in der Umweltanalytik wie die Bestimmung von Kohlenstoff in Stäuben [6] oder die Summenbestimmung organischer Verbindungen in Wasser über den TOC-Wert (total organic carbon, gesamter organischer Kohlenstoff) oder den DOC-Wert (dissolved organic carbon, gelöster organischer Kohlenstoff). Für TOC- und DOC-Be-

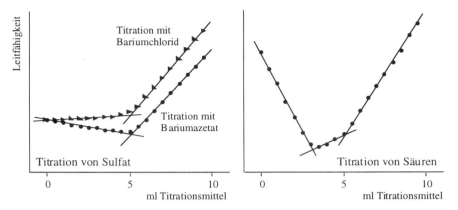

Abbildung 7.5 Leitfähigkeitsverläufe bei der Titration von Sulfat mit Bariumsalzen (in Ethanol/Wasser 1:1) sowie der Mischung einer starken und einer schwachen Säure mit einer starken Base

stimmungen kommen neben der thermischen Umsetzung auch verschiedene naß-chemische Oxidationen zum Einsatz. Man sollte allerdings nicht übersehen, daß sich heute neben der Konduktometrie eine Reihe anderer Bestimmungsverfahren für Kohlendioxid etabliert haben, von denen insbesondere die Infrarotspektroskopie zu erwähnen ist.

In der Elementaranalyse ist neben Kohlenstoff auch Sauerstoff konduktometrisch bestimmbar. Die Probe wird in Kontakt mit Kohle in einem Stickstoffstrom gecrackt und die Pyrolysegase zur Oxidation des Kohlenmonoxids über Iodpentoxid geleitet. Anschließend kann das gebildete Kohlendioxid wie oben beschrieben bestimmt werden. Allerdings sind die klassischen Verfahren der Elementaranalyse heute vielfach durch die hochauflösende Massenspektrometrie verdrängt worden.

Leitfähigkeitsmessungen eignen sich weiters zur Indikation von Äquivalenzpunkten bei Titrationen, wenn sich während der Titration die Gesamtionenkonzentration ändert. Wir müssen dabei beachten, daß sich die Leitfähigkeit additiv aus den Einzelleitfähig-keiten sämtlicher Ionen in der Analysenlösung zusammensetzt. Typische Beispiele sind die Bereiche der Fällungstitrationen sowie der Säure-Base-Titrationen. Abbildung 7.5 zeigt entsprechende Titrationskurven. Die Titration von Natriumsulfat mit Barium-azetat führt vor dem Äquivalenzpunkt zu einem leichten Abfall der Leitfähigkeit, da Sulfationen durch Azetationen mit geringerer Leitfähigkeit ersetzt werden; verwenden wir hingegen Bariumchlorid als Titrationsmittel, so beobachten wir vor dem Äqui-valenzpunkt einen leichten Anstieg der Leitfähigkeit, da nunmehr Chloridionen mit höherer Leitfähigkeit die Sulfationen ersetzen. Nach dem Äquivalenzpunkt kommt es durch den Überschuß an Titrationsmittel zu einem starken Anstieg der Leitfähigkeit. Ähnliche Verhältnisse gelten für Säure-Base-Titrationen. Bei der Titration einer Mischung aus einer starken und einer schwachen Säure mit einer starken Base beobachten wir vor dem Äquivalenzpunkt zunächst eine Abnahme der Leitfähigkeit, da Protonen der starken Säure durch Natriumionen mit geringerer Leitfähigkeit ersetzt werden; die anschließende Titration der schwachen Säure führt zu einem geringen Leitfähigkeitsanstieg, weil aus der unvollständig dissoziierten Säure das vollständig dissoziierte Salz entsteht. Nach dem Äquivalenzpunkt steigt die Leitfähigkeit infolge des Überschusses an Base wiederum stark an.

Obwohl sich zahlreiche Anwendungsmöglichkeiten in wäßrigen wie auch nicht-wäßrigen Analysenlösungen ergeben, haben Leitfähigkeitstitrationen im Vergleich zu potentiometrischen Titrationen in der Praxis nur untergeordnete Bedeutung.

7.4. Kontaktlose Leitfähigkeitsmessungen

Unter kontaktlosen Leitfähigkeitsmessungen verstehen wir Meßverfahren, bei denen die Meßsignalgeber nicht in direktem Kontakt mit der Analysenlösung stehen. Verfälschungen der Ergebnisse durch unerwünschte Elektrolysereaktionen an den Elektroden sind somit ausgeschlossen. Vorteile bieten derartige Sensoren auch bei Messungen in korrosiven Medien oder in Proben, die zu Verschmutzungen von herkömmlichen Elektroden führen würden.

Für derartige Leitfähigkeitsmessungen stehen einerseits kontaktlose induktive Sensoren zur Verfügung, welche mit Frequenzen im kHz-Bereich arbeiten, andererseits oszillometrische Sensoren mit Frequenzen im MHz-Bereich.

7.4.1. Kontaktlose induktive Leitfähigkeitsmessungen

Kontaktlose induktive Leitfähigkeitssensoren beruhen auf dem Prinzip eines Transformators. Abbildung 7.6 zeigt die entsprechende Meßanordnung. Beim Anlegen einer Wechselspannung U_1 im Bereich von etwa 10...50 kHz an die Primärspule baut sich ein magnetisches Wechselfeld auf. Wir können die Analysenlösung als Stromschleife

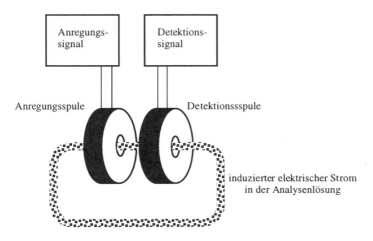

Abbildung 7.6 Funktionsweise der kontaktlosen induktiven Leitfähigkeitsmessung

ansehen, in welcher durch das magnetische Wechselfeld der Primärspule ein elektrischer Wechselstrom entsteht. Letzterer führt wiederum zu einem magnetischen Wechselfeld, welches in der Detektionsspule eine Wechselspannung U_2 induziert. Bei einer gegebenen Bauform ist U_2 direkt proportional zur spezifischen Leitfähigkeit der Probe.

Kontaktlose induktive Sensoren kommen für Leitfähigkeitsmessungen im Bereich von 50 µS cm^{-1} bis 2 S cm^{-1} zum Einsatz. Typische Applikationen umfassen die Bestimmung der Salinität von Meerwasser sowie die kontinuierliche Prozeßkontrolle in der chemischen Industrie, wo die Wartungsfreiheit des Sensors einen wesentlichen Vorteil darstellt.

7.4.2. Oszillometrie

Bei der Oszillometrie wird die Reaktion eines elektrischen Schwingkreises im Hochfrequenzbereich (bis ca. 100 MHz) auf eine bestimmte Substanz untersucht. Zu diesem Zweck wird die zu messende Probe direkt in den Schwingkreis miteinbezogen.

Ein Schwingkreis besteht aus zwei Energiespeichern, im einfachsten Fall aus einem Kondensator und einer Spule, zwischen denen die Energie periodisch verschoben wird. Der Zusammenhang zwischen Kapazität C, Induktivität L und der sich einstellenden Resonanzfrequenz wird durch die Thomson'sche Schwingkreisformel beschrieben (Abbildung 7.7). Der Energieaustausch zwischen Spule und Kondensator ist jedoch immer mit unvermeidbaren Verlusten verbunden, die entweder durch Ohm'sche Widerstände der Bauelemente und Leitungen oder durch Abstrahlung von elektromagnetischen Wellen entstehen. Verluste an Ohm'schen Widerständen setzen die Schwingkreisenergie letztlich vollständig in Wärme um. Die Amplitude der Schwingung eines durch einmalige Energiezufuhr angeregten Schwingkreises wird demnach, bedingt durch diese Verluste, entsprechend einer Exponentialfunktion mit der Zeit gegen Null absinken – man spricht von einer gedämpften Schwingung. Zur Aufrechterhaltung einer konstanten Amplitude ist somit eine gezielte Energiezufuhr im richtigen Moment nötig. Elektronische Schaltungen, die dies bewerkstelligen, werden als Oszillatoren bezeichnet. Als Maß für die Qualität eines Schwingkreises und für die damit erreichbare Amplitude dient die Güte Q. Je geringer ein Schwingkreis durch Ohm'sche Widerstände belastet wird, desto höher ist seine Güte. Wird ein zusätzlicher

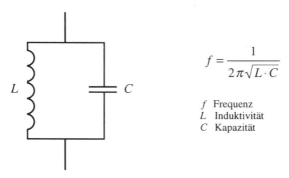

$$f = \frac{1}{2\pi\sqrt{L \cdot C}}$$

f Frequenz
L Induktivität
C Kapazität

Abbildung 7.7 Schwingkreis und Thomson'sche Formel für die Resonanzfrequenz

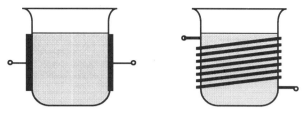

Abbildung 7.8 Kapazitätszelle und Induktivitätszelle

Widerstand in Form einer elektrisch leitenden Lösung in den Schwingkreis eingebracht, so wird dieser bedämpft, d. h. die Güte sinkt. Dies hat Auswirkungen auf Frequenz und Amplitude des Oszillators. Der direkte Zusammenhang zwischen dem Widerstand der Meßlösung (bzw. der Leitfähigkeit) und der Verschiebung der Frequenz und Amplitude des Oszillators liefert bei der Oszillometrie die analytische Information.

Die Ankopplung der Meßlösung an den Schwingkreis kann naturgemäß entweder kapazitiv am Kondensator oder induktiv an der Spule erfolgen. Eine für die Oszillometrie geeignete Meßzelle erhält man im einfachsten Fall durch das Anbringen von zwei Elektroden an den Außenseiten eines Glasgefäßes (Kapazitätszelle) oder durch Umwickeln mit einem Draht (Induktivitätszelle). Abbildung 7.8 verdeutlicht die zwei prinzipiellen Schaltungsvarianten.

Bei kapazitiven Zellen beeinflußt das Dielektrikum der Meßlösung das elektrische Feld des Kondensators. Die dimensionslose relative Dielektrizitätskonstante gibt an, um welchen Faktor sich die Kapazität eines Kondensators erhöht, wenn eine entsprechende Substanz zwischen die beiden Platten eines Kondensators gebracht wird. Bei induktiven Zellen ist die Permeabilitätskonstante der Substanz für die Änderung des magnetischen Feldes der Spule verantwortlich. Diese Konstante liegt jedoch meist um eins, nur wenige ferromagnetische Festkörper erreichen höhere Werte. Zusätzlich zur direkten Beeinflussung des elektrischen oder magnetischen Feldes können sowohl beim Kondensator als auch bei der Spule Ohm'sche Widerstände eingebracht werden. Es ist somit wichtig hervorzuheben, daß immer die Summe aller Effekte zu berücksichtigen ist. Da bei Anwesenheit von ionischen Spezies die Ohm'schen Effekte jedoch bei weitem überwiegen, können bei Leitfähigkeitsmessungen Einflüsse durch Änderungen der Dielektrizitätskonstante des Mediums vernachlässigt werden. Entscheidend ist, daß durch die induktive oder kapazitive Ankopplung einer Meßlösung einem Schwingkreis immer Energie entzogen wird, und es dadurch zu einer Amplituden- und Frequenzänderung kommt.

Während die direkte Beeinflussung des elektrischen oder magnetischen Feldes noch recht einsichtig ist, erscheint die kontaktlose Einbringung eines Ohm'schen Widerstandes durch die leitende Meßlösung schwer vorstellbar. Der Ohm'sche Widerstand der Meßlösung überbrückt die Zellkapazität und wird somit in den Schwingkreis eingebunden. Abbildung 7.9 zeigt am Beispiel der Kapazitätszelle die entsprechende elektronische Ersatzschaltung. Der Wechselstromleitwert Y einer Meßzelle ist eine komplexe Größe und setzt sich demnach aus einem Realteil Y_r und einem Imaginärteil Y_i zusammen. Die durch die Leitfähigkeit der Lösung hervorgerufene Bedämpfung des Schwingkreises wirkt sich im Realteil durch eine Amplitudenänderung (Wirkkomponentenverfahren, typische Glockenkurve), im Imaginärteil durch eine Frequenz-

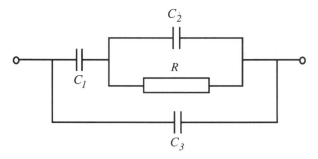

Abbildung 7.9 Ersatzschaltbild für eine Kapazitätszelle

verschiebung (Blindkomponentenverfahren, sigmoide Kurve) aus. Abbildung 7.10 zeigt die Zusammenhänge zwischen Wirkleitwert bzw. Blindleitwert und Leitfähigkeit. Die genaue Kurvenlage wird durch die Geometrie der Meßzelle und die Meßfrequenz bestimmt. Der etwas aufwendige formelmäßige Zusammenhang zwischen Wechselstromleitwert und Kreisfrequenz ω sowie den in Abbildung 7.9 angeführten Kapazitäten C_1, C_2, C_3 und dem Widerstand R ist durch die folgende Gleichung gegeben:

$$Y = \frac{\omega^2 \cdot C_2^2 \cdot R}{1 + \omega^2 \cdot R^2 \cdot (C_1 + C_2)^2} + i \cdot \omega \cdot \left[\frac{C_2 + \omega^2 \cdot R^2 \cdot C_1 \cdot C_2 \cdot (C_1 + C_2)}{1 + \omega^2 \cdot R^2 \cdot (C_1 + C_2)^2} + C_3 \right]$$

$$(7\text{-}14)$$

Bei Frequenzen ab ca. 5 MHz ist weiters der Einfluß des "Skin-Effektes" zu berücksichtigen. Demnach ist die Stromverteilung in einem Leiter nur bei Gleichstrom homogen, mit zunehmenden Frequenzen verschiebt sich die Ladungsdichte vermehrt an die Oberfläche des Leiters. Es muß also darauf geachtet werden, daß eine ausreichende Durchdringung der Meßlösung durch das elektrische Feld gewährleistet ist und nicht der Einfluß der Gefäßwand überwiegt.

Das Entstehen der in Abbildung 7.10 dargestellten charakteristischen Glockenkurve wird durch die folgende Überlegung einsichtig. Sehr verdünnte Lösungen weisen nur eine geringe Leitfähigkeit und dementsprechend einen hohen Widerstand auf. Somit wird zwar über dem Widerstand eine gewisse Spannung entstehen, jedoch bedingt durch den hohen Widerstand ein minimaler Strom fließen. Maßgeblich für den Energieentzug ist aber die Leistung, das Produkt aus Strom und Spannung, d. h. der Energieentzug ist in diesem Fall gering. Analoge Verhältnisse herrschen bei sehr konzentrierten Lösungen mit entsprechend hoher Leitfähigkeit. Dies entspricht einem sehr geringen Widerstand, der zwar einen hohen Stromfluß zuläßt, an dem aber nur eine geringe Spannung abfällt. Das Leistungsprodukt ist wiederum gering und beeinflußt die Schwingkreisparameter kaum. Bei mittleren Konzentrationen gibt es aber einen Bereich, bei dem sowohl Strom als auch Spannung relevante Werte annehmen und der Schwingkreis wird deutlich bedämpft.

Die Einsatzgebiete der Oszillometrie sind einerseits Messungen von Dielektrizitätskonstanten und andererseits Leitfähigkeitsmessungen. Klassische Anwendung erfährt die Oszillometrie für die Erfassung der Leitfähigkeitsänderungen während einer

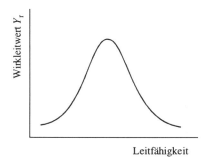
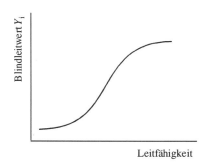

Abbildung 7.10 Typische Kurvenverläufe bei Wirkkomponentenverfahren und Blindkomponentenverfahren der Leitfähigkeitsmessung mit einer Kapazitätszelle

Titration (Hochfrequenztitration). Es gelten hierbei dieselben Voraussetzungen, wie sie für die Leitfähigkeitstitration in Abschnitt 7.3.3 diskutiert wurden. Die Oszillometrie als Teil der Konduktometrie weist einige attraktive Vorteile auf: durch geeignete Wahl der Meßanordnung und Meßfrequenz können sowohl schlecht leitende Lösungen als auch Lösungen mit hohem ionischen Anteil gemessen werden. Als spezielle Anwendungen seien die Bestimmungen des Wassergehaltes in organischen Lösungmitteln und Titrationen in nichtwäßrigen Lösungsmitteln genannt. Der entscheidenste Vorteil liegt jedoch darin, daß es zu keinem direkten Kontakt mit dem zu messenden Medium kommt. Dadurch kann die Oszillometrie auch zur Analyse von geschlossenen Systemen (Ampullen, Prozeßkontrolle, etc.) oder als universeller und inerter Leitfähigkeitsdetektor in der Chromatographie [7, 8] erfolgreich eingesetzt werden.

Literatur zu Kapitel 7

[1]   *Europäische Norm EN 27888:1993*
[2]   D.E. Johnson, C.G. Enke, *Anal.Chem. 42* (1970) 329.
[3]   F.K. Blades, P.C. Melanson, R.D. Godec, *US Patent 5,275,957* (1994)
[4]   R. Wagner, *Z.Wasser-Abwasserforsch. 13* (1980) 62.
[5]   F. Ehrenberger, *Quantitative organische Elementaranalyse,* VCH Verlagsgesellschaft, Weinheim, 1991, Kapitel 12.
[6]   H. Puxbaum, J. Rendl, *Mikrochim.Acta I* (1983) 263.
[7]   F. Pal, E. Pungor, E. Kovats, *Anal.Chem. 60* (1988) 2254.
[8]   E. Pungor, F. Pal, I. Slezsak, A. Hrabeczy, *Electroanalysis 4* (1992) 629.

8 Elektrochemische Detektoren im Überblick

Elektroanalytische Verfahren eignen sich nur in beschränktem Ausmaß für die gleichzeitige Bestimmung mehrerer Analyte in einem einzigen Analysenlauf. Am ehesten erfüllen voltammetrische Verfahren die Voraussetzungen für die simultane Erfassung verschiedener Komponenten; allerdings ist zu bedenken, daß beispielsweise die Breite einer gleichstrompolarographischen Kurve – gemessen zwischen den Punkten bei 25 und 75% Höhe – mindestens $56,4/n$ bei 25 °C beträgt (Tomes-Zahl, siehe Kapitel 3), sodaß der in wäßrigen Medien verfügbare Spannungsbereich lediglich für einige wenige Signale von verschiedenen Analyten Platz bietet. Weiters unterscheiden sich voltammetrische Signale von chemisch ähnlichen Verbindungen häufig zu wenig, als daß eine separate Bestimmung möglich wäre; dies macht sich besonders bei der Analyse von Nebenbestandteilen in chemisch-technischen oder pharmazeutischen Produkten nachteilig bemerkbar. Es ist daher naheliegend, elektroanalytische Verfahren mit geeigneten analytischen Trennverfahren zu koppeln, welche im allgemeinen in der flüssigen Phase ablaufen sollten. Hier bieten sich heute die Hochleistungsflüssigkeitschromatographie (HPLC) sowie die Kapillarelektrophorese (CE) an, wo elektrochemische Detektoren eine interessante Ergänzung zu anderen Detektionstechniken sind.

Grundsätzlich eignen sich fast alle elektroanalytischen Verfahren für den Einsatz in Durchflußzellen als elektrochemischen Detektoren für die HPLC und CE. Potentiometrische Detektoren messen das Potential einer (ionenselektiven) Arbeitselektrode in Kombination mit einer Bezugselektrode. Amperometrische Detektoren registrieren den Stromfluß an einer Arbeitselektrode, an welche gegenüber einer Bezugselektrode eine Spannung angelegt wird, die im Diffusionsgrenzstrombereich der voltammetrischen Strom-Spannungskurve liegt. Coulometrische Detektoren werden ebenso wie amperometrische Detektoren bei konstanter Spannung betrieben und unterscheiden sich von letzteren nur dadurch, daß der Stoffumsatz an der Elektrode praktisch 100% beträgt. Wir können daher bei der Diskussion von Funktionsprinzipien und Anwendungen amperometrische und coulometrische Detektoren weitgehend als Einheit betrachten. Voltammetrische Detektoren verfügen über die Möglichkeit, die angelegte Spannung relativ rasch zu scannen und liefern dadurch die gesamte Strom-Spannungskurve eines elektrochemisch aktiven Analyten. Allerdings ist die Empfindlichkeit deutlich schlechter als bei amperometrischen Detektoren, sodaß die Brauchbarkeit in der Praxis eingeschränkt ist.

Während potentiometrische und amperometrische Detektoren auf Phänomenen an der Grenzfläche Elektrode/mobile Phase der HPLC bzw. Elektrode/Trägerelektrolyt der CE beruhen, messen Leitfähigkeitsdetektoren eine Eigenschaft der gesamten flüssigen

Phase; eventuelle elektrochemische Reaktionen an den Elektroden sind in diesem Fall störend und müssen weitgehend vermieden werden (siehe auch Kapitel 7).

Mitunter wird der Begriff "Elektrochemische Detektoren" (auch mit "ELCD" abgekürzt) auf jene Typen beschränkt, bei denen der Strom als Funktion einer angelegten Spannung gemessen wird, d.h. auf amperometrische, coulometrische und voltammetrische Detektoren. Diese Einschränkung erscheint aber grundsätzlich als nicht gerechtfertigt und sollte vermieden werden.

Die folgenden Abschnitte fassen grundlegende Überlegungen zur Auswahl von geeigneten Detektoren für analytische Trennverfahren zusammen und behandeln allgemeine Vor- und Nachteile elektrochemischer Detektoren.

8.1 Elektrochemische Detektoren für die Hochleistungsflüssigkeitschromatographie

Spektroskopische Detektoren decken zwar einen Großteil der Applikationen in der HPLC ab, doch hat sich im Lauf der Entwicklung dieses Trennverfahrens deutlich gezeigt, daß ein dringender Bedarf an alternativen Detektionsprinzipien besteht. Im Idealfall weist ein Detektor für die HPLC die folgenden Eigenschaften auf:

* hohe Empfindlichkeit
* niedriges Rauschen
* lineares Verhalten über einen weiten Konzentrationsbereich
* schnelles Ansprechverhalten
* Unempfindlichkeit gegenüber Pulsationen der Pumpe
* hohe Robustheit und Reproduzierbarkeit
* je nach Applikation hohe Selektivität oder universelles Ansprechverhalten
* zerstörungsfreies Meßprinzip (Möglichkeit der Serienschaltung mit weiteren Detektoren)
* geringes Totvolumen, Kompatibilität mit Mikrosäulen
* geringe Anschaffungskosten

Das Signal eines HPLC-Detektors kann einerseits von einer Eigenschaft der gesamten mobilen Phase abhängen (Analyte sind in diesem Fall detektierbar, wenn sie die Eigenschaften der mobilen Phase verändern; in diese Kategorie fallen beispielsweise Brechungsindexdetektoren); das Signal kann andererseits direkt von einer Eigenschaft des Analyten abhängen wie im Fall eines UV-Absorptionsdetektors (sofern die mobile Phase UV-inaktiv ist). Eine dritte Kategorie von Detektoren beruht auf der Abtrennung der flüssigen Phase von den Analyten und der Überführung der Analyte in die Gasphase mit anschließender Detektion (z.B. Kopplung mit der Massenspektrometrie). In elektrochemischen Detektoren kann das erste oder das zweite der angeführten Prinzipien verwirklicht sein: Leitfähigkeitsdetektoren hängen von der Eigenschaft der gesamten

Tabelle 8.1 Vergleich der Eigenschaften verschiedener Detektoren für die Hochleistungsflüssigkeitschromatographie

	niedrige Nachweisgrenzen	universelle Einsatzmöglichkeit	hohe Selektivität	Möglichkeit der Analytidentifizierung	Robustheit und Reproduzierbarkeit	niedrige Anschaffungskosten	Kompatibilität mit Gradienten
UV/vis-Detektoren	+	+	+/−	+/−	++	+/−	+
Fluoreszenzdetektoren	++	−	++	+/−	++	−	+
Brechungsindexdetektoren	−	++	− −	− −	+/−	+/−	−
Massenspektrometrie	+	++	++	++	+/−	− −	+/−
Leitfähigkeitsdetektoren	+/−	−	+/−	−	+	+	−
amperometrische Detektoren	++	−	++	+/−	−	+	−
potentiometrische Detektoren	+/−	−	++	−	+/−	+	+/−

mobilen Phase ab, amperometrische und potentiometrische Detektoren im allgemeinen direkt von einer Eigenschaft des Analyten.

Tabelle 8.1 zeigt eine Gegenüberstellung der Eigenschaften verschiedener HPLC-Detektoren. Die angeführte Beurteilung hat einen vorwiegend orientierenden Charakter und schließt nicht aus, daß in speziellen Fällen die Gewichtung einzelner Eigenschaften etwas unterschiedlich vorzunehmen ist. Die Anwendungsmöglichkeiten elektrochemischer Detektoren beschränken sich im allgemeinen auf jene Arten der HPLC, bei denen wäßrige mobile Phasen (auch als Mischungen von Wasser mit polaren organischen Lösungsmitteln) zum Einsatz kommen. Tabelle 8.2 gibt einen Überblick über die verschiedenen Spielarten der HPLC und die praxisüblichen Kombinationen mit elektrochemischen Detektoren.

Leitfähigkeitsdetektoren benötigen eine effiziente Thermostatisierung, sind jedoch ansonsten problemlos für die Routine geeignet. Naturgemäß ist eine Kompatibilität mit Gradiententrennungen im allgemeinen nicht gegeben; allerdings besteht für manche mobilen Phasen die Möglichkeit, deren Leitfähigkeit durch eine chemische Reaktion nach der Trennsäule zu unterdrücken. Ein derartige "Leitfähigkeitsdetektion mit Suppression", welche in Kapitel 11 im Detail beschrieben wird, erlaubt daher die

Tabelle 8.2 Überblick über Kombinationsmöglichkeiten elektrochemischer Detektoren mit verschiedenen Arten der Hochleistungsflüssigkeitschromatographie

Art der HPLC	mobile Phase	kompatible elektrochemische Detektoren
Normalphasenchromatographie an Kieselgel, Aluminiumoxid oder polaren chemisch gebundenen Kieselgelen (Cyanophasen, Diolphasen u.ä.)	unpolare organische Lösungsmittel (Hexan u.ä.)	meist keine
Umkehrphasenchromatographie an unpolaren chemisch gebundenen Kieselgelen (Octylphasen, Octadecylphasen u.ä.) oder an unpolaren Polymeren	Mischungen aus Wasser und polaren organischen Lösungsmitteln (Wasser/Methanol, Wasser/Acetonitril u.ä.)	amperometrische und coulometrische Detektoren (Zugabe eines Leitelektrolyten zur mobilen Phase notwendig)
Ionenpaarchromatographie an unpolaren Phasen analog zur Umkehrphasenchromatographie	Mischungen aus Wasser und polaren organischen Lösungsmitteln, Zusatz eines Ionenpaarbildners	amperometrische und coulometrische Detektoren
Ionenaustauschchromatographie an Kationen- oder Anionenaustauschern	wäßrige Pufferlösungen	Leitfähigkeitsdetektoren, amperometrische und coulometrische Detektoren, potentiometrische Detektoren
Ionenausschlußchromatographie an Kationenaustauschern	stark verdünnte wäßrige Lösungen von Säuren	Leitfähigkeitsdetektoren
Größenausschlußchromatographie an stationären Phasen mit definierter Porengröße	Wasser oder wäßrige Pufferlösungen (für Trennungen hydrophiler Polymere)	amperometrische und coulometrische Detektoren
	organische Lösungsmittel (für Trennungen hydrophober Polymere)	keine

Anwendung von Gradienten und führt darüber hinaus zu verbesserten Nachweisgrenzen. Leitfähigkeitsdetektoren sind ein Standardwerkzeug in der Ionenchromatographie (IC) geworden, welche auf Arbeiten von H. Small und Mitarbeitern [1] zurückgeht. Historische Entwicklungen in der IC sind bei [2] zusammengefaßt. Für die Diskussion der Rolle moderner Leitfähigkeitsdetektoren im Vergleich zu anderen IC-Detektoren sei auf eine kürzlich erschienene Übersichtsarbeit [3] verwiesen.

Amperometrische und coulometrische Detektoren zeichnen sich durch hohe Empfindlichkeit und hohe Selektivität aus. Letztere ist besonders dann gegeben, wenn niedrige Detektionspotentiale zur elektrochemischen Umsetzung eines Analyten ausreichen. Abbildung 8.1 illustriert den enormen Selektivitätsgewinn am Beispiel der Rückstandsbestimmung des Fungizids Dithianon (2,3-Dicyano-1,4-dihydro-1,4-dithiaanthrachinon) in Obst. Daher sind amperometrische und coulometrische Detektoren oft die Methode der Wahl bei der Spurenanalytik in komplexen Matrizes. Übliche Elektrodenmaterialien sind Kohlenstoff (Glaskohlenstoff, Kohlepaste, Graphit) oder Edelmetalle. Meist kommen diese Detektoren in oxidativer Betriebsweise zum Einsatz. Im reduktiven Bereich treten mehrere Nachteile auf; insbesondere ergibt der in der mobilen Phase gelöste Sauerstoff an Kohlenstoffelektroden bei Spannungen negativer

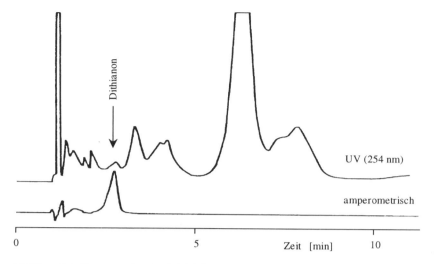

Abbildung 8.1 Demonstration der Selektivität eines amperometrischen Detektors im Vergleich mit einem UV-Detektor am Beispiel der Rückstandsanalytik des Fungizids Dithianon (2,3-Dicyano-1,4-dihydro-1,4-dithiaanthrachinon) in Obst; Probe: Äpfel mit 100 ppb Dithianon; stationäre Phase: C18-modifiziertes Kieselgel; mobile Phase: Dioxan / 1 N Essigsäure / 1 N NaOH 64:31:5. Detektion: Glaskohlenstoff, –50 mV gegen Ag/AgCl

als –300 mV (gegen Ag/AgCl) ein störendes Reduktionssignal und erfordert daher ein rigoroses Spülen des Laufmittels mit Helium. Zusätzlich sind Teflonschläuche wegen ihrer Sauerstoffdurchlässigkeit als Leitungen an der HPLC-Apparatur zu vermeiden und durch Edelstahlleitungen zu ersetzen. Ein weiteres Problem stellt der in der Probe gelöste Sauerstoff dar, welcher auf üblichen C18-Phasen eine Retention zeigt und zu einem überaus großen Störpeak im Chromatogramm führt. Schließlich ist auch noch zu bedenken, daß sich Metallspuren aus der mobilen Phase und den Edelstahlleitungen bei reduktiver Betriebsweise an der Elektrode anreichern und schließlich zu einer "Vergiftung" der Elektrodenoberfläche führen. Diese Nachteile machen Anwendungen im reduktiven Bereich unattraktiv, während sich im oxidativen Bereich die Vorteile der hohen Empfindlichkeit mit Nachweisgrenzen im Pikogramm-Bereich voll ausschöpfen lassen.

Amperometrische Detektoren sind im Routinebetrieb deutlich weniger robust als die in der HPLC üblicherweise zur Anwendung kommenden UV-vis Absorptionsdetektoren. Dies liegt vor allem an der Tatsache, daß der chemische Zustand der Elektrodenoberfläche auch bei scheinbar inerten Materialien wie Glaskohlenstoff nur unzureichend kontrollierbar ist. Nachweisgrenzen wie auch Lage der amperometrischen Signale hängen wesentlich von der Vorgeschichte der Elektrode ab. Daher kommt der geeigneten Konditionierung der Elektrode besondere Bedeutung zu. Leider fehlen noch immer universell verwendbare Vorbehandlungsprozeduren; in der Literatur beschriebene Konditionierungsschritte basieren meist mehr auf Empirie als auf theoretischen Grundlagen. Manche Anwendungen sind bei einem konstanten angelegten Potential nicht durchführbar, da die Elektrode sehr rasch deaktiviert werden würde; in solchen Fällen kann eine gepulste Detektion Abhilfe schaffen, bei welcher mit bestimmter Frequenz eine Serie aus Meßspannung, Reinigungsspannung und Konditionierungsspannung angelegt wird (siehe Kapitel 10). Schließlich ist zu berücksichtigen, daß das Signal amperometrischer Detektoren im allgemeinen von der Flußrate der mobilen Phase abhängt, sodaß Flußschwankungen durch Pumpenpulsationen zu einem starken Anstieg des Detektorrauschens führen. Hochwertige, weitgehend pulsationsfreie HPLC-Pumpen (eventuell mit zusätzlichen Pulsdämpfern) sind daher für Kombinationen mit amperometrischen Detektoren eine unumgängliche Voraussetzung.

Experimentelle Erfahrung ist angebracht, um amperometrische Detektoren erfolgreich betreiben zu können. "Liquid chromatography - electrochemical detection is an art as well as a science" (S.G. Weber in [4]). Trotz der angeführten Nachteile ist diese Detektionstechnik aber sehr wohl auch in validierten Routinemethoden zu finden, insbesondere in verschiedenen Bereichen der Biochemie und der pharmazeutischen Chemie. Der hohe Praxisbezug des amperometrischen Detektors ist nicht zuletzt aus der Tatsache ersichtlich, daß der eigentliche Durchbruch Mitte der 70er Jahre [5] eine Folge der Lösungsmöglichkeit eines realen Problems war, nämlich der Spurenbestimmung von Catecholaminen in biologischen Proben (diese Applikation hat bis heute nur wenig von ihrer Bedeutung verloren). Die Umstände, die damals zur Entwicklung des ersten praxisgerechten Detektors führten, sind in einer Arbeit von Kissinger [6] zusammengestellt.

Ansatzweise existiert auch die Kombination von amperometrischen Detektoren mit der superkritischen Flüssigchromatographie (supercritical fluid chromatography, SFC). Bevorzugte mobile Phase ist überkritisches Kohlendioxid mit geringen Zusätzen an Methanol oder Acetonitril [7, 8].

Potentiometrische Detektoren haben eine vergleichsweise geringe Bedeutung für die HPLC erlangt. Ihr Aufbau ist einfach, die Selektivität hoch, die Empfindlichkeit mittel. Das Signal zeigt im Gegensatz zu praktisch allen anderen HPLC-Detektoren eine logarithmische Abhängigkeit von der Analytkonzentration. Oft kann es sinnvoll sein, potentiometrische Detektoren in Serie mit konventionellen HPLC-Detektoren zu betreiben.

8.2 Elektrochemische Detektoren für die Kapillarelektrophorese

Seit Ende der 80er Jahre hat die Kapillarelektrophorese (CE) enorme Bedeutung als Alternative zu chromatographischen Trennverfahren erlangt. Der instrumentelle Aufbau eines CE-Gerätes ist releativ einfach und schematisch in Abbildung 8.2 gezeigt. Unter den verschiedenen Varianten der CE hat heute die Kapillarzonenelektrophorese (CZE) die größte Verbreitung gefunden. Das Trennprinzip beruht auf der unterschiedlichen Wanderungsgeschwindigkeit geladener Analyte in einer mit Elektrolyt (Trägerelektrolyt) gefüllten fused-silica Kapillare nach Anlegen eines elektrischen Feldes. Der Kapillarinnendurchmesser liegt typischerweise zwischen 20 und 100 µm, die Länge

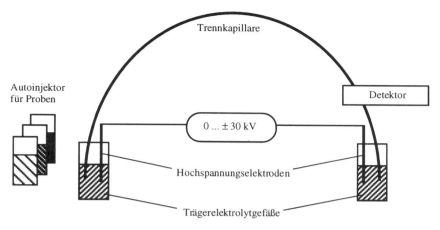

Abbildung 8.2   Aufbau eines Gerätes für die Kapillarelektrophorese

zwischen 30 und 100 cm. Zwischen den Kapillarenden liegt eine Hochspannung von 10...30 kV. Zusätzlich zum Transport der Analyte durch die Kapillare auf Grund der Wanderung im elektrischen Feld kommt als zweiter Transportmechanismus der elektroosmotische Fluß des Trägerelektrolyten dazu, ausgelöst durch die teilweise ionisierten Silanolgruppen an der Innenoberfläche der fused-silica Kapillare. Die Gesamtgeschwindigkeit eines Analyten ist daher die vektorielle Summe aus der elektrophoretischer Migration (eine Eigenschaft des Analyten) und des elektroosmotischen Flusses (eine Eigenschaft des Trägerelektrolyten). Die Richtung des Gesamtvektors ist daher ausschlaggebend, ob die Detektion an der Kathodenseite oder der Anodenseite der angelegten Hochspannung erfolgt. Der elektroosmotische Fluß ist (meist) zur Kathode gerichtet und im alkalischen Bereich häufig groß genug, um selbst anionische Analyte (sofern es sich nicht um sehr kleine, schnelle Anionen handelt) gegen die Richtung ihrer Migration letztlich zur Kathode zu transportieren.

Eine Auftrennung ungeladener Analyte ist nach dem eben beschriebenen Prinzip natürlich nicht möglich. In solchen Fällen kann mit einem Zusatz eines Mizellen-bildenden Detergens (Natriumdodecylsulfat (SDS) und ähnliche Verbindungen) zum Trägerelektrolyten gearbeitet werden, wodurch sich eine pseudostationäre Phase bildet. Neutrale Analyte gehen je noch Polarität Verteilungsgleichgewichte zwischen dem hydrophoben Inneren der Mizellen im Trägerelektrolyten und der wäßrigen Phase des Trägerelektrolyten ein. Die SDS-Mizellen selbst wandern aber auf Grund ihrer negativen Ladung zur Anode und verzögern daher in unterschiedlichem Ausmaß den Transport der neutralen Analyte durch den elektroosmotischen Fluß zur Kathode. Der Name "Mizellare elektrokinetische Chromatographie (MEKC)" ist für diese Trenntechnik üblich geworden, obwohl es sich natürlich primär um ein elektrophoretisches Prinzip handelt und keine stationäre Phase im strengen Sinn des Wortes beteiligt ist.

Eine echte Hybridtechnik zwischen Flüssigkeitschromatographie und Elektrophorese stellt die Elektrochromatographie dar. Hierbei kommen fused-silica Kapillaren zum Einsatz, welche mit den in der HPLC üblichen stationären Phasen gepackt sind. Der Trägerelektrolyt wirkt nunmehr als mobile Phase, der elektroosmotische Fluß ersetzt die HPLC-Pumpe. Neben den chromatographischen Effekten tragen bei geladenen Analyten natürlich auch die unterschiedlichen elektrophoretischen Beweglichkeiten zur Trennung bei. Der Vorteil der Elektrochromatographie liegt im Vergleich zur HPLC in der höheren Trenneffizienz, da der elektroosmotische Fluß ein propfenförmiges Strömungsprofil aufweist, wogegen in der HPLC ein parabolisches Strömungsprofil auftritt, das wesentlich zur Bandenverbreiterung beiträgt. Weiters ist die Elektrochromatographie auch mit sehr kleinen Partikeldurchmessern (unter 3 µm) der stationären Phase kompatibel, welche eine Verbesserung der chromatographischen Trennleistung ergeben, in der HPLC aber zu einem übermäßig hohem Druckanstieg führen würden.

Weitere gebräuchliche Varianten der CE sind die Kapillargelelektrophorese (Trennung von Makromolekülen in einer Kapillare, die mit einer Polymerlösung gefüllt ist; geladene Analyte wandern in Abhängigkeit ihrer Größe verschieden schnell durch die Polymerlösung, welche auch als Flüssiggel oder Puffer mit Siebeigenschaften bezeichnet wird) und die isoelektrische Fokussierung (Trennung von Proteinen und Peptiden in einem pH-Gradienten entsprechend ihrem isoelektrische Punkt).

Kapillarelektrophoretische Trennverfahren stellen hohe Anforderungen an den Aufbau der Detektoren, welche mit den extrem kleinen Flüssigkeitsvolumina kompatibel sein müssen. UV/vis Absorptionsdetektoren sowie Fluoreszenzdetektoren erlauben eine "on-capillary"-Detektion in der Kapillare selbst; erfolgt die Lichteinstrahlung senkrecht zur Längsachse der Kapillare, so ist der Innendurchmesser identisch mit der optischen Schichtdicke, woraus sich nur mäßige Konzentrationsempfindlichkeiten ergeben. Verbesserte Nachweisgrenzen erlauben sogenannte Z-Zellen, bei denen die Kapillare im Bereich der Detektion Z-förmig gewinkelt ist und die Lichteinstrahlung entlang der Längsachse der Kapillare erfolgt; dadurch kann die optische Schichtdicke auf 1 bis 2 mm erhöht werden.

Im Gegensatz zu den optischen Detektoren sind elektrochemische Detektoren häufig in einer "end-capillary"-Anordung am Ende der Trennkapillare positioniert. Ähnlich wie in der HPLC können auch in CE-Detektoren Meßprinzipien der Potentiometrie, Amperometrie oder Konduktometrie verwirklicht sein. Ein wesentliches Problem ist allerdings der störende Einfluß der Hochspannung auf den elektrochemischen Detektor. Oft empfiehlt es sich daher, Trennkapillaren mit sehr geringem Innendurchmesser (d.h. < 25 µm) zu verwenden, sodaß der elektrische Widerstand der Kapillare hoch wird und der gesamte Spannungsabfall praktisch innerhalb der Kapillare erfolgt; dadurch minimiert sich der Einfluß der angelegten Hochspannung auf die außerhalb der Kapillare positionierten Elektroden. Eine Alternative sind sogenannte "off-capillary"-Anordnungen der Detektionselektroden; darunter verstehen wir die Kopplung der Trennkapillare mit einer kurzen Transferkapillare (Detektionskapillare) mittels eines porösen Kopplungsstückes, welches in das detektorseitige Trägerelektrolytgefäß eintaucht. Der Strom der elektrophoretischen Trennung fließt durch das Kopplungsstück zur Hochspannungselektrode im Elektrolytgefäß, Trägerelektrolyt und Analyte werden durch den elektroosmotischen Fluß in der Trennkapillare weiter in die Transferkapillare mit den Detektionselektroden gedrückt. Dadurch sind Hochspannung und Detektion voneinander vollständig abgekoppelt. Abbildung 8.3 zeigt eine Gegenüberstellung der Anordnungen von on-capillary-, end-capillary- und off-capillary-Detektion.

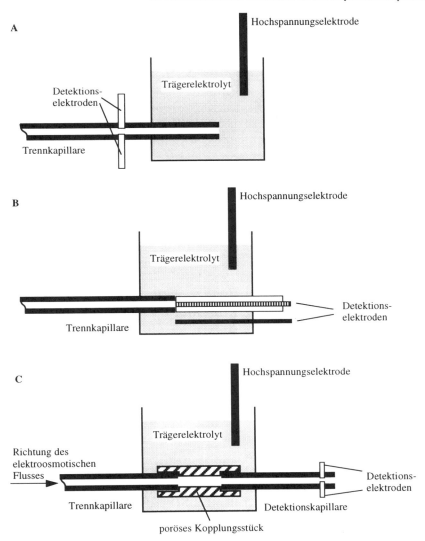

Abbildung 8.3 Anordnungsmöglichkeiten elektrochemischer Detektoren in Kombination mit der Kapillarelektrophorese. A: on-capillary-Detektion; B: end-capillary-Detektion; C: off-capillary-Detektion

Amperometrische Detektoren werden im Bereich der CE im allgemeinen mit CZE- und MEKC-Trennungen gekoppelt. Ihre Empfindlichkeit ist signifikant besser als bei üblicherweise verfügbaren UV-vis Detektoren. Die Robustheit amperometrischer Detektoren entspricht allerdings noch nicht allen Ansprüchen analytischer Routinetätigkeiten. Bisher in der Literatur beschriebene Applikationen basieren vorwiegend auf selbstgebauten Detektoren; eine breitere Anwendung ist erst zu erwarten, wenn kommerzielle Geräte zur Verfügung stehen.

Leitfähigkeitsdetektoren haben sich bisher besonders für CZE-Trennungen anorganischer Anionen und niedermolekularer organischer Säuren bewährt. Derartige

Analysen werden zwar häufig mit indirekter UV-Detektion durchgeführt, die Leitfähigkeitsdetektion erlaubt aber niedrigere Nachweisgrenzen. Entsprechende Detektoren sind bereits kommerziell verfügbar.

Potentiometrische Detektoren zählen auf dem Gebiet der CE noch zu den "Exoten". Ionenselektive Mikroelektroden sind allerdings schon längere Zeit bekannt, sodaß die Anwendung als kapillarelektrophoretischer Detektor naheliegend war. Praktische Anwendungen sind aber bisher spärlich und kommerzielle Geräte nicht verfügbar.

Elektrochemische Detektoren könnten in Zukunft verstärkt auch für die Elektro-chromatographie Verwendung finden. Ein Problem dieser Kombination ist die Tatsache, daß für elektrochromatographische Trennungen häufig ein Überdruck von etwa 10 bar an beide Kapillarenden angelegt wird, um das Entstehen von Mikroblasen im Trägerelektrolyt zu vermeiden. Diese Anordnung ist mit elektrochemischen Detektoren nur bedingt kompatibel. Neueren Arbeiten zufolge soll die Elektrochromatographie allerdings auch bei Normaldruck einsetzbar sein. Trotzdem sind noch wesentliche instrumentelle Weiterentwicklungen notwendig, um den elektrochemischen Detektoren in der Elektrochromatographie denselben Stellenwert zu geben, den sie in der HPLC erreicht haben. Zum momentanen Zeitpunkt ist auch noch nicht abzusehen, ob sich die Elektrochromatographie längerfristig tatsächlich zu einer wesentlichen Ergänzung chromatographischer Trennverfahren entwickeln wird.

Literatur zu Kapitel 8

[1]   H. Small, T.S. Stevens, W.C. Bauman, *Anal.Chem. 47* (1975) 1801.

[2]   H. Small, *J.Chromatogr. 546* (1991) 3.

[3]   W.W. Buchberger, P.R. Haddad, *J.Chromatogr.A 789* (1997) 67.

[4]   M. Warner, *Anal.Chem. 66* (1994) 601A.

[5]   P.T. Kissinger, C. Refshauge, R. Dreiling, R.N. Adams, *Anal.Letters 6* (1973) 465.

[6]   P.T. Kissinger, *Electroanalysis 4* (1992) 359.

[7]   S.R. Wallenborg, K.E. Markides, L. Nyholm, *Anal.Chem. 69* (1997) 439.

[8]   S.R. Wallenborg, K.E. Markides, L. Nyholm, *J.Chromatogr.A 785* (1997) 121.

9 Amperometrische und coulometrische Detektoren

Amperometrische Detektoren erlauben Spurenbestimmungen von elektrochemisch oxidierbaren oder reduzierbaren Spezies nach chromatographischen bzw. elektrophoretischen Trennungen. Als Elektrodenmaterialien kommen glasartiger Kohlenstoff, Kohlepaste, Quecksilber, Platin, Gold, Metalloxide, chemisch modifizierte Kohleelektroden sowie mit Enzymen modifizierte Elektroden zum Einsatz. Nachweisgrenzen im pg-Bereich sind für oxidierbare Verbindungen vielfach erreichbar; die reduktive Detektionsweise liefert deutlich schlechtere Ergebnisse, da gelöster Sauerstoff häufig zu Störungen führt.

Coulometrische Detektoren unterscheiden sich von amperometrischen Detektoren nur im Ausmaß des elektrochemischen Umsatzes. Während letztere lediglich einige wenige Prozent des Analyten umsetzen, läuft an coulometrischen Detektoren im Idealfall ein annähernd quantitativer Umsatz ab. Oft ergeben sich allerdings fließende Übergänge zwischen amperometrischer und coulometrischer Detektion, sodaß es gerechtfertigt erscheint, im vorliegenden Kapitel beide Techniken gemeinsam zu diskutieren

Die Entwicklung der Kombination von Flüssigkeitschromatographie und amperometrischer Detektion geht auf die Arbeiten von Kemula [1] im Jahr 1952 zurück, welcher die tropfende Quecksilberelektrode in einer als "Chromato-Polarographie" bezeichneten Instrumentierung zur Detektion von Metallionen einsetzte. Obwohl diese Idee in den folgenden Jahren mehrfach für unterschiedliche Applikationen aufgegriffen wurde [2, 3], konnte erst 1973 Kissinger [4] dieser Detektionsart zum Durchbruch verhelfen; die entscheidende Verbesserung war der Ersatz der Quecksilber-Arbeitselektrode durch eine Kohlepasteelektrode, welche im oxidativen Modus einen äußerst empfindlichen Nachweis von Catecholaminen erlaubte. Die amperometrische Durchflußzelle war eine sogenannte Dünnschichtzelle, die später kommerzialisiert wurde und auch heute noch neben weiteren Zellenkonstruktionen vielfach im Einsatz ist (siehe Abschnitt 9.1). Besondere Bedeutung kommt heute den Elektroden-Array-Detektoren zu, welche simultan den Strom an mehreren Elektroden bei verschiedenen Potentialen messen; somit steht eine dritte Dimension im Chromatogramm für die Gewinnung qualitativer Information zur Verfügung. Amperometrische Detektoren haben in jüngster Zeit auch in der Kapillarelektrophorese Verwendung gefunden, wenngleich in diesem Bereich die instrumentelle Entwicklung noch nicht denselben Stand wie in der HPLC erreicht hat. Eine Erweiterung des Anwendungsbereiches auf üblicherweise elektrochemisch inaktive Substanzen ist mit Hilfe der gepulsten amperometrischen Detektion möglich geworden, welcher das Kapitel 10 gewidmet ist.

9.1 Detektionszellen für die HPLC

9.1.1. Detektoren mit Einzelelektroden

Abbildung 9.1 zeigt einige gebräuchliche Elektrodenkonfigurationen in amperometrischen Detektoren mit festen Arbeitselektroden. Dünnschichtzellen, in denen die
mobile Phase parallel zur Elektrodenoberfläche strömt, haben den Vorteil eines sehr
einfachen Aufbaues, wobei trotzdem - sofern notwendig - ihr Zellenvolumen kleiner
als 1 µl gehalten werden kann. Typische Elektrodendurchmesser liegen zwischen 1 und
3 mm. Unter den hydrodynamischen Bedingungen eines vollkommen laminaren
Flusses gilt für den Grenzstrom I_{gr} und der Analytkonzentration c der folgende Zusammenhang [5, 6]:

$$I_{gr} = 1,47 nFc \left(D \frac{A}{b} \right)^{2/3} V^{1/3} \tag{9-1}$$

A Elektrodenfläche [cm^2]
D Diffusionskoeffizient [cm^2/s]
b Dicke des Flußkanals [cm]
V Fluß [cm^3/s]

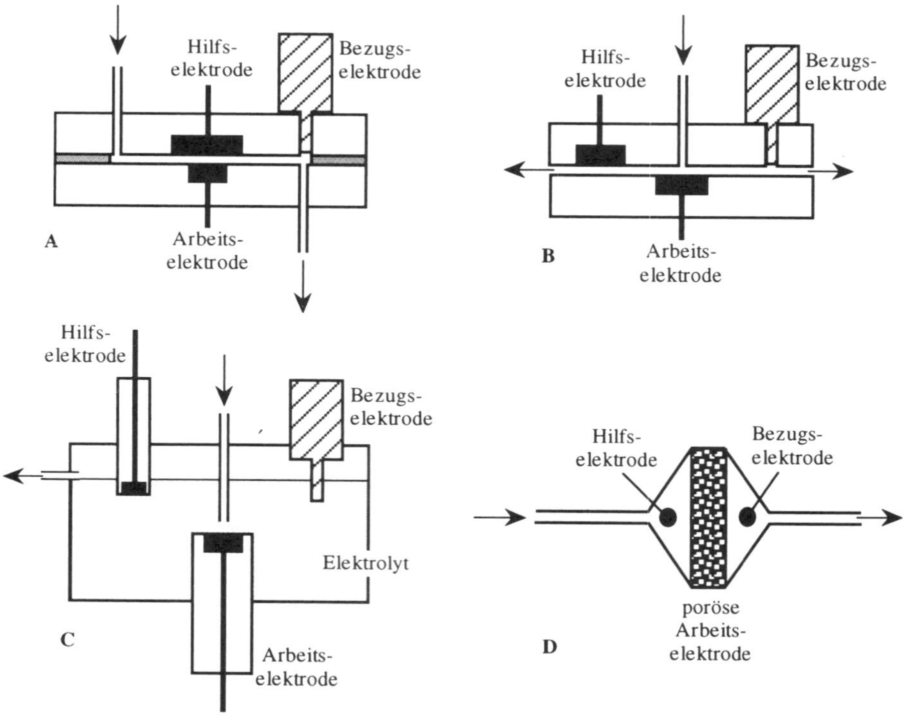

Abbildung 9.1 Gebräuchliche Konfigurationen amperometrischer Detektoren; A: Dünnschichtzelle; B:
Radialflußdünnschichtzelle; C: wall-jet-Zelle; D: coulometrische Zelle mit poröser Kohlelektrode

Neben den Dünnschichtzellen haben sich Konfigurationen bewährt, bei denen die mobile Phase senkrecht gegen die Elektrodenfläche strömt. Zwei derartige Anordnungen, nämlich die "wall-jet"-Zelle sowie die Radialfluß-Dünnschichtzelle (im Prinzip eine zentral angeströmte Dünnschichtzelle) sind in Abbildung 9.1 schematisch dargestellt. Wall-jet-Zellen sind dadurch charakterisiert, daß die mobile Phase als Strahl, dessen Durchmesser wesentlich kleiner ist als der Elektrodendurchmesser, senkrecht gegen die Elektrode strömt, sich radial über die Elektrodenoberfläche verteilt und dann von der Elektrode in Richtung Lösung zurückströmt. Als Folge dieser Strömungsverhältnisse spielt das Gesamtdetektorvolumen praktisch keine Rolle; ein sehr kleines Detektorvolumen ist sogar nachteilig, weil dann die Wand der Zelle mit der Ausbildung der Strömung interferieren kann. Für den Grenzstrom in einer wall-jet-Zelle gilt der folgende Zusammenhang [5, 6]:

$$I_{gr} = 0,898 n F c D^{2/3} v^{-5/12} a^{-1/2} A^{3/8} V^{3/4} \tag{9-2}$$

v kinematische Viskosität [cm²/s]
a Durchmesser der Einlaßkapillare [cm]

Gleichung 9-2 zeigt, daß bei wall-jet-Zellen im Vergleich zu Dünnschichtzellen eine wesentlich höhere Abhängigkeit des Signals von der Strömungsgeschwindigkeit vorliegt. Somit sind diese Zellen auch anfälliger gegenüber Pulsationen der HPLC-Pumpen. Andererseits ergeben sich auf Grund des effizienteren Transports des Analyten zur Elektrodenoberfläche höhere Stromdichten und daher mitunter auch verbesserte Signal/Rausch-Verhältnisse.

Die Konstruktion etlicher kommerziell erhältlicher wall-jet-Zellen ist allerdings so gestaltet, daß diese Zellen in unterschiedlichem Ausmaß auch Eigenschaften der Radialfluß-Dünnschichtzelle aufweisen. Echte Radialfluß-Dünnschichtzellen werden in zunehmendem Ausmaß für microbore-Säulen verwendet.

Der Grenzstrom in Detektorzellen mit röhrchenförmigen Elektroden ist durch eine Beziehung gegeben, die ähnlich jener von Dünnschichtzellen ist [5, 6]:

$$I_{gr} = 1,61 n F c \left(D \frac{A}{r} \right)^{2/3} V^{1/3} \tag{9-3}$$

r Innenradius der rohrförmigen Elektrode [cm]

Amperometrische Detektoren sind im Gegensatz zu photometrischen Detektoren auch mit Mikro- und Kapillarsäulen ohne Empfindlichkeitsverlust kombinierbar, wenn Mikroelektroden (siehe auch Abschnitt 3.1.1) in der Detektionszelle verwendet werden. Jorgenson und Mitarbeiter [7 - 10] entwickelten Detektoren mit Kohlefasern als Elektroden (Durchmesser 5...10 μm, Länge 0,5...1mm), welche in das Ende der Kapillarsäule eingeführt werden können. Mikroscheibenelektroden mit Durchmessern im Mikrometerbereich werden aber auch in üblichen Dünnschicht- oder wall-jet Zellen für konventionelle HPLC-Säulen eingesetzt, da sie mehrere Vorteile bieten:

• Infolge sphärischer anstelle linearer Diffusion kommt es zu einem erhöhten Massentransport und damit häufig zu einem verbesserten Signal/Rausch-Verhältnis;

allerdings müssen die entsprechenden meßtechnischen Voraussetzungen für die Messung extrem geringer Ströme gegeben sein.

- Die Abhängigkeit von der Flußgeschwindigkeit ist geringer als bei Makroelektroden; Ultramikroelektroden mit Dimensionen unter 1 µm ergeben Signale, die praktisch unabhängig von der Flußgeschwindigkeit sind [11, 12].

- Bei Aufnahme von voltammetrischen Strom-Spannungkurven sinkt der störende Einfluß des kapazitiven Stromes gegenüber dem Faraday´schen Strom. Aufgrund dieser Tatsache eignen sich Mikroelektroden wesentlich besser als Makroelektroden zur voltammetrischen Detektion, d. h . zur schnellen Aufnahme von Voltammogrammen während der Elution eines Peaks [13-18]. Allerdings sind die Nachweisgrenzen der voltammetrischen Detektion wesentlich schlechter als bei amperometrischer Detektion.

Ensembles von mehreren Mikroelektroden erhöhen das Stromsignal unter Beibehaltung von Vorteilen einer einzelnen Mikroelektrode und können somit einen Kompromiß zwischen Mikro- und Makroelektroden darstellen.

Mikroelektroden haben trotz der angeführten Vorteile bisher in der Routine nur beschränkte Verwendung gefunden. Hingegen hat sich die coulometrische Detektion mit großflächigen Arbeitselektroden (das Gegenstück zur Detektion an Mikroelektroden) für viele Applikationen erfolgreich durchgesetzt. Poröse Durchflußelektroden aus Graphit ergeben auch bei relativ hohen Flußgeschwindigkeiten Umsätze der elektrochemisch aktiven Analyte von annähernd 100%. Mit Hilfe des Faraday-Gesetzes läßt sich der folgende Zusammenhang zwischen Stromsignal I und Analytkonzentration c formulieren [19]:

$$I = nFcV \qquad (9\text{-}4)$$

Das Stromsignal coulometrischer Zellen ist naturgemäß wesentlich größer als bei amperometrischen Dünnschicht- oder wall-jet-Zellen. Gleichzeitig ist aber das Basislinienrauschen etwa proportional zur Elektrodenfläche, sodaß eine Verbesserung des Signal/Rausch-Verhältnisses vielfach nicht möglich ist. Andererseits sind großflächige Elektroden weniger anfällig gegenüber Vergiftung durch den Analyten oder dessen Reaktionsprodukte. Coulometrische Zellen eignen sich ferner ausgezeichnet zum Ausblenden von interferierenden Substanzen vor der eigentlichen Detektionszelle.

Die in Abbildung 9.1 gezeigten Detektortypen mit festen Elektroden kommen in erster Linie für oxidative Anwendungen zum Einsatz. Liegen reduzierbare Analyte vor, so könnten Quecksilberelektroden vorteilhaft sein, da an diesem Material ein großer negativer Potentialbereich ausgenützt werden kann und Reduktionsreaktionen vielfach bei niedrigeren Spannungen ablaufen als an Kohleelektroden. Detektorzellen mit Quecksilberelektroden sind in unterschiedlichen Ausführungsformen beschrieben worden:

- Zellen mit einer tropfenden Quecksilberelektrode, welche seitlich oder senkrecht angeströmt wird;

- Zellen mit einer stationären Quecksilberelektrode, welche seitlich oder senkrecht angeströmt wird;

- Zellen mit Quecksilberfilmelektroden auf Gold oder anderen Trägermaterialien;
- Zellen mit Blasenelektroden (der Eluent strömt in Form von Blasen durch ein Quecksilberreservoir).

Konstruktionsmöglichkeiten für Detektionszellen mit tropfenden Quecksilberelektroden – meist mit waagrecht angeordneter Quecksilberkapillare – wurden systematisch untersucht [20 - 24]; allerdings konnten sich diese Zellen in der Praxis nicht durchsetzen. Mehr Bedeutung haben Elektroden mit hängendem Quecksilbertropfen in Form der kommerziell erhältlichen statischen Quecksilbertropfenelektrode (siehe auch Abschnitt 3.2.2) gewonnen; mittels eines einfachen Adapters wird die Quecksilberkapillare in einer wall-jet Anordnung mit der Auslaßkapillare der Trennsäule verbunden (Abbildung 9.2). Das effektive Zellenvolumen beschränkt sich auf eine dünne Schicht an der Oberfläche des Quecksilbertropfens, sodaß das geometrische Volumen der gesamten Detektionszelle belanglos ist. Wird allerdings dieser Detektortyp in Serie mit weiteren Detektoren verwendet, muß er als letzter Detektor angeordnet sein.

Amalgamierte Goldelektroden kombinieren die Vorteile des Elektrodenmaterials Quecksilber mit den Vorteilen einer festen, stationären Elektrode und können in einfachen Dünnschichtzellen verwendet werden. Allerdings sind Vergiftungserscheinungen an der Elektrodenoberfläche im Serienbetrieb nicht ausgeschlossen, da die Elektrode im Gegensatz zu einer Quecksilberelektrode mit hängendem Tropfen zwischen den Analysenläufen nicht ohne weiteres erneuert werden kann.

Scholz et al. [25 - 27].haben mit der Blasenelektrode eine interessante Alternative zur Quecksilberelektrode entwickelt. Diese Elektrode stellt eine Umkehr der Phasenverhältnisse von üblichen polarographischen Detektoren dar; der Eluent strömt in Form von Blasen durch eine Schicht von Quecksilber. Die Elektrodenfläche ist durch die Oberfläche des ausströmenden Flüssigkeitstropfens des Eluenten gegeben. Eine

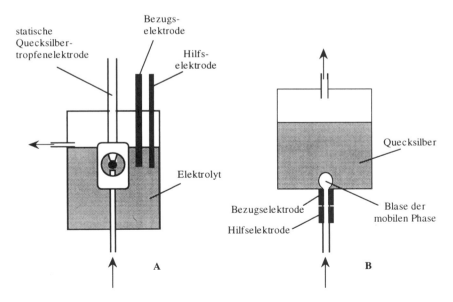

Abbildung 9.2 Detektionszelle mit statischer Quecksilbertropfenelektrode (A) und Blasenelektrode (B)

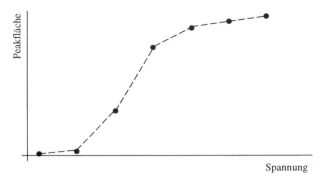

Abbildung 9.3 Hydrodynamisches Voltammogramm aufgenommen mit einem amperometrischen oder coulometrischen Detektor mit Einzelelektrode (die Probe wird wiederholt bei unterschiedlichen Detektionsspannungen eingespritzt)

konstruktive Lösung dieses Prinzips ist in Abbildung 9.2 gezeigt. Es ist allerdings noch nicht vollständig geklärt, ob dieses Detektionsprinzip robust genug ist, um in der Praxis für Routineanwendungen tauglich zu sein.

Grundsätzlich können alle amperometrischen bzw. coulometrischen Detektoren auch qualitative Informationen an Hand der hydrodynamischen Voltammogramme (Strom-Spannungskurven im fließenden System) liefern; die Analyte werden wiederholt eingespritzt, wobei von Lauf zu Lauf das Potential der Arbeitselektrode um ein bestimmtes Inkrement erhöht wird. Die Auftragung der Peakhöhen (oder Peakflächen) gegen die Spannung ergibt eine Strom-Spannungskurve mit konstantem Grenzstrom (Abbildung 9.3). Dieses Verfahren eignet sich auch zur Optimierung des Detektionspotentials für ein vorgegebenes Analysenproblem.

9.1.2 Detektoren mit Multielektroden

Wie oben erwähnt, können wir qualitative Informationen über die detektierten Analyte dadurch gewinnen, daß wir in wiederholten chromatographischen Läufen die Detektion bei verschiedenen Potentialen durchführen und dadurch ein hydrodynamisches Voltammogramm erhalten. Dieses Vorgehen ist allerdings sehr zeitaufwendig und daher für die Routine nur beschränkt brauchbar. Bessere Zugangsmöglichkeiten zu qualitativer Information ergeben sich durch den Einsatz mehrerer Elektroden in Serien- oder Parallelanordnung, wobei an jede Elektrode ein konstantes, jedoch unterschiedliches Potential angelegt wird. Abbildung 9.4 zeigt die typischen Anordnungsmöglichkeiten einer Doppelelektrode in einer amperometrischen Dünnschichtzelle. In der Parallelanordnung ergibt sich durch die simultane Messung bei zwei verschiedenen Potentialen die Möglichkeit, Verhältnisse der beiden Stromsignale zu bilden, welche charakteristisch für die detektierten Substanzen sind. In einer Serienanordnung können Analyte an der ersten Elektrode oxidiert (oder reduziert) werden und die Reaktionsprodukte an der zweiten Elektrode reduktiv (oder oxidativ) detektiert werden. Der Vorteil dieser Anordnung liegt in der erhöhten Detektionsselektivität; darüber hinaus ist mitunter eine Detektion der Elektrolyseprodukte in einem vorteilhaften Span-

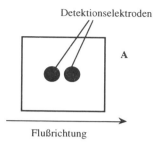

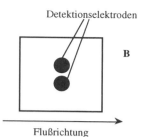

Abbildung 9.4 Anordnungsmöglichkeiten einer Doppelelektrode in einer amperometrischen Dünn-schichtzelle; A: Serienanordnung; B: Parallelanordnung

nungsbereich möglich als bei direkter Detektion. Vergleichbare Ergebnisse sind auch in Radialflußzellen mit einer Scheibenelektrode umgeben von einer Ringelektrode ("ring-disk" Elektrode) erzielbar [28].

Eine dritte mögliche Anordnung von Doppelelektroden ergibt sich mit zwei gegenüberliegenden [29] oder zwei ineinandergreifenden Elektroden [30 - 34]; letztere Elektroden sind auch als IDA- (interdigitated-array) Elektroden bekannt und lassen sich mit Hilfe photolithographischer Techniken herstellen. Abbildung 9.5 zeigt zwei Anordnungsmöglichkeiten von IDA-Elektroden. Analyte werden wiederholt an der ersten Arbeitselektrode elektrochemisch umgesetzt und reagieren an der zweiten Arbeitselektrode wieder zum Ausgangsprodukt zurück, sofern der elektrochemische Vorgang reversibel ist. Der Stromfluß vervielfacht sich und ermöglicht eine Erhöhung von Empfindlichkeit und Selektivität.

Detektorzellen mit Doppelelektroden in Serienanordnung erlauben auch eine voltam-metrisch-amperometrische Detektion; das Potential der ersten Elektrode wird dabei sehr rasch linear geändert, die Detektion erfolgt amperometrisch bei konstantem Potential an der zweiten Elektrode. Je nach gewähltem Detektionspotential kann eine Signalverringerung für den Analyten (als Folge des Wegreagierens an der ersten Elektrode) in Abhängigkeit vom Potential der ersten Elektrode gemessen werden oder eine Signalerhöhung (als Folge der potentialabhängigen Bildung eines elektrochemisch aktiven Reaktionsproduktes an der ersten Elektrode). Dieses Prinzip liefert analog zur Aufnahme einer Strom-Spannungskurve qualitative Information, ohne dabei störende

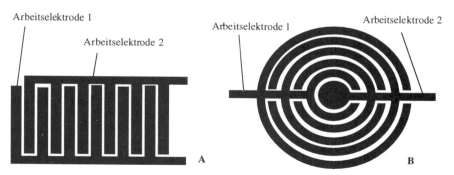

Abbildung 9.5 Interdigitated-array-Elektroden; A: Elektrode für eine Dünnschichtzelle mit Strömung von links nach rechts; B: Elektrode für eine Radialflußzelle mit senkrechter zentraler Anströmung

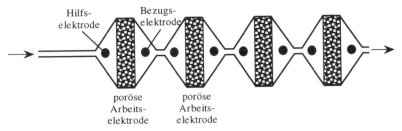

Abbildung 9.6 Coulometrischer Elektrodenarray-Detektor

kapazitive Ströme aufzuweisen, welche sich bei Spannungsänderungen an der Arbeitselektrode ergeben würden [35 - 39].

Das Konzept der simultanen amperometrischen Detektion bei verschiedenen Potentialen ist auf Zellen mit bis zu sechzehn Arbeitselektroden erweitert worden. Hierfür
eignen sich entweder Dünnschichtzellen mit nebeneinander angeordneten Mikro-
bandelektroden [40 - 42] oder Radialflußzellen mit kreisförmig angeordneten Einzelelektroden [43].

Detektorzellen mit mehreren Elektroden lassen sich sehr vorteilhaft in einem
coulometrischen anstelle eines amperometrischen Modus betreiben. In diesem Falle
kommt fast ausschließlich eine Serienschaltung der Elektroden zum Einsatz. Abbildung 9.6 zeigt den Aufbau eines derartigen coulometrischen Detektors mit Multielektroden (häufig auch als coulometrischer Elektrodenarray-Detektor bezeichnet).
Diese von der Fa. ESA zur Marktreife entwickelten Detektoren beinhalten bis zu
sechzehn Durchflußelektroden aus porösem Graphit. Qualitative Information über die
Analyte ist erhältlich, wenn die angelegten Spannungen in Inkrementen von (beispielsweise) 50 mV von Elektrode zu Elektrode ansteigen und der Stromfluß an jeder
Elektrode gemessen wird. Jene Elektroden, an welche Spannungen kleiner als das
Halbstufenpotential angelegt sind, setzen nur einen Bruchteil der elektroaktiven
Analyte um. Das höchste Stromsignal ergibt sich an derjenigen Elektrode, deren
Spannung annähernd dem Halbstufenpotential entspricht. An den folgenden Elektroden
mit höherer angelegter Spannung erniedrigt sich wiederum das Stromsignal, da die
detektierte Substanz weitgehend bereits an den vorhergehenden Elektroden elektro-

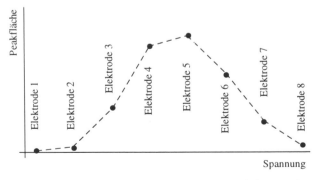

Abbildung 9.7 Hydrodynamisches Voltammogramm bei Anwendung eines coulometrischen Elektrodenarray-Detektors

chemisch umgesetzt wurde. Ein Auftragen der verschiedenen Stromsignale gegen das Potential der jeweiligen Arbeitselektrode ergibt ein peakförmiges hydrodynamisches Voltammogramm (siehe Abbildung 9.7), welches zur Identifizierung der Substanz beitragen kann. Abbildung 9.8 zeigt schematisch das dreidimensionale Chromatogramm als Resultat eines Analysenlaufes.

Ein Vorteil der coulometrischen Detektion mit Multielektroden in Serienschaltung liegt auch in der Möglichkeit, störende Matrixkomponenten auszublenden, sofern sie leichter oxidierbar (oder reduzierbar) sind als die zu detektierenden Analyte. An den Elektroden mit niedrigeren Potentialen können die störenden Komponenten praktisch quantitativ elektrochemisch umgesetzt werden, sodaß sie an den Elektroden mit höheren Potentialen nicht mehr interferieren. Diese Möglichkeit läßt es auch sinnvoll erscheinen, eine zusätzliche coulometrische Zelle vor dem Injektor zu verwenden, um elektrochemisch aktive Verunreinigungen in den mobilen Phasen auszublenden.

Coulometrische Detektoren mit mindestens zwei Elektroden in Serie eignen sich auf Grund des quantitativen Umsatzes wesentlich besser als amperometrische Detektoren zur selektiven Detektion von reversibel umsetzbaren Substanzen, die nach quantitativer Oxidation (oder Reduktion) an der ersten Elektrode reduktiv (oder oxidativ) an der zweiten Elektrode gemessen werden. Die hohe Detektionsselektivität vereinfacht häufig die Aufarbeitungs- und Vorreinigungsschritte bei komplexen Proben.

Ein kritischer Vergleich verschiedener Detektionszellen zeigt, daß coulometrische Elektrodenarray-Detektoren derzeit wahrscheinlich die vielfältigsten Anwendungsmöglichkeiten erlauben (Details sind in einer unlängst erschienenen Monographie zu finden [44]). Für Trennungen mittels microbore-Säulen bleiben dagegen einfache amperometrische Detektoren die bevorzugte Wahl. In der Routineanalytik gelten amperometrische und coulometrische Detektoren bisweilen als störanfällig und wenig robust. Dem ist entgegenzuhalten, daß diese Art der Detektion sehr wohl auch in validierte Analysenmethoden Eingang gefunden hat. Voraussetzung für eine erfolgreiche Anwendung ist neben der Verfügbarkeit einer möglichst pulsationsfreien HPLC-Pumpe vor allem die richtige Wahl des passenden Elektrodenmaterials sowie eine adäquate Vorbehandlung der Elektrodenoberfläche.

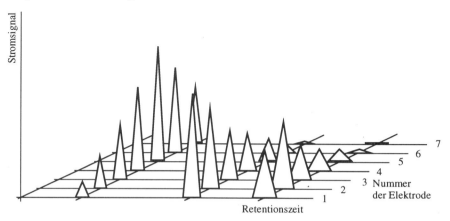

Abbildung 9.8 Dreidimensionales Chromatogramm als Resultat eines coulometrischen Elektrodenarray-Detektors

9.1.3 Elektrodenmaterialien

Kohlenstoff in Form von Kohlepaste, glasartigem Kohlenstoff (glassy carbon, GC) oder porösem Graphit ist das am weitesten verbreitete Elektrodenmaterial. Kohlepasteelektroden bestehen aus einer Mischung von Graphitpulver (typischerweise 70 Gewichtsprozente) und höheren Kohlenwasserstoffen wie Nujol. Die Vorbehandlung beschränkt sich meist auf ein Glätten der Oberfläche durch "Polieren" auf einer Karteikarte oder ähnlichem. Kohlepasteelektroden sind naturgemäß für mobile Phasen mit hohen Anteilen organischer Lösungsmittel nicht geeignet; verbesserte Stabilitäten sind möglich, wenn das Graphitpulver mit gepulverten Polymeren (Kel-F u.ä.) verpreßt wird oder wenn Graphit-haltige Epoxidharze eingesetzt werden. Glasartiger Kohlenstoff ist als Elektrodenmaterial mit praktisch allen üblichen mobilen Phasen der HPLC kompatibel. GC-Elektroden benötigen – wie bereits in Kapitel 3 erwähnt – geeignete Konditionierungsschritte, wofür sich nach dem Polieren der Oberfläche insbesondere das Anlegen von positiven und/oder negativen Spannungspulsen oder von Spannungszyklen innerhalb eines bestimmten Spannungsbereiches [45, 46] eignet.

Edelmetallelektroden haben im Vergleich zu Kohleelektroden nur eingeschränkte Bedeutung in amperometrischen Detektoren gefunden (eine Ausnahme bilden Platin- und Goldelektroden, welche sich in einem gepulsten Modus unter alkalischen Bedingungen ausgezeichnet zur Detektion von Kohlenhydraten eignen; derartige Applikationen sind in Kapitel 10 zu finden). Der brauchbare Potentialbereich ist meist deutlich kleiner als an Kohleelektroden; zusätzlich kommt es an Metallelektroden zur Ausbildung von Oxidschichten, welche den Elektronentransfer zwischen Elektrode und Analyt behindern können.

Vorteile (und auch Nachteile) von Quecksilberelektroden wurden bereits mehrfach erwähnt. Es sei nochmals darauf hingewiesen, daß sie sich wesentlich besser als Kohleelektroden für Detektionsverfahren eignen, bei denen das angelegte Potential gepulst oder zwecks Aufnahme von Strom-Spannungskurven linear verändert wird. Kohleelektroden weisen an der Oberfläche je nach Vorbehandlung Sauerstoff-haltige funktionelle Gruppen auf, welche bei Potentialänderungen einen deutlichen Grundstrom ergeben. An Quecksilberelektroden sind derartige störende Grundströme wesentlich geringer. Daher sind schnelle Aufnahmen von Strom-Spannungskurven mittels Square-Wave-Voltammetrie während des chromatographischen Laufes möglich [47], welche qualitative Informationen über die Analyte liefern können. Messungen im Differentialpuls-Modus (d. h. Differenzbildung von jeweils zwei Strommessungen bei den Potentialen E_1 und E_2) ermöglichen die Erhöhung der Selektivität [48]; man wählt E_2 im Potentialbereich knapp vor Erreichen des Grenzstromes für den Analyten und E_1 im Bereich des Beginns der voltammetrischen Stufe. Störungen durch Substanzen, welche bei kleineren Spannungen als E_1 elektrochemisch aktiv sind, werden auf diese Weise verringert (die Detektion bei konstanter Spannung anstelle von gepulster Spannung müßte dagegen bei E_2 erfolgen und würde die erwähnten Störsubstanzen miterfassen).

Ein inertes Elektrodenmaterial wie Kohle soll im Idealfall lediglich den Durchtritt von Elektronen ermöglichen, ohne selbst elektrochemisch verändert zu werden. Das Gegenstück bilden "nichtinerte" Elektroden, deren Materialien aktive Reaktionspartner in der signalliefernden elektrochemischen Reaktion sind; einige Beispiele für derartige Elektroden sind im folgenden zusammengefaßt.

Metallische Silberelektroden ermöglichen die (oxidative) Erfassung von Anionen, welche schwerlösliche Silbersalze bilden:

$$Ag + X^- \rightleftharpoons AgX + e^- \tag{9-5}$$

Metallische Kupferelektroden eignen sich im neutralen pH-Bereich zur Detektion von komplexbildenden Analyten; bei Anlegen einer kleinen positiven Spannung bedeckt sich die Elektrodenoberfläche mit einer passivierenden Kupferoxid/Kupfer-hydroxidschicht. Die Oxidschicht limitiert den Stromfluß, der infolge der anodischen Auflösung des Kupfermetalls fließt. Spezies mit der Fähigkeit, Kupferionen zu komplexieren, werden die Passivierungsschicht verringern und den oxidativen Strom erhöhen. Typische Applikationen sind die Detektion von Aminosäuren [49 - 51], Oxalsäure [52] oder Nitrilotriessigsäure [53].

Etliche Bedeutung haben Metalloxid- bzw. Metallhydroxidelektroden unter stark alkalischen Bedingungen für die Detektion von Polyolen (und insbesondere von Kohlenhydraten) gefunden. Derartige Metalloxidschichten zeigen vielfach elektrokatalytische Eigenschaften. Umfangreiche Untersuchungen liegen für Nickeloxidelektroden vor. In 0,1 M Natronlauge bildet sich an einer metallischen Nickelelektrode eine Nickel(II)hydroxidschicht, welche durch Anlegen einer Spannung von ca. 0,5 V (gegen Ag/AgCl) in die dreiwertige Form übergeht; in diesem Zustand kann die Elektrodenoberfläche Kohlenhydrate oxidieren und wird selbst zur zweiwertigen Oxidationsstufe reduziert; die angelegte Spannung stellt die dreiwertige Form wieder her, woraus das analytische Stromsignal resultiert:

$$Ni(OH)_2 + OH^- \xrightarrow{500\ mV} NiO(OH) + H_2O + e^- \tag{9-6}$$

$$NiO(OH) + Analyt \longrightarrow Ni(OH)_2 + Oxidationsprodukte \tag{9-7}$$

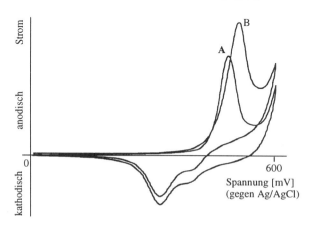

Abbildung 9.9 Zyklisches Voltammogramm an einer Nickelelektrode in 0,1 M NaOH ohne Glucose (A) und mit Glucose (B)

Aus diesem Mechanismus geht hervor, daß verschiedene Kohlenhydrate beim gleichen Potential zu detektieren sind, da die angelegte Spannung vorrangig die Aufgabe hat, die Elektrodenoberfläche in der höheren Oxidationsstufe zu halten. Abbildung 9.9 zeigt zyklische Voltammogramme an einer Nickeloxidelektrode; bei Zugabe von Glucose kommt es erwartungsgemäß zur Erhöhung des Stromsignals, welches der Oxidation der Elektrodenoberfläche vom zweiwertigen zum dreiwertigen Zustand entspricht.

Die Langzeitstabilität von metallischen Nickelelektroden mit Oxid/Hydroxidschichten ist teilweise unbefriedigend. Bessere Ergebnisse können Legierungen von Nickel mit Chrom oder Titan liefern. Ein weiteres und häufig verwendetes Elektrodenmaterial, das die oxidative Erfassung von Polyolen und Kohlenhydraten ermöglicht, ist Kupfer unter stark alkalischen Bedingungen (Bildung einer Kupferoxidschicht). Obwohl auch hier als Mechanismus die Katalyse durch verschiedene Oxidationszustände des Kupferoxids postuliert wurde, ist der exakte Reaktionsmechanismus noch nicht vollständig aufgeklärt. Metalloxide wie Kobaltoxid, Silberoxid und einige andere zeigen grundsätzlich ebenfalls katalytische Eigenschaften, haben

Tabelle 9.1 Beispiele für Metalloxidelektroden zur Detektion von Kohlenhydraten, Alkoholen und Aminen unter alkalischen Bedingungen

Elektrodenmaterial	Analyte	Literatur
metallisches Nickel	Kohlenhydrate und deren Abbauprodukte, Alkohole	[54,55]
Nickeloxid auf Glaskohlenstoff	Kohlenhydrate, Alkohole	[56, 57]
Nickeloxid in Graphit/PVC	Zuckeralkohole	[58]
Nickel-Chrom-Legierung	Kohlenhydrate, Aminosäuren	[59, 60]
Nickel-Titan-Legierung	Kohlenhydrate	[61]
metallisches Kupfer	Kohlenhydrate, Aminosäuren, Peptide, Proteine	[62-64]
Kupferoxid auf Glaskohlenstoff	Zucker, Zuckeralkohole, Zuckersäuren	[65]
Kupferoxid in Kohlepaste, Kohlezement oder Graphit/Polyethylen	Kohlenhydrate, Amine, Aminosäuren, Alkohole	[66-68]
Kupferoxid in Polyanilin auf Glaskohlenstoff	Aminosäuren, Kohlenhydrate	[69]
Kobaltoxid auf Glaskohlenstoff	Zucker, Zuckeralkohole	[70, 71]
Kobaltoxid in Kohlepaste	Aminosäuren, Zucker	[72, 73]
metallisches Kobalt	Amine	[74]
Silber	Kohlenhydrate	[75]
Rutheniumdioxid in Kohlepaste oder Graphit/Epoxidharz	Aminosäuren	[73]
Rutheniumoxid/Rutheniumcyanid auf Glaskohlenstoff	Alkohole	[76, 77]

praktisch aber nur wenig Bedeutung gefunden. Ausführungsformen derartiger Elektroden umfassen Metalle mit den entsprechenden Oxidschichten an der Oberfläche, Metalloxidschichten auf Kohleelektroden oder Metallpartikel in Kohlepaste bzw. Graphit-Kunststoff-Compositematerialien. Tabelle 9.1 faßt Beispiele verschiedener Elektrodenmaterialien zusammen.

Der Einsatz katalytisch wirkender Elektrodenmaterialien beschränkt sich keineswegs nur auf die Verwendung von Metalloxidelektroden. Die Entwicklung geeigneter chemisch-modifizierter Elektroden ist nach wie vor ein attraktives Forschungsgebiet. Stellvertretend seien an dieser Stelle Kobaltphthalocyanin-modifizierte Elektroden erwähnt, welche die Oxidation von Thiolen [78 - 80], Thiopurinen [81], Hydrazin [82], Kohlenhydraten [83, 84], organischen Säuren [85] oder Ribonucleosiden [86] katalysieren. Ferner umfaßt der Begriff einer katalytisch wirkenden Elektrode auch die Enzym-modifizierten Elektroden, die bereits in Kapitel 5 hinsichtlich ihres Einsatzes als amperometrische Sensoren behandelt wurden und daher an dieser Stelle nicht weiter diskutiert werden.

Schließlich sind elektrisch leitende Polymere als Materialien für nichtinerte Elektroden zu erwähnen, welche die Detektion von elektroinaktiven Ionen erlauben. Ein Polymer wie Polypyrrol (oder Polyanilin) ist elektrochemisch aktiv entsprechend der folgenden Gleichung:

$$\left(\overset{+}{N}\underset{H}{}\right)_n A^- \; \underset{-e^-}{\overset{+e^-}{\rightleftharpoons}} \; \left(\overset{0}{N}\underset{H}{}\right)_n + A^- \tag{9-8}$$

In der oxidierten Form muß zur Absättigung der positiven Ladung des Polymergerüstes ein entsprechendes Anion A^- im Polymer eingebaut sein. Beim Reduktionsvorgang verschwindet die positive Ladung, sodaß zur Aufrechterhaltung des Ladungsgleichgewichtes das Anion aus dem Polymer abgegeben werden muß (umgekehrt muß bei der Oxidation ein Anion aufgenommen werden). Anstelle der Abgabe des Anions bei der Reduktion kann aber auch ein Kation X^+ zur Ladungskompensation zusätzlich aufgenommen werden:

$$\left(\overset{+}{N}\underset{H}{}\right)_n A^- + X^+ \; \underset{-e^-}{\overset{+e^-}{\rightleftharpoons}} \; \left(\overset{0}{N}\underset{H}{}\right)_n A^-X^+ \tag{9-9}$$

Aus diesem (bewußt vereinfacht dargestellten) Reaktionsschema geht hervor, daß an derartigen Elektrodenmaterialien beim Anlegen einer Spannung Redoxreaktionen ablaufen, die von der Anwesenheit geeigneter Ionen abhängen. Anwendungen sind insbesondere im Bereich der Fließinjektionsanalyse und der Ionenchromatographie zur Detektion anorganischer Anionen beschrieben worden [87 - 94].

9.2 Detektionszellen für die Kapillarelektrophorese

Amperometrische Detektoren mit Mikroelektroden eignen sich besonders gut für kapillarelektophoretische Trennverfahren, da sie weitgehend kompatibel mit den extrem kleinen Volumina dieser Trenntechnik sind. Eine echte "on-capillary"-Anordnung wie im Fall von spektroskopischen Detektoren ist allerdings praktisch nicht möglich; die hohe Feldstärke in der Trennkapillare würde zu gravierenden Störungen führen, welche eine Detektion unmöglich machen. Wie bereits in Abschnitt 8.2 angeführt, finden wir in der Praxis im wesentlichen zwei Anordnungen, nämlich die "end-capillary"- und die "off-capillary"-Konfiguration.

Bei "end-capillary"-Detektoren kommen meist Scheibenelektroden mit einem Durchmesser zwischen 10 und 50 μm oder auch Kohlefaserelektroden zum Einsatz, welche am Ende der Kapillare angeordnet sind (siehe Abbildung 8.3 B). Eine detailierte mathematische Beschreibung für den Strom an einer Scheibenelektrode eines "end-capillary"-Detektors findet sich in einer Arbeit von Jin und Chen [95]. Die exakte und reproduzierbare Positionierung der Elektrode ist klarerweise kritisch. Häufig geschieht sie mit Hilfe eines Mikromanipulators unter einem Mikroskop. Bei Verwendung von Kapillaren mit sehr kleinen Innendurchmessern kann es vorteilhaft sein, das Ende der Kapillare durch Ätzen mit Flußsäure aufzuweiten, um die exakte Positionierung der Mikroelektrode zu erleichtern [96].

Die Positionierung der Elektrode mittels Mikromanipulators ist zeitaufwendig und für die Routineanalytik nur bedingt geeignet; daher ergab sich ein Bedarf nach Alternativen, welche eine einfache Justierung und ein einfaches Auswechseln der Kapillare erlauben. Abbildung 9.10 zeigt als Beispiel einer praxisgerechten Zelle einen "end-capillary"-Detektor, bei dem das Elektrodenmaterial in eine fused-silica Kapillare eingeklebt ist, welche den gleichen Außendurchmesser wie die Trennkapillare aufweist.

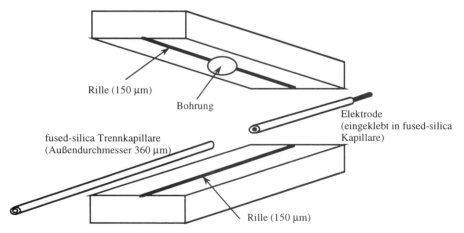

Abbildung 9.10 Zelle für amperometrische "end-capillary"-Detektion in der Kapillarelektrophorese (die Zelle taucht in ein Elektrolytgefäß mit Referenz- und Hilfselektrode sowie Hochspannungselektrode ein)

Der Halter für Elektrode und Trennkapillare besteht aus zwei Plexiglasplättchen mit Rillen, deren Tiefe geringfügig kleiner als der halbe Außendurchmesser der Kapillaren ist. Beide Teile weisen in der Mitte ein Loch von 3 mm Durchmesser auf. Trennkapillare und Elektrode werden in die Rille des einen Plättchens eingelegt und durch Aufschrauben des zweiten Plättchens fixiert. Der Halter wird sodann in ein mit Trägerelektrolyt gefülltes Polyethylengefäß gegeben [97].

Justierprobleme sind vollständig vermeidbar, wenn Detektionselektrode und Kapillarende miteinander integriert werden. Zhong und Lunte [98] entwickelten eine Anordnung bestehend aus einem 25 µm starken Golddraht, der am Ende der Kapillare quer über die Kapillarenöffnung geklebt ist. Einen anderen Weg beschritten Voegel et al. [99], welche am Kapillarenausgang durch Sputtern eine Gold- oder Platinschicht als Arbeitselektrode auftrugen. In beiden Fällen braucht das Kapillarenende lediglich in das Trägerelektrolytgefäß mit Bezugs- und Hilfselektrode eingetaucht werden.

"Off-capillary"-Detektoren wurde von Wallingford und Ewing [100] entwickelt und basieren auf der Abkopplung des elektrischen Feldes von der Detektionselektrode. Die Trennkapillare ist mit einer Transferkapillare durch ein poröses Kopplungsstück verbunden, welches in das Trägerelektrolytgefäß mit der detektorseitigen Hochspannungselektrode eintaucht. Das Kopplungsstück ermöglicht den Stromfluß zur Elektrode, während die Analyte auf Grund des elektroosmotischen Flusses in der Trennkapillare weiter durch die (feldfreie) Transferkapillare zur Elektrode transportiert werden (siehe auch Abbildung 8.3 C). In Hinblick auf die Trenneffizienz ist dabei zu berücksichtigen, daß die Pfropfenströmung der Trennkapillare in eine laminare Strömung in der Transferkapillare übergeht. Ursprünglich dienten poröses Glas oder poröser Graphit als Kopplungsstück [100, 101], welche allerdings von der Handhabung her problematisch waren. Brauchbare Alternativen sind Mikroschläuche aus Nafion [102] oder Celluloseazetatfilmen [103]. Eine besonders elegante Abkopplung des elektrischen Feldes ist mittels eines Kopplungsstückes aus Palladium möglich [104], welches auch als detektorseitige Hochspannungselektrode fungiert. In diesem Fall könnten zwar störende Elektrolyseprodukte an der Kopplungsstelle gebildet werden; sofern aber das Kopplungsstück als Kathode geschaltet ist (wie für viele Applikationen üblich), läuft als hauptsächliche Elektrodenreaktion am Palladium die Reduktion von Protonen zu Wasserstoff ab, welche von diesem Metall quantitativ aufgenommen werden kann.

Die überwiegende Zahl der Anwendungen amperometrischer Detektoren in der Kapillarelektrophorese basiert auf Einzelelektroden. Anordnungen mit Multielektroden bieten zwar eine Reihe von Vorteilen wie in Abschnitt 9.1.2 angeführt, sind aber in einer für kapillarelektrophoretische Trennungen geeigneten Form nur schwierig realisierbar. Lin et al [105] beschrieben eine Anordnung mit einer Doppelelektrode in Serienschaltung; die erste Elektrode wurde direkt in die Transferkapillare eines "off-column" Detektors plaziert, während die zweite Elektrode in üblicher Weise an das Ende der Kapillare positioniert wurde. Zhong et al. [106] setzten eine Scheiben/Ring-Elektrode sowie eine Doppelelektrode in Parallelschaltung in einem "end-column" Detektor ein. Eine Anordnung von hundert Mikroelektroden wurde von Gavin und Ewing [107] in einer völlig neuen Form der kontinuierlichen Kapillarelektrophorese entwickelt. Die Trennkapillare weist einen rechteckförmigen Querschnitt auf. Am

Kapillarende sind - verteilt über die gesamte Breite - die Detektionselektroden angebracht. Die Probe wird am Kapillaranfang kontinuierlich zugeführt, wobei der Aufgabepunkt über die Breite der Kapillare variiert wird. Die Trennung läuft somit in nebeneinanderliegenden Bahnen ab, die von den einzelnen Elektroden getrennt registriert werden und zeitversetzte Elektropherogramme ergeben. Abbildung 9.11 zeigt in vereinfachter Weise diese Anordnung, welche unter anderem Informationen über den zeitlichen Verlauf von Reaktionen zwischen Probenkomponenten liefern kann.

Geeignete Elektrodenmaterialien sind (ähnlich wie in amperometrischen Detektoren für die HPLC) Kohle, Platin, Gold, Quecksilber-Gold-Amalgam, Nickel, Kupfer sowie diverse chemisch modifizierte Kohleelektroden. Diese Materialien können in Form von Mikrozylindern (Kohlefasern oder Metalldrähte von 5...50 µm Durchmesser und 100...200 µm Länge) oder als Scheibenelektroden (Durchmesser 20...150 µm) eingesetzt werden.

Erhöhte Selektivität oder zusätzliche qualitative Informationen ergeben sich durch Anlegen von gepulsten Spannungen oder durch schnelle Aufnahme der gesamten Strom-Spannungskurve (voltammetrische Detektion). Arbeiten von Cassidy und Mitarbeitern demonstrierten attraktive Möglichkeiten für die Detektion von Metallionen durch Anlegen einer Sequenz von kathodischen und anodischen Spannungspulsen [108]. Während jedes kathodischen Pulses kommt es zur Abscheidung von Metallionen, welche im jeweils folgenden anodischen Puls reoxidiert werden und dabei das analytisch verwertbare Stromsignal liefern. In Fortführung dieses Konzeptes erlaubt ein Potentialverlauf bestehend aus einer kathodischen Anreicherungsperiode (50...350 ms) gefolgt von zyklischen Voltammogrammen (2...100 ms) die qualitative Identifizierung von einzelnen Metallionen [109].

Voltammetrische Detektionsverfahren setzen entsprechend rasche Techniken zur Aufnahme der Strom-Spannungskurven voraus. Daher bietet sich vor allem die Square-Wave-Voltammetrie an, deren Anwendungen in der Kapillarelektrophorese in jüngster Zeit vermehrtes Interesse gefunden haben [110]. Der wesentliche Nachteil aller voltammetrischen Detektionstechniken liegt in den deutlich schlechteren Nachweisgrenzen im Vergleich zur amperometrischen Detektion. Dafür verantwortlich ist der bei Potentialänderungen fließende Grundstrom, welcher das Stromsignal des Analyten um Größenordnungen übersteigen kann. Die Computer-unterstützte Subtraktion des Grundstromes ist im allgemeinen eine wesentliche Voraussetzung für die Anwendung voltammetrischer Detektionsverfahren. Lunte et al. [111] kompensierten den Grund-

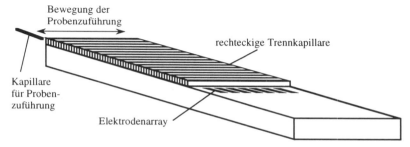

Abbildung 9.11 Schematische Darstellung eines kapillarelektrophoretischen Trennsystems mit kontinuierlicher Probenzufuhr und Detektion mittels Elektrodenarrays [107]

strom durch den Einsatz einer zweiten identischen Arbeitselektrode (an welche die gleiche Spannungsfunktion angelegt wird) im detektorseitigen Puffergefäß und Messung des Differenzsignals zwischen beiden Elektroden.

9.3 Anwendungen in der HPLC

In der Praxis basieren die meisten Applikationen von amperometrischen und coulometrischen Detektionsverfahren in der HPLC auf oxidativen Verfahren unter Verwendung von Kohleelektroden. Die Selektivität hängt natürlich von der Höhe der angelegten Spannung ab. Daher sind leicht oxidierbare Verbindungen wie Catechole die klassischen Analyte in Proben mit komplexer Matrix. Tabelle 9.2 gibt einen Überblick über die wichtigsten Verbindungsklassen, für die der Analytiker den Einsatz eines amperometrischen oder coulometrischen Detektors in Erwägung ziehen sollte. Die Tabelle umfaßt auch einige reduktive Applikationen, welche eine gewisse Bedeutung erlangt haben, ohne allerdings mit den niedrigen Nachweisgrenzen der oxidativen Detektion (eingespritzte Mengen im niedrigen Pikogrammbereich, manchmal auch darunter) konkurrieren zu können.

Die günstigen Nachweisgrenzen der amperometrischen und coulometrischen Detektion waren vielfach der Anreiz, nach geeigneten Derivatisierungsverfahren von

Tabelle 9.2 Verbindungsklassen und Potentialbereiche für amperometrische und coulometrische Detektionstechniken

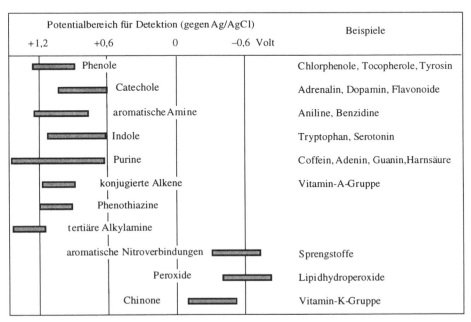

elektrochemisch inaktiven Analyten zu oxidierbaren (oder reduzierbaren) Verbindungen zu suchen. Die Reaktion kann vor der Einspritzung erfolgen (Vorsäulenderivatisierung) oder im Fluß zwischen Säule und Detektor (Nachsäulenderivatisierung); die Vorteile und Nachteile der beiden Techniken sind im wesentlichen die gleichen wie bei Derivatisierungsverfahren für die photometrische Detektion, sodaß darauf nicht weiter eingegangen werden soll. Da gebräuchliche Derivatisierungsreagenzien häufig selbst elektrochemisch aktiv sind, kommen meist Reaktionen vor der Trennung zur Anwendung; Tabelle 9.3 gibt einen entsprechenden Überblick.

Bedeutung hat vor allem die Vorsäulenderivatisierung von Aminosäuren und primären Aminen mit o-Phthalaldehyd (OPA) in Gegenwart eines Thiols (Mercaptoethanol, tert-Butylthiol, u.ä.) gefunden. Die entstehenden Isoindole sind bei ca. 0,7 V (gegen Ag/AgCl) oxidativ detektierbar [112, 113, 131]:

$$\text{o-Phthalaldehyd} + RNH_2 + R'SH \longrightarrow \text{Isoindol-SR'}$$

(9-10)

Diese OPA-Derivate von Aminosäuren sind nur begrenzt stabil; Untersuchungen über alternative Reagenzien führten einerseits zur Anwendung von OPA in Kombination mit Sulfit anstelle eines Thiols [132, 133], andererseits zum Einsatz von Naphthalindialdehyd in Gegenwart von Cyanid, welche analog zu OPA zu Isoindolderivaten von Aminosäuren führen [114 - 116]:

$$\text{Naphthalindialdehyd} + RNH_2 + CN^- \longrightarrow \text{Benzisoindol-CN}$$

(9-11)

Nachsäulenderivatisierungsreaktionen sind für amperometrische und coulometrische Detektionsverfahren weniger gebräuchlich als für optische Detektionsverfahren. Ein Beispiel ist die Detektion von Peptiden nach Zugabe von Kupfer(II), Tartrat und einer Base entsprechend der Biuret-Reaktion [134 - 139]; die Cu(II)-Peptid-Komplexe sind elektrochemisch zu den entsprechenden Cu(III)-Komplexen oxidierbar. In einer Detektorzelle mit Doppelelektrode in Serienschaltung ist an der zweiten Elektrode durch Rückreduktion bei etwa 0 Volt ein sehr sehr selektiver Nachweis der Peptide möglich. Eine weitere Applikation ist die Detektion von reduzierenden Zuckern durch Nachsäulenzugabe von Kupfer(II)-bis(phenanthrolin) [140] im pH Bereich zwischen 11 und 11,5. Der Cu(II)-Komplex reagiert mit reduzierenden Zuckern zum Cu(I)-Komplex, welcher an der Detektionselektrode oxidativ erfaßbar ist.

Tabelle 9.3 Reagenzien für Vorsäulenderivatisierungsreaktionen von elektrochemisch inaktiven Analyten

Derivatisierungsreagens	Analyte	Bestimmung	Literatur
CHO / CHO (+Thiol) o-Phthaldialdehyd (OPA)	Amine, Aminosäuren	oxidativ	[112, 113]
CHO / CHO (+Cyanid) Naphthalindialdehyd	Amine, Aminosäuren	oxidativ	[114 - 116]
O_2N— NO$_2$ —R Dinitroverbindungen R= —NH—NH$_2$	Carbonyl-verbindungen	oxidativ oder reduktiv	[117 - 119]
R= —SO$_3$H R= —SO$_2$Cl R= —F	Amine, Aminosäuren	reduktiv	[120]
R= —C(O)—Cl	Amine, Hydroxy-verbindungen	reduktiv	[121]
O_2N— NO$_2$ / N / Cl 2-Chlor-3,5-dinitropyridin	Amine	reduktiv	[120]
N-(4-Anilinophenyl)-maleimid	Thiole	oxidativ	[122, 123]

Tabelle 9.3 (Fortsetzung)

Derivatisierungsreagens	Analyte	Bestimmung	Literatur
Ferrocen-verbindungen $R=\ -\overset{\overset{\displaystyle O}{\|}}{C}-N_3$	Alkohole	oxidativ	[124]
$R=\ -(CH_2)_2-\overset{\overset{\displaystyle O}{\|}}{C}-O-N$ (Succinimid)	Amine	oxidativ	[125]
$R=\ -(CH_2)_2-N$ (Maleinimid)	Thiole	oxidativ	[126]
$HO-\!\!\!\diagup\!\!\!\diagdown\!\!\!-NH_2$ p-Aminophenol	Isocyanate	oxidativ	[127]
$-N=C=S$ Phenylisothiocyanat	Amine, Aminosäuren	oxidativ	[128]
Naphthochinon-sulfonat SO_3Na	Amine	reduktiv	[129]
OH $-\overset{\overset{\displaystyle O}{\|}}{C}-CH_2Br$ OH 1-(2,5-Dihydroxyphenyl)-2-bromethan	Carbonsäuren	oxidativ	[130]

Anstelle von chemischen Nachsäulenderivatisierungsreaktionen eignen sich bisweilen photochemische Reaktionen zur Erzeugung elektrochemisch aktiver Spezies aus den getrennten Analyten. Die instrumentelle Anordnung für derartige Nachsäulenreaktionen ist einfach und besteht im wesentlichen aus einer Teflonkapillare, welche um eine UV-Lampe (meist Quecksilberlampe) gewickelt ist. Besonders hohe Selektivitäten ergeben sich durch Differenzbildung der Signale aus den Chromatogrammen mit und ohne eingeschalteter UV-Lampe. Tabelle 9.4 faßt etliche Applikationen von photochemischen Nachsäulenderivatisierungen zusammen. Zur Verbesserung der Ausbeute photochemischer Reaktionen wurde von Kissinger et al. [157] vorgeschlagen, Teflonkapillaren mit einer Innenbeschichtung von Titandioxid als Katalysator zu verwenden.

Selektive Nachsäulenderivatisierungsreaktionen lassen sich in einigen Fällen mit Enzymen durchführen. Letztere werden meist auf Trägern immobilisiert, welche in kleine Säulen gepackt sind. Dieser Durchflußreaktor ist zwischen Säule und Detektor positioniert. Anstelle des Einsatzes eines Reaktors ist es auch möglich, die Elektrodenoberfläche selbst durch ein Enzym zu modifizieren ("Enzym-modifizierte Elektroden"); experimentell ist es allerdings etwas einfacher, die Enzymreaktion und die Detektion räumlich voneinander getrennt ablaufen zu lassen. Grundsätzlich bestehen für Enzymkatalysierte Nachsäulenderivatisierungen zwei Reaktionsmöglichkeiten:

- das Enzym wandelt einen elektrochemisch inaktiven Analyten in eine oxidierbare (oder reduzierbare) Verbindung um; zum Beispiel setzt Glucuronidase aus Glucuroniden die enprechenden oxidativ erfaßbaren Phenole frei;

- bei der enzymatischen Reaktion entstehen zusätzliche elektrochemische Spezies, deren Konzentrationen proportional zu den Analytkonzentrationen sind; dies gilt

Tabelle 9.4 Beispiele von photochemischen Nachsäulenderivatisierungsreaktionen für amperometrische und coulometrische Detektionstechniken

Analyt	Detektionspotential	Literatur
Aminosäuren, Peptide, Proteine	0,6...1,0V	[141-145]
2,4-Dinitrophenylderivate von Aminoalkoholen und Aminosäuren	0,8...1,2V	[146]
Aspartam	0,8V	[147]
Organoiodverbindungen	0,85...1,0 V	[148]
Organohalogenverbindungen	0,25...0,35 V (Silberelektrode)	[149]
Nitrosamine	1,1V	[150]
Penicilline	0,65...0,8V	[151, 152]
Diuretika	0,5...0,8V	[153]
Sprengstoffe und deren Metabolite		[154]
Nitrat, Periodat, Chromat, Perchlorat	1...1,1V	[155, 156]

unter anderem für Oxidasen, die bei der enzymatischen Reaktion aus Sauerstoff Wasserstoffperoxid produzieren.

Zu den bekanntesten Applikationen von Enzymreaktoren zählt die Bestimmung von Acetylcholin und Cholin in biologischen Proben. Als Enzyme dienen Acetylcholin-esterase (Umsetzung von Acetylcholin zu Cholin) und Cholinoxidase (Umsetzung von Cholin zu Betain unter Produktion von Wasserstoffperoxid). Die Detektion von Wasserstoffperoxid erfolgt meist oxidativ an Platinelektroden, mitunter aber auch reduktiv an Peroxidase-modifizierten Elektroden, wie sie in Abschnitt 5.3.3.3 beschrieben wurden. Nachweisgrenzen liegen im Bereich von 10^{-8} M [158, 159]. Darüber hinaus eignen sich die meisten der für amperometrische Biosensoren eingesetzten Oxidasen sowie Dehydrogenasen (siehe Abschnitt 5.3.3) für die Verwendung in Enzymreaktoren. Bei Reaktionen mit Dehydrogenasen bietet sich die oxidative Detektion des entstehenden NADHs an. Für Details sei auf eine Übersichtsarbeit von Marko-Varga [160] verwiesen.

Die folgenden Beispiele sollen zur Illustration der zahlreichen Anwendungsmöglichkeiten amperometrischer und coulometrischer Detektoren dienen. Es muß betont werden, daß es sich dabei lediglich um einen kleinen Ausschnitt aus den zahlreichen bisher bekannt gewordenen Applikationen handelt.

Biogene Amine

Applikationen für biogene Amine spielten und spielen eine Schlüsselrolle bei der Verbreitung und Weiterentwicklung von amperometrischen und coulometrischen Detektoren. Vor allem zwei Gruppen von Verbindungen haben vorrangiges Interesse gefunden, nämlich die Catecholamine und die Indolamine. Zur ersteren Gruppe zählen Adrenalin, Noradrenalin und Dopamin sowie Vorstufen wie 3,4-Dihydroxyphenyl-alanin und Metabolite wie Metanephrin, Normetanephrin, Vanillinmandelsäure, Homovanillinsäure, 3-Methoxytyramin, 3,4-Dihydroxyphenylessigsäure und 3-Methoxy-4-hydroxyphenylethylenglykol. In der Gruppe der Indolamine sind Serotonin, dessen Vorstufe 5-Hydroxytryptophan und der Metabolit 5-Hydroxyindolessigsäure die am häufigsten analysierten Verbindungen. Die Tabellen 9.5 und 9.6 fassen die entsprechenden Strukturen zusammen. Die quantitative Spurenbestimmung derartiger Verbindungen dient in der klinischen Chemie häufig zur Aufklärung der Ursachen mentaler und neuroendokrinologischer Störungen sowie zur Erforschung der Rolle des autonomen Nervensystems unter verschiedenen physiologischen und pathophysiologischen Bedingungen.

Typische Proben für die Bestimmung von biogenen Aminen sind Blut, Serum, Harn, Cerebrospinalflüssigkeit und Gewebe. Die verfügbaren Probenmengen sind vielfach gering und die Analytkonzentrationen generell niedrig, sodaß meist Analytmengen im Pikogrammbereich detektiert werden müssen. HPLC-Trennsäulen mit Innendurchmessern zwischen 0,5 und 1 mm werden zunehmend für derartige Applikationen eingesetzt, da ihre Kompatibilität mit geringen Probenvolumina besser ist als im Falle konventioneller Säulen. Trotzdem bleibt die Tatsache bestehen, daß die Analysentechnik häufig im Bereich nahe der Bestimmungsgrenze eingesetzt wird. Es ist somit eine sorgfältige Optimierung der Trennleistung des chromatographischen Systems, der Probenvorbereitung sowie der Detektionsparameter erforderlich.

Tabelle 9.5 Amperometrisch und coulometrisch detektierbare Catecholamine sowie Vorstufen und Metabolite

Tabelle 9.6 Amperometrisch und coulometrisch detektierbare Indolamine

Tryptophan

5-Hydroxytryptophan

5-Hydroxyindolessigsäure

Serotonin

Kationenaustauscher waren insbesondere in den Anfängen der Catecholaminanalytik weit verbreitet. In genügend sauren Puffern liegen die Amine in ihrer protonierten Form vor und können somit auf derartigen stationären Phasen getrennt werden. Obwohl Ionenaustauscher auch heute noch teilweise Verwendung finden [161], sind sie doch vielfach durch Umkehrphasen ersetzt worden, an welchen biogene Amine mittels Ionenpaarbildnern in der mobilen Phase (Natriumoctansulfonat und ähnliche) sehr effizient zu trennen sind.

Probenvorbereitungsverfahren beruhten lange Zeit auf der Festphasenextraktion mit Aluminiumoxid oder Ionenaustauschern oder auf der flüssig-flüssig-Extraktion von Catecholamin-Borat-Komplexen. Neuere Verfahren basieren auf der Ultrafiltration [162] sowie in zunehmenden Maße auf der Mikrodialyse [163, 164]; insbesondere in Verbindung mit microbore-Säulen erlaubt das letztere Verfahren auch die in-vivo Probenahme an Versuchstieren.

Das Detektionspotential für Catecholamine liegt bei etwa +0,65 V (bezogen auf Ag/AgCl), für Hydroxyindolverbindungen bei etwa +0,7 V und für methoxylierte Catecholderivate bei etwa +0,8 V. Catecholamine wie auch die methoxylierten Analoga werden zu den entsprechenden 3,4-Chinonen oxidiert, welche sich leicht zurück zu den 3,4-Dihydroxyverbindungen reduzieren lassen. Daher sind erhöhte Selektivitäten möglich, wenn eine Zelle mit Doppelelektrode in Serienschaltung zum Einsatz kommt, wobei an der zweiten Elektrode die Reduktion der Oxidationsprodukte der ersten Elektrode gemessen werden. Abbildung 9.12 zeigt ein entsprechendes Beispiel für die Bestimmung von Catecholaminen in einer Plasmaprobe. "Interdigitated array"-Elektroden (siehe Abschnitt 9.1.2) ermöglichen mehrfache Oxidations-Reduktionsreaktionen und ergaben Nachweisgrenzen für Dopamin von 5 fg [165].

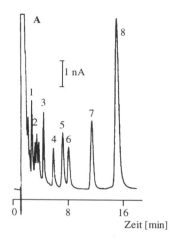 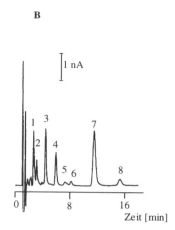

Abbildung 9.12 Bestimmung von Catecholaminen in Plasma nach Mikrodialyse; A: Detektion bei +0,75 V, B: Detektion an einer Doppelelektrode in Serie, 1. Elektrode +0,75 V, Detektionselektrode +0,05 V (jeweils gegen Ag/AgCl); Peaks: 1 = Noradrenalin, 2 = Adrenalin, 3 = Dihydroxyphenylessigsäure, 4 = Dopamin, 5 = 5-Hydroxyindolessigsäure, 6 = Homovanillinsäure, 7 = 3-Methoxytyramin (interner Standard), 8 = Serotonin   (Nach [164] mit Genehmigung)

Umweltrelevante Phenole

Die Analyse von chlorierten, alkylierten und nitrierten Phenolen in Wässern umfaßt meist die folgenden elf Verbindungen, welche von der Environmental Protection Agency als "priority pollutants" eingestuft sind: Phenol, 2-Chlorphenol, 2,4-Dichlorphenol, 2,4,6-Trichlorphenol, Pentachlorphenol, 2,4-Dimethylphenol, 2-Nitrophenol, 4-Nitrophenol, 2,4-Dinitrophenol, 4-Chlor-3-methylphenol und 2-Methyl-4,6-dinitrophenol. Die Detektion erfolgt im allgemeinen an Kohleelektroden bei ca. +1,1 V (gegen Ag/AgCl). Oxidationsprodukte tendieren zur Desaktivierung der Elektrodenoberfläche, weshalb regelmäßig Aktivierungsschritte durch Potentialpulse oder Potentialzyklen zwischen den Analysenläufen empfehlenswert sind. Nachweisgrenzen in Wasserproben liegen bei Direkteinspritzung im Bereich von einigen μg/l, nach Anwendung von Probenanreicherungsschritten durch Festphasenextraktion bei einigen ng/l. Die Literatur zur amperometrischen und coulometrischen Detektion in der Spurenanalytik von umweltrelevanten Phenolen ist umfangreich sodaß hier lediglich auf einige neuere Arbeiten hingewiesen sei [166 - 171].

Phenolische Verbindungen in der Lebensmittelanalytik

Phenolische Verbindungen sind weit verbreitete natürliche Inhaltsstoffe von Pflanzen und damit auch von Fruchtsäften, Wein oder Bier. Ferner treten phenolische Säuren und Aldehyde als Abbauprodukte von Lignin in destillierten alkoholischen Getränken auf, wenn diese in Holzfässern gelagert werden. Generell sind derartige Verbindungen wesentlich für die Qualität von Getränken, sodaß ihre Bestimmung eine häufige Problemstellung in der Lebensmittelanalytik darstellt.

Die Analyte umfassen unter anderem Derivate der Benzoesäure wie Protocatechusäure (3,4-Dihydroxybenzoesäure), Gentisinsäure (2,5-Dihydroxybenzoesäure), Vanillinsäure (4-Hydroxy-3methoxybenzoesäure) oder Syringasäure (3,5-Dimethoxy-4-

hydroxybenzoesäure), Derivate der Zimtsäure wie Ferulasäure (4-Hydroxy-3-methoxyzimtsäure), Sinapinsäure (3,5-Dimethoxy-4-hydroxyzimtsäure), Kaffeesäure (3,4-Dihydroxyzimtsäure) oder p-Cumarsäure (4-Hydroxyzimtsäure) und schließlich Flavonoide wie Hesperidin, Naringin oder Rutin sowie Catechin. Das Detektionspotential liegt für diese Verbindungen an Kohleelektroden im Bereich von +0,7...1,1 V (gegen Ag/AgCl). Verbindungen mit zwei Hydroxygruppen oder einer Hydroxygruppe und einer Methoxygruppe in ortho-Stellung zueinander am aromatischen Ring reagieren bei der Oxidation zu den entsprechenden o-Chinonen, welche ihrerseits wieder leicht reduzierbar sind [172]. Daher lassen sich oft erfolgreich Detektionszellen mit Doppelelektroden in Serienschaltung einsetzen, in denen an der zweiten Elektrode bei 0... +0,2 V eine selektive reduktive Erfassung der Oxidationsprodukte der ersten Elektrode erfolgt. Die folgenden Beispiele mögen zur Illustration der vielfältigen Einsatzmöglichkeiten dienen: phenolische Säuren und Flavonoide in Bier [173 - 177]; phenolische Säuren und Ester in Honig [178, 179]; phenolische Säuren in Pflanzenölen [180]; phenolische Säuren und Flavonoide in Wein und Fruchtsäften [176, 181 - 183]; phenolische Säuren in alkoholischen Getränken wie Whisky oder Brandy [183, 184].

Purine

Einfache Analysenverfahren zur Bestimmung der Purinderivate Coffein, Theobromin und Theophyllin in pflanzlichen Genußmitteln wie Tee, Kaffee oder Kakao haben vor allem für die Lebensmittelanalytik Bedeutung. Amperometrische Detektionsverfahren benötigen zwar ein relativ hohes Detektionspotential von ca. +1,4 V (gegen Ag/AgCl), zeigen aber trotzdem eine hohe Selektivität, sodaß mit einfachen und wenig zeitaufwendigen Probenvorbereitungsverfahren das Auslangen zu finden ist [185, 186].

Verstärkte Bemühungen sind in den letzten Jahren auf dem Gebiet der oxidativen Schädigung von DNA durch reaktive Sauerstoffspezies festzustellen. Als Marker für derartige Schädigungen wurde mehrfach das 8-Hydroxy-2´-deoxyguanosin herangezogen, welches bei ca. 0,7 V gegen Ag/AgCl oxidativ erfaßbar ist [187 - 189]. Eine Erhöhung des Detektionspotentials auf etwa +1,1 V ermöglicht die zusätzliche Bestimmung einiger Methylguanine, welche bei der irreversiblen Modifizierung von DNA durch alkylierende Substanzen entstehen [189].

Thiole und Disulfide

Die Bestimmung des Tripeptids Glutathion (γ-Glutamylcysteinylglycin, GSH) und dessen oxidierter Form GSSG stellt eine häufige Aufgabenstellung in der biochemischen Analytik dar. GSH spielt im Organismus eine wesentliche Rolle als Antioxidans, als Schutz gegen Xenobiotika, freie Radikale und Peroxide. Verminderte Konzentrationen von GSH wurden mit der Pathogenese einer Reihe von Erkrankungen wie Diabetes, Aids, Katarakt sowie allgemeinen Alterungserscheinungen in Verbindung gebracht. Neben GSH sind Cystein, Homocystein, Cystin, Homocystin und verwandte Verbindungen weitere häufig vorkommende Analyte.

Thiole lassen sich oxidativ an Quecksilberelektroden bei ca. +0,15 V (gegen Ag/AgCl) bestimmen. Die Reaktion basiert auf der Oxidation des Elektrodenmaterials in Anwesenheit des Analyten. Sollen auch Disulfide detektiert werden, so empfiehlt sich ein Detektor mit einer Doppelelektrode (jeweils Quecksilber) in Serienschaltung; an der ersten Elektrode werden bei –1 V die Disulfide zu den entsprechenden Thiolen reduziert, welche anschließend an der zweiten Elektrode detektiert werden [190 - 194]:

$$\text{Elektrode 1:}\quad RSSR + 2\,H^+ + 2\,e^- \; \rightleftharpoons \; 2\,RSH \qquad (9\text{-}12)$$

$$\text{Elektrode 2:}\quad 2\,RSH + Hg \; \rightleftharpoons \; (RS)_2Hg + 2\,H^+ + 2\,e^- \qquad (9\text{-}13)$$

Graphitelektroden ermöglichen die Detektion von Thiolen bei ca. 0,6 V, von Disulfiden bei ca. 1,2 V (jeweils gegen Ag/AgCl) [195 - 197]. Aufgrund dieses wesentlich höheren Detektionspotentials ist im Vergleich zu Quecksilberelektroden mit einer Verringerung der Selektivität zu rechnen.

Neben Quecksilber und Graphit kommt - in beschränktem Ausmaß - auch Gold als Elektrodenmaterial für SH-haltige Verbindungen (Cystein und Glutathion [198], Penicillamin [199]) zum Einsatz.

Aminosäuren reagieren mit o-Phthalaldehyd (OPA) in Gegenwart eines Thiols zu elektrochemisch oxidierbaren Isoindolderivaten. Da GSH sowohl eine Aminosäuregruppe als auch eine Thiolgruppe aufweist, ist durch alleinige Zugabe von OPA eine sehr selektive Nachsäulenderivatisierung möglich [200].

Vitamine

Unter den amperometrisch bzw. coulometrisch detektierbaren Vitaminen finden wir die Retinoide (Vitamin A sowie natürlich vorkommende oder synthetische Derivate), Ascorbinsäure (Vitamin C), Tocopherole (Vitamin E und verwandte Verbindungen) sowie Vertreter der Vitamin K Gruppe (substituierte Naphthochinone).

Retinoide werden meist an Glaskohlenstoffelektroden im Bereich von +0,9...+1,1 V (gegen Ag/AgCl) oxidativ erfaßt, wobei die konjugierten Doppelbindungen die elektrochemisch aktive Gruppierung darstellen [201]. Bestimmungsverfahren existieren unter anderem für Retinoide in Serum [201 - 203] und in verschiedenen Lebensmitteln [204, 205]. Obwohl amperometrische und coulometrische Detektoren am besten mit Umkehrphasentrennsystemen kompatibel sind, kommen im Fall von Retinoiden auch Normalphasentrennsysteme mit vollständig nichtwäßrigen mobilen Phasen zum Einsatz [206].

Die oxidative Detektion von Ascorbinsäure erfolgt meist an Kohleelektroden (seltener an Platinelektroden) im Potentialbereich von +0,6...+0,8 V (gegen Ag/AgCl) und basiert auf der Oxidation zu Dehydroascorbinsäure. Diese Verfahren eignen sich sowohl für biologische Flüssigkeiten und Gewebeextrakte [207 - 211] als auch für Lebensmittel und Getränke [211 - 215]. Eine Bestimmung von Ascorbinsäure und Dehydroascorbinsäure ist durch chemische Reduktion der Dehydroascorbinsäure zu Ascorbinsäure mit Dithiothreit in einer Nachsäulenreaktion und anschließender amperometrischer Detektion möglich [216].

Tocopherole wirken als effiziente Antioxidantien in biologischen Systemen. Im menschlichen Organismus stellt α-Tocopherol das wichtigste fettlösliche Antioxidans dar. Im Rahmen der Untersuchungen von oxidativen Zellschädigungen durch Lipidperoxidation haben HPLC-Bestimmungen von Tocopherolen und deren Oxidationsprodukten, den Tocopherolchinonen wesentliche Bedeutung erlangt. Tocopherole sind auf Grund der phenolischen OH-Gruppen direkt an Kohleelektroden oxidierbar, während

Tocopherolchinone vorteilhaft an einer Doppelelektrode in Serienschaltung zunächst reduziert and an der zweiten Elektrode oxidativ erfaßt werden [217 - 219].

Analog zu den Tocopherolchinonen eignet sich die Doppelelektrode auch für die Detektion von Vertretern der Vitamin K Gruppe, denen die Struktur des 2-Methyl-1,4-Naphthochinons zugrunde liegt [220, 221].

Narkotische Analgetika, Suchtgifte

Starkes Interesse haben amperometrische und coulometrische Detektoren für die Analyse von Morphin und dessen Metaboliten Morphin-6-glucuronid in Körper-flüssigkeiten gefunden [222 - 225]. Die Detektion erfolgt an Kohleelektroden im Bereich von +0,6...+0,8 V (gegen Ag/AgCl); die Nachweisgrenze liegt für Morphin bei einer eingespritzten Menge von etwa 0,2 pmol. Eine Serienschaltung mit einem Fluoreszenzdetektor erlaubt die zusätzliche Bestimmung des Metaboliten Morphin-3-glucuronid im selben chromatographischen Lauf [222, 225]. Morphin-ähnliche Verbindungen (Normorphin, u.a.) sind im gleichen Potentialbereich oxidierbar, sofern sie wie Morphin über eine phenolische OH-Gruppe verfügen [224, 226]. Ist diese OH-Gruppe beispielsweise durch eine Methoxygruppe ersetzt wie im Codein, so ist für die Detektion eine um etwa 0,4...0,5 V positivere Spannung notwendig. Trenn- und Detektionsbedingungen einer Reihe von Suchtgiften (Codein, Morphin, Ethyl-morphin, Acetylmorphin, Diacetylmorphin, u.a.) sind in Arbeiten von Achilli et al. [227] zu finden.

Aromatische und heterozyklische Amine

Aromatische Amine sind "klassische" Kandidaten für die oxidative Detektion; dementsprechend zahlreich sind auch die Applikationen (krebserregende aromatische Amine in Körperflüssigkeiten [228], nitrierte aromatische Amine als Abbauprodukte von Sprengstoffen [229], usw.). In neuerer Zeit haben Bestimmungsverfahren für eine Reihe heterozyklischer Amine mit mutagener und carcinogener Wirkung wesentliches Interesse gefunden; derartige Stoffe finden sich im ppb-Bereich in proteinreichen gekochten Nahrungsmitteln oder auch im Zigarettenrauch und umfassen Verbindungen wie 2-Amino-3-methylimidazo[4,5-f]chinolin, 2-Amino-3,4-dimethylimidazo[4,5-f]chinolin, 2-Amino-3,8-dimethylimidazo[4,5-f]chinoxalin, 2-Amino-3,4,8-trimethyl-imidazo[4,5-f]chinoxalin, 2-Amino-1-methyl-6-phenylimidazo[4,5-b]pyridin oder 3-Amino-1-methyl-5H-pyrido[4,3-b]indol. Die amperometrische und coulometrische Detektionstechnik zählt auf diesem Gebiet derzeit zu den leistungsfähigsten verfüg-baren Verfahren [230 - 232].

Eine weitere Anwendung für heterozyklische Amine ist die Spurenbestimmung des Pestizids Amitrol (3-Amino-1,2,4-Triazol) in Wässern. Bernwieser und Sontag konnten zeigen, daß mit einem coulometrischen Elektodenarray-Detektor die direkte Bestimmung dieses Pestizids in Trinkwasser ohne jede Probenvorbereitung bis zu Konzentrationen von 0,1 μg/l möglich ist [233].

Aromatische Nitroverbindungen

Aromatische Nitroverbindungen sind häufig bereits bei relativ geringen negativen Spannungen reduzierbar und lassen sich sowohl an Kohle- als auch an Quecksilberelektroden detektieren. Zur Vermeidung von Störungen durch gelösten Sauerstoff in der mobilen Phase kann die Verwendung von Doppelelektroden in Serienschaltung empfohlen werden, wobei Reduktionsprodukte der ersten Elektrode oxidativ an der zweiten Elektrode detektierbar sind [234, 235]. Applikationen liegen einerseits auf dem Gebiet der Bestimmung von Spreng- und Munitionsstoffen [236 - 239], andererseits in der pharmazeutischen und klinischen Analytik für Wirkstoffe wie Chloramphenicol [240] und verschiedene Nitrofuranderivate, welche gegen Infektionen zum Einsatz kommen [241]. Schließlich finden wir amperometrische Detektionsverfahren für eine Reihe von Nitropestiziden [235, 242, 243].

Ein interessantes Anwendungsgebiet liegt bei der Bestimmung von nitrierten polyzyklischen aromatischen Kohlenwasserstoffen (Nitro-PAHs) in Dieselruß und atmosphärischen Aerosolen. Während PAHs in der modernen Umweltanalytik routinemäßig bestimmt werden, fehlen für die entsprechenden nitrierten Analoga vielfach noch geeignete Analysenverfahren. Hier bieten sich als Alternative amperometrische Detektoren mit Glaskohlenstoff bzw. amalgamierten Goldelektroden bei −0,5...−0,6 V an [244 - 247]. Murayama und Dasgupta [248] beschrieben einen reduktiven coulometrischen Detektor in Serienschaltung mit einem Fluoreszenzdetektor; die Reaktionsprodukte des elektrochemischen Detektors (das sind Verbindungen mit Hydroxylamin- bzw. Aminfunktionalitäten) zeigen im Gegensatz zu den Verbindungen mit Nitrogruppen starke Fluoreszenzeigenschaften. Die Serienschaltung der beiden Detektoren führt zu einer wesentlichen Erhöhung der Selektivität des gesamten Bestimmungsvorganges.

Peroxide

Peroxide und Hydroperoxide sind im allgemeinen nur reduktiv detektierbar, sodaß die bereits mehrfach angeführten Probleme mit gelöstem Sauerstoff in Kauf genommen werden müssen. Anwendungen haben sich in jüngerer Zeit insbesondere auf dem Gebiet der Bestimmung von Lipidhydroperoxiden ergeben, welche während der peroxidativen Schädigung von ungesättigten Phospholipiden, Cholesterin und anderen Lipiden im Organismus auftreten können. Als Elektrode fungiert neben Glaskohlenstoff vor allem ein hängender Quecksilbertropfen [249 - 253]. Diese Technik ergänzt die breite Palette von Verfahren, welche heute bei der Untersuchung der Wirkung von oxidativem Streß auf Zellen, Gewebe und biologische Flüssigkeiten mit teilweise unterschiedlichem Erfolg zur Anwendung kommen.

Anorganische Anionen

Die amperometrische Detektion anorganischer Anionen ist in der Ionenchromatographie eine willkommene Ergänzung zur üblichen Leitfähigkeitsdetektion (siehe Kapitel 11) geworden, weil damit die Kopplung eines selektiven Detektors mit einem universellen Detektor möglich ist.

Glaskohlenstoffelektroden erlauben bei einer angelegten Spannung von ca. +1,0 V (gegen Ag/AgCl) die oxidative Erfassung von Nitrit, Iodid, Thiocyanat, Sulfit, Thiosulfat und Sulfid [254 - 260]; soll zusätzlich auch Bromid detektiert werden, so ist die Spannung auf etwa +1,6 V zu erhöhen. Platinelektroden dienen insbesondere für die Detektion von Sulfit (+0,4...+0,6 V) [261, 262], Arsenit (+0,4...+0,8 V) [263, 264] und Iodid (+0,8 V, jeweils gegen Ag/AgCl) [265]. Auch Glaskohlenstoffelektroden, deren Oberflächen mit Platinpartikeln modifiziert sind, konnten bei Spannungen von +1...+1,4 V (gegen Ag/AgCl) erfolgreich zur Bestimmung von Bromid, Iodid, Sulfit, Thiosulfat und Thiocyanat verwendet werden [266, 267].

Das Elektrodenmaterial der Wahl für die Detektion von Iodid, Bromid, Sulfid oder Cyanid ist Silber, welches bei Spannungen von 0...+0,2 V (gegen Ag/AgCl) in Gegenwart des Analyten oxidiert wird. Neuere Applikationen umfassen die Bestimmung von Sulfid und Cyanid in Wässern [268], von Bromid in Schnee [269] sowie von Iodid in Harn und Serum [270 - 273]. Letztere Analysen haben in Hinblick auf die Funktion von Iod als essentielles Spurenelement wesentliche Bedeutung; die Nachweisgrenzen liegen bei 0,1 µg/l in Serum [272, 273].

Metallionen und Metallorganische Verbindungen

HPLC-Trennungen von Metallionen in Kombination mit amperometrischer oder coulometrischer Detektion wurden wiederholt nach Komplexbildung mit geeigneten Liganden durchgeführt. Die Vorteile einer derartigen Strategie liegen in der Tatsache, daß einerseits die Komplexe infolge ihrer Hydrophobizität effizient mit Umkehrphasensystemen getrennt werden können, andererseits eine Anreicherungsmöglichkeit aus Wässern (und ähnlichen Matrices) durch Festphasenextraktion an üblichen apolaren Sorbentien besteht. Bond und Mitarbeiter entwickelten Verfahren für Dithiocarbamatkomplexe von Kupfer, Nickel, Kobalt, Chrom, Blei, Cadmium, Quecksilber und Selen, welche im Bereich von +0,70...+1,20 V (gegen Ag/AgCl) an Kohleelektroden oxidierbar sind [274 - 278]. Metallkomplexe von Kupfer, Kobalt, Nickel und Eisen mit 4-(2-Pyridylazo)resorcinol (PAR) sind oxidativ bei ca. +1,1 V erfaßbar [279]. Komplexbildner, die zu elektrochemisch reduzierbaren Metallkomplexen führen, sind N-Phenylbenzoylhydroxamsäure für Vanadium [280], 8-Hydroxychinolin für Eisen, Mangan und Kupfer [281, 282] oder Cupferron für Kupfer und Eisen [283].

Komplexierungsverfahren mit Pyrrolidindithiocarbamat und oxidativer Detektion eignen sich nicht nur für Bestimmungen von Metallionen sondern auch von metallorganischen Verbindungen wie Methylquecksilber, Ethylquecksilber und Phenylquecksilber [284].

Trennungen von Alkyl- und Phenylquecksilber sind in Form der Komplexe mit 2-Mercaptoethanol und reduktiver Detektion mehrfach beschrieben worden [285 - 288]. Tetraethylblei und Tetramethylblei sind oxidativ an Glaskohlenstoff- oder Quecksilberelektroden detektierbar [289, 290].

Kohlenhydrate

Kohlenhydrate zeigen meist nur eine unzulängliche UV-Absorption, sodaß alternativen Detektionsverfahren besondere Bedeutung zukommt. Die direkte amperometrische Detektion an Kohleelektroden ist leider nicht möglich. Anstelle dessen haben sich einerseits die gepulste amperometrische Detektion (PAD) an Goldelektroden sowie die Detektion bei konstantem Potential an katalytisch wirkenden Metalloxidelektroden bewährt. Eine ausführliche Beschreibung der PAD-Technik ist in Kapitel 10 zu finden, während Metalloxidelektroden bereits in Abschnitt 9.1.3 diskutiert wurden. In beiden Fällen läuft die oxidative Detektion der Kohlenhydrate nur unter stark alkalischen

Bedingungen ab; somit bestehen wesentliche Einschränkungen bei der Auswahl der mobilen Phase, sofern nicht die pH-Einstellung durch Zudosierung von Natronlauge zwischen Säule und Detektor erfolgt.

9.4 Anwendungen in der Kapillarelektrophorese

Die Anwendungsgebiete der amperometrischen Detektion in der Kapillarelektrophorese sind praktisch dieselben wie in der HPLC (siehe im vorangegangenen Abschnitt). Die wichtigsten Applikationen betreffen Catecholamine und andere phenolische Verbindungen (Detektion an Kohleelektroden), Kohlenhydrate, Aminosäuren und Peptide (Detektion an Kupfer- oder Nickelelektroden im stark alkalischen Bereich) sowie Thiole (Detektion an Quecksilberfilmelektroden). Tabelle 9.7 gibt einen Überblick über bisher beschriebene Anwendungen).

Gerhardt et al. [343] entwickelten ein interessantes Detektionsverfahren für hydrophobe Analyte, welches auf der Adsorption der zu bestimmenden Substanzen an der Elektrodenoberfläche basiert; durch den Adsorptionsvorgang ändert sich der bei einem angelegten Potential fließende Grundstrom der Elektrode und ergibt dadurch das analytisch verwertbare Signal.

Neben der direkten Detektion von oxidierbaren oder reduzierbaren Spezies können amperometrische Detektoren auch zur indirekten Detektion von elektrochemisch inaktiven Substanzen verwendet werden [344]. In diesem Fall wird dem Trägerelektrolyt ein oxidierbares Ion zugesetzt. Diejenigen Zonen, in denen die Analytionen migrieren, müssen (unter anderem auf Grund der Elektroneutralität) eine verringerte Konzentration des Trägerelektrolytions aufweisen, sodaß wir negative Signale erhalten. Dieses Prinzip ist analog zur häufig verwendeten indirekten photometrischen Detektion.

Einer der wesentlichen Vorteile der CE mit elektrochemischer Detektion ist die Tatsache, daß sie eine Mikrotechnik darstellt, die auch bei extrem kleinen Probenvolumina ausreichend niedrige Nachweisgrenzen liefert. Damit bietet sie sich für die Probenahme am lebenden Organismus mittels Mikrodialyse [300] sowie zur Analyse einzelner Zellen [293, 298] an.

In der Routineanalytik ist die Bedeutung der Kombination Kapillarelektrophorese/Elektroanalytik im Vergleich zur Kombination HPLC/Elektroanalytik derzeit noch gering. Die Entwicklung robuster elektrochemischer Detektoren für die CE hat noch nicht den Punkt einer breiten Kommerzialisierung erreicht. Verbesserte Instrumentierungen sind allerdings in den nächsten Jahren zu erwarten.

Tabelle 9.7 Beispiele für amperometrische Detektionen in der Kapillarelektrophorese

Analyte	Elektrodenmaterial	Literatur	Anmerkungen
Catecholamine	Kohlefaser	[291 - 299]	
Tryptophan und Metabolite in Gewebe	Kohlefaser	[300, 301]	Probenahme durch Mikrodialyse
Phenolsäuren	Kohlefaser	[102] [106] [111]	Doppelelektrode voltammetrische Detektion
Indole in Pflanzen	Kohlefaser	[302]	
Vitamin B_6	Kohlefaser	[101]	
Aminopyrin und Aminoantipyrin	Kohlefaser	[303]	
Chinonverbindungen	Kohlefaser	[304]	reduktive Detektion
umweltrelevante Chlorphenole	Kohlefaser Graphit/Epoxyharz Platin/Zinn	[305] [306] [307]	
heterozyklische aromatische Amine	Kohlefaser	[308]	
Thiole	Quecksilber-Gold-Amalgam Kohle modifiziert mit Kobaltphthalocyanin	[309] [310, 311]	
Thiole und Disulfide	Quecksilber-Gold-Amalgam Kohle modifizeirt mit Rutheniumcyanid	[105] [312]	Doppelelektrode
Zucker, Zuckeralkohole, Zuckersäuren	Kupfer Kohlezement/Kupferoxid Nickel Platin oder Kohle modifiziert mit Glucoseoxidase	[313 - 317, 97, 99] [318] [319, 320, 97] [310, 99]	
Oligo- und Polysaccharide	Kupfer	[321]	
Aminoglycosid-Antibiotika	Kupfer oder Nickel	[322 - 324]	
Aminosäuren und Peptide	Kupfer Nickel Kohle modifiziert mit Aminosäureoxidase	[325 - 327, 317] [319] [328]	
Aminosäuren als Dinitro-phenylderivate	Kohlefaser	[304]	reduktive Detektion
Aminosäuren nach Derivati-sierung mit Naphthalin-dialdehyd/Cyanid	Kohlefaser	[102, 329]	
Peptide nach Komplexierung mit Cu(II)	Kohlefaser	[330]	"on-capillary" Kom-plexierung

Tabelle 9.7 (Fortsetzung)

Analyte	Elektrodenmaterial	Literatur	Anmerkungen
Albumin	Kohlefaser	[331]	
Cytochrom c	Gold modifiziert mit Cystein	[332]	
Purinbasen	Kohlefaser Kupfer	[333, 334] [335, 336]	
Harnsäure	Kohlefaser Kupfer	[337] [338]	
Ferrocenderivate	Platin	[339]	
Hydrazinverbindungen	Kohlefaser modifiziert mit Platin oder Palladium	[340, 341]	
Metallionen	Quecksilber-Gold-Amalgam	[342]	reduktive Detektion

Literatur zu Kapitel 9

[1]   W. Kemula, *Roczniki Chem. 26* (1952) 281.
[2]   J.G. Koen, J.F.K. Huber, H. Poppe, G. den Boef, *J.Chromatogr.Sci. 8* (1970) 192.
[3]   P.L. Joynes, R.J. Maggs, *J.Chromatogr.Sci.* 8 (1970) 427.
[4]   P.T. Kissinger, C. Refshauge, R. Dreiling, R.N. Adams, *Anal.Lett. 6* (1973) 465.
[5]   J.M. Elbicki, D.M. Morgan, S.G. Weber, *Anal.Chem. 56* (1984) 978.
[6]   H. Gunasingham, *Trends Anal.Chem. 7* (1988) 217.
[7]   L.A. Knecht, E.J. Guthrie, J.W. Jorgenson, *Anal.Chem. 56* (1984) 479.
[8]   R.L. St.Claire, J.W. Jorgenson, *J.Chrom.Sci. 23* (1985) 186.
[9]   M.D. Oates, B.R. Cooper, J.W. Jorgenson, *Anal.Chem. 62* (1990) 1573
[10] M.D. Oates, J.W. Jorgenson, *Anal.Chem. 62* (1990) 1577.
[11] J.W. Bixler, M. Fifield, J.C. Poler, A.M. Bond, W. Thormann, *Electroanalysis 1* (1989) 23.
[12] F. Matysik, H. Emons, *Electroanalysis 4* (1992) 501.
[13] G.J. White, J.W. Jorgenson, *Anal.Chem. 58* (1986) 2992.
[14] R.T. Kennedy, J.W. Jorgenson, *Anal.Chem. 61* (1989) 436.
[15] M.D. Oates, J.W. Jorgenson, *Anal.Chem. 61* (1989) 1977.
[16] R.J. Tait, A.M. Bond, B.C. Finnin, B.L. Reed, *Coll.Czech.Chem.Comm. 56* (1991) 192.
[17] J.G. White, A.L. Soli, J.W. Jorgenson, *J.Liq.Chromatogr. 16* (1993) 1489.

[18]   R.J. Tait, B.C. Finnin, B.L. Reed, A.M. Bond, *Anal.Chim.Acta 324* (1996) 1.

[19]   D.K. Roe, *Anal.Lett. 16* (1983) 613.

[20]   L. Michel, A. Zatka, *Anal.Chim.Acta 105* (1979) 109.

[21]   H.B. Hanekamp, P. Bos, R.W. Frei, *J.Chromatogr. 186* (1979) 489.

[22]   H.B. Hanekamp, P. Bos, U.A.T. Brinkman, R.W. Frei, *Fresenius Z.Anal.Chem. 297* (1979) 404.

[23]   W. Kutner, J. Debowsky, W. Kemula, *J.Chromatogr. 191* (1980) 47.

[24]   H.B. Hanekamp, W.H. Voogt, P. Bos, *Anal.Chim.Acta 118* (1980) 73.

[25]   P. Just, M. Karakaplan, G. Henze, F. Scholz, *Fresenius J.Anal.Chem. 345* (1993) 32.

[26]   F. Scholz, G. Henrion, *Z.Chem. 25* (1985) 121.

[27]   F. Scholz, M. Kupfer, J. Seelisch, G. Glowacz, G. Henrion, *Fresenius J.Anal.Chem. 326* (1987) 774.

[28]   O. Niwa, M. Morita, B.P. Solomon, P.T. Kissinger, *Electroanalysis 8* (1996) 427.

[29]   M. Goto, G. Zou, D. Ishii, *J.Chromatogr. 268* (1983)157.

[30]   A. Aoki, T. Matsue, I. Uchida, *Anal.Chem. 62* (1990) 2206.

[31]   M. Takahashi, M. Morita, O. Niwa, H. Tabei, *J.Electroanal.Chem. 335* (1992) 253.

[32]   H. Tabei, M. Takahashi, S. Hoshino, O. Niwa, T. Horiuchi, *Anal.Chem. 66* (1994) 3500.

[33]   O. Niwa, H. Tabei, B.P. Solomon, F. Xie, P.T. Kissinger, *J.Chromatogr.B 670* (1995) 21.

[34]   O. Niwa, M. Morita, *Anal.Chem. 68* (1996) 355.

[35]   C.E. Lunte, S. Wong, T.H. Ridgway, W.R. Heineman, K.W. Chan, *Anal.Chim.Acta 188* (1986) 263.

[36]   C.E. Lunte, J.F. Wheeler, W.R. Heineman, *Anal.Chim.Acta 200* (1987) 101.

[37]   C.E. Lunte, T.H. Ridgway, W.R. Heineman, *Anal.Chem. 59* (1987) 761.

[38]   O. Niwa, M. Morita, H. Tabei, *Anal.Chem. 62* (1990) 447.

[39]   H. Ji, E. Wang, *Talanta 38* (1991) 73.

[40]   T. Matsue, A. Aoki, I. Uchida, *Anal.Chem. 62* (1990) 407.

[41]   A. Aoki, T. Matsue, I. Uchida, *Anal.Chem. 64* (1992) 44.

[42]   T. Matsue, *Trends Anal.Chem. 12* (1993) 100.

[43]   S.C. Hoogvliet, J.M. Reijn, W.P. van Bennekom, *Anal.Chem. 63* (1991) 2418.

[44]   I.N. Acworth, M. Naoi, H. Parvez, S. Parvez (Herausgeber), *Coulometric Electrode Array Detectors for HPLC*, VSP, Utrecht (1997).

[45]   K. Stulik, *Electroanalysis 4* (1992) 829.

[46]   H.W. van Rooijen, H. Poppe, *Anal.Chim.Acta 130* (1981) 9.

[47]   J. O'Dea, J. Osteryoung, *Anal.Chem. 52* (1980) 2215.

[48]   W.A. MacCrehan, *Anal.Chem. 53* (1981) 74.

[49]   W.T. Kok, U.A.T. Brinkman, R.W. Frei, *J.Chromatogr. 256* (1983) 17.

[50]   K. Stulik, V. Pacakova, M. Weingart, M. Podolak, *J.Chromatogr. 367* (1986) 7.

[51]   K. Slais, *J.Chromatogr. 442* (1988) 111.

[52] W.T. Kok, G. Groenendijk, U.A.T. Brinkman, R.W. Frei, *J.Chromatogr. 315* (1984) 271.

[53] W. Buchberger. P.R. Haddad, P.W. Alexander, *J.Chromatogr. 546* (1991) 311.

[54] R.E. Reim, R.M. van Effen, *Anal.Chem. 58* (1986) 3203.

[55] A. Stitz, W. Buchberger, *Fresenius J.Anal.Chem. 339* (1991) 55.

[56] I.G. Casella, E. Desimoni, T.R.I. Cataldi, *Anal.Chim.Acta 248* (1991) 117.

[57] I.G. Casella, T.R.I. Cataldi, A.M. Salvi, E. Desimoni, *Anal.Chem. 65* (1993) 3143.

[58] T.R.I. Cataldi, D. Centonze, *Anal.Chim.Acta 307* (1995) 43.

[59] J.M. Marioli, P.F. Luo, T. Kuwana, *Anal.Chim.Acta 282* (1993) 571.

[60] J.M. Marioli, L.E. Sereno, *J.Liq.Chrom. & Rel.Technol. 19* (1996) 2505.

[61] P.F. Luo, T. Kuwana, *Anal.Chem. 66* (1994) 2775.

[62] K. Kano, K. Takagi, K. Inoue, T. Ikeda, T. Ueda, *J.Chromatogr.A 721* (1996) 53.

[63] P. Luo, F. Zhang, R.P. Baldwin, *Anal.Chem. 63* (1991) 1702.

[64] P. Luo, R.P. Baldwin, *Electroanalysis 4* (1992) 393.

[65] S.V. Prabhu, R.P. Baldwin, *J.Chromatogr. 503* (1990) 227.

[66] Y. Xie, C.O. Huber, *Anal.Chem. 63* (1991) 1714.

[67] X. Huang, J.J. Pot, W.T. Kok, *Chromatographia 40* (1995) 684.

[68] T.R.I. Cataldi, D. Centonze, *Anal.Chim.Acta 326* (1996) 107.

[69] I.G. Casella, T.R.I. Cataldi, A. Guerrieri, E. Desimoni, *Anal.Chim.Acta 335* (1996) 217.

[70] T.R.I. Cataldi, I.G. Casella, E. Desimoni, T. Rotunno, *Anal.Chim.Acta 270* (1992) 161.

[71] T.R.I. Cataldi, A. Guerrieri, I.G. Casella, E. Desimoni, *Electroanalysis 7* (1995) 305.

[72] S. Mannino, M.S. Cosio, S. Ratti, *Electroanalysis 5* (1993) 145.

[73] J. Wang, Y. Lin, *Electroanalysis 6* (1994) 125.

[74] A. Hidayat, D.B. Hibbert, P.W. Alexander, *Talanta 44* (1997) 239.

[75] T.P. Tougas, M.J. DeBenedetto, J.M. DeMott, *Electroanalysis 5* (1993) 669.

[76] T.R.I. Cataldi, D. Centonze, E. Desimoni, V. Forastiero, *Anal.Chim.Acta 310* (1995) 257.

[77] T.R.I. Cataldi, D. Centonze, E. Desimoni, *Food Chem. 55* (1996) 17.

[78] M.K. Halbert, R.P. Baldwin, *Anal.Chem. 57* (1985) 591.

[79] X. Huang, W.T. Kok, *Anal.Chim.Acta 273* (1993) 245.

[80] G. Favaro, M. Fiorani, *Anal.Chim.Acta 332* (1996) 249.

[81] M.K. Halbert, R.P. Baldwin, *Anal.Chim.Acta 187* (1986) 89.

[82] K.M. Korfhage, K. Ravichandran, R.P. Baldwin, *Anal.Chem. 56* (1984) 1517.

[83] L.M. Santos, R.P. Baldwin, *Anal.Chem. 59* (1987) 1766.

[84] L.M. Santos, R.P. Baldwin, *Anal.Chim.Acta 206* (1988) 85.

[85] L.M. Santos, R.P. Baldwin, *Anal.Chem. 58* (1986) 848.

[86] A.M. Tolbert, R.P. Baldwin, L.M. Santos, *Anal.Lett. 22* (1989) 683.

[87] Y. Ikariyama, W.R. Heineman, *Anal.Chem. 58* (1986) 1803.

[88] Y. Ikariyama, C. Galiatsatos, W.R. Heineman, S. Yamauchi, *Sensors and Actuators 12* (1987) 455.

[89]   J. Ye, R.P. Baldwin, *Anal.Chem. 60* (1988) 1979.
[90]   E. Wang, A. Liu, *Anal.Chim.Acta 252* (1991) 53.
[91]   O.A. Sadik, G.G. Wallace, *Electroanalysis 5* (1993) 555.
[92]   O.A. Sadik, G.G. Wallace, *Electroanalysis 6* (1994) 860.
[93]   R. John, D.M. Ongarato, G.G. Wallace, *Electroanalysis 8* (1996) 623.
[94]   J.N. Barisci, G.G. Wallace, A. Clarke, *Electroanalysis 9* (1997) 461.
[95]   W. Jin, H. Chen, *J.Chromatogr.A 765* (1997) 307.
[96]   S. Sloss, A.G. Ewing, *Anal.Chem. 65* (1993) 577.
[97]   A.M. Fermier, M.L. Gostkowski, L.A. Colon, *Anal.Chem. 68* (1996) 1661.
[98]   M. Zhong, S.M. Lunte, *Anal.Chem. 68* (1996) 2488.
[99]   P.D. Voegel, W. Zhou, R.P. Baldwin, *Anal.Chem. 69* (1997) 951.
[100] R.A. Wallingford, A.G. Ewing, *Anal.Chem. 59* (1987) 1762.
[101] Y.F. Yik, H.K. Lee, S.F.Y. Li, S.B. Khoo, *J.Chromatogr. 585* (1991) 139.
[102] T.J. O'Shea, R.D. Greenhagen, S.M. Lunte, C.E. Lunte, M.R. Smyth, D.M. Radzik, N. Watanabe, *J.Chromatogr. 593* (1992) 305.
[103] I. Chen, C. Whang, *J.Chromatogr. 644* (1993) 208.
[104] W.T. Kok, Y. Sahin, *Anal.Chem. 65* (1993) 2497.
[105] B.L. Lin, L.A. Colon, R.N. Zare, *J.Chromatogr.A 680* (1994) 263.
[106] M. Zhong, J. Zhou, S.M. Lunte, G. Zhao, D.M. Giolando, J.R. Kirchhoff, *Anal.Chem. 68* (1996) 203.
[107] P.F. Gavin, A.G. Ewing, *J.Am.Chem.Soc. 118* (1996) 8932.
[108] J. Wen, R.M. Cassidy, *Anal.Chem. 68* (1996) 1047.
[109] J. Wen, R.M. Cassidy, A.S. Baranski, *9th International Symposium on High Performance Capillary Electrophoresis and Related Microscale Techniques 1997*, Anaheim, Poster.
[110] G.C. Gerhardt, R.M. Cassidy, A.S. Baranski, *9th International Symposium on High Performance Capillary Electrophoresis and Related Microscale Techniques 1997*, Anaheim, Poster.
[111] S. Park, M.J. McGrath, M.R. Smyth, D. Diamond, C.E. Lunte, *Anal.Chem. 69* (1997) 2994.
[112] M.H. Joseph, P. Davies, *J.Chromatogr. 277* (1983) 125.
[113] L.A. Allison, G.S. Mayer, R.E. Shoup, *Anal.Chem. 56* (1984) 1089.
[114] M.D. Oates, J.W. Jorgenson, *Anal.Chem. 61* (1989) 432.
[115] S.M. Lunte, T. Mohabbat, O.S. Wong, T. Kuwana, *Anal.Biochem. 178* (1989) 202.
[116] M.A. Nussbaum, J.E. Przedwiecki, D.U. Staerk, S.M. Lunte, C.M. Riley, *Anal.Chem. 64* (1992) 1259.
[117] W.A. Jacobs, P.T. Kissinger, *J.Liq.Chromatogr. 5* (1982) 669.
[118] G. Chiavari, C. Bergamini, *J.Chromatogr. 318* (1985) 427.
[119] C. Goldring, A. Casini, E. Maellero, B. Del Bello, M. Comporti, *Lipids 28* (1993) 141.
[120] W.A. Jacobs, P.T. Kissinger, *J.Liq.Chromatogr. 5* (1982) 881.
[121] L. Embree, K.M. McErlane, *J.Chromatogr. 526* (1990) 439.
[122] K. Shimada, M. Tanaka, T. Nambara, *Anal.Chim.Acta 147* (1983) 375.
[123] K. Shimada, K. Mitamura, *J.Chromatogr.B 659* (1994) 227.

[124] K. Shimada, S. Orii, M. Tanaka, T. Nambara, *J.Chromatogr. 352* (1986) 329.

[125] K. Shimada, T. Oe, M. Tanaka, T. Nambara, *J.Chromatogr. 487* (1989) 247.

[126] K. Shimada, T. Oe, T. Nambara, *J.Chromatogr. 419* (1987) 17.

[127] S.D. Meyer, D.E. Tallman, *Anal.Chim.Acta 146* (1983) 227.

[128] R.A. Sherwood, A.C. Titheradge, D.A. Richards, *J.Chromatogr. 528* (1990) 293.

[129] Y. Nakahara, A. Ishigami, Y. Takeda, *J.Chromatogr. 489* (1989) 371.

[130] R.K. Munns, J.E. Roybal, W. Shimoda, J.A. Hurlbut, *J.Chromatogr. 442* (1988) 209.

[131] G. Achilli, G.P. Cellerino, G.M. d´Eril, *J.Chromatogr.A 661* (1994) 201.

[132] W.A. Jacobs, *J.Chromatogr. 392* (1987) 435.

[133] S. Smith, T. Sharp, *J.Chromatogr.B 652* (1994) 228.

[134] A.M. Warner, S.G. Weber, *Anal.Chem. 61* (1989) 2664.

[135] H. Tsai, S.G. Weber, *J.Chromatogr. 515* (1990) 451.

[136] H. Tsai, S.G. Weber, *Anal.Chem. 64* (1992) 2897.

[137] J.-G. Chen, S.G. Weber, *Anal.Chem. 67* (1995) 3596.

[138] S.J. Woltman, J.-G. Chen, S.G. Weber, J.O. Tolley, *J.Pharmaceut.Biomed.Anal. 14* (1995) 155.

[139] J.G. Chen, S.J. Woltman, S.G. Weber, *J.Chromatogr.A 691* (1995) 301.

[140] N. Wantanabe, M. Inoue, *Anal.Chem. 55* (1983) 1016.

[141] L. Dou, J. Mazzeo, I.S. Krull, *BioChromatography 5* (1990) 74.

[142] L. Dou, I.S. Krull, *Anal.Chem. 62* (1990) 2599.

[143] L. Chen, I.S. Krull, *Electroanalysis 6* (1994) 1.

[144] L. Dou, I.S. Krull, *Electroanalysis 4* (1992) 381.

[145] L. Dou, A. Holmberg, I.S. Krull, *Anal.Biochem. 197* (1991) 377.

[146] M.Y. Chang, L.R. Chen, X.D. Ding, C.M. Selavka, I.S. Krull, K. Bratin, *J.Chromatogr.Sci. 25* (1987) 460.

[147] G.C. Galletti, P. Bocchini, *J.Chromatogr.A 729* (1996) 393.

[148] C.M. Selavka, I.S. Krull, *Anal.Chem. 59* (1987) 2699.

[149] C.M. Selavka, K.S. Jiao, I.S. Krull, P. Sheih, W. Yu, M. Wolf, *Anal.Chem. 60* (1988) 250.

[150] M. Righezza, M.H. Murello, A.M. Siouffi, *J.Chromatogr. 410* (1987) 145.

[151] T. Yamazaki, T. Ishikawa, H. Nakai, M. Miyai, T. Tsubota, K. Asano, *J.Chromatogr. 615* (1993) 180.

[152] S. Lihl, A. Rehorek, M. Petz, *J.Chromatogr.A 729* (1996) 229.

[153] M. Macher, R. Wintersteiger, *J.Chromatogr.A 709* (1995) 257.

[154] I.N. Acworth, J. Waraska, in I.N. Acworth, M. Naoi, H. Parvez, S. Parvez (Herausgeber), *Coulometric Electrode Array Detectors for HPLC*, VSP, Utrecht (1997), 351-376.

[155] M. Lookabaugh, I.S. Krull, *J.Chromatogr. 452* (1988) 295.

[156] L. Dou, I.S. Krull, *J.Chromatogr. 499* (1990) 685.

[157] A.D. Kaufman, P.T. Kissinger, J.E. Jones, *Anal.Chim.Acta 356* (1997) 177.

[158] P.C. Gunaratna, G.S. Wilson, *Anal.Chem. 62* (1990) 402.

[159] T. Huang, L. Yang, J. Gitzen, P.T. Kissinger, M. Vreeke, A. Heller, *J.Chromatogr.B 670* (1995) 323.

[160] G.A. Marko-Varga, *Electroanalysis 4* (1992) 403.
[161] C. Sarzanini, E. Mentasti, M. Nerva, *J.Chromatogr.A 671* (1994) 259.
[162] F. Cheng, L. Yang, J. Kuo, M.C.M. Yang, P. Yu, *J.Chromatogr.B 653* (1994) 9.
[163] F. Cheng, L. Yang, F. Chang, L. Chia, J. Kuo, *J.Chromatogr. 582* (1992) 19.
[164] F. Cheng, N. Lin, J. Kuo, L. Cheng, F. Chang, L. Chia, *Electroanalysis 6* (1994) 871.
[165] O. Niwa, H. Tabei, B.P. Solomon, F. Xie, P.T. Kissinger, *J.Chromatogr.B 670* (1995) 21.
[166] E. Pocurull, G. Sánchez, F. Borrull, R.M. Marcé, *J.Chromatogr.A 696* (1995) 31.
[167] G. Achilli, G.P. Cellerino, G.M. d'Eril, S. Bird, *J.Chromatogr.A 697* (1995) 357.
[168] M.T. Galceran, O. Jáuregui, *Anal.Chim.Acta 304* (1995) 75.
[169] E. Pocurull, R.M. Marcé, F. Borrull, *J.Chromatogr.A 738* (1996) 1.
[170] B. Paterson, C.E. Cowie, P.E. Jackson, *J.Chromatogr.A 731* (1996) 95.
[171] N. Cardellicchio, S. Cavalli, V. Piangerelli, S. Giandomenico, O. Ragone, *Fresenius J.Anal.Chem. 358* (1997) 749.
[172] O. Friedrich, G. Sontag, *Fresenius Z.Anal.Chem. 334* (1989) 59.
[173] C.E. Lunte, J.F. Wheeler, W.R. Heineman, *Analyst 113* (1988) 95.
[174] P.J. Hayes, M.R. Smyth, I. McMurrough, *Analyst 112* (1987) 1197.
[175] P.J. Hayes, M.R. Smyth, I. McMurrough, *Analyst 112* (1987) 1205.
[176] G. Achilli, G.P. Cellerino, P.H. Gamache, G.V.M. d'Eril, *J.Chromatogr. 632* (1993) 111.
[177] D. Madigan, I. McMurrough, M.R. Smyth, *Analyst 119* (1994) 863.
[178] E. Jörg, G. Sontag, *Dtsch.Lebensm.-Rundsch. 88* (1992) 179.
[179] E. Jörg, G. Sontag, *J.Chromatogr. 635* (1993) 137.
[180] I. Bernwieser, G. Sontag, *Z.Lebensm.Unters.Forsch. 195* (1992) 559.
[181] S.M. Lunte, *J.Chromatogr. 384* (1987) 371.
[182] S.M. Lunte, K.D. Blankenship, S.A. Read, *Analyst 113* (1988) 99.
[183] P. Gamache, E. Ryan, I.N. Acworth, *J.Chromatogr. 635* (1993) 143.
[184] C. Bocchi, M. Careri, F. Groppi, A. Mangia, P. Manini, G. Mori, *J.Chromatogr.A 753* (1996) 157.
[185] G. Sontag, K. Kral, *Mikrochim.Acta II* (1980) 39.
[186] A. Meyer, T. Ngiruwonsanga, G. Henze, *Fresenius J.Anal.Chem. 356* (1996) 284.
[187] F. Xie, C. Duda, *Current Separations 13* (1994) 18.
[188] G.M. Laws, S.P. Adams, *BioTechniques 20* (1996) 36.
[189] D. Germadnik, A. Pilger, H.W. Rüdiger, *J.Chromatogr.B 689* (1997) 399.
[190] L.A. Allison, R.E. Shoup, *Anal.Chem. 55* (1983) 8.
[191] S.M. Lunte, P.T. Kissinger, *J.Chromatogr. 317* (1984) 579.
[192] A.F. Stein, R.L. Dills, C.D. Klaassen, *J.Chromatogr. 381* (1986) 259.
[193] J.P. Richie jr., C.A. Lang, *Anal.Biochem. 163* (1987) 9.
[194] W.A. Kleinman, J.P. Richie jr., *J.Chromatogr.B 672* (1995) 73.
[195] P.M. Krien, V. Margou, M. Kermici, *J.Chromatogr. 576* (1992) 255.

[196] N.C. Smith, M. Dunnett, P.C. Mills, *J.Chromatogr.B 673* (1995) 35.

[197] J. Lakritz, C.G. Plopper, A.R. Buckpitt, *Anal.Biochem. 247* (1997) 63.

[198] C.G. Honegger, H. Langemann, W. Krenger, A. Kempf, *J.Chromatogr. 487* (1989) 463.

[199] F. Kreuzig, J. Frank, *J.Chromatogr. 218* (1981) 615.

[200] W. Buchberger, K. Winsauer, *Anal.Chim.Acta 196* (1987) 251.

[201] W.A. MacCrehan, E. Schönberger, *J.Chromatogr. 417* (1987) 65.

[202] S.A. Wring, J.P. Hart, D.W. Knight, *Analyst 113* (1988) 1785.

[203] J.J. Hagen, K.A. Washco, C.A. Monnig, *J.Chromatogr.B 677* (1996) 225.

[204] M.A. Schneiderman, A.K. Sharma, D.C. Locke, *J.Chromatogr.A 765* (1997) 215.

[205] M.M.D. Zamarreno, A.S. Perez, M.S. Rodriguez, M.C.G. Perez, J.H. Mendez, *Talanta 43* (1996) 1555.

[206] P.D. Bryan, I.L. Honigberg, N.M. Meltzer, *J.Liq.Chromatogr. 14* (1991) 2287.

[207] P.W. Washko, R.W. Welch, K.R. Dhariwal, Y. Wang, M. Levine, *Anal.Biochem. 204* (1992) 1.

[208] G.G. Honegger, W. Krenger, H. Langemann, A. Kempf, *J.Chromatogr. 381* (1986) 249.

[209] E. Nagy, I. Degrell, *J.Chromatogr. 497* (1989) 276.

[210] P. Washko, W. Hartzell, M. Levine, *Anal.Biochem. 181* (1989) 276.

[211] L.A. Pachla, D.L. Reynolds, P.T. Kissinger, *J.Assoc.Off.Anal.Chem. 68* (1985) 1.

[212] H.J. Kim, *J.Assoc.Off.Anal.Chem. 72* (1989) 681.

[213] N. Moll, J.P. Joly, *J.Chromatogr. 405* (1987) 347.

[214] R. Leubolt, H. Klein, *J.Chromatogr. 640* (1993) 271.

[215] D. Madigan, I. McMurrough, M.R. Smyth, *Anal.Comm. 33* (1996) 9.

[216] S. Karp, C.M. Ciambra, S. Miklean, *J.Chromatogr. 504* (1990) 434.

[217] M.E. Murphy, J.P. Kehrer, *J.Chromatogr. 421* (1987) 71.

[218] P.O. Edlund, *J.Chromatogr. 425* (1988) 87.

[219] G.T. Vatassery, W.E. Smith, H.T. Quach, *Anal.Biochem. 214* (1993) 426.

[220] J.P. Langenberg, U.R. Tjaden, *J.Chromatogr. 305* (1984) 61.

[221] Z. Liu, T. Li, J. Li, E. Wang, *Anal.Chim.Acta 338* (1997) 57.

[222] S.P. Joel, R.J. Osborne, M.L. Slevin, *J.Chromatogr. 430* (1988) 394.

[223] J. Svensson, *J.Chromatogr. 375* (1986) 174.

[224] J.O. Svensson, Q.Y. Yue, J. Säwe, *J.Chromatogr.B 674* (1995) 49.

[225] Y. Rotshteyn, B. Weingarten, *Therap.Drug Monit. 18* (1996) 179.

[226] F. de Cazanove, J. Kinowski, M. Audran, A. Rochette, F. Bressolle, *J.Chromatogr.B 690* (1997) 203.

[227] G. Achilli, G.P. Cellerino, G.V. Melzi d'Eril, F. Tagliaro, *J.Chromatogr.A 729* (1996) 273.

[228] P. Carbonnelle, S. Boukortt, D. Lison, J. Buchet, *Analyst 121* (1996) 663.

[229] K. Spiegel, T. Welsch, *Fresenius J.Anal.Chem. 357* (1997) 333.

[230] M.T. Galceran, P. Pais, L. Puignou, *J.Chromatogr.A 655* (1993) 101.

[231] M. Murcovic, M. Friedrich, W. Pfannhauser, *Lebensmittel- & Biotechnologie* (1997) 23.
[232] G. Sontag, I. Bernwieser, C. Krach, in I.N. Acworth, M. Naoi, H. Parvez, S. Parvez (Herausgeber), *Coulometric Electrode Array Detectors for HPLC*, VSP, Utrecht (1997), 75-98.
[233] I. Bernwieser, G. Sontag, *Fresenius J.Anal.Chem. 347* (1993) 499.
[234] Y. Lin, R. Zhang, *Electroanalysis 6* (1994) 1126.
[235] R.T. Krause, Y. Wang, *J.Chromatogr. 459* (1988) 151.
[236] K. Bratin, P.T. Kissinger, R.C. Briner, C.S. Bruntlett, *Anal.Chim.Acta 130* (1981) 295.
[237] M.P. Maskarinec, D.L. Manning, R.W. Harvey, W.H. Griest, B.A. Tomkins, *J.Chromatogr. 302* (1984) 51.
[238] J.B.F. Lloyd, *Anal.Chem. 56* (1984) 1907.
[239] J.B.F. Lloyd, *Anal.Proc. 24* (1987) 239.
[240] S. Abou-Khalil, W.H. Abou-Khalil, A.N. Masoud, A.A. Yunis, *J.Chromatogr. 417* (1987) 111.
[241] T.G. Diaz, A.G. Cabanillas, M.I.A. Valenzuela, C.A. Correa, F. Salinas, *J.Chromatogr.A 764* (1997) 243.
[242] N. Ruis de Erenchun, M.A. Goicolea, Z. Gomez de Balugera, M.J. Portela, R.J. Barrio, *J.Chromatogr.A 763* (1997) 227.
[243] S. Yao, A. Meyer, G. Henze, *Fresenius J.Anal.Chem. 339* (1991) 207.
[244] S.M. Rappaport, Z.L. Jin, X.B. Xu, *J.Chromatogr. 240* (1982) 145.
[245] Z. Jin, S.M. Rappaport, *Anal.Chem. 55* (1983) 1778.
[246] W.A. MacCrehan, W.E. May, S.D. Yang, B.A. Benner jr., *Anal.Chem. 60* (1988) 194.
[247] M.T. Galceran, E. Moyano, *Talanta 40* (1993) 615.
[248] M. Murayama, P.K. Dasgupta, *Anal.Chem. 68* (1996) 1226.
[249] M.O. Funk jr., P. Walker, J.C. Andre, *Bioelectrochem.Bioenerg. 18* (1987) 127.
[250] W. Korytowski, G.J. Bachowski, A.W. Girotti, *Anal.Biochem. 197* (1991) 149.
[251] W. Korytowski, G.J. Bachowski, A.W. Girotti, *Anal.Biochem. 313* (1993) 111.
[252] G.J. Bachowski, W. Korytowski, A.W. Girotti, *Lipids 29* (1994) 449.
[253] W. Korytowski, P.G. Geiger, A.W. Girotti, *J.Chromatogr.B 670* (1995) 189.
[254] J. Xu, M. Xin, T. Takeuchi, T. Miwa, *Anal.Chim.Acta 276* (1993) 261.
[255] B.B. Wheals, *J.Chromatogr. 402* (1987) 115.
[256] K. Ito, H. Sunahara, *J.Chromatogr. 502* (1990) 121.
[257] H. Preik-Steinhoff, M. Kelm, *J.Chromatogr.B 685* (1996) 348.
[258] M. Lookabaugh, I.S. Krull, W.R. LaCourse, *J.Chromatogr. 387* (1987) 301.
[259] G. Schwedt, B. Rössner, *Fresenius Z.Anal.Chem. 327* (1987) 499.
[260] T. Okutani, K. Yamakawa, A. Sakuragawa, R. Gotok, *Anal.Sci. 9* (1993) 731.
[261] H.J. Kim, *J.Assoc.Off.Anal.Chem. 73* (1990) 216.
[262] R. Leubolt, H. Klein, *J.Chromatogr. 640* (1993) 271.

[263] R.S. Stojanovic, A.M. Bond, E.C.V. Butler, *Anal.Chem.* 62 (1990) 2692.

[264] Z. Li, S. Mou, Z. Ni, J.M. Riviello, *Anal.Chim.Acta* 307 (1995) 79.

[265] K. Han, W.F. Koch, K.W. Pratt, *Anal.Chem.* 59 (1987) 731.

[266] A. Liu, L. Xu, T. Li, S. Dong, E. Wang, *J.Chromatogr.A* 699 (1995) 39.

[267] I.G. Casella, R. Marchese, *Anal.Chim.Acta* 311 (1995) 199.

[268] P. Steinmann, W. Shotyk, *J.Chromatogr.A* 706 (1995) 287.

[269] S. Seefeld, U. Baltensperger, *Anal.Chim.Acta* 283 (1993) 246.

[270] P. Mura, Y. Papet, A. Sanchez, A. Piriou, *J.Chromatogr.B* 664 (1995) 440.

[271] V. Poluzzi, B. Cavalchi, A. Mazzoli, G. Alberini, A. Lutman, P. Coan, I. Ciani, P. Trentini, M. Ascanelli, V. Davoli, *J.Anal.Atom.Spectrom.* 11 (1996) 731.

[272] B. Michalke, P. Schramel, S. Hasse, *Mikrochim.Acta* 122 (1996) 67.

[273] B. Michalke, P. Schramel, S. Hasse, *Fresenius J.Anal.Chem.* 354 (1996) 576.

[274] A.M. Bond, G.G. Wallace, *Anal.Chem.* 54 (1982) 1706.

[275] A.M. Bond, G.G. Wallace, *Anal.Chem.* 55 (1983) 718.

[276] A.M. Bond, G.G. Wallace, *Anal.Chim.Acta* 164 (1984) 223.

[277] A.M. Bond, G.G. Wallace, *Anal.Chem.* 56 (1984) 2085.

[278] A.M. Bond, R.W. Knight, J.B. Reust, D.J. Tucker, G.G. Wallace, *Anal.Chim.Acta* 182 (1986) 47.

[279] D.A. Roston, *Anal.Chem.* 56 (1984) 241.

[280] Y. Nagaosa, Y. Kimata, *Anal.Chim.Acta* 327 (1996) 203.

[281] A.M. Bond, Y. Nagaosa, *Anal.Chim.Acta* 178 (1985) 197.

[282] Y. Nagaosa, H. Kawabe, A.M. Bond, *Anal.Chem.* 63 (1991) 28.

[283] Y. Nagaosa, T. Suenaga, A.M. Bond, *Anal.Chim.Acta* 235 (1990) 279.

[284] M. P. da Silva, J.R. Procopio, L. Hernandez, *J.Chromatogr.A* 761 (1997) 139.

[285] O. Evans, G.D. McKee, *Analyst* 112 (1987) 983.

[286] O. Evans, G.D. McKee, *Analyst* 113 (1988) 243.

[287] W.A. MacCrehan, R.A. Durst, *Anal.Chem.* 50 (1978) 2108.

[288] W.A. MacCrehan, *Anal.Chem.* 53 (1981) 74.

[289] A.M. Bond, N.M. McLachlan, *Anal.Chem.* 58 (1986) 756.

[290] M. Robecke, K. Cammann, *Fresenius J.Anal.Chem.* 341 (1991) 555.

[291] R.A. Wallingford, A.G. Ewing, *Anal.Chem.* 60 (1988) 258.

[292] T.M. Olefirowicz, A.G. Ewing, *Anal.Chem.* 62 (1990) 1872.

[293] T.M. Olefirowicz, A.G. Ewing, *Chimia* 45 (1991) 106.

[294] P.D. Curry, C.E. Engstrom-Silverman, A.G. Ewing, *Electroanalysis* 3 (1991) 587.

[295] T.J. O´Shea, M.W. Telting-Diaz, S.M. Lunte, C.E. Lunte, *Electroanalysis* 4 (1992) 463.

[296] A.G. Ewing, J.M. Mesaros, P.F. Gavin, *Anal.Chem.* 66 (1994) 527A.

[297] S. Park, C.E. Lunte, *Anal.Chem.* 67 (1995) 4366.

[298] F.D. Swanek, G. Chen, A.G. Ewing, *Anal.Chem.* 68 (1996) 3912.

[299] M.E. Hadwiger, S.R. Torchia, S. Park, M.E. Biggin, C.E. Lunte, *J.Chromatogr.B* 681 (1996) 241.

[300] S.M. Lunte, M.A. Malone, H. Zuo, M.R. Smyth, *Current Separations 13* (1994) 75.
[301] M.A. Malone, H. Zuo, S.M. Lunte, M.R. Smyth, *J.Chromatogr.A 700* (1995) 73.
[302] J.C. Olsson, P.E. Andersson, B. Karlberg, A. Nordström, *J.Chromatogr.A 755* (1996) 289.
[303] W. Zhou, L. Liu, W. Wang, *J.Chromatogr.A 715* (1995) 355.
[304] M.A. Malone, P.L. Weber, M.R. Smyth, S.M. Lunte, *Anal.Chem. 66* (1994) 3782.
[305] C.D. Gaitonde, P.V. Pathak, *J.Chromatogr. 514* (1990) 389.
[306] M. van Bruijnsvoort, S.K. Sanghi, H. Poppe, W.T. Kok, *J.Chromatogr.A 757* (1997) 203.
[307] A. Hilmi, J.H.T. Luong, A. Nguyen, *J.Chromatogr.A 761* (1997) 259.
[308] J.C. Olsson, A. Dyremark, B. Karlberg, *J.Chromatogr.A 765* (1997) 329.
[309] T.J. O'Shea, S.M. Lunte, *Anal.Chem. 65* (1993) 247.
[310] T.J. O'Shea, S.M. Lunte, *Anal.Chem 66* (1994) 307.
[311] X. Huang, W.T. Kok, *J.Chromatogr.A 716* (1995) 347.
[312] J. Zhou, T.J. O'Shea, S.M. Lunte, *J.Chromatogr.A 680* (1994) 271.
[313] J. Ye, R.P. Baldwin, *Anal.Chem. 65* (1993) 3525.
[314] L.A. Colon, R. Dadoo, R.N. Zare, *Anal.Chem. 65* (1993) 476.
[315] J. Ye, R.P. Baldwin, *J.Chromatogr. 687* (1994) 141.
[316] M. Goto, K. Tanaka, Y. Esaka, B. Uno, *Bunseki Kagaku 46* (1997) 95.
[317] T.S. Hsi, J.N. Lin, K.Y. Kuo, *J.Chin.Chem.Soc. 44* (1997) 101.
[318] X. Huang, W.T. Kok, *J.Chromatogr.A 707* (1995) 335.
[319] A.M. Fermier, L.A. Colon, *J.High Resol.Chromatogr. 19* (1996) 613.
[320] M.C. Chen, H.J. Huang, *Anal.Chim.Acta 341* (1997) 83.
[321] W. Zhou, R.P. Baldwin, *Electrophoresis 17* (1996) 319.
[322] X. Fang, J. Ye, Y. Fang, *Anal.Chim.Acta 329* (1996) 49.
[323] X.M. Fang, X.F. Liu, J.N. Ye, Y.Z. Fang, *Anal.Lett. 29* (1996) 1975.
[324] P.D. Voegel, R.P. Baldwin, *Electroanalysis 9* (1997) 1145.
[325] J. Ye, R.P. Baldwin, *Anal.Chem. 66* (1994) 2669.
[326] J. Zhou, S.M. Lunte, *Electrophoresis 16 (1995)* 498.
[327] Y. Guo, L.A. Colon, R. Dadoo, R.N. Zare, *Electrophoresis 16* (1995) 493.
[328] J. Zhou, S.M. Lunte, *Anal.Chem. 67* (1995) 13.
[329] T.J. O'Shea, P.L. Weber, B.P. Bammel, C.E. Lunte, S.M. Lunte, M.R. Smyth, *J.Chromatogr. 608* (1992) 189.
[330] M. Deacon, T.J. O´Shea, S.M. Lunte, M.R. Smyth, *J.Chromatogr.A 652* (1993) 377.
[331] W.R. Jin, Q.F. Weng, J.R. Wu, *Anal.Chim.Acta 342* (1997) 67.
[332] W.R. Jin, Q.F. Weng, J.R. Wu, *Anal.Lett. 30* (1997) 753.
[333] D. Xu, L. Hua, H. Chen, *Anal.Chim. Acta 335* (1996) 95.
[334] W. Jin, H. Wei, X. Zhao, *Electroanalysis 9* (1997) 770.
[335] W.R. Jin, H.Y. Wei, W. Li, X. Zhao, *Anal.Lett. 30* (1997) 771.
[336] H. Lin, D. Xu, H. Chen, *J.Chromatogr.A 760* (1997) 227.
[337] D. Xu, L. Hua, Z. Li, H. Chen, *J.Chromatogr.B 694* (1997) 461.

[338] J. Hong, R.P. Baldwin, *J.Cap.Elec.* *4* (1997) 65.

[339] F. Matysik, A. Meister, G. Werner, *Anal.Chim.Acta 305* (1995) 114.

[340] W. Zhou, L. Xu, M. Wu, L. Xu, E. Wang, *Anal.Chim.Acta 299* (1994) 189.

[341] J. Liu, W. Zhou, T. You, F. Li, E. Wang, S. Dong, *Anal.Chem.* *68* (1996) 3350.

[342] W. Lu, R.M. Cassidy, *Anal.Chem. 65* (1993) 1649.

[343] G.C. Gerhardt, R.M. Cassidy, A.S. Baranski, *9th International Symposium on High Performance Capillary Electrophoresis and Related Microscale Techniques 1997*, Anaheim, Poster.

[344] T.M. Olefirowicz, A.G. Ewing, *J.Chromatogr. 499* (1990) 713.

10 Gepulste elektrochemische Detektoren

Amperometrische Detektoren mit inerten Kohleelektroden weisen bei oxidativer Detektionsweise eine ausgezeichnete Empfindlichkeit für aromatische Verbindungen wie Phenole oder aromatische Amine auf. Im Gegensatz dazu ergeben aliphatische Alkohole oder aliphatische Amine unter den gleichen Bedingungen meist kein Signal. Wir können dieses unterschiedliche Verhalten darauf zurückführen, daß radikalische Oxidationsprodukte aromatischer Verbindungen durch die konjugierten Doppelbindungen stabilisiert werden, während für Oxidationsprodukte aliphatischer Verbindungen eine derartige Stabilisierungsmöglichkeit fehlt. Daher laufen Oxidationen aliphatischer Verbindungen an Kohleelektroden nur langsam oder gar nicht ab.

Radikalische Oxidationsprodukte aliphatischer Verbindungen können jedoch durch Adsorption an Elektrodenmaterialien wie Platin oder Gold stabilisiert werden, da diese Metalle über teilweise nicht vollständig aufgefüllte d-Orbitale verfügen. Derartige Wechselwirkungen können die Oxidation von einfachen Alkoholen, Polyolen, Kohlenhydraten oder aliphatischen Aminen wesentlich begünstigen. Allerdings vermindern die adsorbierten Spezies rasch die elektrochemische Aktivität der Elektroden, sodaß sich in der Praxis diese aliphatischen Verbindungen an Gold- oder Platinelektroden bei konstantem Potential nicht detektieren lassen.

Die Desaktivierung der Elektrodenoberfläche läßt sich vermeiden, wenn wir anstelle der konstanten Spannung eine sich mit bestimmter Frequenz wiederholende Sequenz von unterschiedlichen Spannungspulsen an die Elektrode anlegen. Beispielsweise können wir einem Meßintervall bei der Spannung E_1 ein oxidatives Reinigungsintervall bei einer erhöhten Spannung E_2 sowie ein reduktives Reaktivierungsintervall bei einer erniedrigten Spannung E_3 folgen lassen, an welches sich das nächste Meßintervall anschließt. Wir erhalten damit während der Detektion eine gleichbleibende aktive Elektrodenoberfläche. Diese von Johnson und Mitarbeitern 1981 [1,2] erstmals beschriebene Detektionstechnik und verschiedene Varianten wurden als "Pulsed Amperometric Detection (PAD)" [3], "Pulsed Coulometric Detection (PCD)" [4], "Potential-Sweep Pulsed Coulometric Detection (PS-PCD)" [5], "Integrated Pulsed Amperometric Detection (IPAD)" [6], "Activated Pulsed Amperometric Detection (APAD)" [7] sowie "Integrated Voltammetric Detection (IVD)" [8] bezeichnet. Allerdings handelt es sich dabei teilweise um synonyme Bezeichnungen. Zur Vermeidung von Mißverständnissen erscheint die Verwendung des allgemeinen Überbegriffes "Pulsed Electrochemical Detection (PED)" sinnvoll.

10.1 Grundlagen und Gerätetechnik

Eine geeignete Spannungsfunktion für die gepulste elektrochemische Detektion an Gold- oder Platinelektroden ergibt sich unmittelbar aus dem zyklischen Voltammogramm des Elektrodenmaterials [9, 10]. Wie wir aus Abbildung 10.1 erkennen können, fließt an einer Goldelektrode unter stark alkalischen Bedingungen im Spannungsbereich von −100...+300 mV (bezogen auf Ag/AgCl) nur ein geringer anodischer Strom. Dieser Stromfluß dürfte auf die Bildung einiger weniger Hydroxylradikale zurückzuführen sein, die adsorptiv an der Goldelektrode gebunden sind. Wir können in diesem Spannungsbereich das Vorhandensein einer Schicht von $Au(OH)_x$ mit x<<1 annehmen. Bei Spannungen größer als +300 mV tritt ein Stromfluß infolge der Bildung von AuO auf. Die Reduktion dieses Oxids können wir bei Spannungen zwischen +150 und −100 mV beobachten. Der kathodische Strom bei Spannungen kleiner als −150 mV ist auf die Reduktion von gelöstem Sauerstoff zurückzuführen.

Die Zugabe von Glucose führt im Spannungsbereich von ca. 0...+300 mV (Bereich A in Abbildung 10.1) zu einem oxidativen Signal. Die an der Goldoberfläche adsorbierten Hydroxylradikale dürften die katalytisch wirksamen Stellen für die Oxidation eines Zuckers darstellen. Gleichzeitig müssen wir annehmen, daß zunächst eine Adsorption des Analyten an der Elektrodenoberfläche für den Oxidationsvorgang notwendig ist [11] . Das Oxidationssignal nimmt bei positiveren Spannungen (Bereich B) deutlich ab. Diese Abnahme verläuft parallel zur Bildung des AuO, welches die Elektrodenoberfläche desaktiviert. Im Bereich der kathodischen Reduktion des AuO (Bereich C) sehen wir neuerlich den Oxidationsstrom für Glucose an der praktisch wieder oxidfreien Elektrode.

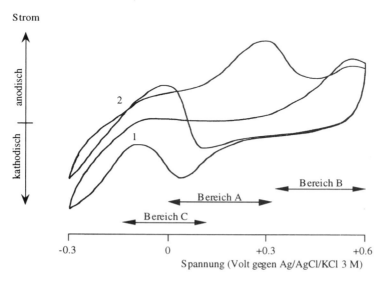

Abbildung 10.1 Zyklische Voltammogramme an einer Goldelektrode in 0,1 M NaOH ohne Glucose (1) und mit Glucose (2).

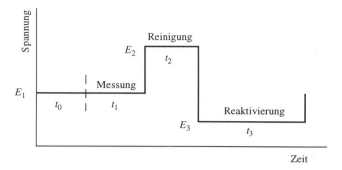

Abbildung 10.2 Typische Spannungs-Zeit-Funktion für die gepulste amperometrische Detektion

Diese Beobachtungen legen es nahe, für die Detektion von Glucose eine dreistufige Spannungs-Zeit-Funktion zu verwenden, wie sie in Abbildung 10.2 dargestellt ist ("Pulsed Amperometric Detection, PAD"). Die Detektionsspannung E_1 muß im Spannungsbereich A der Abbildung 10.1 liegen. Nach einer Verzögerungszeit t_0, während der nichtfaraday´sche Ströme weitgehend abklingen, wird das Stromsignal über die Meßzeit t_1 integriert. Die Spannung E_2 hat im Bereich B zu liegen, um gemeinsam mit der Bildung von AuO die oxidative Desorption von adsorbierten Spezies zu bewirken. E_3 im Spannungsbereich C reaktiviert die Elektrodenoberfläche. Für die Kopplung des Detektors mit der Hochleistungsflüssigkeitschromatographie ist es günstig, diese Spannungssequenz innerhalb von etwa 1 Sekunde ablaufen zu lassen (Frequenz von 1 Hz). Trennverfahren mit höherer Trennleistung wie die Kapillarzonenelektrophorese benötigen allerdings bisweilen höhere Frequenzen, da die Halbwertsbreiten der Peaks lediglich einige wenige Sekunden betragen können.

Ein derartiger Detektionsmechanismus gilt an Goldelektroden nicht nur für Glucose, sondern ganz allgemein für Polyalkohole, einfache Kohlenhydrate, Oligosaccharide oder n-Alkanolamine unter stark alkalischen Bedingungen. Untersuchungen zu möglichen Oxidationsprodukten von Kohlenhydraten zeigten, daß an Glucose eine oxidative Spaltung der C_1–C_2 und C_5–C_6 Bindungen ablaufen dürfte, sodaß sich zwei Mole Formiat und ein Mol des entsprechenden Dicarbonsäureanions bilden [12,13]. Grundsätzlich dürfte der Oxidationsvorgang stets von den endständigen Kohlenstoffatomen eines Kohlenhydrates seinen Ausgang nehmen. Die Massenempfindlichkeit der Detektion sinkt daher mit steigender Molmasse des Analyten. Oxidationsprodukte von n-Alkanolaminen wurden am Beispiel von Ethanolamin untersucht [14], wobei Glycin als das Hauptreaktionsprodukt gefunden wurde. Alkanolamine ergeben im Vergleich zu den entsprechenden aliphatischen Alkoholen ein wesentlich größeres Oxidationssignal, was auf die stärkere Adsorption des Alkanolamins (bedingt durch die Amingruppe) an die Elektrodenoberfläche zurückgeführt werden kann.

Zyklische Voltammogramme an Platinelektroden zeigen anodische und kathodische Ströme, welche analog zu denen an Goldelektroden sind [10]. Als Nachteil ist zu werten, daß sich die Spannungsbereiche der Glucoseoxidation und der Sauerstoffreduktion teilweise überschneiden. Andererseits können Platinelektroden auch im sauren pH-Bereich verwendet werden, wo sie insbesondere für die Detektion von aliphatischen Alkoholen geeignet sind. Im allgemeinen nimmt zwar die Reaktions-

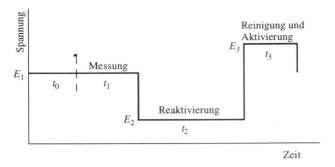

Abbildung 10.3 Typische Spannungs-Zeit-Funktion für die umgekehrte gepulste amperometrische Detektion

geschwindigkeit der Oxidationen aliphatischer Verbindungen an Gold- oder Platinelektroden mit fallendem pH-Wert ab. Platin führt aber im Gegensatz zu Gold auch im sauren Bereich noch zu brauchbaren Umsätzen an der Elektrodenoberfläche, da die Zahl der Elektronen in den d-Orbitalen geringer ist, sodaß radikalische Oxidationsprodukte besser stabilisiert werden können.

Neben Platinelektroden wurden auch Glaskohlenstoffelektroden beschrieben, die mit Gold- oder Platinpartikeln modifiziert worden waren [15,16] und leicht veränderte Selektivitäten im Vergleich zu den Metallelektroden zeigten.

Aliphatische Amine, Aminosäuren oder Thiole ergeben unter den für Glucose angeführten Bedingungen an Goldelektroden kein Signal, können aber oxidiert werden, wenn die Detektionsspannung E_1 soweit erhöht wird, daß sie im Bereich der Bildung von AuO liegt (Spannungsbereich B in Abbildung 10.1). In diesem Fall dürfte eine Schicht von AuOH, welche intermediär bei der Bildung von AuO entsteht, die Oxidation des Analyten katalysieren [5, 8]. Wir müssen allerdings berücksichtigen, daß nunmehr der überwiegende Teil des Meßsignals auf die Oxidation des Elektrodenmaterials zurückzuführen ist. Die Folge ist eine signifikante Verschlechterung des Signal/Rausch-Verhältnisses. Dieses Problem kann durch umgekehrte gepulste amperometrische Detektion umgangen werden (Abbildung 10.3). In diesem Fall folgt der Meßspannung E_1 der reduktive Reaktivierungsschritt bei E_2 und erst dann der oxidative Reinigungsschritt bei E_3. Durch geeignete Wahl der oxidativen Spannung E_3 kann an der Elektrodenoberfläche eine aktive Schicht von AuOH gebildet werden, die bei der folgenden Meßspannung E_1 die Oxidation der Analytspezies ermöglicht. Allerdings ist eine sorgfältige Optimierung des Zeitintervalls t_3 und des Wertes für E_3 notwendig. Zu kleine Werte führen zu ungenügender oxidativer Reinigung, zu hohe Werte bewirken bereits vor der Detektion die Umwandlung der aktiven AuOH-Schicht in inaktives AuO. Etwas besser geeignet ist die aktivierte gepulste amperometrische Detektion (APAD) [7], die ein kurzes Aktivierungsintervall bei einer Spannung E_a vor dem Meßintervall verwendet (Abbildung 10.4). Oxidative Reinigung und reduktive Aktivierung erfolgen davon unabhängig nach der Messung. Obwohl durch die APAD-Meßtechnik das Grundsignal stark reduziert werden kann, ist die Wahl der passenden Werte für E_a und t_a nach wie vor äußerst kritisch. Aus diesen Gründen hat diese Technik in der analytischen Praxis relativ wenig Bedeutung gefunden.

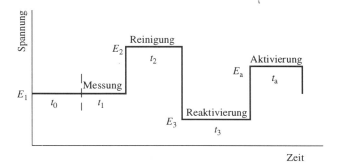

Abbildung 10.4 Typische Spannungs-Zeit-Funktion für die aktivierte gepulste amperometrische Detektion

Als Alternative wird häufig eine Spannungsfunktion angewendet, wie sie in Abbildung 10.5 dargestellt ist [5, 8]. Die Spannung E_1 wird so gewählt, daß sie einer praktisch oxidfreien Elektrode entspricht. Anschließend wird die Spannung linear von E_1 auf E_1^* und wieder zurück auf E_1 geändert und dabei der Strom integrierend gemessen. E_1^* entspricht einer mit AuO bedeckten Elektrode. Bei Abwesenheit eines Analyten ist das gemessene integrierte Stromsignal etwa Null, da die Ladungsmenge für die Oxidation der Elektrodenoberfläche etwa gleich der Ladungsmenge (mit umgekehrtem Vorzeichen) für die Reduktion ist. Die Anwesenheit eines Analyten erhöht wegen der irreversiblen Oxidation praktisch nur die Ladungsmenge bei der Spannungserhöhung von E_1 auf E_1^* und ergibt somit ein integriertes Stromsignal größer Null. Anschließend erfolgt wiederum der Reinigungsschritt bei E_2 und der Reaktivierungsschritt bei E_3. Bei der Auswahl von Spannungswerten für E_1 und E_1^* sollten wir berücksichtigen, daß ein zu hohes E_1^* bereits in den Bereich der Sauerstoffentwicklung fallen kann, ein zu niedriges E_1 dagegen in den Bereich der Sauerstoffreduktion. In diesen Fällen können sich positive und negative Ladungsmengen nicht mehr kompensieren. Diese integrierende gepulste voltammetrische Detektion (IVD-Meßtechnik) kann je nach Art des Analyten sowohl im alkalischen als auch im sauren pH-Bereich verwendet werden, doch muß für jeden pH-Wert die Spannungssequenz neu optimiert werden.

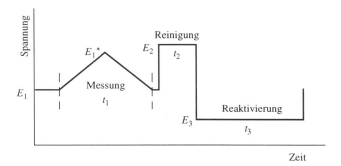

Abbildung 10.5 Typische Spannungs-Zeit-Funktion für die integrierte gepulste voltammetrische Detektion

10.2 Anwendungen

Gepulste elektrochemische Detektoren kombiniert mit chromatographischen Trennverfahren werden heute routinemäßig in der Kohlenhydratanalytik eingesetzt. Darüber
hinaus können aliphatische Alkohole, Aldehyde, Amine, Aminosäuren, Thiole, Disulfide sowie eine Reihe weiterer schwefelhaltiger organischer Verbindungen detektiert
werden. In jüngster Zeit wurde diese Detektionstechnik auch in Kombination mit
kapillarzonenelektrophoretischen Trennverfahren erfolgreich eingesetzt.

Die folgenden Abschnitte sollen typische Applikationsbeispiele für gepulste
elektrochemische Detektoren zeigen. An diesen Beispielen soll die Leistungsfähigkeit
dieser Technik diskutiert und dem praktischen Anwender Richtlinien für den Einsatz
bei neuen Applikationen gegeben werden.

10.2.1 Kohlenhydrate

HPLC-Trennungen von Kohlenhydraten sind heute mit einer Reihe sehr unterschiedlicher stationärer Phasen möglich [13]. Vielfach werden Kationenaustauscher auf
Basis von sulfoniertem Polystyrol/Divinylbenzol in der Ca^{2+}-, Pb^{2+}-, H^+-, K^+-, Na^+-
oder Ag^+-Form eingesetzt, wobei meist Wasser als Laufmittel dient. Ionen- und
Größenausschluß, Ligandenaustausch und hydrophobe Wechselwirkungen tragen zum
Trennmechanismus bei, der häufig durch die allgemeine Bezeichnung "ion-moderated
partitioning (IMP)" charakterisiert wird. Allerdings liegt der Quervernetzungsgrad
dieser stationären Phasen nur zwischen 4 und 8%, sodaß die Druckstabilität beschränkt
ist und nur niedrige Flüsse verwendet werden können.

Chemisch gebundene Aminphasen auf Basis von Kieselgel erlauben effiziente
Trennungen von Kohlenhydraten, wenn Acetonitril-Wasser-Gemische als mobile
Phasen verwendet werden. Daneben kommen auch Diol- und Alkyl-modifizierte Kiesel-
gelphasen zum Einsatz. Die Verwendung derartiger Trennsysteme ist in Kombination
mit gepulsten elektrochemischen Detektoren nicht immer empfehlenswert, da der
eventuell notwendige hohe Anteil eines organischen Lösungsmittels in der mobilen
Phase mit der Adsorption der Analytspezies an der Elektrodenoberfläche interferieren
kann [17].

Als Alternative bieten sich heute Anionenaustauscher auf Basis von Poly(styrol/
divinylbenzol) mit quartären Stickstoffgruppen an. Eine Trennung von Kohlenhydraten
ist im pH-Bereich über 12 möglich, da sie unter derartigen Bedingungen (zumindest
teilweise) als Anionen vorliegen. Natriumhydroxidlösungen im Konzentrationsbereich
zwischen 1 mM und 200 mM eignen sich als mobile Phasen. Eine Erhöhung der
Natronlaugenkonzentration bewirkt einerseits eine Erhöhung der Dissoziation der
Kohlenhydrate (Zunahme der Retention), andererseits eine Erhöhung der Elutionsstärke
der mobilen Phase. Für Kohlenhydrate mit sehr hoher Retention empfiehlt sich die
Zugabe von Natriumazetat zur mobilen Phase, welches die Elutionskraft deutlich
erhöht. Durch Variation der Konzentration von Hydroxid- und Azetationen und
eventuelle Anwendung entsprechender Gradienten lassen sich daher Trennungen von

Tabelle 10.1 Einstellungen für die gepulste amperometrische Detektion von Kohlenhydraten bei Verwendung einer Spannungsfunktion nach Abbildung 10.2

Zeit t		Spannung (Ag/AgCl Bezugselektrode)	Spannung (Glaselektrode als Bezugselektrode)
t_0 200...250 ms	E_1	0...+200 mV	+300...+500 mV
t_1 150...200 ms	E_1	0...+200 mV	+300...+500 mV
t_2 100...200 ms	E_2	+500...+800 mV	+800...+1100 mV
t_3 100...400 ms	E_3	−500...−100 mV	−200...+200 mV

Kohlenhydraten sehr gut optimieren. Die allgemeine Retentionsreihenfolge lautet: Zuckeralkohole < Monosaccharide < Oligosaccharide < Polysaccharide. Spezialsäulen für Kohlenhydrattrennungen mit weitem Anwendungsbereich sind vor allem von der Fa. Dionex entwickelt worden (CaboPac PA 1, PA 10 und PA 100).

Die gepulste elektrochemische Detektion von Kohlenhydraten erfolgt fast ausschließlich an Goldelektroden mit einer Spannungsfunktion nach Abbildung 10.2. Ein Vorteil der Chromatographie an Anionenaustauschern ist die Tatsache, daß die mobile Phase meistens bereits den für die Detektion notwendigen pH-Wert aufweist (pH>12). Sofern NaOH-Lösungen sehr geringer Konzentration verwendet werden müssen, empfiehlt sich das Zumischen von Natronlauge zwischen Säulenende und Detektor.

Werden Gradiententrennungen mittels eines Konzentrationsgradienten von NaOH durchgeführt, so ergibt sich häufig eine Basisliniendrift in anodischer Richtung. Diese Drift ist dadurch zu erklären, daß das optimale Detektionspotential eventuell nur wenig kleiner ist als das Potential für die beginnende Bildung von AuO. Letzteres Potential

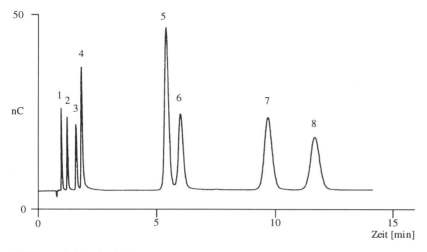

Abbildung 10.6 Isokratische Trennung von Zuckern und Zuckeralkoholen mittels einer CarboPac PA10 Anionenaustauschersäule; mobile Phase: 52 mM NaOH; Analyte: 1 = Glyzerin, 2 = Xylit, 3 = Sorbit, 4 = Mannit, 5 = Glucose, 6 = Fructose, 7 = Saccharose, 8 = Lactose; Konzentrationen 1...8 ppm (zur Verfügung gestellt von der Fa. Dionex)

verschiebt sich jedoch mit steigendem pH-Wert um ca. −60 mV pro pH-Einheit, sodaß sich das Detektionspotential bei steigendem pH-Wert mehr und mehr im Bereich der Oxidbildung befindet. Diesen Nachteil kann man umgehen, wenn man als Bezugselektrode eine pH-Glaselektrode verwendet [6], da diese ebenfalls pro pH-Einheit ihr Potential um ca. −60 mV verändert.

Tabelle 10.1 enthält eine Zusammenstellung von geeigneten Einstellungen der Spannungsfunktion nach Abbildung 10.2 für Kohlenhydrate [18 - 20]. Diese Werte sind als praktisch brauchbare Richtwerte zu verstehen, können aber im Einzelfall geringer Optimierungen bedürfen.

Abbildung 10.6 zeigt als Beispiel für die gepulste elektrochemische Detektion in Kombination mit der Anionenaustauschchromatographie die Trennung von Zuckern und Zuckeralkoholen, Abbildung 10.7 die Trennung einer Serie von Maltooligosacchariden aus Amylopektin nach Behandlung mit Isoamylase. Eine große Anzahl von Applikationen liegt heute im Bereich der Lebensmittelanalytik. Weitere Anwendungen sind in der klinischen Chemie, in der pharmazeutischen Chemie sowie auf dem Gebiet der Analytik von Biomasse zu finden. Ausgewählte neuere Applikationsbeispiele sind in Tabelle 10.2 zusammengefaßt.

Chromatographische Trennverfahren mit gepulsten elektrochemischen Detektoren haben in letzter Zeit enorme Bedeutung in der Biochemie zur Strukturaufklärung von Glycoproteinen erlangt. Die Kohlenhydratkomponente von Glycoproteinen enthält vor allem Glucose, Glucosamin, Galactose, Galactosamin, Mannose, Fucose und acylierte Formen der Neuraminsäure und spielt eine wesentliche Rolle für spezifische Erkennungsprozesse bei Zell-Zell-Kontakten. Oligosaccharide lassen sich nach Abspaltung aus dem Glycoprotein ausgezeichnet mittels Anionenaustauschchromatographie trennen. Die hohe Selektivität moderner stationärer Phasen erlaubt auch die Trennung von strukturisomeren Oligosacchariden. Die Retentionszeiten in den Chromatogrammen unbekannter Proben können direkt zur Strukturaufklärung von Glycopro-

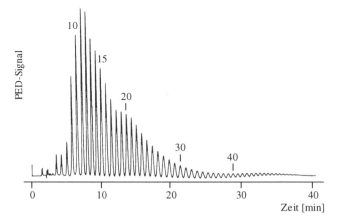

Abbildung 10.7 Trennung von Maltooligosacchariden aus Weizenamylopektin nach Behandlung mit Isoamylase (die Zahlen bezeichnen den Polymerisationsgrad); stationäre Phase: Anionenaustauscher; mobile Phase: Gradient aus 150 mM Natronlauge und 150 mM Natronlauge/500 mM Natriumazetat (nach [30] mit Genehmigung)

Tabelle 10.2 Beispiele für die Bestimmung von Kohlenhydraten mittels Hochleistungsflüssigkeits-chromatographie und gepulster amperometrischer Detektion

Probe	Trennsäule	mobile Phase	Literatur
Sorbit, Arabinose, Glucose, Fructose und Saccharose in Fruchtsäften	Anionenaustauscher	Natronlauge	[21]
Oligosaccharide in verfälschten Orangensäften	Anionenaustauscher	Natronlauge, Natriumazetat (Gradient)	[22]
Lactose, Galactose und Glucose in Käse	Anionenaustauscher	Natronlauge	[23]
Galactose, Fructose, Saccharose, Lactose, Lactu-lose, Glucose, Maltose, Malto-triose und Maltopentaose in Milchprodukten	Anionenaustauscher	Natronlauge, Natriumazetat (Gradient)	[24]
Polydextrose in Lebensmitteln	Anionenaustauscher	Natronlauge, Natriumazetat (Gradient)	[25]
Alkohole und Kohlenhydrate in Fermentationsmedien	Anionenaustauscher	Natronlauge, Natriumazetat (Gradient)	[26]
aliphatische und zyklische Zuckeralkohole, Fructose, Glucose und Saccharose in Pflanzen	Anionenaustauscher	Natronlauge	[27]
Galactosamin, Mannosamin, Glucosamin, N,N'-Diacetyl-chitobiose, Acetylgalactos-amin, Acetylmannosamin und Acetylglucosamin in Biomasse	Anionenaustausucher	Natronlauge (Gradient)	[28]
Hydrolysate von Carboxy-methylcellulose	Anionenaustauscher	Natronlauge, Natriumazetat (Gradient)	[29]
Maltooligosaccharide von Amylopektinen	Anionenaustauscher	Natronlauge, Natriumazetat (Gradient)	[30]
Glucuronsäure und Galacturonsäure in Hydro-lysaten von Biomasse	Anionenaustauscher	Natronlauge, Natriumazetat (Gradient)	[31]
Monosaccharide, Amino-saccharide und Glucuron-säuren in Biomasse	Anionenaustauscher	Natronlauge, Natriumazetat (Gradient)	[32]
Mannan-Hydrolysate	Anionenaustauscher	Natronlauge	[33]
Monosaccharide in Fest-stoffen aus Meerwasser	Anionenaustauscher	Natronlauge (Gradient)	[34]
Isomere von Mono-O-methyl-D-Glucosen, D-Glucobiosen und D-Glucosemonophosphaten	Anionenaustauscher	Natronlauge, Natriumazetat (Gradient)	[35]
O-methylierte 1,4-Glucane	Anionenaustausucher	Natronlauge	[36]

Tabelle 10.2 (Fortsetzung)

Probe	Trennsäule	mobile Phase	Literatur
Cytidin-5´-monophospho-N-acetylneuraminsäure und Metabolite in Zellkulturen	Anionenaustauscher	Natronlauge, Natriumazetat (Gradient)	[37]
Aminoglycosid-Antibiotika; Spectinomycin, Hygromycin B, Streptomycin, Dihydrostreptomycin	Spherisorb ODS-2 Umkehrphase	8 % Acetonitril in 10...20 mM Pentafluoropropionsäure	[38]
Aminoglycosid-Antibiotika, Neomycin und Nebenverbindungen	Polystyrol/Divinylbenzol Umkehrphase	0,2 M Phosphatpuffer pH 3 mit Natriumsulfat und Natriumoctansulfonat	[39]
β-Cyclodextrin und Glucosyl-β-Cyclodextrin in biologischen Proben	Asahipak C8P-50 Umkehrphase	0,6 % Acetonitril in 10 mM NaOH	[40]
Monosaccharide und Zuckeralkohole in Gewebe von Ratten	Shodex SUGAR SC1011 gekoppelt mit SUGAR SP0810 "ion moderated partition"	Wasser	[41]
Mannit, Lactulose und Glucose in Harn	Anionenaustauscher	Natronlauge	[42]
Oligosaccharide in menschlicher Milch	Anionenaustauscher	Natronlauge, Natriumazetat (Gradient)	[43]
Monosaccharide in Glycoproteinen	Anionenaustauscher	Natronlauge	[44]

teinen herangezogen werden, wenn entsprechende Datenbanken für verschiedene Oligosaccharide existieren [45]. Darüber hinaus eignet sich diese Analysentechnik zur Bestimmung der am Aufbau von Oligosacchariden beteiligten Monosaccharide nach vollständiger Hydrolyse der Probe. Details für die Analyse von Glycokonjugaten (Glycoproteinen, Glycolipiden, Proteoglycanen) gehen über den Rahmen dieses Buches hinaus. Es sei in diesem Zusammenhang lediglich auf zwei vor kurzem veröffentlichte Übersichtsartikel [46, 47] verwiesen.

Neben der Hochleistungsflüssigkeitschromatographie nimmt heute die Kapillarzonenelektrophorese (CZE) in der Kohlenhydratanalytik rasch an Bedeutung zu. Die Adaptierung der gepulsten amperometrischen Detektion von der HPLC auf die CZE kann allerdings problematisch sein. Wenn wir annehmen, daß wir etwa 20 Datenpunkte zur Erfassung eines Peaks im Elektropherogramm benötigen, so ist offenbar eine Frequenz der anzulegenden Spannungsfunktion von 1 Hz (wie in der HPLC üblich) zu niedrig. Systematische Untersuchungen [48, 49] zeigten, daß die Zeiten t_0, t_2 und t_3 (vgl. Abbildung 10.2) auf 20 bis 50 ms gesenkt werden können, ohne nachteilige Effekte in Kauf nehmen zu müssen. Dadurch erhöht sich – je nach Frequenz – die verfügbare Meßzeit. Abbildung 10.8 zeigt die Nachweisgrenze für Glucose als Funktion der Frequenz der Spannungsfunktion [50]. Die Zahl der notwendigen Datenpunkte pro Peak erfordert daher insbesondere bei hocheffizienten Trennungen

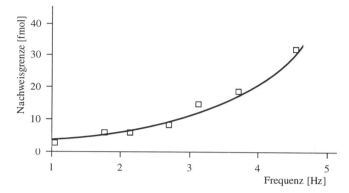

Abbildung 10.8 Nachweisgrenzen für Glucose nach kapillarzonenelektrophoretischer Trennung als Funktion der Frequenz des gepulsten Detektors (Daten nach [50])

einen entsprechenden Verzicht bei der Nachweisempfindlichkeit. Trennungen von Kohlenhydraten mittels Kapillarzonenelektrophorese und gepulster amperometrischer Detektion sind von Lunte und Mitarbeitern [51, 52] sowie Lu und Cassidy [53] beschrieben worden. Abbildung 10.9 zeigt ein entsprechendes Beispiel. Erfolgreiche Anwendungen haben sich auch bei der Charakterisierung von Glycopeptiden ergeben [54, 55].

10.2.2 Alkohole, Glykole und Alkanolamine

Niedermolekulare *n*-Alkohole ergeben bei der gepulsten elektrochemischen Detektion an Goldelektroden schlechte Nachweisgrenzen. Als Alternative bieten Platinelektroden

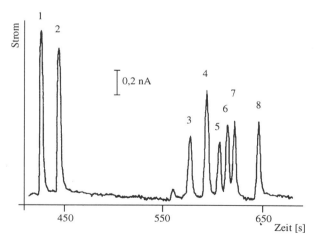

Abbildung 10.9 Trennung von Kohlenhydraten mit Kapillarzonenelektrophorese und gepulster elektrochemischer Detektion; Trägerelektrolyt: 0,1 M Natronlauge; Analyte: 1 = Inosit, 2 = Sorbit, 3 = Maltose, 4 = Glucose, 5 = Rhamnose, 6 = Arabinose, 7 = Fructose, 8 = Xylose; Konzentrationen: 0,1...0,2 mM (nach [53] mit Genehmigung)

Tabelle 10.3 Beispiele für die Bestimmung von Alkoholen, Glykolen und Alkanolaminen mittels Hochleistungsflüssigkeitschromatographie und gepulster amperometrischer Detektion

Probe	Trennsäule	mobile Phase	Literatur
aliphatische Alkohole	ICE-AS 1 (Dionex) Ionenausschlußsäule	50 mM HClO$_4$	[56]
Alkanolamine in Standardgemischen, pharmazeutischen und kosmetischen Produkten	C-18 µBondapak (Waters) Umkehrphase	20% Acetonitril + 2 mM Natriumdodecylsulfat; Nachsäulenzugabe von 0,2 M NaOH	[57]
Diethanolamin und Triethanolamin in alkalischen Ätzbädern	PAX-500 (Dionex) Umkehrpahse	150 mM NaOH/ Acetonitril 95:5	[58]
Alkanolamine in Standardgemischen, kosmetischen Produkten und Serum	PCX-500 (Dionex) hydrophober Kationenaustauscher	20 mM Essigsäure 60 mM Natriumazetat, Nachsäulenzugabe von 0,3 M NaOH	[59]

für diese Analyte eine wesentlich empfindlichere Detektion, welche sowohl mit alkalischen als auch mit sauren Laufmitteln kompatibel ist. Geeignete stationäre Phasen für Alkohole und Glykole sind sulfonierte Poly(styrol/divinylbenzol)-Polymere mit verdünnten Säuren oder Wasser/Acetonitril-Gemischen als mobile Phasen.

Alkanolamine werden im allgemeinen an Goldelektroden unter stark alkalischen Bedingungen detektiert, da sie – wie in Abschnitt 10.1 bereits erwähnt – im Vergleich mit den entsprechenden Alkoholen wesentlich größere Oxidationssignale ergeben. Trennungen lassen sich an Umkehrphasen unter eventuellem Zusatz eines Ionenpaarbildners zur mobilen Phase sowie an hydrophoben Kationenaustauschern erzielen.

Beispiele für Trennungen von Alkoholen, Glykolen und Alkanolamine sind in Tabelle 10.3 zusammengefaßt. Einfache Alkohole können zweifellos meist besser mit gaschromatogaphischen Verfahren analysiert werden, doch bleibt die HPLC mit gepulster elektrochemischer Detektion eine wertvolle Ergänzung zu den üblichen Techniken.

10.2.3 Amine und Aminosäuren

Für die Detektion von Aminen und Aminosäuren an Goldelektroden werden deutlich höhere Potentiale als für Kohlenhydrate benötigt, da die Bildung von AuO (und AuOH als intermediäres Produkt) eine Voraussetzung für die Oxidation der Analyte ist. Wie im Abschnitt 10.1 bereits diskutiert, eignet sich in diesem Fall neben der gepulsten amperometrischen Detektion die integrierte gepulste voltammetrische Detektion, weil dadurch Signale der Oxidation des Elektrodenmaterials kompensiert werden können.

Das Signal für Amine und Aminosäuren resultiert an Goldelektroden im alkalischen Bereich von der Oxidation der Aminogruppe. Schwefelhaltige Aminosäuren wie Cystein oder Methionin werden zusätzlich am Schwefelatom oxidiert. Eine selektive Detektion schwefelhaltiger Aminosäuren ist im sauren Bereich möglich (siehe

Tabelle 10.4 Beispiele für die Bestimmung von Aminosäuren und Aminen mittels Hochleistungsflüssigkeitschromatographie und gepulster amperometrischer Detektion

Probe	Trennsäule	mobile Phase	Literatur
aliphatische Monoamine	PCX-500 (Dionex) hydrophober Kationenaustauscher	30 mM Essigsäure + 80 mM Natriumazetat/ Acetonitril 90:10; Nachsäulenzugabe von 0,3 M NaOH	[63]
aliphatische Monoamine	PCX-500 (Dionex) hydrophober Kationenaustauscher	30 mM Essigsäure + 100 mM Natriumazetat/ Acetonitril 90:10; Nachsäulenzugabe von 0,3 M NaOH	[60]
aliphatische Diamine	Ion Pac CS-14 (Dionex) schwacher Kationenaustauscher	50 mM Salpetersäure + 30 mM Natriumazetat/ Acetonitril 85:15; Nachsäulenzugabe von 0,3 M NaOH	[60]
Aminosäuren in Protein-hydrolysaten	AS-8 (Dionex) Anionenaustauscher	Gradient aus Natronlauge, Borsäure, Natriumtetraborat, Natriumazetat und Methanol	[61]
Aminosäuren in Protein-hydrolysaten	Amino Pac PA1 (Dionex) Anionenaustauscher	Gradient aus Borsäure, Natronlauge, Natriumtetraborat, Natriumazetat	[62]

Abschnitt 10.2.4.). Phenolische Aminosäuren wie Tyrosin ergeben im gesamten pH-Bereich ein Signal auf Grund der Oxidation der Hydroxylgruppe am aromatischen Ring.

Aliphatische Amine lassen sich an Kationenaustauschern trennen [60], Aminosäuren an Anionenaustauschern [61, 62]. Beispiele für Trennungen sind in Tabelle 10.4. zusammengefaßt. Die gepulste elektrochemische Detektion ergibt sowohl für primäre als auch für sekundäre Aminosäuren ähnliche Empfindlichkeiten, erreicht allerdings nicht die niedrigen Nachweisgrenzen der Fluoreszenzdetektion nach Derivatisierung.

10.2.4 Schwefelhaltige Verbindungen

Zahlreiche schwefelhaltige Verbindungen können mittels gepulster elektrochemischer Detektion erfaßt werden, sofern sie über ein nichtbindendes Elektronenpaar am Schwefel verfügen, durch welches eine Adsorption an Gold- oder Platinelektroden ermöglicht wird. Im Potentialbereich der Metalloxidbildung werden die adsorbierten Spezies oxidiert, wobei aus Thiolen und Disulfiden Sulfonsäuren [64], aus Thioethern und Sulfoxiden Sulfone [64, 65], aus Thioharnstoff Sulfat [65] und aus Thiocyanat Cyanid [65] entstehen kann. Zwecks Kompensation des Stromsignals infolge der Metalloxidbildung ist für schwefelhaltige Verbindungen häufig die integrierende gepulste voltammetrische Detektion vorteilhaft (die zugehörige Potential-Zeit-Funktion ist in Abbildung 10.5 gezeigt). Daneben kommen aber auch die gepulste amperometrische Detektion mit dreistufiger Potentialfunktion nach Abbildung 10.2, mit vierstufiger Potentialfunktion nach Abbildung 10.4 oder mit zweistufiger Potentialfunktion bestehend aus Detektionspotential und Adsorptions- bzw. Konditionierungspotential zum Einsatz.

Tabelle 10.5 Beispiele für die Bestimmung von schwefelhaltigen Verbindungen mittels Hochleistungs-flüssigkeitschromatographie und gepulster elektrochemischer Detektion

Probe	Elektrode	Detektionsart	stationäre Phasen	mobile Phasen	Literatur
Pesticide (Aldecarb, Dimethoat, Ethion, Guthion, Malathion, Methomyl, Parathion, Phorate, Thiometon, Sulprofos)	Gold	PAD (zweistufig)	RP 18	Azetatpuffer pH 5/ Acetonitril 1:1	[66]
Ethylenthioharnstoff	Gold	PAD	MPIC-NS1 (Dionex)	100 mM NaOH	[10]
Penicilline	Gold	PAD (indirekt)	RP 18	Gradient aus Acetonitril, Methanol, 0,02 M Azetatpuffer	[67, 68]
Cystein, Cystin, Methionin, Glutathion	Gold	IVD	PCX-500 (Dionex) hydrophober Kationenaus-tauscher	0,1 M $HClO_4$ mit 0,15 M $NaClO_4$ und 5 % Acetonitril	[69]
Dithioerythrit, Dithian, Aminoethandiol, Cystamin	Gold	PAD	RP 18	100 mM Phosphatpuffer pH 3 / Acetonitril 95 : 5	[64]
Cystein, Homocystein, Methionin, Glutathion, Glutathiondisulfid	Gold	IVD	RP 18	100 mM Phosphatpuffer pH 3 / Acetonitril 99,6 : 0,4	[64]
Thiole und Disulfide in Lebensmitteln	Gold	IVD	RP 18	100 mM Phosphatpuffer pH 3 / Acetonitril 99,6 : 0,4	[64]
schwefelhaltige Antibiotika	Gold	IVD	RP 18	100 mM Azetatpuffer pH 4,75 / Acetonitril 82 :18	[64]
Tyrosin-, Tryptophan- und Schwefel-haltige Peptide	Platin	PAD (zweistufig)	Umkehrphasen	Gradient aus Wasser, Acetonitril und Trifluor-essigsäure	[70]

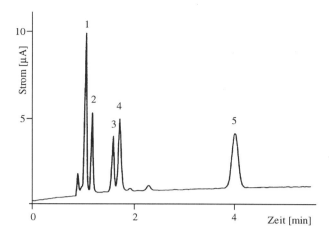

Abbildung 10.10 Trennung von Glutathion und Glutathionbruchstücken mit Umkehrphasenchromatographie und gepulster elektrochemischer Detektion; mobile Phase: 0,1 M Phosphatpuffer (pH 3) / Acetonitril 99,6:0,4; Analyte: 1 = Cysteinylglycin (oxidierte Form), 2 = Cysteinylglycin, 3 = Glutamylcystein, 4 = Glutathion, 5 = Glutathion (oxidierte Form) (nach [71])

Nicht zuletzt sollte auch die Möglichkeit der indirekten Detektion mit dreistufigen (oder auch vierstufigen) Potentialfunktionen in Erwägung gezogen werden. Diese Technik kann für Substanzen zum Einsatz kommen, die sehr stark an der Elektrodenoberfläche adsorbieren und dadurch das Hintergrundsignal auf Grund der Metalloxidbildung beim Detektionspotential verringern.

Es ist praktisch nicht möglich, für die verschiedenen detektierbaren schwefelhaltigen Verbindungen generelle Richtlinien für optimale Detektionspotentiale, Elektrodenmaterialien oder pH-Werte anzugeben. Tabelle 10.5 soll einen Überblick über bisherige Applikationen geben und somit die Vielfalt der Anwendungsmöglichkeiten demonstrieren. Abbildung 10.10 zeigt als Beispiel das Chromatogramm der Trennung von Glutathion und Glutathionbruchstücken. Trennungen von Thiolen und Disulfiden sind auch mittels Kapillarelektrophorese in Kombination mit gepulster elektrochemischer Detektion beschrieben worden [72]

Die zyklische Bildung und Reduktion von AuO kann zu einem langsamen Auflösen einer Goldelektrode führen, wie unter anderem am Beispiel der Detektion von Cystein in 0.1M KOH untersucht wurde [73]. Diese Auflösung resultiert von der Ausbildung koordinativer Bindungen zwischen Cystein und Au(I), welches intermediär bei der Reduktion von AuO zu Au entsteht. Dies bedeutet für die Praxis, daß sich die Rauhheit von frisch polierten Elektroden ändern kann, sodaß eine gewisse Einlaufzeit bis zum Erreichen reproduzierbarer Ergebnisse notwendig ist.

10.2.5 Weitere Anwendungen

Gepulste elektrochemische Detektionstechniken bieten im Vergleich zur amperometrischen Detektion bei konstantem Potential auch für die Bestimmung von Metallionen nach chromatographischer oder elektrophoretischer Trennung signifikante Vorteile. Wir können zwar eine Reihe von Metallkationen reduktiv an Quecksilber oder Edelmetallelektroden detektieren, doch müssen wir mit Störungen durch den gelösten Sauerstoff als auch mit nachteiligen Veränderungen der Elektrodenoberfläche durch die abgeschiedenen Metalle rechnen. Derartige Schwierigkeiten lassen sich mittels einer zweistufigen Pulsfunktion umgehen. Bei einem stark negativen Potential E_1 werden Metallkationen reduziert und beim folgenden positiven Potential E_2 wieder aufgelöst. Bei letzterem Potential erfolgt die Strommessung. Auf diese Weise ist eine anodische Detektion von reduzierbaren Metallionen möglich, ohne Störungen durch Sauerstoff in Kauf nehmen zu müssen. Diese Technik diente ursprünglich zur Detektion von Kationen wie Cu^{2+}, Zn^{2+}, Ni^{2+}, Pb^{2+}, Tl^+, Cd^{2+} und Fe^{2+} an Quecksilberelektroden nach Trennung mit Kationenaustauschern [74, 75], hat sich aber in jüngster Zeit auch in der Kapillarelektrophorese zur Detektion von Tl^+, Co^{2+}, Ni^{2+}, Cd^{2+}, Pb^{2+} und Zn^{2+} an Gold- oder Platinelektroden bewährt [76]. Darüber hinaus erlaubt die gepulste elektrochemische Detektion an Goldelektroden auch die Bestimmung von verschiedenen Zinn-, Platin- und Eisenkomplexen [77].

Gallensäuren in freier Form oder gebunden an Glycin oder Taurin [78, 79] sowie die Digitalis-Glycoside Digitoxin, Digoxin und deren Metabolite [80] können unter ähnlichen Bedingungen an Goldelektroden detektiert werden wie Kohlenhydrate.

Neben Gold und Platin finden andere Edelmetalle nur selten Verwendung als Elektrodenmaterialien in der PED. Als Beispiele seien die Spurenbestimmung von Cyanamid in pharmazeutischen Produkten [81] sowie die Bestimmung von Formaldehyd in Luft [82] mittels Silberelektroden angeführt.

Ebenso wie Gold- oder Platinelektroden führen auch die weit verbreiteten Glaskohlenstoffelektroden bei manchen Applikationen zu Problemen infolge der irreversiblen Adsorption von Oxidations- oder Reduktionsprodukten der Analytspezies. Es wäre naheliegend, die überwiegend verwendete Detektion bei konstantem Potential generell durch gepulste Spannungen zu verbessern, sodaß die Oberfläche des Glaskohlenstoffs zyklisch gereinigt und regeneriert wird. Die erzielbare Verbesserung der Stabilität wird allerdings häufig durch einen Empfindlichkeitsverlust von ein bis zwei Zehnerpotenzen erkauft. Diese Verschlechterung der Detektion ist darauf zurückzuführen, daß bei Anlegen von Potentialpulsen auch eine scheinbar inerte Glaskohlenstoffelektrode störende Ströme infolge elektrochemischer Reaktionen von funktionellen Gruppen an der Elektrodenoberfläche liefert [83]. Die Empfindlichkeit der Detektion ist unter diesen Umständen oft nicht besser als die eines üblichen UV-Absorptionsdetektors. Eine gepulste elektrochemische Detektion ist daher generell nur dann sinnvoll, wenn die in der Hochleistungsflüssigkeitschromatographie oder Kapillarelektrophorese gebräuchlichen spektroskopischen Detektoren nicht anwendbar sind, weil die Analyte eine zu geringe UV-Absorption aufweisen oder die Selektivität der Detektion zu gering ist.

Grundsätzlich können auch differentialpulsvoltammetrische Detektoren mit Quecksilberelektroden dem Bereich der gepulsten elektrochemischen Detektion zugeordnet werden. Entsprechende Anwendungen wurden jedoch bereits in Kapitel 9 diskutiert.

Literatur zu Kapitel 10

[1]   S. Hughes, P.L. Meschi, D.C.Johnson, *Anal.Chim.Acta 132* (1981) 1.
[2]   S. Hughes, D.C. Johnson, *Anal.Chim.Acta 132* (1981) 11.
[3]   P. Edwards, K.K. Haak, *Amer.Lab. April* (1983) 78.
[4]   G.G. Neuburger, D.C. Johnson, *Anal.Chim.Acta 192* (1987) 205.
[5]   G.G. Neuburger, D.C. Johnson, *Anal.Chem. 60* (1988) 2288.
[6]   W.R. LaCourse, D.A. Mead, D.C. Johnson, *Anal.Chem. 62* (1990) 220.
[7]   D.G. Williams, D.C. Johnson, *Anal.Chem. 64* (1992) 1785.
[8]   P.J. Vandeberg, D.C. Johnson, *Anal.Chim.Acta 290* (1994) 317.
[9]   D.C. Johnson, W.R. LaCourse, *Anal.Chem. 62* (1990) 589A.
[10]   D.C. Johnson, D. Dobberpuhl, R. Roberts, P. Vandeberg, *J.Chromatogr. 640* (1993) 79.
[11]   J.E. Vitt, L.A. Larew, D.C. Johnson, *Electroanalysis 2* (1990) 21.
[12]   L.A. Larew, D.C. Johnson, *J.Electroanal.Chem. 262* (1989) 167.
[13]   D.C. Johnson, W.R. LaCourse, in Z. El Rassi (Hrsg.): *Carbohydrate Analysis*, Elsevier, Amsterdam (1995), S. 391-429.
[14]   W.A. Jackson, W.R. LaCourse, D.A. Dobberpuhl, D.C. Johnson, *Electroanalysis 3* (1991) 607.
[15]   I.G. Casella, A. Destradis, E. Desimoni, *Analyst 121* (1996) 249.
[16]   I.G. Casella, *Anal.Chim.Acta 311* (1995) 37.
[17]   W.R. La Course, D.C. Johnson, *Carbohydr.Res. 215* (1991) 159.
[18]   R.W. Andrews, R.M. King, *Anal.Chem. 62* (1990) 2130.
[19]   W.R. La Course, D.C. Johnson, *Anal.Chem. 65* (1993) 50.
[20]   *Technical Note 21*, Fa. Dionex (1993).
[21]   C. Corradini, A. Cristalli, D. Corradini , *J.Liq.Chromatogr. 16* (1993) 3471.
[22]   K.W. Swallow, N.H. Low, *J.Assoc.Off.Anal.Chem. 74* (1991) 341.
[23]   R.M. Pollman, *J.Assoc.Off.Anal.Chem. 72* (1989) 425.
[24]   J. van Riel , C. Olieman, *Carbohydr.Res. 215* (1991) 39.
[25]   I. Stumm,W. Baltes, *Z.Lebensm.Unters.Forsch. 195* (1992) 246.
[26]   W.K. Herber, R.S.R. Robinett, *J.Chromatogr.A. 676* (1994) 287.
[27]   P. Adams, A. Zegeer, H.J. Bohnert, R.G. Jensen, *Anal.Biochem. 214* (1993) 321.
[28]   D.A. Martens, W.T. Frankenberger, *Talanta, 38* (1991) 245.
[29]   E.A. Kragten, J.P. Kamerling, J.F.G. Vliegenthart, *J.Chromatogr. 623* (1992) 49.
[30]   K. Koizumi, M. Fukuda, S. Hizukuri, *J.Chromatogr. 585* (1991) 233.
[31]   D.A. Martens, W.T. Frankenberger, *Chromatographia 30* (1990) 651.
[32]   D.A. Martens, W.T. Frankenberger, *J.Chromatogr. 546* (1991) 297.
[33]   N. Torto, G. Marko-Varga, L. Gorton, L. Stalbrand, F. Tjerneld, *J.Chromatogr.A 725* (1996) 165.
[34]   P. Kerherve, B. Carriere, F. Gadel, *J.Chromatogr.A 718* (1995) 283.
[35]   K. Koizumi, Y. Kubota, H. Ozaki, K. Shigenobu, M. Fukuda, T. Tanimoto, *J.Chromatogr. 595* (1992) 340.
[36]   J. Heinrich, P.Mischnick, *J.Chromatogr.A 749* (1996) 41.

[37]   M. Fritsch, C.C. Geilen, W. Reutter, *J.Chromatogr.A 727* (1996) 223.

[38]   L.G. McLaughlin, J.D. Henion, *J.Chromatogr. 591* (1992) 195.

[39]   E. Adams, R. Schepers, E. Roets, J. Hoogmartens, *J.Chromatogr.A 741* (1996) 233.

[40]   M. Fukuda, Y. Kubota, A. Ikuta, K. Hasegawa, K. Koizimi, *Anal.Biochem. 212* (1993) 289.

[41]   N. Tomiya, T. Suzuki, J. Awaya, K. Mizuno, A. Matsubara, K. Nakano, M. Kurono, *Anal.Biochem. 206* (1992) 98.

[42]   Y. Bao, T.M.J. Silva, R.L. Guerrant, A.A.M. Lima, J.W.Fox, *J.Chromatogr.B 685* (1996) 105.

[43]   C. Kunz, S. Rudloff, A. Hintelmann, G. Pohlentz, H. Egge, *J.Chromatogr.B 685* (1996) 211

[44]   M.H. Gey, K.K. Unger, *Fresenius J.Anal.Chem. 356* (1996) 488.

[45]   P. Hermentin, R. Witzel, J.F.G. Vliegenthart, J.P. Kamerling, M. Nimtz, H.S. Conradt, *Anal.Biochem. 203* (1992) 281.

[46]   R.R. Townsend, in Z. El Rassi (Hrsg.): *Carbohydrate Analysis,* Elesevier, Amsterdam (1995), S. 181-209.

[47]   Y.C. Lee, *J.Chromatogr. A 720* (1996) 137.

[48]   R.E. Roberts, D.C. Johnson, *Electroanalysis 4* (1992) 741.

[49]   R.E. Roberts, D.C. Johnson, *Electroanalysis 6* (1994) 269.

[50]   R.E. Roberts, D.C. Johnson, *Electroanalysis 7* (1995) 1015.

[51]   T.J. O`Shea, S.M. Lunte, W.R. La Course, *Anal.Chem. 65* (1993) 948.

[52]   M. Zhong, S.M. Lunte, *Anal.Chem. 68* (1996) 2488

[53]   W. Lu, R.M. Cassidy, *Anal.Chem. 65* (1993) 2878.

[54]   P.L. Weber, T. Kornfelt, N.K. Klausen, S.M. Lunte, *Anal.Biochem. 225* (1995) 135.

[55]   P.L. Weber, S.M. Lunte, *Electrophoresis 17* (1996) 302.

[56]   W.R. La Course, D.C. Johnson, M.A. Rey, R.W. Slingsby, *Anal.Chem. 63* (1991) 134.

[57]   W.R. La Course, W.A. Jackson, D.C. Johnson, *Anal.Chem. 61* (1989) 2466.

[58]   D.L. Campbell , S. Carson , D. van Bramer, *J.Chromatogr. 546* (1991) 381.

[59]   D.A. Dobberpuhl, D.C. Johnson, *J.Chromatogr.A 694* (1995) 391.

[60]   D.A. Dobberpuhl, J.C. Hoekstra, D.C. Johnson, *Anal.Chim.Acta 322* (1996) 55.

[61]   L.E. Welch, W.R. LaCourse, D.A. Mead, D.C. Johnson, *Anal.Chem. 61* (1989) 555.

[62]   D.A. Martens, W.T. Frankenberger, *J.Liq.Chromatogr. 15* (1992) 423.

[63]   D.A. Dobberpuhl, D.C. Johnson, *Anal.Chem. 67* (1995) 1254.

[64]   W.R. La Course, G.S. Owens, *Anal.Chim.Acta 307* (1995) 301.

[65]   P.J. Vandeberg, J.L. Kowagoe, D.C. Johnson, *Anal.Chim.Acta 260* (1992) 1.

[66]   A. Ngoviwatchai, D.C. Johnson, *Anal.Chim.Acta 215* (1988) 1.

[67]   E. Kirchmann, L.E. Welch, *J.Chromatogr. 633* (1993) 111.

[68]   E. Kirchmann, R.L. Earley, L.E. Welch, *J.Liq.Chromatogr. 17* (1994) 1755.

[69]   P.J. Vandeberg, D.C. Johnson, *Anal.Chem. 65* (1993) 2713.

[70]   J.A.M. van Riel, C. Olieman, *Anal.Chem. 67* (1995) 3911.

[71]   G.S. Owens, W.R. LaCourse, *Current Sep. 14* (1996) 82.
[72]   G.S. Owens, W.R. LaCourse, *J.Chromatogr.B* (1997) 15.
[73]   A.J. Tüdös, D.C. Johnson, *Anal.Chem. 67* (1995) 557.
[74]   P. Maitoza, D.C. Johnson, *Anal.Chim.Acta 118* (1980) 233.
[75]   T. Hsi, D.C. Johnson, *Anal.Chim.Acta 175* (1985) 23.
[76]   J. Wen, R.M. Cassidy, *Anal.Chem. 68* (1996) 1047.
[77]   G. Weber, *Fresenius J.Anal.Chem. 356* (1996) 242.
[78]   R. Dekker, R. van der Meer, C. Olieman, *Chromatographia 31* (1991) 549.
[79]   M.F. Chaplin, *J.Chromatogr.B 664* (1995) 431.
[80]   K.L. Kelly, B.A. Kimball, J.J. Johnston, *J.Chromatogr.A 711* (1995) 289.
[81]   J.B. Nair, *J.Chromatogr.A 671* (1994) 367.
[82]   Y. Shi, B.J. Johnson, *Analyst 121* (1996) 1507.
[83]   J.W. Dieker, W.E. van der Linden, H. Poppe, *Talanta 25* (1978) 151.

11 Leitfähigkeitsdetektoren

Leitfähigkeitsdetektoren sind zur Detektion von ionischen Analyten nach flüssigkeits-
chromatographischer Trennung universell einsetzbar. Sie stellen daher den wichtigsten
Detektortyp im Bereich der Ionenchromatographie dar. In speziellen Fällen erlauben
sie auch die Detektion nichtionischer Analyte, sofern diese in einer photolytischen
Nachsäulenreaktion zu ionischen Produkten zersetzt werden können. Gaschromatographische Trennverfahren sind naturgemäß mit Leitfähigkeitsdetektoren nicht direkt
kombinierbar, wohl aber nach Zwischenschaltung eines Pyrolyseschrittes und
Überführung der Zersetzungsprodukte in eine flüssige Phase. Steigende Bedeutung
kommt der Leitfähigkeitsdetektion derzeit im Bereich der Kapillarelektrophorese zu, wo
sie die üblichen photometrischen Detektionsverfahren mitunter deutlich an Empfindlichkeit übertrifft. Allgemein zeichnen sich Leitfähigkeitsdetektoren durch hohe
Robustheit und geringen Wartungsaufwand aus. In dieser Hinsicht übertreffen sie
andere elektrochemische Detektoren, insbesondere amperometrische Detektoren, und
eignen sich ausgezeichnet für die Routineanalytik.

11.1 Leitfähigkeitsdetektoren in der Ionenchromatographie

Die Ionenchromatographie (IC) wurde 1975 von Small, Stevens und Baumann [1] als
neue Analysentechnik für anorganische Anionen und Kationen eingeführt. Sie hat sich
einerseits zu einer Standardmethode für Anionen in der Wasseranalytik entwickelt
[2,3], findet andererseits aber auch vielseitige Anwendungen für die Analyse ionischer
Spezies in sehr unterschiedlichen Bereichen wie der Umweltanalytik, der Lebensmittelanalytik, der klinischen und pharmazeutischen Analytik oder der industriellen
Prozeßanalytik und Produktkontrolle.

  In ihrer ursprünglichen Form beruhten die IC-Verfahren auf der Ionenaustauschchromatographie gekoppelt mit Leitfähigkeitsdetektoren. Diese Anordnung ist
auch heute noch für einen großen Teil der Applikationsbereiche passend, wenn auch in
der Zwischenzeit zusätzliche ionenchromatographische Verfahren auf Basis der
Ionenpaarchromatographie oder der Ionenausschlußchromatographie vermehrte Bedeutung gefunden haben und alternative Detektionsverfahren die Einsatzmöglichkeiten
vergrößerten.

In der Anionenaustauschchromatographie dienen als stationäre Phasen vielfach Anionenaustauscher auf Basis organischer Polymere (Poly(styrol/divinylbenzol)harze, Polymethacrylatharze oder Polyvinylharze), deren Oberflächen mit quaternären Ammoniumgruppen funktionalisiert werden. Teilweise wird auch Kieselgel als Basis für Anionenaustauscher verwendet. Darüber hinaus haben Latex-Anionenaustauscher besondere Bedeutung gewonnen; sie bestehen aus oberflächensulfonierten Partikeln auf Basis von Poly(styrol/divinylbenzol) sowie aminierter Latex-Teilchen (Polymerpartikeln mit einem Durchmesser von ca. 0,1 μm), welche durch elektrostatische Wechselwirkung an der Oberfläche des sulfonierten Partikels agglomeriert sind und die eigentliche Schicht für den Anionenaustausch bilden. Latex-Austauscher erlauben schnelle Austauschprozesse und somit eine hohe Trenneffizienz. Sie wurden für unterschiedliche Anwendungen optimiert und von der Fa. Dionex kommerzialisiert. Stationäre Phasen für die Kationenaustauschchromatographie umfassen oberflächensulfoniertes Poly(styrol/divinylbenzol), Kieselgel modifiziert mit Sulfonsäuregruppen oder beschichtet mit Poly(butadien-maleinsäure), Kopolymere aus Ethylvinylbenzol und Divinylbenzol modifiziert mit Carbonsäuregruppen sowie Latex-Kationenaustauscher, welche ähnlich wie die entsprechenden Latex-Anionenaustauscher aufgebaut sind.

Die Optimierung der Leitfähigkeitsdetektion in Kombination mit Ionenaustauschersäulen setzt detailierte Kenntnisse des chromatographischen Prozesses voraus und sei im folgenden am Beispiel einer Anionentrennung diskutiert.

Die chromatographischen Vorgänge für ein Probenanion A^- an einem Anionenaustauscher R^+ in einer mobilen Phase mit dem Anion M^- basieren auf folgendem einfachen Gleichgewicht:

$$R^+M^- + A^- \rightleftharpoons R^+A^- + M^- \tag{11-1}$$

Die Gleichgewichtskonstante dieser Reaktion wird auch als Selektivitätskonstante von A^- bezeichnet. Wir können aus diesem Gleichgewicht unmittelbar folgende Schlüsse ziehen:

- die Retentionszeit von A^- steigt mit steigender Selektivitätskonstante von A^- (oder anders betrachtet mit sinkender Selektivitätskonstante von M^-); in der Ionenchromatographie sollen die Elutionsmittel so gewählt werden, daß die Selektivitätskoeffizienten von Eluenten- und Probenion etwa vergleichbar groß sind.

- die Retentionszeit von A^- sinkt mit steigender Konzentration der mobilen Phase; es ergibt sich ein linearer Zusammenhang zwischen dem Logarithmus des Kapazitätsfaktors von A^- und der Konzentration des Eluentenions.

- die Retentionszeit von A^- steigt mit steigender Austauschkapazität der stationären Phase.

Strömt lediglich die mobile Phase mit dem Elektrolyt M^+M^- der Äquivalentkonzentration c_{eq}^M durch die Meßzelle des Leitfähigkeitsdetektors, so können wir die spezifische Leitfähigkeit κ^M unter Berücksichtigung des Dissoziationsgrades α_M des Elektrolyten folgendermaßen berechnen:

$$\kappa^M = \frac{\left(\lambda_{M^+} + \lambda_{M^-}\right) \cdot c_{eq}^M \cdot \alpha_M}{10^{-3}} \qquad (11\text{-}2)$$

Näherungsweise können wir die Werte für λ_{M^+} und λ_{M^-} gleichsetzen mit den tabellierten Werten für die Ionengrenzleitfähigkeiten.

Bei der Elution wird ein Probenion A^- durch die Ionen M^- der mobilen Phase vom Austauscher verdrängt und eluiert. In einer durch den Detektor strömenden Probenzone mit der Konzentration c_{eq}^A des Probenanions erniedrigt sich daher die Konzentration des Eluentenanions auf den Wert $c_{eq}^{M(P)}$ (dabei sei α_A der Dissoziationsgrad der Probe):

$$c_{eq}^{M(P)} = c_{eq}^M \cdot \alpha_M - c_{eq}^A \alpha_A \qquad (11\text{-}3)$$

Die spezifische Leitfähigkeit κ^P der Probenzone setzt sich aus den Leitfähigkeiten des Eluentenanions, des Probenanions sowie den zur Erhaltung der Elektroneutralität notwendigen Eluentenkationen zusammen:

$$\kappa^P = \frac{(\lambda_{M^+} + \lambda_{M^-})(c_{eq}^M \cdot \alpha_M - c_{eq}^A \cdot \alpha_A)}{10^{-3}} + \frac{(\lambda_{M^+} + \lambda_{A^-}) \cdot c_{eq}^A \cdot \alpha_A}{10^{-3}} \qquad (11\text{-}4)$$

Die Änderung der Leitfähigkeit bei Elution eines Probenions A^- ergibt sich daher aus der Differenz der Gleichungen 11-2 und 11-4:

$$\Delta\kappa = \frac{(\lambda_{A^-} - \lambda_{M^-}) \cdot c_{eq}^A \cdot \alpha_A}{10^{-3}} \qquad (11\text{-}5)$$

Analoge Beziehungen können für die Detektion von Kationen nach Trennungen an einem Kationenaustauscher aufgestellt werden. Gleichung 11-5 zeigt, daß das Signal eines Leitfähigkeitsdetektors proportional zur Konzentration eines Probenions und zur Differenz der Ionenleitfähigkeiten von Eluentenion und Probenion ist. Diese Differenz kann positiv oder negativ sein, wobei wir von direkter oder indirekter Detektion sprechen. Zur Erzielung geringer Nachweisgrenzen sollte allerdings die Leitfähigkeit der mobilen Phase gering sein. Geeignete Eluenten sollen daher geringe Äquivalenzleitfähigkeiten haben und in geringer Konzentration verwendet werden. Letzteres bedingt gemäß den oben angeführten Abhängigkeiten der Retentionszeiten die Verwendung von stationären Phasen geringer Austauschkapazität, um übermäßig lange Analysenzeiten zu vermeiden (eine Alternative stellen die weiter unten beschriebenen Systeme mit Leitfähigkeitssuppression dar, welche durch eine chemische Reaktion zwischen Säulenende und Detektor die Leitfähigkeit der mobilen Phase verringern).

Wesentliche Arbeiten zur Entwicklung von Elutionsmittel in der Anionenaustauschchromatographie ohne Leitfähigkeitssuppression wurden von Fritz et al. [4-8] geleistet. Einige in der Praxis häufig verwendete Eluenten sind in Tabelle 11.1 zusammengestellt. Diese Tabelle umfaßt auch übliche mobile Phasen für die Trennung von

Tabelle 11.1 Elutionsmittel für die Ionenaustauschchromatographie mit Leitfähigkeitsdetektion ohne Suppression

Analyte		Elutionsmittel
Anionen	Aromatische Säuren und deren Salze	Benzoesäure [6,7], Phthalsäure [6], o-Sulfobenzoesäure [9], Sulfoisophthalsäure [10], o- und p-Hydroxybenzoesäure [9], Salizylsäure [8], Nicotinsäure [8],
	Aliphatische Carbonsäuren und deren Salze	Weinsäure [11], Äpfelsäure [11], Bernsteinsäure [8], Zitronensäure [8], Fumarsäure [8], Essigsäure [12],
	Aromatische und aliphatische Sulfonsäuren und deren Salze	p-Toluolsulfonsäure [13], 2-Naphthylamin-1-sulfonsäure [13], 1,2-Di-hydroxybenzol-3,5-disulfonsäure [14], Heptansulfonsäure [15], Octansulfonsäure [16, 17]
	Polyol-Borat-Komplexe	Gluconat/Borat [17, 18], Tartrat/Borat [17, 19], Mannonsäure/Borat [20]
Kationen	Anorganische Säuren	Salpetersäure [21]
	Organische Basen und deren Salze	Benzylamin [22], 2-Methyl- und 2,6-Dimethylpyridin [23], 4-Methyl-benzylamin [23], Phenethylamin [23], Ethylendiamin [24], 1,4-Phenylendiamin [23]
	Komplexbildende organische Säuren und deren Salze	Weinsäure [25, 26], Pyridin-2,6-dicarbonsäure [27], Weinsäure/Oxalsäure [28], Zitronensäure/Ethylendiamin [29], Oxalsäure/Zitronensäure/Ethylendiamin [26], Weinsäure/Ethylendiamin [30], Weinsäure/Pyridin-2,6-dicarbonsäure [31]

Kationen an Kationenaustauschern ohne Leitfähigkeitssuppression. Abbildung 11.1 zeigt eine typische Trennung von Alkali- und Erdalkaliionen.

Die Empfindlichkeit ionenchromatographischer Systeme mit Leitfähigkeitsdetektion ohne Suppression ist grundsätzlich durch die Eigenleitfähigkeit der mobilen Phase limitiert. Systeme mit Leitfähigkeitssuppression führen zu signifikant verbesserten Nachweisgrenzen. Ein chemisches Suppressionssystem für Anionentrennungen besteht im einfachsten Fall aus einer zweiten Säule, welche der Trennsäule nachgeschaltet und mit einem Kationenaustauscher in der H^+-Form gefüllt ist. Wird als mobile Phase Natronlauge verwendet, so laufen in der Suppressorsäule folgende Reaktionen ab:

- Natriumionen der mobilen Phase werden gegen Protonen ausgetauscht, sodaß aus der stark leitenden Natronlauge praktisch nichtleitendes Wasser entsteht;
- die getrennten Anionen X^- der Probe (in der mobilen Phase als Natriumsalze vorliegend) werden in die entsprechenden stark leitenden Säuren umgewandelt.

Basierend auf dem gleichen Prinzip kann ein Suppressorsystem für Kationentrennungen aus einer Säule bestehen, die mit einem Anionenaustauscher in der OH^--Form gefüllt ist. Eine mobile Phase aus HCl führt zu den analogen Reaktionen wie für

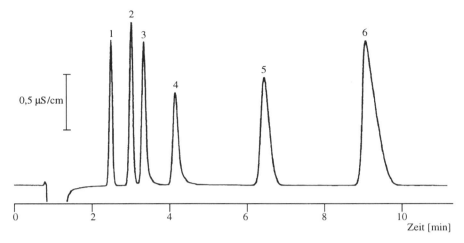

Abbildung 11.1 Ionenchromatographische Trennung von Alkali- und Erdalkaliionen mit Leitfähigkeitsdetektion ohne Suppression. Säule: Metrosep Cation 1-2; mobile Phase: 4 mM Weinsäure, 1 mM Dipicolinsäure; Analyte: 1 = Lithium, 2 = Natrium, 3 = Ammonium, 4 = Kalium, 5 = Calcium, 6 = Magnesium; Konzentrationen 1...10 mg/l. (Nach [31] mit Genehmigung)

Anionentrennungen. Tabelle 11.2 faßt mobile Phasen zusammen, die mit der Leitfähigkeitssuppression kompatibel sind.

Gepackte Suppressorsäulen wurden hauptsächlich in den Anfangszeiten der Ionenchromatographie verwendet [1]. Allerdings mußten Nachteile in Kauf genommen werden wie die Notwendigkeit der periodischen Regenerierung, die Bandenverbreiterung in der Suppressorsäule und der damit verbundene Verlust an chromatographischer Effizienz sowie die eventuelle Retention leicht protonierbarer Analtionen in der Suppressorsäule auf Grund von Ionenausschlußeffekten. Trotzdem kommen Suppressorsäulen in verbesserter Ausführung auch heute noch zum Einsatz und können den Ansprüchen eines Routinebetriebes durchaus entsprechen. Vor allem eignen sich Anordnungen mit

Tabelle 11.2 Elutionsmittel für die Ionenaustauschchromatographie mit Leitfähigkeitsdetektion und Suppression

Analyte	Elutionsmittel	Produkt der Suppression
Anionen	$NaHCO_3/Na_2CO_3$	CO_2, H_2O
	NaOH	H_2O
	$Na_2B_4O_7$	H_3BO_3
	Aminosäuren/NaOH	zwitterionische Form der Aminosäure
	N-substituierte Aminoalkylsulfonsäuren/NaOH	zwitterionische Form der N-substituierten Aminoalkylsulfonsäure
Kationen	HCl, Methansulfonsäure	H_2O
	2,3-Diaminopropionsäure/HCl	zwitterionische Form der 2,3-Diaminopropionsäure

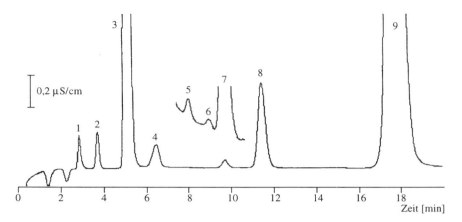

Abbildung 11.2 IC-Trennung und Leitfähigkeitsdetektion mit Suppression von Anionen in einer Wasserprobe; Trennsäule: Metrosep Anion Dual 2; mobile Phase: 2 mM Natriumhydrogencarbonat, 1,3 mM Natriumcarbonat; Analyte: 1 = Fluorid (0,12 ppm), 2 = Formiat (0,43 ppm), 3 = Chlorid (18,6 ppm), 4 = unbekannt, 5 = Cyanat (0,008 ppm), 6 = Bromid (0,004 ppm), 7 = Chlorat (0,27 ppm), 8 = Nitrat (2,44 ppm), 9 = Sulfat (45,7 ppm) (Zur Verfügung gestellt von der Fa. Metrohm)

mehreren kurzen Suppressorsäulen, von denen eine im Analysenlauf eingesetzt ist, während die anderen regeneriert und gespült werden [32]. Dadurch steht für jeden Lauf eine regenerierte Suppressoreinheit zur Verfügung. Abbildung 11.2 zeigt das Chromatogramm einer Bestimmung von Anionen in einer industriellen Wasserprobe.

Der Wunsch nach einem vollständig kontinuierlich arbeitenden Suppressor führte zur Entwicklung des Hohlfasermembransuppressors [33]. Darunter ist eine schlauchförmige Ionenaustauschermembran zu verstehen, welche innen von der mobilen Phase durchspült und außen von einer Regenerierlösung umspült wird. Zur Verringerung von Bandenverbreiterungen kann die Hohlfaser mit inerten Partikeln gefüllt werden. Die Funktionsweise eines chemischen Membransuppressors mit einer sulfonierten Anionenaustauschermembran für Anionentrennungen ist in Abbildung 11.3 (A) gezeigt. Am Suppressor können wir drei Zonen unterscheiden: eine regenerierte Zone der Membran an der Seite des Ausstroms der mobilen Phase; eine erschöpfte Zone der Membran an der Seite des Einstroms der mobilen Phase; dazwischen eine Zone, die in einem dynamischen Gleichgewicht den Austausch von Natriumionen aus der mobilen Phase gegen Protonen der Regenerierlösung ermöglicht. Zur kontinuierlichen Regenerierung von Kationenaustauschermembranen eignen sich verdünnte Schwefelsäure oder Dodecylbenzolsulfonsäure, für Anionenaustauschermembranen verdünnte Kalilauge oder Tetramethylammoniumhydroxid.

Hohlfasermembransuppressoren lösen zwar elegant das Problem der periodischen Regenerierung von gepackten Suppressorsäulen, führten aber zu anderen Nachteilen, die mit der begrenzten Ionenaustauscherkapazität des Suppressors zusammenhängen. Dadurch ist der verwendbare Konzentrationsbereich der mobilen Phase deutlich eingeschränkt. Dieser Nachteil konnte durch die Entwicklung der Mikromembransuppressoren [34] umgangen werden. Die mobile Phase fließt durch einen zentralen Kanal, der oben und unten von je einer Ionenaustauschmembran bedeckt ist. An den äußeren Oberflächen dieser Membranen fließt in je einem Kanal die Regenerierlösung. Zusätzlich ist in dem zentralen Kanal als auch in den äußeren Kanälen eine Ionenaustausch-

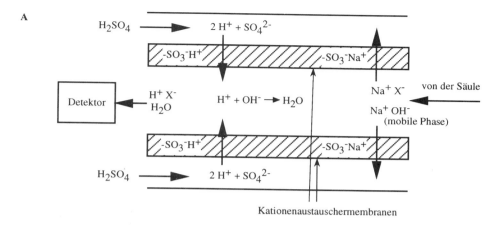

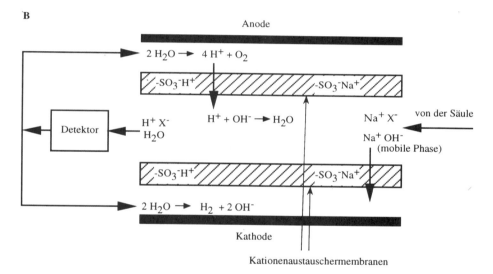

Abbildung 11.3 Funktionsweise eines chemischen Suppressors (A) und eines elektrolytischen Suppressors (B) für die Ionenchromatographie.

Gaze eingelegt. Die dynamische Austauschkapazität derartiger Systeme liegt bei etwa 200 µequiv/min, sodaß beispielsweise als mobile Phase Natronlauge mit einer Maximalkonzentration von 0,1 mol/l bei einem Fluß von 2 ml/min verwendet werden kann. Die kontinuierliche Regenerierung erfolgt in gleicher Weise wie die eines Hohlfasermembransuppressors.

Die letzte Entwicklung auf dem Gebiet der Leitfähigkeitssuppression stellen die elektrolytischen Suppressoren dar [35]. Sie sind ähnlich den Mikromembransuppressoren aufgebaut, weisen aber zusätzlich in den Kanälen der Regenerierlösung je eine Platinelektrode auf. Die Funktionsweise dieses Suppressors ist in Abbildung 11.3 (B) gezeigt. Bei Anlegen eines konstanten Stroms zwischen den beiden Elektroden kommt es zur Elektrolyse von Wasser, sodaß im Anodenraum Protonen entstehen, welche durch die Kationenaustauschmembran transportiert werden und die alkalische mobile Phase neutralisieren. Gleichzeitig wandern Natriumionen der mobilen Phase durch die Membran zum Kathodenraum. Suppressoren für die Kationenaustauschchromatographie sind analog aufgebaut; das an der Kathode entstehende Hydroxylion wandert durch eine Anionenaustauschermembran in die mobile Phase und neutralisiert die saure mobile Phase.

Ein Natronlauge-Eluent kann nach Leitfähigkeitssuppression und Detektion in den elektrolytischen Suppressor als Regenerierlösung zurückgeführt werden, da er nach der Detektion praktisch aus reinem Wasser (mit einigen wenigen Analytionen) besteht. Derartige Anordnungen werden auch als selbstregenerierende Suppressoren bezeichnet und vereinfachen den instrumentellen Aufwand. Sofern sehr niedrige Nachweisgrenzen notwendig sind, empfiehlt sich allerdings eine externe Quelle von entionisiertem Wasser für den Suppressor.

Die Technik der Elektrolyse von Wasser zur Erzeugung von Protonen oder Hydroxylionen für den Suppressionsvorgang eignet sich auch zur Regenerierung von gepackten Suppressorsäulen [36]. Während eine kleine Suppressorsäule wie üblich zwischen Säule und Detektor verwendet wird, ist eine zweite Suppressorsäule zur Regenerierung nach dem Detektor angeordnet, wo durch Elektrolyse Protonen oder Hydroxylionen (je nach Polarität der Elektroden in der mobilen Phase) entstehen und die Säule regenerieren; damit steht für jeden Lauf eine frische Suppressorsäule zur Verfügung.

Eine interessante Alternative zu Säulen- oder Membransuppressoren ist von Gjerde und Mitarbeitern [37 - 40] beschrieben worden. Die Leitfähigkeitsunterdrückung von mobilen Phasen auf Basis von Hydogencarbonat/Carbonat oder NaOH wird durch Zudosierung einer Suspension von Kationenaustauscherpartikeln in der H^+-Form (Durchmesser kleiner 2 μm) zum Säuleneluat bewerkstelligt. Die Partikel selbst zeigen im Leitfähigkeitsdetektor praktisch keinen Einfluß. Allerdings hat sich dieses Verfahren bisher in der Praxis nicht durchgesetzt.

Ein wesentlicher Nachteil der Leitfähigkeitsdetektion mit Suppression ist die Tatsache, daß Anionen sehr schwacher Säuren (z.B. Silikat oder Cyanid) eine schlechte Empfindlichkeit und einen deutlich nichtlinearen Response zeigen. Dasgupta et al. [41, 42] konnten mit der "zweidimensionalen" Leitfähigkeitsdetektion dieses Problem umgehen und gleichzeitig auch Information über die Identität des Analyten gewinnen. Diese Technik verwendet Natronlauge als mobile Phase, welche in einem kon-

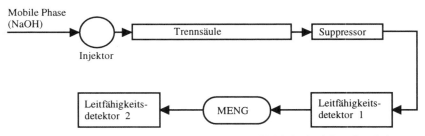

Abbildung 11.4 Schema der zweidimensionalen Leitfähigkeitsdetektion für Anionen starker und schwacher Säuren [41, 42]; MENG = Mikroelektrolytischer NaOH-Generator

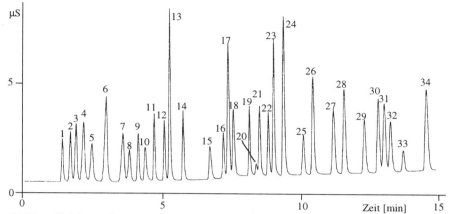

Abbildung 11.5 Ionenchromatographische Trennung von Anionen mittels eines NaOH-Gradienten und Leitfähigkeitsdetektion mit Suppression; Säule: IonPac AS11; Analyte: 1 = Isopropylmethylphosphonat, 2 = Chinat, 3 = Fluorid, 4 = Azetat, 5 = Propionat, 6 = Formiat, 7 = Methylsulfonat, 8 = Pyruvat, 9 = Chlorit, 10 = Valeriat, 11 = Monochloracetat, 12 = Bromat, 13 = Chlorid, 14 = Nitrit, 15 = Trifluorazetat, 16 = Bromid, 17 = Nitrat, 18 = Chlorat, 19 = Selenit, 20 = Carbonat, 21 = Malonat, 22 = Maleat, 23 = Sulfat, 24 = Oxalat, 25 = Ketomalonat, 26 = Wolframat, 27 = Phthalat, 28 = Phosphat, 29 = Chromat, 30 = Citrat, 31 = Tricarballylat, 32 = Isocitrat, 33 = cis-Aconitat, 34 = trans-Aconitat; Konzentrationen 2...10 ppm. (Zur Verfügung gestellt von der Fa.Dionex)

ventionellen Suppressor zu Wasser umgewandelt wird. Das Leitfähigkeitssignal stammt hauptsächlich von Anionen starker Säuren. Anschließend durchläuft die mobile Phase einen elektrolytischen NaOH-Generator und einen zweiten Leitfähigkeitsdetektor, welcher nunmehr die Abnahme der durch Natronlauge verursachten Hintergrundleitfähigkeit mißt, wenn Säureanionen (unabhängig von der Säurestärke) den Detektor erreichen (siehe Abbildung 11.4). Offensichtlich kombiniert diese Technik die Vorteile von Leitfähigkeitsdetektion mit und ohne Suppression und liefert auch Informationen über die Peakidentität, da das Verhältnis der Signale beider Detektoren vom pK_a-Wert des Analyten abhängt.

In den letzten Jahren haben Gradientenelutionen für ionenchromatographische Trennungen von Anionen zunehmende Bedeutung gewonnen. Grundsätzlich können Konzentrationsgradienten oder Kompositionsgradienten zur Anwendung kommen. In der Praxis sind Konzentrationsgradienten die häufiger anzutreffende Variante, wobei meist Natronlauge als mobile Phase verwendet wird. Der Einsatz einer Leitfähigkeitsdetektion setzt bei einer derartigen Gradiententechnik allerdings eine sehr effektive Suppressoreinheit voraus, um die Basisliniendrift in einem vertretbaren Ausmaß zu halten. Die bereits erwähnten chemischen und elektrolytischen Membransuppressoren entsprechen im allgemeinen diesen Anforderungen. Abbildung 11.5 zeigt eine Gradiententrennung von 34 Anionen, wobei sich sowohl für sehr früh eluierende Analyte wie Fluorid und kurzkettige aliphatische Säuren als auch für mehrfach geladene Ionen mit üblicherweise hoher Retention ausgezeichnete Auflösungen bei kurzer Analysenzeit ergeben.

Neben der Ionenaustauschchromatographie kommt für Trennungen von niedermolekularen organischen und anorganischen Säuren vielfach auch die Ionenausschlußchromatographie zum Einsatz. Stationäre Phasen bestehen meist aus Kationenaustauschern hoher Kapazität in der H^+-Form, typische mobile Phasen sind wäßrige Lösungen starker Säuren wie Schwefelsäure, Salzsäure oder Alkansulfon-säuren. Die hohe Leitfähigkeit derartiger Eluenten ist aber meist mit der konduk-tometrischen Detektion nicht kompatibel. Suppressoren mit Kationenaustauscher-membranen bringen auch in der Ionenausschlußchromatographie verbesserte Nach-weisgrenzen. An der Außenseite der Membran strömt eine Lösung von Tetra-butylammoniumhydroxid; in der Suppressionsreaktion werden die Protonen der an der Membraninnenseite strömenden mobilen Phase durch Tetrabutylammoniumionen er-setzt. Das gebildete Salz weist eine deutlich niedrigere Leitfähigkeit auf als die ent-sprechende Säure.

Arbeiten von Tanaka et al. [43 - 45] zeigten, daß die Ionenausschlußchromatogra-phie auch in Kombination mit konduktometrischen Detektoren ohne Suppression zu hohen Empfindlichkeiten führen kann, wenn spezielle mobile Phasen niedriger Leitfähigkeit verwendet werden. Darunter fallen 0,5 mM Lösungen von Benzoesäure oder Bernsteinsäure [43], 0,15 M Lösungen von Saccharose in 10% Methanol [44] oder 0,2% Polyvinylalkohol in 10% Methanol [45]. Anwendungen liegen haupt-sächlich im Bereich der Trennung aliphatischer Carbonsäuren.

Arbeiten von Pungor et al. [46] haben gezeigt, daß auch das kontaktlose oszillo-metrische Prinzip der Leitfähigkeitsmessung (siehe auch Abschnitt 7.4) für ionen-chromatographische Detektoren geeignet ist. Der Vergleich eines herkömmlichen und eines oszillometrischen Detektors zeigt, daß unter Anwendung der Suppressionstechnik die Leistungsfähigkeit beider Techniken etwa gleich ist.

11.2 Leitfähigkeitsdetektoren für die Hochleistungsflüssigkeitschromato-graphie

Wie in Kapitel 11.1 beschrieben haben Leitfähigkeitsdetektoren besondere Bedeutung in der Ionenchromatographie (IC) gefunden, welche eigentlich nur eine Variante der Hochleistungsflüssigkeitschromatographie (HPLC) darstellt. Für die weitere Diskus-sion wollen wir jedoch die IC als eigenständige chromatographische Technik auffassen und aus dem Bereich der HPLC herausnehmen. Unter Berücksichtigung dieser De-finition ist die Zahl der Applikationen von Leitfähigkeitsdetektoren in der HPLC naturgemäß sehr gering, da die Analytspezies nicht in ionischer Form vorliegen.

Möglichkeiten der Leitfähigkeitsdetektion nichtionischer Spezies ergeben sich durch geeignete Nachsäulenreaktionen. Wird das Säuleneluat durch eine Reaktionskapillare aus Quarzglas oder Teflon geleitet, welche um eine UV-Lampe gewickelt ist, so können photolytische Zersetzungsreaktionen zu ionischen Produkten führen, welche über die Leitfähigkeit detektierbar sind. Ein derartiger Photoleitfähigkeitsdetektor ist unter anderem geeignet für halogenierte Verbindungen, N-Nitrosamine, Organothio-phosphate oder Sulfonamide. Abbildung 11.6 zeigt schematisch den Aufbau dieses

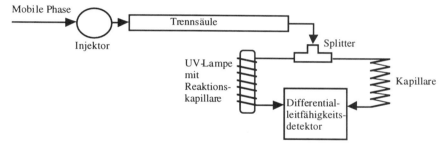

Abbildung 11.6 Aufbau eines Photoleitfähigkeitsdetektors

Detektors. Im Vergleich mit anderen HPLC-Detektoren haben allerdings Photoleitfähigkeitsdetektoren bisher nur beschränkte Verbreitung gefunden. Erfolgversprechende Weiterentwicklungen dieses Detektortyps beruhen auf der Verwendung einer elektrischen Entladung zur Erzeugung ionischer Spezies im Eluat der HPLC; damit ist unter anderem die Detektion von Kohlenhydraten möglich, welche durch Oxidation in Säuren übergeführt werden [47].

Eine andere Möglichkeit der Leitfähigkeitsdetektion in der HPLC besteht in der Kopplung mit einem Hall-Detektor (siehe Abschnitt 11.3), wobei zwischen Säule und Detektor ein "nebulizer" (Zerstäuber) geschaltet ist. Diese Kombination ist insbesondere für Mikro-HPLC-Säulen geeignet, da Flußraten im μl/min Bereich vollständig kompatibel mit dem Detektor sind. Anwendungen als Halogen-selektiver Detektor wurden auf dem Gebiet der Analyse halogenierter organischer Verbindungen in Bodenproben beschrieben [48].

11.3 Leitfähigkeitsdetektoren für die Gaschromatographie

Die Anwendung des Prinzips der Leitfähigkeitsdetektoren für gaschromatographische Trennungen setzt voraus, daß die Analyte aus der Gasphase in eine flüssige Phase überführt werden. Allerdings ergibt die Mehrzahl der Substanzen, die mittels Gaschromatographie getrennt werden können, eine sehr geringe elektrolytische Leitfähigkeit. Diese Schwierigkeit läßt sich umgehen, indem am Ende der gaschromatographischen Säule ein kleiner Rohrreaktor nachgeschaltet wird, in welchem die Probenkomponenten durch Pyrolyse oder katalytische Oxidation bzw. Reduktion in niedermolekulare Bruchstücke zersetzt werden, die nach Absorption in einer geeigneten Flüssigkeit als Ionen vorliegen können und zu entsprechenden Leitfähigkeitsänderungen führen. Zwischen Reaktor und Absorptionseinheit können feste Adsorbentien zwischengeschaltet werden, um störende Reaktionprodukte zu entfernen. Bei sorgfältiger Auswahl der Pyrolyse-, Oxidations- oder Reduktionsbedingungen, der festen Adsorbentien sowie der Absorptionsflüssigkeit erlaubt diese Anordnung eine Element-spezifische Detektion mit hoher Empfindlichkeit.

Praxisgerechte elektrolytische Leitfähigkeitsdetektoren (ELDs) für die Gaschromatographie gehen auf die Arbeiten von Hall [49, 50] zurück (daher ist nach wie vor die Bezeichnung "Hall-Detektor" gebräuchlich). Das Trägergas mit den getrennten Substanzen wird mit einem Reaktionsgas gemischt und strömt bei 500 bis 1000 °C durch den Reaktor, der aus einem Nickel- oder Quarzglasrohr besteht. Die Reaktionsgase werden in organischen Lösungmitteln wie Methanol oder Isopropanol, in Wasser oder in Mischungen von Alkoholen mit Wasser absorbiert. Die Absorptionsflüssigkeit kann im Kreis geführt und mittels eines Ionenaustauschers gereinigt werden. Zur Detektion werden vorteilhaft zwei Leitfähigkeitsmeßzellen eingesetzt, von denen die erste vor der Gasabsorption und die zweite nach der Gasabsorption positioniert ist. Die Differenz der Signale der beiden Meßzellen wird ausgewertet.

Reaktionsprodukte bei katalytischer Pyrolyse organischer Verbindungen sind in Tabelle 11.3 zusammengefaßt. Im allgemeinen kommen elektrolytische Leitfähigkeitsdetektoren für die Bestimmung von Halogenverbindungen, Stickstoffverbindungen oder Schwefelverbindungen unter den folgenden Bedingungen zum Einsatz:

- Halogenverbindungen werden in einem Nickelrohr bei ca. 900 °C mit Wasserstoff als Reaktionsgas zu Halogenwasserstoffen umgesetzt (Absorptionsflüssigkeit: *n*-Propanol);

- Stickstoffverbindungen werden ebenfalls in einem Nickelrohr bei ca. 800 °C mit Wasserstoff als Reaktiongas zu Ammoniak umgesetzt. Störungen durch Halogenverbindungen lassen sich mittels Silberwolle am Ende des Reaktors vermeiden (Absorptionsflüssigkeit: n-Propanol/Wasser 1:1 oder leicht alkalisches Wasser);

- Schwefelverbindungen werden in einem Nickel- oder Quarzglasrohr bei ca. 800 °C mit Sauerstoff als Reaktionsgas zu SO_2 und SO_3 umgesetzt. Störungen durch Halogenverbindungen werden ebenfalls durch Silberwolle am Ende des Reaktors vermieden (Absorptionsflüssigkeit Methanol oder Methanol/ Wasser).

Elektrolytische Leitfähigkeitsdetektoren erreichen im allgemeinen nicht die Emp-

Tabelle 11.3 Reaktionsprodukte bei katalytischer Pyrolyse organischer Verbindungen

Element der Probe	Reaktionsprodukte unter reduktiven Bedingungen	Reaktionsprodukte unter oxidativen Bedingungen
Kohlenstoff	CH_4	CO_2
Wasserstoff	H_2O	H_2O
Stickstoff	NH_3 (N_2)	$N_2 + NO_x$
Schwefel	H_2S	$SO_2 + SO_3$
Chlor, Brom, Iod	HCl, HBr, HI	HCl, HBr, HI
Phosphor	PH_3	P_4O_{10}

findlichkeit eines Elektroneneinfangdetektors oder eines Stickstoff-selektiven thermo-ionischen Detektors. Zusätzlich ist die Zahl der zu optimierenden Parameter für den Betrieb eines ELD wesentlich höher als bei anderen gebräuchlichen Detektoren [51], welche daher in der Praxis häufig dem ELD vorgezogen werden. Als Vorteil ist allerdings zu werten, daß das Signal des ELD direkt proportional zur Anzahl der Heteroatome im Analytmolekül ist. Diese Tatsache erlaubt zum Beispiel eine direkte Aussage über den Halogengehalt einer Probenkomponente, was mit einem Elektroneneinfangdetektor nicht möglich ist.

Typische Anwendungen des elektrolytischen Leitfähigkeitsdetektors liegen im Bereich der Umweltanalytik wie etwa Bestimmungen von Rückständen halogenierter Verbindungen und Pestiziden in Wasser [52 - 54] und Lebensmitteln [55] oder bei der Analyse von Schwefelwasserstoff [56]. Diese Verfahren haben zum Teil auch Eingang in offizielle Analysenmehoden gefunden [57]. In jüngster Zeit konnte diese Detektionstechnik erfolgreich bei der Identifizierung von chlorierten Fettsäuren in Lipiden von Fischen eingesetzt werden [58 - 61].

Auch die Chromatographie mit überkritischen Phasen (supercritical fluid chromatography) ist mit der elektrolytischen Leitfähigkeitsdetektion kompatibel, wie Beispiele für die Analyse chlorierter Phenole in Bodenproben zeigten [62].

11.4 Leitfähigkeitsdetektoren für die Kapillarelektrophorese

Leitfähigkeitsdetektoren haben sich bereits seit längerer Zeit in der Isotachophorese bewährt. Allerdings hat dieses Trennverfahren in den letzten Jahren gegenüber anderen kapillarelektrophoretischen Techniken deutlich an Bedeutung verloren. Daher sollen im folgenden ausschließlich Anwendungen der Leitfähigkeitsdetektion im Bereich der Kapillarzonenelektrophorese (CZE) behandelt werden.

Bei der Entwicklung von konduktometrischen Detektionsverfahren für die CZE ist zu berücksichtigen, daß während des Trennvorganges die Analtionen in der Probenzone eine entsprechende Menge an Trägerelektrolytionen gleichsinniger Ladung verdrängen. Das Detektorsignal stellt daher die Differenz der elektrischen Leitfähigkeit von Analtionen und Trägerelektrolytionen dar. Maximale Empfindlichkeit wäre daher zu erwarten, wenn sich die beiden Leitfähigkeiten sehr stark unterscheiden. Damit ergibt sich aber ein Widerspruch zu einer allgemeinen Regel in der Kapillarzonenelektrophorese, wonach die maximale Peaksymmetrie (und somit auch die maximale Trenneffizienz) genau dann gegeben ist, wenn die elektrischen Leitfähigkeiten von Analtionen und Trägerelektrolytionen gleich sind. In der Praxis ist daher ein Kompromiß zwischen Peaksymmetrie und Empfindlichkeit zu finden. Für die Trennung anorganischer und niedermolekularer organischer Ionen haben sich zwitterionische Substanzen wie 2-(Cyclohexylamino)ethansulfonsäure (CHES) oder 2-

Morpholinoethansulfonsäure (MES) bewährt [63], welche eine relativ geringe Leitfähigkeit aufweisen, sodaß die Analytionen im allgemeinen positive Signale liefern.

Wesentlich zur Entwicklung von Leitfähigkeitsdetektoren für die Kapillarelektrophorese haben die Arbeiten von Zare und Mitarbeitern [64 - 66] beigetragen. Ursprünglich kam eine on-capillary Anordnung zum Einsatz, bei der mittels Lasers zwei exakt
gegenüberliegende Löcher in die Kapillarwand gebohrt und Platinelektroden eingeklebt
wurden [64]. Allerdings haben sich in der Folge hauptsächlich end-capillary Ausführungen durchgesetzt; eine derzeit kommerziell erhältliche Ausführung [63] besteht
aus einer Platinscheibenelektrode mit einem Durchmesser von 150 μm, welche – durch
eine Polymerschicht isoliert – im Zentrum eines Elektrodenkörpers aus Edelstahl liegt.
Damit ergibt sich eine Scheiben-Ring-Doppelelektrodenanordnung, an der die Messung
der Leitfähigkeit möglich ist.

Die folgenden Angaben können als Ausgangspunkt bei der Entwicklung von
Kationen- und Anionentrennungen dienen:

- Kationentrennungen: 30 mM MES, 30 mM Histidin, pH 6; positive Polarität
  [67].
- Anionentrennungen: 50 mM CHES, 20 mM LiOH, 0,5 mM Tetradecyltrimethylammoniumbromid, pH 9,2; negative Polarität [67].

Abbildung 11.7 zeigt eine Trennung von anorganischen Anionen und niedermolekularen organischen Säuren mit Kapillarzonenelektrophorese und Leitfähigkeitsdetektion. Anwendungen sind in der Umweltanalytik (Arsen- und Selenspezies in
Wässern [69], Anionen in Niederschlagswässern [70]) oder im Bereich der Analytik
biologischer Flüssigkeiten (Anionen und Kationen in Flüssigkeitsfilmen der Atem-

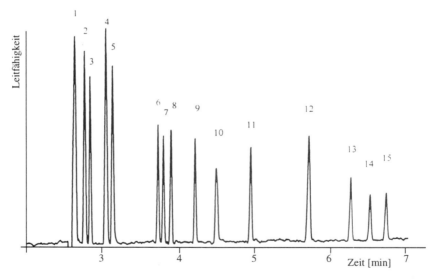

Abbildung 11.7 Trennung von niedermolekularen Anionen mit Kapillarzonenelektrophorese und Leitfä-
higkeitsdetektion ohne Suppression; Trennkapillare: fused-silica, 60 cm Länge, 50 μm Innendurchmesser;
Trägerelektrolyt: 25 mM TAPSO, 16 mM Arginin, 0,1 mM Tetradecyltrimethylammoniumbromid, pH 8;
Trennspannung: –30 kV; Analyte: 1 = Chlorid, 2 = Nitrit, 3 = Nitrat, 4 = Sulfat, 5 = Oxalat, 6 = Fumarat, 7
= Tartat, 8 = Succinat, 9 = Glutarat, 10 = Adipat, 11 = Acetat, 12 = Lactat, 13 = Butyrat, 14 =
Pyroglutamat, 15 = Valerat; Konzentrationen je 5...8 ppm. (Nach [68])

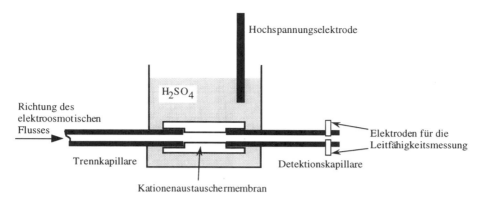

Hochspannungselektrode

H_2SO_4

Richtung des
elektroosmotischen
Flusses

Elektroden für die
Leitfähigkeitsmessung

Trennkapillare

Detektionskapillare

Kationenaustauschermembran

Abbildung 11.8 Funktionsweise eines Leitfähigkeitsdetektors mit Suppression für die Kapillarelektrophorese

wege [71]) zu finden.

Ähnlich wie in der Ionenchromatographie ergeben sich auch in der Kapillarzonen-elektrophorese signifikant verbesserte Nachweisgrenzen, wenn der Leitfähigkeitsdetektor mit einer Suppressoreinheit kombiniert ist. Dasgupta und Bao [72] verwirklichten als erste dieses Detektionsprinzip in einer Instrumentierung, wie sie Abbildung 11.8 zeigt. Das Ende der Trennkapillare ist durch eine schlauchförmige Kationenaustauschermembran (für den Fall von Anionentrennungen) mit einer Transferkapillare verbunden, welche zum Leitfähigkeitsdetektor führt. Die Kationenaustauschermembran befindet sich in einem Reservoir gefüllt mit verdünnter Säure, in welche auch die detektorseitige Elektrode der angelegten Hochspannung als Kathode eintaucht. Damit ist der Detektor vom elektrischen Feld abgekoppelt; der in der Trennkapillare erzeugte elektroosmotische Fluß transportiert die Lösung durch den Suppressor und die Transferkapillare. Die Nachweisgrenzen für anorganische und niedermolekulare organische Anionen liegen bei etwa 10 bis 20 ppb [72 - 75]. Somit steht der Vorteil stark verbesserter Nachweisgrenzen im Vergleich zu anderen Detektionsprinzipien außer Zweifel, wenn sich auch die entsprechende Kommerzialisierung erst am Anfang befindet. Für die Praxis geeignete Trägerelektrolyte, die mit der Leitfähigkeitssuppression kompatibel sind und gleichzeitig mit der Mobilität von niedermolekularen Anionen übereinstimmen, sind insbesondere Natriumtetraborat, Natriumglycinat oder Natriumcarbonat [75].

Die Konstruktion von Leitfähigkeitsmeßzellen für die Kapillarelektrophorese ist nicht ganz einfach, da wegen der geringen Volumina von Kapillaren mit Innendurchmessern zwischen 25 und 100 µm hohe Anforderungen in Hinblick auf die Vermeidung von Totvolumina gestellt werden. Daher könnte eine kontaktlose Leitfähigkeitsmessung, bei der die Elektroden an der Außenseite der Kapillare angeordnet werden, erhebliche Vorteile bieten. Zemann et al. konnten die Leistungsfähigkeit eines kapazitiv gekoppelten Leitfähigkeitsdetektors für Kationen- und Anionentrennungen demonstrieren [76]. Die Meßanordnung besteht aus zwei Elektroden in Form von Metallröhrchen (Innendurchmesser wenig größer als der Außendurchmesser der Kapillare), welche so über die Kapillare geschoben werden, daß zwischen den beiden Röhrchen ein Spalt von ca. 2 mm bleibt. Jede der beiden Elektroden stellt einen

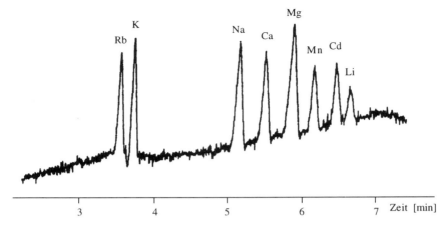

Abbildung 11.9 Trennung von Anionen mit Kapillarzonenelektrophorese und kapazitiv gekoppelter Leitfähigkeitsdetektion; Trägerelektrolyt: 10 mM Milchsäure, 8 mM 4-Methylbenzylamin, 15 % Methanol (pH 4,9); Probenkonzentration: 0,1 mM (nach [77] mit Genehmigung)

Kondensator dar, bei welchem das Metallröhrchen als eine Kondensatorplatte, die Flüssigkeit in der Kapillare als zweite Kondensatorplatte fungiert. Der Spalt zwischen den Metallröhrchen wirkt als Widerstand, der sich in Abhängigkeit einer migrierenden Probenzone ändert. Die Kombination dieser Anordnung mit einem Oszillator erlaubt die kontaktlose Leitfähigkeitsmessung.

Literatur zu Kapitel 11

[1]   H. Small, T.S. Stevens, W.C. Baumann, *Anal.Chem. 47* (1975) 1801.
[2]   *Europäische Norm ISO 10304-1.*
[3]   *DIN 38405 Teil 20.*
[4]   D.T. Gjerde, J.S. Fritz, *J.Chromatogr. 176* (1979) 199.
[5]   D.T. Gjerde, J.S. Fritz, G. Schmuckler, *J.Chromatogr. 186* (1979) 509.
[6]   D.T. Gjerde, G. Schmuckler, J.S. Fritz, *J.Chromatogr. 187* (1980) 35.
[7]   D.T. Gjerde, J.S. Fritz, *Anal.Chem. 53* (1981) 2324.
[8]   J.S. Fritz, D.L. DuVal, R.E. Barron, *Anal.Chem. 56* (1984) 1177.
[9]   G. Vautour, M.C. Mehra, V.N. Mallet, *Mikrochim.Acta I* (1990) 113.
[10] H. Watanabe, Y. Yokoyama, H. Sato, *J.Chromatogr.A 727* (1996) 311.
[11] T. Okada, T. Kuwamoto, *J.Chromatogr. 284 (1984) 149.*
[12] K. Johnson, D. Cobia, J.G. Tarter, *J.Liq.Chromatogr. 11* (1988) 737.
[13] P.E. Jackson, P.R. Haddad, *J.Chromatogr. 355* (1986) 87.
[14] H. Sato, *Anal.Chim.Acta 206* (1988) 281.
[15] P.E. Jackson, P.R. Haddad, *J.Chromatogr. 439* (1988) 37.
[16] W.R. Jones, A.L. Heckenberg, P. Jandik, *J.Chromatogr. 366* (1986) 225.

[17]   P.E. Jackson, T. Bowser, *J.Chromatogr. 602* (1992) 33.

[18]   G. Schmuckler, A.L. Jagoe, J.E. Girard, P.E. Buell, *J.Chromatogr. 356* (1986) 413.

[19]   T. Okada, T. Kuwamoto, *J.Chromatogr. 403* (1987) 35.

[20]   J.E. Girard, N. Rebbani, P.E. Buell, A.H.E. Al-Khalidi, *J.Chromatogr. 448* (1988) 355.

[21]   D.T. Gjerde, *J.Chromatogr. 439* (1988) 49.

[22]   R.C.L. Foley, P.R. Haddad, *J. Chromatogr. 366* (1986) 13.

[23]   R.P. Haddad, R.C. Foley, *Anal.Chem. 61* (1989) 1435.

[24]   P. Hajos, T. Kecskemeti, J. Inczedy, *React.Polym.Ion Exch.Sorbents 7* (1988) 239.

[25]   P. Kolla, J. Köhler, G. Schomburg, *Chromatographia 23* (1987) 465.

[26]   D. Yan, G. Schwedt, *Fresenius Z.Anal.Chem. 320* (1985) 325.

[27]   B. Kondratjonok, G. Schwedt, *Fresenius Z.Anal.Chem. 332* (1988) 333.

[28]   D. Yan, G. Schwedt, *Fresenius J.Anal.Chem. 338* (1990) 149.

[29]   D. Yan, G. Schwedt, *Fresenius Z.Anal.Chem. 320* (1985) 121.

[30]   G.J. Sevenic, J.S. Fritz, *Anal.Chem. 55* (1983) 12.

[31]   M.W. Läubli, B. Kampus, *J.Chromatogr.A 706* (1995) 99.

[32]   C. Dengler, *GIT-Fachz.Lab. 40* (1996) 609.

[33]   T.S. Stevens, J.C. Davis, H. Small, *Anal.Chem. 53* (1981) 1488.

[34]   J. Stillian, *LC 3* (1985) 802.

[35]   S. Rabin, J. Stillian, V. Barreto, K. Friedman, M. Toofan, *J.Chromatogr. 640* (1993) 97.

[36]   R. Saari-Nordhaus, J.M. Anderson,*International Ion Chromatography Symposium 1996,* Reading, Poster Nr. 122

[37]   D.T. Gjerde, J.V. Benson, *Anal.Chem. 62* (1990) 612.

[38]   P. Jandik, J.B. Li, W.R. Jones, D.T. Gjerde, *Chromatographia 30* (1990) 509.

[39]   D.T. Gjerde, D.J. Cox, P. Jandik, J.B. Li, *J.Chromatogr. 546* (1991) 151.

[40]   P.E. Jackson, P. Jandik, L. Li, J. Krol, G. Bondoux, D.T. Gjerde, *J.Chromatogr. 546* (1991) 189.

[41]   I. Berglund, P.K. Dasgupta, J.L. Lopez, O. Nara, *Anal.Chem. 65* (1993) 1192.

[42]   A. Sjögren, P.K. Dasgupta, *Anal.Chem. 67* (1995) 2110.

[43]   K. Tanaka, J.S. Fritz, *J.Chromatogr. 361* (1986) 151.

[44]   K. Tanaka, K. Ohta, J.S. Fritz, Y. Lee, S. Shim, *J.Chromatogr.A 706* (1995) 385.

[45]   K. Tanaka, K. Ohta, J.S. Fritz, *J.Chromatogr.A 770* (1997) 211.

[46]   F. Pal, E. Pungor, E. Kovats, *Anal.Chem. 60* (1988) 2254.

[47]   C.J. Herring, E.H. Piepmeier, *Anal.Chem. 69* (1997) 1738.

[48]   R. Wiesiollek, K. Bächmann, *J.Chromatogr.A, 676* (1994) 277.

[49]   R.C. Hall, *J.Chromatogr.Sci. 12* (1974) 152.

[50]   R.C. Hall, *Crit.Rev.Anal.Chem. 7* (1978) 323.

[51]   T.L. Ramus, L.C. Thomas, *J.Chromatogr. 473* (1989) 27.

[52]   M. Duffy, J.N. Driscoll, S. Pappas, W. Sanford, *J.Chromatogr. 441* (1988) 73.

[53]   P. Just, U. Greulach, G. Henze, D. Rinne, *Fresenius J.Anal.Chem. 352* (1995) 385.

[54]   B.D. Page, G. Lacroix, *J.Chromatogr.A 757* (1997) 173.

[55]   L.D. Sawyer, *J.Assoc.Off.Anal.Chem. 68* (1985) 64.

[56]   T. Ramstad, A.H. Bates, T.J. Yellig, S.J. Borchert, K.A. Mills, *Analyst 120* (1995) 2775.

[57]   *AOAC, Official Methods of Analysis* (1990).

[58]   C. Wesen, H. Mu, A.L. Kvernheim, P. Larsson, *J.Chromatogr. 625* (1992) 257.

[59]   C. Wesen, H. Mu, P. Sundin, P. Froyen, J. Skramstad, G. Odham, *J.Mass.Spectrom. 30* (1995) 959.

[60]   H. Mu, C. Wesen, P. Sundin, E. Nilsson, *J.Mass.Spectrom. 31* (1996) 517.

[61]   H. Mu, C. Wesen, T. Novak, P. Sundin, J. Skramstad, G. Odham, *J.Chromatogr.A, 731* (1996) 225.

[62]   F.R. Brown, R. Roehl, *Anal.Lett. 28* (1995) 703.

[63]   C. Haber, W.R. Jones, J. Soglia, M.A. Surve, M. McGlynn, A. Caplan, J.R. Reineck, C. Krstanovic, *J.Cap.Elec. 3* (1996) 1.

[64]   X. Huang, T.J. Pang, M.J. Gordon, R.N. Zare, *Anal.Chem. 59* (1987) 2747.

[65]   X. Huang, M.J. Gordon, R.N. Zare, *J.Chromatogr. 425* (1988) 385.

[66]   X. Huang, J.A. Luckey, M.J. Gordon, R.N. Zare, *Anal.Chem. 61* (1989) 766.

[67]   W.R. Jones in J.P. Landers (Herausgeber), *Handbook of Capillary Electrophoresis,* Kapitel 6, 2. Auflage, CRC Press, Boca Raton, 1997

[68]   M. Katzmayr, *Dissertation*, Universität Linz, 1998.

[69]   D. Schlegel, J. Mattusch, R. Wennrich, *Fresenius J.Anal.Chem. 354* (1996) 535.

[70]   S. Valsecchi, G. Tartari, S. Polesello, *J.Chromatogr.A, 760* (1997) 326.

[71]   K. Govindaraju, E.A. Cowley, D.H. Eidelman, D.K. Lloyd, *Anal.Chem. 69* (1997) 2793.

[72]   P.K. Dasgupta, L. Bao, *Anal.Chem. 65* (1993) 1003.

[73]   N. Avdalovic, C.A. Pohl, R.D. Rocklin, J.R. Stillian, *Anal.Chem. 65* (1993) 1470.

[74]   S. Kar, P.K. Dasgupta, H. Liu, H. Hwang, *Anal.Chem. 66* (1994) 2537.

[75]   M. Harrold, J. Stillian, L. Bao, R. Rocklin, N. Avdalovic, *J.Chromatogr.A, 717* (1995) 371.

[76]   A.J. Zemann, E. Schnell, D. Volgger, G.K. Bonn, *Anal.Chem. 70* (1998) 563.

[77]   A.J. Zemann, *private Mitteilung.*

12 Potentiometrische Detektoren

Potentiometrische Detektionsverfahren bieten sich vorwiegend in der Ionenchromatographie als Ergänzung zu konduktometrischen Detektoren an (siehe auch Kapitel 11). Der routinemäßige Einsatz ist im Vergleich zu anderen Detektionsverfahren deutlich geringer. Als Nachteil gegenüber der konduktometrischen Detektion wird häufig angeführt, daß potentiometrische Detektoren eine geringere Empfindlichkeit, schlechtere Ansprechzeiten, weniger stabile Basislinien und nichtlineare Abhängigkeiten des Signals von der Konzentration ergeben. Demgegenüber stehen allerdings wesentliche Vorteile wie höhere Selektivität und Kompatibilität mit einer größeren Anzahl mobiler Phasen. Nicht zuletzt sind potentiometrische Detektoren auch deshalb attraktiv, weil das Signal unabhängig von der Elektrodenfläche ist, sofern die Nernst-Gleichung erfüllt wird. Diese Tatsache erlaubt die Konstruktion geeigneter Detektoren mit Mini- oder Mikroelektroden für die Kapillarsäulenflüssigkeitschromatographie sowie für die Kapillarelektrophorese.

12.1 Potentiometrische Detektoren in der Ionenchromatographie

Die Konstruktionsmerkmale potentiometrischer Detektoren für chromatographische Verfahren ähneln denen von amperometrischen Detektoren. Sowohl "wall-jet"-Ausführungen als auch Dünnschichtanordnungen (siehe Kapitel 9) sind gebräuchlich. Daneben kommen mitunter auch röhrchenförmige Elektroden zur Anwendung, deren Herstellung für Kristallmembranelektroden wie auch für PVC-Elektroden und beschichtete Metallelektroden in der Literatur wiederholt beschrieben worden ist [1 - 5].

Zur Erzielung eines stabilen Basispotentials der Elektrode ist es vorteilhaft, im Eluat der chromatographischen Säule eine geringe konstante Konzentration des Meßions vorliegen zu haben. Es kann entweder Bestandteil der mobilen Phase sein oder nach der Säule der mobilen Phase zugemischt werden.

Die hohe Detektionsselektivität von ionenselektiven Elektroden ist besonders dann vorteilhaft, wenn chromatographisch unzulänglich getrennte Peaks quantifiziert werden müssen. In derartigen Fällen empfiehlt sich die Serienschaltung eines selektiven potentiometrischen Detektors mit einem universellen Detektor (meist einem Leitfähigkeitsdetektor). Ein typisches Anwendungsbeispiel stellt die Bestimmung von Fluorid neben anderen Anionen dar. Fluorid weist in der Ionenchromatographie lediglich eine

Tabelle 12.1 Beispiele für die Verwendung von Kristallmembranelektroden in potentiometrischen Detektoren für die Ionenchromatographie

Elektrodenmaterial	Analyte	Anmerkung	Literatur
LaF_3	Fluorid in Regenwasser	Serienschaltung mit Leitfähigkeitsdetektor	[6]
$AgCl/Ag_2S$	Chlorid in Regenwasser	Serienschaltung mit Leitfähigkeitsdetektor	[8]
AgJ/Ag_2S	Jodid in Wässern		[9]
LaF_3	Fluorid in Produkten der Halbleiterindustrie	Serienschaltung mit Leitfähigkeitsdetektor	[10]

geringe Retention auf und ist mitunter schwierig von anderen wenig retardierten Anionen, insbesondere einigen organischen Säuren, zu trennen. Die Kombination von Leitfähigkeitsdetektion und potentiometrischer Detektion wurde routinemäßig in der Umweltanalytik eingesetzt [6 - 8].

Verschiedene Anwendungen von Kristallmembranelektroden in potentiometrischen Detektoren sind in Tabelle 12.1 zusammengefaßt. Etliche Kristallmembranelektroden weisen allerdings eine zu hohe Selektivität auf, als daß sie für einen allgemeinen Einsatz in ionenchromatographischen Detektoren geeignet wären, wenn ein Ansprechen auf eine Reihe unterschiedlicher Analyte gefordert ist. Als Alternative bieten sich insbesondere PVC-Membranelektroden mit Ionencarriern geringer Selektivität an, welche mitunter als "Abfallprodukte" bei der Entwicklung und Synthese neuer selektiver Ionencarrier zur Verfügung stehen. Eine Reihe von anorganischen Anionen und

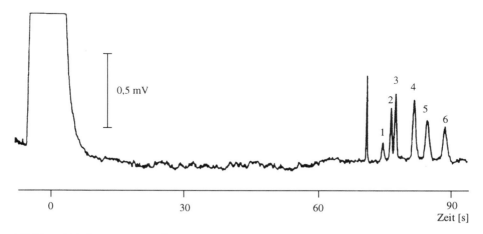

Abbildung 12.1 Trennung von Alkalimetallionen und Ammonium mit einer open-tubular Säule (90 cm Länge, 4,6 μm Innendurchmesser) beschichtet mit einem schwachen Kationenaustauscher; Mobile Phase: 2 mM Weinsäure (12,7 nl/min); Detektion: ionenselektive Flüssigmembranmikroelektrode (Kaliumtetrakis(4-chlorphenyl)borat in 2,3-Dimethylnitrobenzol); Analyte: 1 = Lithium, 2 = Natrium, 3 = Ammonium, 4 = Kalium, 5 = Rubidium, 6 = Cäsium (Konzentrationen 12...1300 μmol/l); Einspritzvolumen: 15 nl (nach [15] mit Genehmigung)

Kationen läßt sich auf diese Weise im ppb-Bereich bestimmen [11]. Eine weitere Möglichkeit, verschiedene Ionen mittels eines potentiometrischen Sensors zu detektieren, besteht in der Verwendung von Mischungen mehrerer Ionophore in einer PVC- oder Polyurethanmatrix [12]. Tabelle 12.2 faßt verschiedene Anwendungen von Polymermembranelektroden in potentiometrischen Detektoren zusammen.

Flüssigmembranelektroden eignen sich hervorragend zur Miniaturisierung und insbesondere für Trennungen mit open-tubular Kapillarsäulen [15]. Abbildung 12.1 zeigt eine Trennung von Alkalimetallionen mit potentiometrischer Detektion innerhalb von

Tabelle 12.2 Verwendung von Polymermembranelektroden in potentiometrischen Detektoren für die Ionenchromatographie

Elektrodenmaterial	Analyte	Anmerkung	Literatur
Valinomycin, Nonactin, Benzo-15-Krone-5 oder Tetranactin	Alkalimetallionen		[13]
Valinomycin	anorganische Kationen und Anionen	Suppressor mit nachgeschaltetem Austausch von Analytionen oder Protonen gegen Kaliumionen	[14]
Tetrakis(4-Chlorphenyl)borat	Alkali- und Erdalkalimetallionen	Kombination mit open-tubular Säulen	[15]
Tetranactin	Alkalimetallionen, Natrium und Calcium in Serum	Ionensensitiver Feldeffekttransistor als Detektor	[16]
Tetratolyl-*m*-xylylendiphosphindioxid	Spuren von Calcium in Gegenwart von Alkali- und Erdalkaliionen		[17]
Tetradecylammoniumnitrat	Calcium		[18]
Ionencarrier mit geringer Selektivität	Kationen und Anionen		[11]
Mischungen von verschiedenen Ionophoren	Alkalimetallionen		[12]
makrocyclische Amine	anorganische Anionen, organische Säuren		[19, 20]
quaternäres Ammoniumsalz	organische Säuren		[19, 20]
Valinomycin, Nonactin, Monensinmethylester oder verschiedene Kronenether	Ammonium und Alkalimetallionen	teilweise Kombination des ionenselektiven Materials mit einem Lithium-Ionencarrier	[21]
Valinomycin, Nonactin, ETH 2120, ETH 129	Ammonium, Kalium, Natrium, Calcium		[22]
Monensinmethylester in Kombination mit Ionophoren für zweiwertige Kationen	Alkali- und Erdalkalimetallionen		[23]

Tabelle 12.3 Verwendung von pH-Elektroden in potentiometrischen Detektoren für die Ionen-chromatographie

Elektrodenmaterial	Analyte	Anmerkung	Literatur
Glaselektrode	anorganische und organische Anionen	vorgeschalteter Leitfähigkeits-detektor mit Suppression	[25]
Tri-n-dodecylamin/PVC	anorganische Anionen und Kationen	vorgeschalteter Leitfähigkeits-detektor mit Suppression	[26]
Antimonelektrode	anorganische Anionen und organische Kationen	Serienschaltung mit Leitfähigkeitsdetektor	[27]
Wolframoxid	Carbonsäuren, Metallionen		[28] [29]

nur 20 Sekunden bei einer Gesamtanalysenzeit von 90 Sekunden. Dies dürfte die schnellste bisher in der Literatur beschriebene ionenchromatograpahische Trennung von Alkalimetallionen sein. Auch wenn sich derartige Säulen in der Praxis noch nicht durchgesetzt haben, sind sie trotzdem Gegenstand der laufenden Forschung [24]; in Zukunft ist ein vermehrter Einsatz von ionenchromatographischen Mikrosäulen für Problemstellungen zu erwarten, bei denen lediglich sehr geringe Probenvolumina zur Verfügung stehen.

Eine universelle potentiometrische Detektionsmethode für die Ionenchromatographie mit Suppression stellt die Verwendung einer pH-Elektrode dar. In den Zonen der getrennten Ionen liegen nach der Suppression äquivalente Mengen an Protonen (für Anionen) oder Hydroxylionen (für Kationen) vor, sodaß sich die Analyte auch durch pH-Änderungen detektieren lassen. Die Nachweisgrenzen sind ähnlich wie in der Leitfähigkeitsdetektion. Analog zu diesem Prinzip ist eine universelle Detektionsmethode

Tabelle 12.4 Verwendung von Metallelektroden als Elektroden 2. Art in potentiometrischen Detektoren für die Ionenchromatographie

Elektrodenmaterial	Analyte	Anmerkung	Literatur
Ag/Ag-Salicylat	Chlorid, Bromid, Jodid, Thiocyanat		[30]
Ag/AgCl	Chlorid, Bromid, Jodid, Thiocyanat, Thiosulfat		[31]
Ag/AgBr	Chlorid, Bromid, Jodid, Thiocyanat, Thiosulfat		[32]
Ag/AgBr	anorganische Kationen und Anionen	Suppressor mit nachgeschaltetem Austausch von Analytanionen oder Hydroxylionen gegen Bromidionen	[32]
Ag/AgCl	Chlorid, Bromid, Jodid, Thiocyanat	Vergleich von Silber- und Kupferelektroden	[33]
Ag/AgCl	Chlorid in luftgetragenen Stäuben	Serienschaltung mit Leitfähigkeitsdetektor	[7]

auch mittels einer kaliumselektiven Elektrode möglich [14]; in diesem Fall durchläuft das Eluat der ionenchromatographischen Säule nach der Suppression eine Kationen-austauschereinheit, in der Analytkationen gegen Kaliumionen ausgetauscht werden. Unterschiede in den pH-Werten zwischen mobiler Phase und Analytzonen können sich auch bei ionenchromatographischen Techniken ohne Suppression ergeben, sodaß eine Detektion mittels pH-Messung zielführend sein kann; die Empfindlichkeit ist hierbei allerdings deutlich geringer. Tabelle 12.3 faßt Beispiele für die Verwendung von pH-Elektroden in potentiometrischen Detektoren zusammen.

Einfache Metallelektroden bieten für manche Bereiche der Ionenchromatographie potentiometrische Detektionsmöglichkeiten mit geringer Selektivität und somit allgemeiner Anwendbarkeit. Silber, beschichtet mit einem schwerlöslichen Silbersalz, eignet sich für die Detektion von Halogenidionen, Thiocyanat und Thiosulfat. Typische Anwendungsmöglichkeiten von Silberelektroden als Elektroden 2. Art sind in Tabelle 12.4 zusammengefaßt.

Breite Anwendung als potentiometrische Detektoren ermöglichen metallische Kupferelektroden, wie sie von Haddad und Mitarbeitern beschrieben worden sind [34]. Das Detektionssignal rührt von Konzentrationsänderungen der Cu(I)- oder Cu(II)-Ionen an der Elektrodenoberfläche her. Dadurch ergeben sich mehrere Detektionsmöglich-keiten:

- wenn Ionen aus der Trennsäule eluiert werden, die stabilere Komplexe mit Kup-ferionen bilden als die Ionen der mobilen Phase, entsteht an der Elektrodenober-

Tabelle 12.5 Verwendung von metallischen Kupferelektroden in potentiometrischen Detektoren für die Ionenchromatographie

Analyte	Detektionsart	Literatur
organische Säuren	direkt und indirekt	[35-38]
Alkalimetallionen	indirekt	[39]
Übergangsmetallionen	indirekt	[40]
Halogenide, Cyanid, Thiocyanat	direkt	[41]
Jodat, Bromat, Chlorat	direkt	[41]
anorganische Anionen	indirekt	[41]
reduzierende Zucker	Nachsäulenzugabe von Cu^{2+}/NH_3, indirekt	[42]
Ascorbinsäure, Hydrazin, Hydroxylamin	direkt	[43]
Oxalat in Harn	direkt	[36]
Nitrilotriessigsäure in Oberflächenwasser	direkt	[44]
EDTA-Metallkomplexe	Nachsäulenzugabe von Cu^{2+}/Essigsäure, indirekt	[45]
Peptide	direkt	[46]
aliphatische Amine	direkt	[47]

fläche eine Verringerung der Kupferionenkonzentration und das Elektrodenpotential wird sinken (direkte Detektion);

- umgekehrt wird das Elektrodenpotential steigen, wenn die Analytionen schwächere Komplexe bilden als die Ionen der mobilen Phase (indirekte Detektion); dabei gilt natürlich die Voraussetzung, daß die chromatographische Trennung auf einem Ionenaustauschmechanismus beruht, sodaß in der Zone eines Analyten die äquivalente Menge einer Komponente der mobilen Phase ersetzt wird;

- falls die Analyte starke Oxidationsmittel sind und die Oberfläche der Kupferelektrode oxidieren, steigt die Kupferionenkonzentration und somit das Elektrodenpotential (direkte Detektion);

- reduzierende Substanzen, die Cu(II)-Ionen zu Cu(I)-Ionen reduzieren können, erhöhen ebenfalls das Elektrodenpotential (direkte Detektion), da das Standardeinzelpotential des Redoxpaares $Cu^+/Cu^°$ (+0,520 V) höher ist als das des Redoxpaares $Cu^{2+}/Cu^°$ (+0,337 V).

Typische Anwendungsmöglichkeiten von metallischen Kupferelektroden in potentiometrischen Detektoren sind in Tabelle 12.5 zusammengestellt. Die erreichbaren Empfindlichkeiten sind meist schlechter als bei anderen in der Ionenchromatographie üblichen Detektionstechniken wie Messung der UV-vis Absorption oder der Leitfähigkeit. Abbildung 12.2 zeigt als Beispiel eine Trennung von aliphatischen Carbonsäuren. Der Vorteil der potentiometrischen Detektion an Kupferelektroden liegt im einfachen instrumentellen Aufbau, weswegen auch der Einsatz für einen tragbaren Ionenchromatographen vorgeschlagen worden ist [48].

Neben den potentiometrischen Detektoren, welche auf EMK-Messungen bei Stromlosigkeit beruhen, wurden auch amperostatisch-potentiometrische Detektoren beschrieben [49]. Die Elektrodenanordnung gleicht derjenigen in der Voltammetrie. Ein kleiner konstanter Strom wird zwischen Arbeitselektrode und Hilfselektrode angelegt. Solange nur die mobile Phase durch den Detektor fließt, wird vorwiegend Wasser durch den

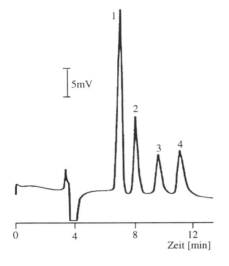

Abbildung 12.2 Trennung von Carbonsäuren mittels Ionenausschlußchromatographie und potentiometrischer Detektion an einer Kupferelektrode.
Mobile Phase: 0,005% Phosphorsäure; Analyte: 1 = Ameisensäure, 2 = Essigsäure, 3 = Propionsäure, 4 = iso-Buttersäure; eingespritzte Mengen 12...100 µg.
(Nach [36] mit Genehmigung)

angelegten Strom oxidiert (oder reduziert), was zu einem verhältnismäßig hohen Spannungssignal führt. Wenn leichter oxidierbare (oder reduzierbare) Analyte aus der Säule eluieren, sinkt das Spannungssignal. Man darf allerdings nicht übersehen, daß der Arbeitsbereich dieser Detektionstechnik sehr eng und die praktische Brauchbarkeit im Detail noch zu wenig untersucht ist.

12.2 Potentiometrische Detektoren in der Kapillarelektrophorese

Ionenselektive Mikroelektroden entsprechen hervorragend den Anforderungen, die in Hinblick auf die Dimensionen im Mikrometerbereich an Detektoren für die Kapillarelektrophorese zu stellen sind. Die Herstellung derartiger Elektroden basierend auf Flüssigmembranen ist in der Literatur mehrfach beschrieben worden (siehe auch Abschnitt 2.3.3). Mikropipetten können relativ leicht zu einer Spitze mit einem Durchmesser zwischen 1 und 5 µm ausgezogen und sodann mit der ionenselektiven flüssigen Phase gefüllt werden. Derartige Mikroelektroden haben sich in verschiedenen Bereichen bewährt, sodaß ihr Einsatz in der Kapillarelektrophorese naheliegend war. Wurde anfänglich die Elektrode in einer end-capillary Anordnung am Ende der Kapillare positioniert [50], so zeigten spätere Arbeiten, daß eine Verbesserung durch Positionierung der Elektrode im konisch aufgeweiteten Ende der Kapillare möglich ist [51].

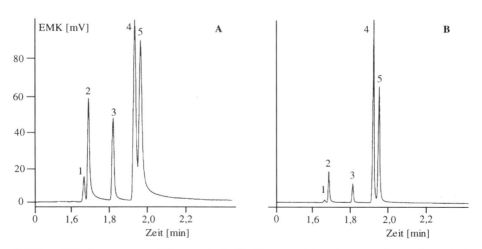

Abbildung 12.3 Trennung von Anionen mittels Kapillarzonenelektrophorese und potentiometrischer Detektion (Flüssigmembranelektrode mit 10% Tridodecylmethylammoniumchlorid in 2-Nitrophenyloctylether); A = Detektorsignal der Elektrode, B = Detektorsignal in entlogarithmierter Form; Trägerelektrolyt: 20 mM Natriumsulfat (pH 2,5); Analyte: 1 = Bromid, 2 = Jodid, 3 = Nitrat, 4 = Perchlorat, 5 = Thiocyanat, 6 = Salicylat; Konzentrationen je 0,1 mmol/l (Nach [53] mit Genehmigung)

Tabelle 12.6 Beispiele für potentiometrische Detektoren in der Kapillarelektrophorese

Elektrodenmaterial	Analyte	Literatur
Bis(N,N-diphenyl)-1,2-phenylenebis(oxy-2,1-ethandiyl)bis(oxyacetamid)	Alkali- und Erdalkalimetallionen	[50]
2,2´-[1,2-Phenylenebis(oxy-2,1-ethandiyloxy)]bis(N,N-diphenylacetamid)	Alkali- und Erdalkaliionen, Histamin, Dopamin	[52]
Tridodecylmethylammoniumchlorid	anorganische Anionen	[53, 54]
5,10,15,20-Tetraphenyl-21H,23H-porphinmangan(III)chlorid	anorganische Anionen	[54]
quaternäre Ammoniumsalze oder makrozyklisches Pentamin	Carbonsäuren	[55]
metallisches Kupfer	Aminosäuren	[57]

Eine Abkopplung des elektrischen Feldes vom Detektor ist hierbei nicht notwendig, wenn Kapillaren mit einem Innendurchmesser zwischen 10 und 25 μm verwendet werden.

Ähnlich wie in der Ionenchromatographie werden vorwiegend Ionencarrier beschränkter Selektivität verwendet, um die Detektion mehrerer verschiedener Ionen zu ermöglichen. Der Trägerelektrolyt beinhaltet ein Ion mit sehr kleinem Selektivitätskoeffizienten, wodurch das Basissignal der Elektrode niedrig und konstant gehalten wird. Abbildung 12.3 zeigt ein typisches Elektropherogramm der Trennung von Anionen. Als Alternative besteht auch die Möglichkeit, eine Elektrode sehr hoher Selektivität für ein Ion zu wählen, welches den Trägerelektrolyt bildet; Analytionen lassen sich dann indirekt nachweisen, da während des Trennungsprozesses Trägerelektrolytionen durch gleich geladene Analytionen in den Probenzonen verdrängt werden. Derartige indirekte Detektiontechniken wurden bisher im Detail noch nicht untersucht. Anstelle von Elektroden mit Ionencarriern bieten sich auch metallische Kupferelektroden zur potentiometrischen Detektion an [56, 57] (das Funktionsprinzip wurde bereits in Abschnitt 12.1 diskutiert).

Tabelle 12.6 faßt bisher beschriebene Beispiele der potentiometrischen Detektionstechnik in der Kapillarelektrophorese zusammen. Die Entwicklungen sind derzeit allerdings noch nicht soweit fortgeschritten, daß man bereits von Routineapplikationen sprechen könnte.

Literatur zu Kapitel 12

[1]   I.M.P.L.V.O. Ferreira, J.L.F.C. Lima, L.S.M. Rocha, *Fresenius J.Anal.Chem. 347* (1993) 314.

[2]   S. Alegret, J. Alonso, J. Bartroli, E. Martinez-Fabregas, *Analyst 114* (1989) 1443.

[3]   J.F. van Staden, *Fresenius Z.Anal.Chem. 325* (1986) 247.

[4]   J.F. van Staden, C.C.P. Wagener, *Anal.Chim.Acta 197* (1987) 217.

[5]   W. Frenzel, *Fresenius Z.Anal.Chem. 335* (1989) 931.

[6]   M.P. Keuken, J. Slanina, P.A.C. Jongejan, F.P. Bakker, *J.Chromatogr. 439* (1988) 13.

[7]   W. Frenzel, A. Rauterberg-Wulff, D. Schepers, *Fresenius J.Anal.Chem. 353* (1995) 123.

[8]   J. Slanina, M.P. Keuken, P.A.C. Jongejan, *J.Chromatogr. 482* (1989) 297.

[9]   E.C.V. Butler, R.M. Gershey, *Anal.Chim.Acta 164* (1984) 153.

[10]   R.T. Talasek, *J.Chromatogr. 465* (1989) 1.

[11]   I. Isildak, A.K. Covington, *Electroanalysis 5* (1993) 815.

[12]   S.H. Han, K.S. Lee, G.S. Cha, D. Liu, M. Trojanowicz, *J.Chromatogr. 648* (1993) 283.

[13]   K. Suzuki, H. Aruga, T. Shirai, *Anal.Chem. 55* (1983) 2011.

[14]   M. Trojanowicz, M.E. Meyerhoff, *Anal.Chim.Acta 222* (1989) 95.

[15]   S.R. Müller, W. Simon, H.M. Widmer, K. Grolimund, G. Schomburg, P. Kolla, *Anal.Chem. 61* (1989) 2747.

[16]   K. Watanabe, K. Tohda, H. Sugimoto, F. Eitoku, H. Inoue, K. Suzuki, *J.Chromatogr. 566* (1991) 109.

[17]   N. Kolycheva, H. Müller, *Anal.Chim.Acta 242* (1991) 65.

[18]   I.M. Kutas, E.M. Rakhmanko, I. Gonsales, V.N.Tarasevich, V.A. Vinarskii, *Zh.Anal.Khim. 46* (1991) 2193.

[19]   B.L. De Backer, L.J. Nagels, F.C. Alderweireldt, *Anal.Chim.Acta 273* (1993) 449.

[20]   B.L. De Baker, L.J. Nagels, *Anal.Chim.Acta 290* (1994) 259.

[21]   K. Kwon, K.Paeng, D.K. Lee, I.C. Lee, U.S. Hong, G.S. Cha, *J.Chromatogr.A 688* (1994) 350.

[22]   K.S. Lee, J.H. Shin, M.J. Cha, G.S. Cha, M. Trojanowicz, D. Liu, H.D. Goldberg, R.W. Hower, R.B. Brown, *Sensors and Actuators B 20* (1994) 239.

[23]   U.S. Hong, H.K. Kwon, H. Nam, G.S. Cha, K. Kwon, K. Paeng, *Anal.Chim.Acta 315* (1995) 303.

[24]   P.K. Dasgupta, *International Ion Chromatography Symposium 1996,* Reading, Vortrag Nr.30

[25]   H. Shintani, P.K. Dasgupta, *Anal.Chem. 59* (1987) 802.

[26]   M. Trojanowicz, M.E. Meyerhoff, *Anal.Chem. 61* (1989) 787.

[27]   K. Slais, *J.Chromatogr. 540* (1991) 41.

[28]   Z. Chen, P.W. Alexander, P.R. Haddad, *Anal.Chim.Acta 338* (1997) 41.

[29]   Z. Chen, P.W. Alexander, *Electroanalysis 9* (1997) 818.

[30]   H. Hershcovitz, C. Yarnitzky, G. Schmuckler, *J.Chromatogr. 252* (1982)
       113.

[31]   J.E. Lockridge, N.E. Fortier, G. Schmuckler, J.S. Fritz, *Anal.Chim.Acta
       192* (1987) 41.

[32]   M. Trojanowicz, E. Pobozy, M.E. Meyerhoff, *Anal.Chim.Acta 222* (1989)
       109.

[33]   P.W. Alexander, B.K. Glod, P.R. Haddad, *J.Chromatogr. 589* (1992) 201.

[34]   P.R. Haddad, *Chromatographia 24* (1987) 217.

[35]   P.R. Haddad, P.W. Alexander, M. Trojanowicz, *J.Chromatogr. 315* (1984)
       261.

[36]   P.R. Haddad, P.W. Alexander, M.Y. Croft, D.F. Hilton, *Chromatographia 24*
       (1987) 487.

[37]   B.K. Glod, P.R. Haddad, P.W. Alexander, *J.Chromatogr. 589* (1992) 209.

[38]   B.K. Glod, P.W. Alexander, P.R. Haddad, Z.L.Chen, *J.Chromatogr.A 699*
       (1995) 31.

[39]   P.R. Haddad, P.W. Alexander, M. Trojanowicz, *J.Chromatogr. 294* (1984)
       397.

[40]   P.R. Haddad, P.W. Alexander, M. Trojanowicz, *J.Chromatogr. 324* (1985)
       319.

[41]   P.R. Haddad, P.W. Alexander, M. Trojanowicz, *J.Chromatogr. 321* (1985)
       363.

[42]   C.E. Cowie, P.R. Haddad, P.W. Alexander, *Chromatographia 21* (1986) 417.

[43]   P.R. Haddad, P.W. Alexander, M. Trojanowicz, *J.Liq.Chromatogr. 9* (1986)
       777.

[44]   W. Buchberger, P.R. Haddad, P.W. Alexander, *J.Chromatogr. 546* (1991)
       311.

[45]   W. Buchberger, P.R. Haddad, P.W. Alexander, *J.Chromatogr. 558* (1991)
       181.

[46]   M. Trojanowicz, G.B. Martin, M.E. Meyerhoff, *Chem.Analit. 41* (1996)
       521.

[47]   Z. Chen, P.W. Alexander, *J.Chromatogr.A 758* (1997) 227.

[48]   P.W. Alexander, X. Xhen, *International Ion Chromatography Symposium
       1996*, Reading, Poster Nr. 146.

[49]   A. Siddiqui, D.C. Shelly, *J.Chromatogr.A 691* (1995) 55.

[50]   C. Haber, I. Silvestri, S. Röösli, W. Simon, *Chimia 45* (1991) 117.

[51]   A. Nann, W. Simon, *J.Chromatogr. 633* (1993) 207.

[52]   A. Nann, I. Silvestri, W. Simon, *Anal.Chem. 65* (1993) 1662.

[53]   A. Nann, E. Pretsch, *J.Chromatogr.A 676* (1994) 437.

[54]   P.C. Hauser, N.D. Renner, A.P.C. Hong, *Anal.Chim.Acta 295* (1994) 181.

[55]   B.L. De Baker, L.J. Nagels, *Anal.Chem. 68* (1996) 4441.

[56]   W. Buchberger, D. Aichhorn, G. Niessner, P.R.Haddad, D.P. Bogan,
       Chem.Monthly (1998) im Druck.

[57]   T.Kappes, P.C.Hauser, *Anal.Chim.Acta 354* (1997) 129.

Sachregister